高 等 院 校 研 究 生 教 材

固体废物处理与资源化
原 理 及 技 术

赵由才　周　涛　等编著

化学工业出版社

·北京·

内容简介

《固体废物处理与资源化原理及技术》包括固体废物处理与资源化原理、生活垃圾源头分类与物流转运及环境卫生风险防控、生活垃圾填埋场稳定化过程、生活垃圾填埋场矿化垃圾资源化利用、生活垃圾焚烧发电与飞灰压块技术、城市污泥堆肥和有机垃圾资源转化、生活垃圾渗滤液处理技术、生活垃圾恶臭控制技术、危险废物碱介质处理技术、医疗废物收运与焚烧技术、污染工业建筑废物处理与利用等，具有技术创新性、工程实用性和理论系统性的特点。

《固体废物处理与资源化原理及技术》可作为高等院校环境工程、环境生态工程、资源循环科学与工程等专业的研究生教学用书，还可供环境领域固体废物有关技术的研发、设计人员和教学人员参考，并可作资料数据库使用。

图书在版编目（CIP）数据

固体废物处理与资源化原理及技术 / 赵由才等编著. —北京：化学工业出版社，2021.2
高等院校研究生教材
ISBN 978-7-122-36429-6

Ⅰ.①固… Ⅱ.①赵… Ⅲ.①固体废物处理-研究生-教材②固体废物利用-研究生-教材 Ⅳ.①X705

中国版本图书馆 CIP 数据核字（2020）第 040023 号

责任编辑：满悦芝   文字编辑：杨振美 陈小滔
责任校对：宋 玮   装帧设计：张 辉

出版发行：化学工业出版社（北京市东城区青年湖南街 13 号 邮政编码 100011）
印 装：三河市延风印装有限公司
787mm×1092mm 1/16 印张 20¼ 字数 480 千字 2021 年 3 月北京第 1 版第 1 次印刷

购书咨询：010-64518888   售后服务：010-64518899
网 址：http://www.cip.com.cn
凡购买本书，如有缺损质量问题，本社销售中心负责调换。

定 价：88.00 元

前　言

　　固体废物（简称"固废"）是指在生产、生活和其他活动中产生的丧失原有利用价值或虽未丧失利用价值但被抛弃或者放弃的固态、半固态和置于容器中的气态物品、物质以及法律、行政法规规定纳入固体废物管理的物品、物质，包括生活垃圾、电子废物、危险废物、病死动物、医疗废物、建筑废物、城市污泥、工业固体废物、农业废物，其处理与资源化关系到人民群众的切身利益，是社会文明程度的重要标志。

　　目前，我国固体废物产生总量巨大，复合污染严重，毒害性强，但也蕴含资源化潜能，应进行资源化利用和污染控制。因此，为实现国家生态文明建设与资源安全供给保障以及资源循环利用，针对固体废物的污染与资源双重属性，结合不同区域生态环境与产业特色，我们编写了本研究生教材。本书介绍了固废资源化研发应用内容，覆盖了固废智能化分类收运，废旧产品精细化拆解与精深加工，有机固废高效转化和快速腐殖质化，废物中有价金属清洁提取，以及全过程环境风险防控等关键技术。同时，也初步描述了基于大数据、物联网等信息化、智能化技术的先进固体废物全过程精细化管控技术体系。

　　本书专业性较强，阅读时需要一定的知识基础，主要参考书目为高等学校教材《固体废物处理与资源化》（化学工业出版社）、同济大学研究生教材《固体废物处理与资源化技术》（同济大学出版社）以及其他相关论著。本书与已出版系列书籍具有互补性，全面覆盖了固体废物处理与资源化相关技术，体现本团队多年来的研发与应用成果。

　　本书共 12 章，是针对相关专业师生编写的教科书，具有技术创新性、工程实用性和理论系统性的特点，可作为高等院校环境工程、环境科学等专业研究生教材，也可供环境领域技术研发、设计人员和管理人员参考，并可作资料数据库使用。

　　本书由赵由才、周涛等编著，参加编写的人员有：周涛、施庆文、赵由才、耿晓梦、伍娜、陆鲁、陆峰、邱铤（第 1 章），吴凡、郑怡琳、武舒娅、李天、耿晓梦、伍娜（第 2 章），周涛、柴福良、张兴庆、彭佳、郭燕燕（第 3 章），赵由才、黄守渤、杨玉江、王罗春（第 4 章），赵由才、周涛、袁雯、耿晓梦、吴军（第 5 章），赵由才、夏发发、周涛、林顺洪、周雄（第 6 章），牛冬杰、邓冠南、周涛、王燕、刘常青（第 7 章），赵由才、贺磊、张杰、牛冬杰（第 8 章），周涛、王明超、余召辉、林姝灿、赵由才（第 9 章），戴世金、刘清、蒋家超、张承龙、易天晟、赵由才（第 10 章），赵由才、周涛、史昕龙、晏振辉（第 11 章），赵由才、周涛、黄晟、郑毅、谢田（第 12 章）。书中内容大部分是作者团队多年来的研发与应用成果，但也参考了国内外同行公开报道的资料。由于作者水平所限，书中疏漏和不足之处在所难免，敬请广大读者批评指正。

本书受到国家重点研发计划项目（2018YFC1901400）、上海市科委社会发展类项目（19DZ1204600、19DZ1204703、18DZ1202604）、国家自然科学基金项目（51878470、51678419）、同济大学研究生教材编写项目等的部分资助。

赵由才

2021 年 1 月于同济大学

目 录

第1章 绪论

固体废物是指在生产、生活和其他活动中产生的丧失原有利用价值或虽未丧失利用价值但被抛弃或者放弃的固态、半固态和置于容器中的气态物品、物质以及法律、行政法规规定纳入固体废物管理的物品、物质。固体废物的主要种类可包括生活垃圾、危险废物、建筑废物、城市污泥、工业固体废物、农业固体废物等。一般情况下，"垃圾"主要指生活垃圾，在某些语境中，也可能指"建筑垃圾"或"工业垃圾"。建议除了生活垃圾外，其他的称为"废物"。固体废物一般具有如下特点。①无主性：被丢弃后，不再属于谁，找不到具体负责者，特别是城市固体废物。②分散性：丢弃、分散在各处，需要收集。③危害性：给人们的生产和生活带来不便，危害人体健康。④错位性：一个时空领域的废物在另一个时空领域是宝贵的资源，因此废物又被称为"在时空上错位的资源"。固体废物对环境的危害与所涉及的固体废物的性质和数量有关，其处理的依据主要是当地的环境污染控制标准，对环境污染的控制程度与经济发展和民众生活水平有密切关系。

1.1 固体废物的性质、分类和属性

1.1.1 固体废物的性质

（1）物理性质

物理性质包括物理组成、色、臭、温度、含水率、空隙率、渗透性、粒度、密度、磁性、电性、光电性、摩擦性、弹性等。固体废物的压实、破碎、分选等处理方法主要与其物理性质有关，其中色、臭等感官特性可以通过视觉或嗅觉直接加以判断。

（2）化学性质

化学性质包括元素组成、重金属含量、pH值、植物营养元素含量、污染有机物含量、碳氮比（C/N）、生化需氧量与化学需氧量之比值（BOD_5/COD）、生物呼吸所需的耗氧量DO、热值、灰分熔点、闪点与燃点、挥发分、灰分和固定碳、表面润湿性等。固体废物的堆肥、发酵、焚烧、热解、浮选等处理方法主要与其化学性质有关。

（3）生物化学性质

生物化学性质包括病毒、细菌、原生及后生动物、寄生虫卵等生物性污染物质等。固体废物的堆肥、发酵、填埋等生化处理方法主要与其生物化学性质有关。许多病原菌不一定是固体废物自身产生的，而是传播而来的，不一定具有传染性。如果带有严重急性呼吸综合征（SARS）病毒或新型冠状病毒的传染性病毒的废物混入生活垃圾，就可能引起微生物污染，应进行原位消毒，阻断病原菌扩散。

1.1.2 固体废物的分类

固体废物可按来源、性质与危害、处理处置方法等，从不同角度进行分类。按化学成分，固体废物可分为有机废物和无机废物；按热值，可分为高热值废物和低热值废物；按处理处置方法，可分为可资源化废物、可堆肥废物、可燃废物和无机废物等；按来源，可分为城市生活垃圾和工农业生产中所产生的废弃物；按危害特性，可分为有毒有害固体废物和无毒无害固体废物；按水分含量，可分为干垃圾和湿垃圾。

为方便起见，一般把生活垃圾简称为垃圾，其他固体废物则以全称描述之。本书中，垃圾就是指生活垃圾（特定情况下主要指城市生活垃圾）。

1.1.3 固体废物的属性

固体废物同时具有污染属性与资源属性。一方面，由于固体废物数量庞大、种类繁多、来源及成分复杂，若处理不当，会给生态环境及人体健康带来重大风险。另一方面，固体废物中往往含有丰富的有价金属元素、生物质和其他有用物质，具有某些工业原材料的某些物理及化学特性，且相对于废气、废水而言较易进行收集、运输及处理处置，因此，固体废物的潜在资源量巨大。在当今资源紧缺的时代背景下，固体废物的资源化利用是解决世界各国固体废物污染问题的常用有效方法。

固体废物的污染属性与资源属性辩证存在。固体废物虽指丧失原有利用价值或被抛弃的物质，但不代表绝对没有任何使用价值。从时间维度来看，固体废物仅代表在目前有限的科学技术及经济发展条件下，无法对其进行资源化；从空间维度来看，固体废物仅代表其对于某一特定过程失去使用价值，却往往可以作为另一过程的原料，重新作为资源进行再生利用。

固体废物的污染属性与资源属性可以相互转化。通常讲，污染物是现状不能利用的，资源是现状可以利用的。资源在利用过程中会产生污染物，而污染物经预处理后，也可以转化为资源。通过建立一系列判定标准，界定固体废物的污染属性及资源属性，对实现固体废物高效资源化具有重要意义。

要实现固体废物的资源转化，首先需探明其污染与资源属性。由于不同种类、来源的固体废物，其物理、化学及生物化学性质存在很大差异，且污染和资源特征复杂不明，须对固体废物中各物质成分进行分析，探明包括有害物质在内各成分的时空变化规律，识别其污染与资源属性。通过明确各种类固体废物的资源化利用方式及对应标准，判定各种类固体废物在不同资源化途径中的污染与资源属性，并对污染的部分施以相应的人工干预技术，使其满足对应资源化利用方式标准，从而实现各种类固体废物不同资源化途径污染属性向资源属性的转化。

1.2 生活垃圾污染控制与资源化

1.2.1 生活垃圾卫生填埋

卫生填埋是生活垃圾最重要的主流处理技术和最终处置方式之一，生活垃圾卫生填埋场也成为一个城市基本的环境卫生设施。与简易的土地堆填相比，卫生填埋场的最大特点是采取如底部防渗、沼气导排、渗滤液处理、严格覆盖、压实处理等一系列工程措施，以防止垃圾中污染物质的迁移与扩散、降低垃圾降解产生的渗滤液污染、实现沼气的收集利用、提高土地利用效率；相比于焚烧和堆肥处理，卫生填埋是一种完全独立的处理方式，可以消纳一切形态的生活垃圾，而不需要任何形式的预处理，可作为其他垃圾处理技术的最终处置方式，处理技术相对完善，运营管理相对简便，处理成本相对较低。

典型的垃圾卫生填埋场主要由主体设施、配套设施和生活服务管理设施组成。主体设施主要是指填埋库区，工程设施和装备包括前期的场地平整、水土保持、防渗工程、堤坝设施、场区道路，中期的雨污分流系统、填埋气收集与处理系统、渗滤液导排与处理系统，以及后期的封场系统、监测系统、绿化系统等；配套设施主要是指为保障主体工程的顺利实施而建立的附属设施，包括机修、供配电、给排水、通信、消防、化验室、进场道路等设施；生活服务管理设施是指为保证生产作业与管理人员的正常生活和管理活动而建立的设施，包括办公楼、宿舍楼、食堂、浴室、文化娱乐室等。

卫生填埋场填埋作业遵循安全、有序的原则，实行计划式作业，填埋作业工艺较为完善，见图 1-1。首先根据库区规划确定每日的作业区域（即作业单元），垃圾运输车在作业单元指定的卸料点进行卸料，然后由推土机在作业面按照每层 0.3~0.6m 的厚度均匀推铺，推铺层达到一定厚度时，使用重型压实设备反复碾压以增加垃圾密度、减小垃圾沉降、提高土地使用效率和延长填埋场使用年限。为防止蚊蝇滋生、垃圾飞扬和恶臭扩散，填埋作业结束后需及时进行覆盖操作，覆盖工艺包括日覆盖、中间覆盖和封场覆盖，覆盖材料主要有黏土、人工合成土工膜或合成土工布等。封场工程是当填埋场填埋作业至设计终场标高或不再受纳垃圾而停止使用时，为维护填埋场的安全稳定、利于生态恢复、实现土地利用和保护环境的目标而进行的一系列操作，包括雨污分流、渗滤液导排与处理、防渗、沼气收集处理与利用、边坡稳定、植被种植、终场覆盖等工程。

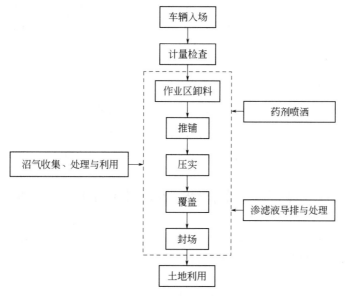

图 1-1 典型生活垃圾卫生填埋场填埋作业工艺

虽然垃圾的土地处置在我国已有较长的历史，但是我国的生活垃圾卫生填埋技术起步较晚，至 20 世纪 80 年代初期，我国还没有一座卫生填埋场，大量生活垃圾处置以自然衰减型垃圾填埋场为主，即简易的土地处置，生活垃圾在简易堆存处置过程中，蚊蝇滋生、疾病传播、臭气弥漫、渗滤液直接排放，引发了堆场周围的环境危机。随着经济和社会的发展，我国环境质量标准愈加严格，垃圾简易堆存带来的环境问题与我国环境质量发展的矛盾越来越突出。生活垃圾卫生填埋技术正是在此背景下，在垃圾简易堆存、填埋的基础上发展起来的一项注重环境保护和土地利用的垃圾无害化处置技术，到 20 世纪 90 年代中期，垃圾卫生填埋已发展成为较成熟的技术。

1.2.2　生活垃圾焚烧发电

一般来说，低位热值小于 3300kJ/kg 的垃圾不适宜焚烧处理，介于 3300～5000kJ/kg 之间的垃圾可以采用焚烧技术处理，大于 5000kJ/kg 的垃圾适宜焚烧处理。采用焚烧技术处理的生活垃圾要求灰土含量小、含水率较低。

在理想状态下，生活垃圾进入焚烧炉后，依次经过干燥、热解和燃烧三个阶段，其中的有机可燃物在高温条件下完全燃烧，生成二氧化碳等气体，并释放热量。但是，在实际的燃烧过程中，由于焚烧炉内的操作条件不能达到理想效果，致使燃烧不完全，严重时将会产生大量的黑烟，并且从焚烧炉排出的炉渣中还含有有机可燃物。生活垃圾焚烧的影响因素包括生活垃圾性质、停留时间、炉膛内搅动情况、焚烧温度、过量空气系数及其他因素。

（1）生活垃圾尺寸

生活垃圾的热值、组成成分和几何尺寸是影响生活垃圾焚烧的主要因素。热值越高，燃烧过程越易进行，焚烧效果也就越好。生活垃圾的几何尺寸越小，单位质量（或体积）生活垃圾的比表面积越大，与周围氧气的接触面积也就越大，焚烧过程中的传热及传质效果越好，燃烧越完全；反之，则传热及传质效果较差，易发生不完全燃烧。因此，在生活垃圾被送入焚烧炉之前，对其进行破碎预处理，可增加其比表面积，改善焚烧效果。

（2）停留时间

停留时间有两方面的含义：其一是生活垃圾在焚烧炉内的停留时间，它是指生活垃圾从进炉开始到焚烧结束炉渣从炉中排出所需的时间；其二是生活垃圾焚烧烟气在炉中的停留时间，它是指生活垃圾焚烧产生的烟气从生活垃圾层逸出到排出焚烧炉所需的时间。实际操作过程中，生活垃圾在炉中的停留时间必须大于理论上干燥、热解及燃烧所需的总时间。同时，焚烧烟气在炉中的停留时间应保证烟气中气态可燃物达到完全燃烧。当其他条件保持不变时，停留时间越长，焚烧效果越好，但停留时间过长会使焚烧炉的处理量减少，经济上不合理。停留时间过短会引起过度的不完全燃烧。因此，停留时间的长短应视具体情况而定。

（3）搅动

搅动的目的是促进空气和废物或辅助燃料或其焚烧尾气之间的融合，以达到完全燃烧。工程设计中，通常借助炉床搅拌和控制助燃空气流动速度、流向等实现充分搅拌的目的。

（4）焚烧温度

由于焚烧炉的体积较大，炉内的温度分布是不均匀的，即不同部位的温度不同。这里所说的焚烧温度是指生活垃圾焚烧所能达到的最高温度，该值越大，焚烧效果越好。一般来说，位于生活垃圾层上方并靠近燃烧火焰的区域内的温度最高，可达 800～1000℃。生活垃圾的热值越高，可达到的焚烧温度越高，越有利于生活垃圾的焚烧。同时，温度与停留时间是一对相关因子，在较高的焚烧温度下适当缩短停留时间，也可维持较好的焚烧效果。

（5）过量空气系数

按照可燃成分和化学计量方程，与燃烧单位质量垃圾所需氧气量相当的空气量称为理论空气量。为了保证垃圾燃烧完全，通常要供给比理论空气量更多的空气量，即实际空气量。实际空气量与理论空气量之比值为过量空气系数，也称过量空气率或空气比。过量空气系数对垃圾燃烧影响很大，提供适度的过量空气是保证有机物完全燃烧的必要条件。过大的过量空气系数会降低炉内焚烧温度，增加输送空气和预热所需的能量，降低焚烧效率；过小的过量空气系数将不能保证有机物完全燃烧，增加未完全燃烧尾气如 CO、HC!、NO_x。

（6）其他因素

对炉中生活垃圾的搅拌翻转可以使生活垃圾与空气充分混合。炉床内垃圾层厚度也要适当，在保证生活垃圾充分燃烧的基础上可以提高焚烧炉处理量。

总之，在焚烧炉的操作运行过程中，温度（temperature）、停留时间（time）、湍流度（turbulence）和过量空气（excess air）是 4 个最重要的影响因素，各因素相互依赖，称为"3T1E"原则。

垃圾焚烧厂冷却方式有 4 种：①直接空气混合冷却；②间接空气交换冷却；③直接喷水冷却；④余热锅炉冷却。若余热回收不具有经济效益，则多半采取喷水冷却方式降低焚烧厂的废气温度。具有余热锅炉的汽轮发电机系统，一般可分为背压式和凝结式。背压式通常用于将蒸汽出售给附近工厂的情况，凝结式则多用于以厂内发电为主的情况。背压式因汽轮机出口处的蒸汽必须维持较高的温度及压力条件，故能源回收利用率较低。大型垃圾焚烧厂多采用凝结式锅炉系统，主要原理是利用垃圾燃烧后产生的高温烟气与余热锅炉中的水作热交换，将产生的过热蒸汽用于推动蒸汽轮机及发电机或将产生的蒸汽供给其他设备使用，同时产生电力，此方式称为汽电共生，经蒸汽涡轮机出口的蒸汽，再经由气冷式或水冷式冷却器冷却后送至锅炉系统循环使用。目前大型垃圾焚烧厂均采用以余热锅炉回收能源的方式设计，以符合经济效益。

一般的余热锅炉主要包括锅炉本体、过热器、筛热器及空气预热器等设备。其中锅炉本体拥有许多含有给水的蒸汽管，因此又称为蒸发器；过热器将蒸发器产生的饱和蒸汽再加热，以提升蒸汽品质，保护汽轮机，提高能源回收率；筛热器则将由除氧器进入锅炉的给水先预热，而空气预热器则使用高压或低压蒸汽，将辅助燃烧空气（一次助燃空气、二次助燃空气）进行预热，两者的预热均可以提高能源回收的效率。

1.2.3 生活垃圾交互污染与洁净原理和工艺

生活垃圾的交互污染可分为源头收集时的污染和填埋过程中的污染。源头收集时，各类沾染了脏污的纸张、塑料、果皮、无机物等城市生活垃圾混合在一起，难以分类回收利用。填埋过程中，生活垃圾中的有机物、重金属（如废电池）、过期药物等会部分溶解到渗滤液中，产生大量的高毒性、高浓度渗滤液。另外，由于成分复杂，渗滤液会滋生大量有害病菌，如大肠杆菌、金黄色葡萄球菌、不动杆菌、霉菌及其芽孢等，病菌附着于纸张、塑料和化纤等废品表面，甚至侵入中空纤维组织内部，造成废品中大量致病菌的繁殖。同时，过期药物、重金属废物也与各种废物相互作用与附着，给废品的回收利用带来极大的安全隐患。

填埋场垃圾中可回收物污染来源既包括接触或包装各类化工原料时所沾附的污染物，生活垃圾混合收集过程中的交叉污染，也包括后期填埋稳定化过程中污染物的相互嵌合。吸附在废物表面的污染物进一步向内部扩散，污染物与废物分子结构中的氨基、巯基、羟基或苷键发生化学反应，或由分子间引力或氢键等物理力结合，使污染物较稳定地固着在废物内部。机械和人工清洗可以去除附着在表面的污物，而对位于较深层次的污染物清洁效果较差，若不进一步深度消除，将会对后续资源化过程及资源化产品使用过程带来影响。

传统的塑料、橡胶、纤维织物等清洗技术包括机械清洗和人工清洗。普通塑料分为硬质塑料和塑料薄膜，机械清洗根据塑料材质不同，清洗方式有所不同。

传统废旧塑料清洗工艺多为湿法清洁，主要通过使用市售清洗剂在各种机械设备中漂洗或搅拌洗涤。湿法清洁会带来一系列水资源浪费和二次污染问题，为减少此类问题，塑料清洗行业逐渐出现一些与常规清洗方法不同的新型清洗方法和设备。

（1）超声波清洗

超声波清洗是利用超声波发射器向盛有废旧塑料的清洗槽辐射超声波，并产生空化作用，由空化气泡运动产生的微冲击流或由气泡崩塌产生的高强度冲击波，作用于附着在塑料碎片表面的污垢，离散污染物和塑料碎片、污物层之间的吸附力，加速可溶性污物和废塑料之间的剥离及污染物自身的溶解，从而达到清洗的目的。该方法清洗速度快、质量高、易于实现自动化。国内有研究将其应用在可重复使用的塑料包装盒的清洗，降低了工人的劳动强度，有利于节省人力和改善工人作业环境。同时塑料盒清洗效率提高数倍，解决了手工清洗不彻底的问题，提高了工作效率和处理质量，减少了强酸碱清洗带来的污染。

（2）空气干法清洁技术

利用空气作为清洗介质的干法清洁技术，是对塑料薄膜进行破碎形成塑料片后，在压缩空气形成的气流场内使塑料片高速运动，通过塑料片之间、塑料片与高速空气之间以及塑料片与预装在清洗器内的圆杆之间发生摩擦碰撞，使附着在塑料表面的污垢脱落并通过除尘器去除，得到洁净塑料。此方法可减少水资源浪费，同时降低水资源污染程度和处理污染废水所需费用。但此方法适用范围较小，仅针对附着土壤的农用地膜的清洁，对硬质塑料和含有油污等污染的其他塑料薄膜没有清洗功能。

（3）固体介质洁净技术

固体介质洁净技术利用廉价易得的固体介质作为清洗介质，如以廉价砂石和空气作为清洗介质，在不产生二次污染的前提下对废旧塑料膜进行无水清洗。轻质废旧塑料的无水清洁装置按操作顺序依次由固体介质清洗装置、分选装置、高速空气介质清洗装置和除尘装置4部分构成，其中固体介质清洗装置和高速空气介质清洗装置是主要清洗部件。该技术对于沾有油污、餐厨垃圾污渍的废旧塑料清洗效果优良。该技术克服了湿法清洁耗水量巨大、污水产生量大且需配备后续污水处理系统及干燥系统等缺点，易于推广应用。

目前，生活垃圾和填埋场存余垃圾中存在大量沾附污染物的废旧塑料，包括各种食品包装袋、农用地膜、工业包装等。废旧塑料的清洗可以去除附着在塑料表面的污物，使废旧塑料识别和分离的准确度更高，提高再生产品质量，是废旧塑料回收再生利用的关键。

1.2.4　生活垃圾分类及资源化

目前，国内的法律法规与标准体系还没有对生活垃圾分类做出标准的定义。应用比较广泛的垃圾分类定义为：按照城市生活垃圾的组成、利用价值以及环境影响程度等，并根据不同处理方式的要求，实施分类投放、分类收集、分类运输和分类处置的行为。垃圾分类的定义可分为"狭义"和"广义"两种。狭义的垃圾分类是指从居民家庭、单位或集体等开始，按照垃圾的不同成分或性质进行分类投放的过程，多以居民家庭产生的生活垃圾为对象，而且多将重点放在垃圾收集的环节。广义的垃圾分类是指从垃圾产生的源头开始，按照垃圾的不同成分、属性、利用价值以及对环境的影响，并根据不同处置方式的要求，对垃圾进行分类收集、贮存和转运以及最后分类处理处置及资源化的全过程。除了居民家庭产生的生活垃圾，广义的垃圾分类对象还包括了其他如建筑垃圾、园林绿化垃圾、餐厨废物等，且将垃圾分类的理念贯穿于收集、贮存、转运和最后分类处理处置及资源化的全过程。尽管定义有别，但分类的目的却是一致的，即通过垃圾分类提高垃圾的资源价值和经济价值，力争物尽其用，减少最终需要处理处置的垃圾量。

如果利用得当，"垃圾"就是宝贵的资源，而与开采天然资源进行加工提炼相比，废料加工利用过程产生的污染物和对环境的影响可能更低。如果居民源头分类后的生活垃圾最终无法得到资源化利用（即仍需要进行末端处置），不仅无法做到垃圾的减量化，同时源头分类的意义也不复存在。因此，生活垃圾分类与资源化相辅相成，做好生活垃圾分类工作，必须坚持以资源化利用为导向。

居民在垃圾分类之前必须注意一些基本原则。例如，应以 3R（reduce, reuse and recycle）原则为指引：①reduce，从源头减少垃圾的产生量，尽可能地通过物理手段缩小垃圾的体积，滤干餐厨垃圾中的水分等，将容器盛装的物质与容器本身分离等；②reuse，尽可能购买和使用能够循环利用的产品，将仍有使用价值的物品捐赠给有需要的人而非扔掉；③recycle，积极按照规定投放分类的生活垃圾，为后续垃圾资源化利用打好基础。此外，生活垃圾管理部门应该以此为基础，按照法律法规制定好相关的垃圾分类配套措施或提供完善的配套服务，如制定本地区统一的生活垃圾分类与收集办法，建立专业化的垃圾分类管理部门或队伍，提供完善的垃圾分类设施等，保障垃圾分类收集处理系统的正常运行。以资源化为导向的生活垃圾分类可参考以下方法。

（1）餐厨垃圾类

是居民日常生活消费过程中产生的餐厨垃圾，包括残羹剩饭、西餐糕点等食物残余，易腐烂的菜梗、菜叶等植物残体，动物内脏、鸡骨鱼刺，茶叶渣、果核瓜皮等。特别的，冷冻食品的包装盒、一次性餐具、玉米芯、核桃壳、大骨棒（猪骨、牛骨等）因受到污染或不易粉碎，不能归为餐厨垃圾类。在分类打包时，应将餐厨垃圾中的油、水滤干。若废弃食用油为液体，而且不具有一般餐厨垃圾的易腐性质，则不应纳入餐厨垃圾类，可通过使用专门的食用油凝固剂作凝固处理或装入透明容器后（不得流出液体）归入其他垃圾或可燃垃圾（进入焚烧厂）。

经源头分类的餐厨垃圾，可通过专门的收集车每天定时收集，由环卫运输车队或者具有生活垃圾运输许可证的企业负责按照城市管理行政主管部门制定的路线及时运输至专门的餐厨垃圾处理场所。常见的餐厨垃圾处理的关键技术包括厌氧发酵、湿热处理、好氧堆肥、饲料化处理（脱水干燥和生物处理），以及制氢、制乙醇，饲养蝇蛆制蝇蛆蛋白和有机肥等技术。若经分类的餐厨垃圾无合适的后续资源化利用技术，也可作为可燃垃圾运至生活垃圾焚烧厂焚烧处理。常用的处理方法有堆肥和厌氧发酵处理；因同源性污染，餐厨垃圾不能用于家畜喂养。

（2）可回收垃圾类

是指能够作为再生资源循环使用的废弃物，常见的可回收垃圾包括纸类（报纸、纸板箱、快递包装纸/箱、图书、杂志、药盒、传单广告纸、办公用纸、牛奶盒等饮料包装、纸杯等）、金属（各类铝制罐、钢制罐、金属制奶粉罐、金属制包装盒/罐、废旧钢筋锅、水壶、不锈钢调羹、铁钉、刀具、金属元件、废旧电线与金属衣架等金属制品器具）、塑料（包装塑料如塑料网、塑料袋、保鲜膜等，其他塑料如塑料杯、塑料盖、塑料瓶、塑料花盆、塑料地毯和泡沫板类缓冲材料等塑料制品，为避免交叉污染，脏污去不掉的塑料不应分为可回收垃圾）、玻璃（平面玻璃如镜子、玻璃窗、玻璃门等，瓶类玻璃即各类玻璃瓶罐，如酱油瓶、调料瓶、酒瓶和花瓶等，其他玻璃如水杯、玻璃盆、玻璃管、玻璃工艺品等玻璃制品）和织物（衣服、床单、毛毯、书包、毛巾、围巾、袜子、布料、窗帘、毛绒玩具等纺织物）等。

结合市场经济理论，可以狭义地认为可回收垃圾就是废品收购人员所收购的废弃物种类，但由于地区或利润差异的原因，不同地区的"有价废品"种类也不一样。由于可再生资源的种类和资源化利用方式差别较大，既可将不同种类的可回收垃圾（如报纸、金属等）混合收集后由工作人员二次分类并进行后续的资源化利用，也可根据实际情况将可回收垃圾在源头就分得更为细致，如纸类垃圾、金属类垃圾、塑料类垃圾和玻璃类垃圾等可单独分类。目前，这些可回收垃圾均有对应的资源化利用技术，例如，用废纸制造再生纸技术已经非常成熟，以废纸做原料，通过将其打碎、去色制浆等多种工序即可加工生产出再生纸。生产再生纸的原料中80%来源于回收的废纸，因而被誉为低能耗、轻污染的环保型用纸；废塑料经过清洗、加热，另加填充料、着色剂、增塑剂，就可以再生为新的塑料产品；玻璃类废品经过分选、处理，可作为生产玻璃的原料，节约大量因生产玻璃而消耗的电、煤、重油等能源。对于一些家用小器具，如小型电器（熨斗、吹风机）、化妆品玻璃瓶、保温瓶、雨伞、热水瓶、电灯泡、取暖炉、一次性和非一次性打火机、皮革、橡胶等，也可回收利用。

特别的，可回收垃圾分类时也应该遵从一些基本原则，例如将废纸垃圾用绳捆绑好后再丢弃，按一定规格将织物捆绑分类，各类塑料或金属容器应先用水清洗干净且瓶盖分离（如塑料瓶罐含有金属盖），按照产品包装上指出的印刷包装回收的种类进行分类，污染严重的垃圾应根据其他垃圾种类直接进行末端处理处置。可回收垃圾经源头分类收集后，应由专门的工作人员送往资源再生中心或不同的再生资源利用企业进行利用处置，促进再生产品直接进入商品流通领域。

（3）有害垃圾类

是指存有对人体健康有害的重金属、有毒的物质或者对环境造成现实危害或者潜在危害的垃圾，包括各类电池（无汞电池除外）、水银体温计、过期药品、矿物油、废血压计、颜料、节能灯、日用化学品（过期化妆品、溶剂、杀虫剂及其容器，废油漆及其容器）等。由于有害垃圾的特殊性质，应该单独分类投放，经统一收集后交由经生态环境行政主管部门核准的有害垃圾处置单位（点）进行后续末端处理处置。

（4）大件垃圾类

是指体积较大、整体性强，需要拆分再处理的废弃物品，包括棚架、包装框架、家具（台凳、沙发、床、椅）、棉被、地毯等。由于大件垃圾体积大且笨重，会影响正常的日常清扫保洁和垃圾清运，拆解过程会产生废气、废液、废渣等，从而造成新的环境污染，因此大件垃圾的收集应与普通生活垃圾有所区分，按指定地点投放、定时清运，或预约收集清运（需支付相关费用）。整体性强的大件垃圾不得随意拆卸，例如，应将家具的门和抽屉固定好，镶嵌的玻璃应当拆卸下来或者用报纸、泡沫塑料等做好保护措施。木质类大件垃圾除部分回用外，可在前端对木材进行简单破碎后送至焚烧厂焚烧发电，浴缸等不可燃物归入建筑垃圾，由清运人员送入建筑垃圾贮运场后分类处置。

（5）其他垃圾类

不属于餐厨垃圾类、可回收垃圾类等能够资源化或循环利用的，又不属于有害垃圾类或大件垃圾类范围的垃圾，可单独归类为其他垃圾类，包括陶瓷碗、一次性纸尿布（尿布内的大便应倒入厕所）、卫生纸、湿纸巾、烟蒂、清扫渣土等。此外，其他混杂、污染的生活垃圾，如海鲜甲壳、蛋壳、动物大骨棒、甘蔗渣、椰子壳等不属于餐厨垃圾的食物残余类，脏污的塑料（袋）、厕纸等，以及难分类的生活垃圾也属于其他垃圾类，进入其他垃圾投放容器。

在当前阶段，由于其他垃圾组分复杂且回收成本相对较高，如果取消垃圾卫生填埋和焚烧发电等末端处理设施，将其他垃圾也全部资源化，则既不能保证其资源化利用的顺利进行，也无法保证城市的安全运行。因此，可在收集后直接送至填埋场填埋处理或焚烧厂焚烧处理。若填埋库容限制或焚烧厂邻避效应压力较大，可在必要时再将其他垃圾在源头分类或由分拣人员二次细分为填埋垃圾和可燃垃圾（指可以燃烧的垃圾，包括脏污纸和餐巾纸等无法成为资源的纸类，以及草木类、橡胶或皮革类，大件垃圾类中的棉被、地毯和木质类等），分别运送至填埋场和焚烧厂进行末端处理。

需要说明的是，生活垃圾分类不应局限于以上方法和模式，应结合地区垃圾处理与资源化设施发展和生活垃圾分类所处的推进情况综合考虑。同时，鉴于我国的生活垃圾分类仍处于起步阶段，应当在确保生活垃圾末端安全处置的基础上，重视相关技术的研发与应用，开展源头分类和资源化利用。

1.3　工业固体废物污染控制与资源化

（1）化工冶金采矿废物

工业固体废物是指在工业生产活动中产生的固体废物，其产生源涵盖了几乎所有的工业生产过程及工业资源的应用过程。我国大多数金属资源矿产品位较低，伴生元素多，再加上选冶的生产技术水平不高，绝大部分冶炼厂一般仅提取所用矿产的一种或两种元素，使得选冶过程的单位产品固体废物产量大。总体来说，冶金废渣的数量巨大，成分相对复杂。除了一些特殊的废渣如砷渣、硼渣、盐泥、铬渣、汞渣以及含钡废渣外，化工废渣主要以铁、铝及镁等的氧化物形式存在。这些废渣中所含主价金属的总量巨大，同时还含有少量铬、硼、砷等的化合物。

随着工业生产的快速发展，工业固体废物种类与数量日益增加。其中矿业、冶金等行业的固体废物（如尾矿、有色金属渣、粉煤灰、盐泥等）排放量最大，化工、电子等行业的固体废物（如油泥、酸碱液、电子废物等）排放种类广泛，上述特点给后继的处理带来了很多困难。因此目前国内外大部分工业固体废物多以消极处理（堆存、焚烧、填埋等）为主，部分有害的工业废物尚未得到妥善有效的处理，带来了极大的环境污染风险。

从物质流角度来看，工业固体废物产生后未能再进入流通过程，即失去了使用价值。然而随着固体废物处理技术的发展，工业废物经过适当的工艺处理或者通过产业共生体的彼此交换，可以成为工业原料或能源，再次进入物质循环链中，从而延长其使用的生命周期，达到资源化利用的目的。一些工业废物已制成多种产品，如制成水泥、混凝土骨料、砖瓦、纤维、路基等建筑材料；提取铁、铝、铜、铅、锌、钨、钼、钒、铀、锗、钪、钛等金属；制造肥料、土壤改良剂等。此外，还可用于处理废水、矿山灭火，以及用作化工原料等。

一些工业固体废物，可追溯到秦朝或更早的年代。青铜器时代炼铜，就已经产生了大量含铜等重金属废物；明朝、清朝、民国时期也有许多冶炼厂，产生的尾矿、冶炼渣等随意堆放；近七十年来，工业迅速发展，堆放的一般工业固体废物和危险废物，其数量远远超过同期的城市生活垃圾。国内外对工业固体废物的治理、利用程度仍然严重偏低，新产生的工业固体废物无法及时消纳和无害化处理，历年堆存的废物更难以治理。

（2）废机电和废家电

废机电和废家电包括报废的汽车、自行车、电动车及其他交通工具，电视、计算机、手机、影碟、医疗器械、软磁盘以及废电池等含有金属并且需要能源驱动的任何物品和化学能源系统。废机电和废家电的处理与管理已经成为世界各国共同关注的问题。废机电和废家电在很大程度上有别于一般城市生活垃圾。前者在干燥的环境中不会像后者那样发生腐烂，产生渗滤液和气体。电子废物也有别于量大面广、价值低的工业有毒有害固体废物，不加适当处理的废机电和废家电会对环境造成严重污染。当这些废物任意丢弃在野外时，由于风吹雨淋，电子废物中的有毒有害物质如重金属就会被淋溶出来，随地表水流入地下水或侵入土壤，使地下水和土壤受到一定污染。电子废物一般拆分成电路板、电缆电线、显像管等几类，根据各自的组成特点分别进行处理，处理流程类似。目前，废电路板的回收利用基本上分为电子元器件的再利用和金属、塑料等组分的分选回收。后者一般是将电子线路板粉碎后，从中分选出塑料、铜、铅等组分。分选方法一般采用磁选、重力分选和涡电流分选的方法。这种方法可完全分离塑料、黑色金属和大部分有色金属，但铅、锌易混在一起，还需用化学方法分离。

（3）废橡胶

可首先考虑在生产橡胶的工厂中减少废胶料的产生，尽量降低废品的产生率。出厂后的轮胎则尽量延长其使用寿命，可采用的措施有：保养好轮胎；改进轮胎测压装置；改善路面状况，降低胎面磨耗等。废轮胎的处理处置方法大致可分为材料回收（包括整体再用、加工成其他原料再用）和能源回收、处置三大类。具体来看，主要包括整体翻新再用、生产胶粉、制造再生胶、焚烧转化成能源、热解和填埋处置等方法。

（4）建筑垃圾

建筑垃圾，也称为建筑废物，是建设施工过程中产生的垃圾。按照来源分类，建筑垃圾可分为土地开挖垃圾、道路开挖垃圾、旧建筑物拆除垃圾、建筑工地垃圾和建材生产垃圾五类，主要由渣土、砂石块、废砂浆、砖瓦碎块、混凝土块、沥青块、废塑料、废金属料、废竹木等组成。与其他城市垃圾相比，建筑垃圾具有量大、无毒无害和可资源化率高的特点。我国建筑垃圾产量一般为城市垃圾总量的 30%～40%，每年产生量达 4000 万～5000 万吨。绝大多数建筑垃圾是可以作为再生资源重新利用的，例如，废金属可重新回炉加工制成各种规格的钢材；废竹木、木屑等可用于制造各种人造板材；碎砖、混凝土块等废料经破碎后可代替砂直接在施工现场利用，如用于砌筑砂浆、抹灰砂浆、浇捣混凝土等，也用以制作砌块等建材产品等。

源于工业企业的建筑废物，其污染性质复杂，不同工业类型生产企业产生的建筑废物受污染特性各异，甚至同一工业企业内不同工艺阶段的建筑废物仍存在显著差别。化工、冶金、火电、轻工等工业企业，生产运行期间难免存在含重金属、硫酸盐、有机物（如多环芳烃等）等有毒物质的生产原料或产品渗漏至地面、喷洒至墙壁等情况，其中的污染物经雨水淋溶而转移至渗滤液中，随水体迁移污染周边土壤和水域，进而扩大污染范围。我国每年都有大量化工、冶金、火电、轻工企业面临拆迁或改建，由此产生数量庞大的含污染物的建筑废物，对生态环境构成了新的威胁。

1.4　危险废物污染控制与资源化

（1）医疗废物

医疗废物主要指城市和乡镇中各类医院、卫生防疫、病员疗养、畜禽防治、医学研究及生物制品等单位产生的垃圾，包括医院临床废物，如手术和包扎残余物，生物培养、动物试验残余物，化验检查残余物，传染性废物，医疗废水处理剩余污泥，废药物、药品，感光材料废物（如医疗院所的 X 射线和 CT 检查中产生的废显影液及胶片）。医疗废物含有大量的病原微生物、寄生虫，还含有其他有害物质，必须严格处理与管理，应该控制包装、贮存和处理过程中可能发生的传染性物质、有害化学物质的流散等，以确保居民健康和环境安全。在产生源头进行严格的分类和预处理可降低医疗废物对服务人员和公众的健康风险，同时医疗废物服务人员应配备充分的保护设施并正确处理传染性医疗废物，以最大限度地降低被感染概率。未经严格处理的废物是不能循环使用的。

目前，国内外处置医疗废物使用最为广泛的技术仍然是焚烧技术。医疗废物经过高温焚烧可以达到较彻底的消毒灭菌效果并去除绝大部分的污染物，可实现大幅度的减容。常用的焚烧炉是回转窑，医疗废物在旋转炉内燃烧，再通过二燃装置去除有害污染物。通过炉体的旋转对废物进行一定的扰动，以利于废物充分燃烧。

在非焚烧技术方面，国内应用最多的是微波消毒、高温蒸煮、化学消毒等预处理技术，在处理后仍需按照生活垃圾运用末端处置技术对医疗废物进行处置；等离子体气化技术也属于非焚烧处置技术，但目前仍处于工业化应用发展阶段。

（2）其他危险废物

危险废物是固体废物的一种，亦称有毒有害废物，包括医疗垃圾、废树脂、药渣、含重金属污泥、酸和碱废物等。清洁生产是降低危险废物数量的最佳途径之一。凡是被列为危险废物的废物，其处理费用与一般废物相比将高几倍至几百倍甚至上千倍。在生产过程中不采用或少用有毒有害原料或可能产生有毒有害废物的原料，可以大幅度降低危险废物的产量。把有毒有害废物与一般废物分开收集与运输，也是降低危险废物产量的有效途径。已经产生的、必须单独处理的危险废物，其优先处理程序是通过物理、化学和生物方法，把危险废物中的有毒有害成分分离出来并加以利用，使之转化为无毒无害废物；其次是减容化，尽可能降低危险废物体积，如高静压压块或焚烧；再次是通过固化或稳定化，降低危险废物中有毒有害成分的迁移能力，同时采取永久性措施加以贮存，如在安全填埋场中填埋。

为预防危险废物非法转运和处理，法律已经规定，非法排放、倾倒、处置危险废物三吨以上的，或非法排放含重金属、持久性有机污染物等严重危害环境、损害人体健康的污染物超过国家污染物排放标准或者省、自治区、直辖市人民政府根据法律授权制定的污染物排放标准三倍以上的，就属于刑事犯罪。产生危险废物的单位，必须按照国家有关规定处置危险废物，不得擅自倾倒、堆放。禁止无经营许可证或者不按照经营许可证规定从事危险废物收集、贮存、利用、处置的经营活动，禁止将危险废物提供或者委托给无经营许可证的单位从事收集、贮存、利用、处置的经营活动。

1.5   我国固废领域的发展方向

1.5.1   资源化是解决固废污染和缓解资源能源短缺的突破口

固体废物蕴藏丰富的金属资源和生物质资源，普通固体废物同时具备污染属性和资源属性，污染属性转化为资源属性是固体废物处理与资源化的核心科学问题。随着我国社会经济持续稳定发展，资源环境瓶颈约束日益突出，深度推进固废减量化、资源化发展，构建覆盖全社会的资源循环利用体系，提高固体废物资源属性，降低固体废物污染属性，对于系统解决我国固废污染问题、破解资源环境约束和推动产业绿色发展具有重大战略意义和现实价值。

固废资源化是解决环境污染、深入推进标本兼治的突破口。固废资源化可以回收其中蕴含的丰富资源和能源，并加速循环利用，在此过程中通过逐步消纳废弃物从而有效解决固废污染问题。从全生命周期的视角来看，固废资源化可以替代原生矿产资源，有效降低原生资源开采引发的生态破坏与环境污染问题，并显著促进节能减排。如对报废汽车零部件进行再制造，与新品制造相比，可节约成本50%，节能60%，节约原材料70%，对环境的不良影响明显降低。

固废资源化可以提供重要战略资源和能源，是缓解资源能源短缺瓶颈的有效手段，是实现资源能源供给侧改革的重要突破口。大量固废中不仅蕴含高品位的钢铁、铜、铝、金、银等金属以及橡胶、尼龙、塑料等高分子材料等，而且富含生物质资源，是优质的可再生能源。与此同时，我国人均资源占有量先天不足，但资源消耗总量巨大，导致大宗矿产、石油、天然气长期保持较高的对外依存度，如铁矿石、铜、钾、石油、天然气等资源对外依存度非常高。

有效推动固废资源化，可以替代或弥补原生矿产资源的不足，是缓解我国资源能源短缺的重要途径。伴随着我国高端制造业和城镇化建设发展，固废资源化将在提供高价值战略金属产品、大宗高性能建材、高品质燃气方面发挥更为重要的作用，固废资源化必将成为保障我国社会经济发展重要的资源能源来源。

1.5.2　固废领域发展趋势

（1）城乡生活垃圾分类与分类物资利用

2018 年，由政府部门清运至填埋场或焚烧发电厂的生活垃圾为 2.3 亿吨/年，填埋场中贮存的矿化垃圾约 30 亿吨，两者潜在的塑料、纸张、纤维、玻璃等四大类废品资源分别为5400 万～6500 万吨/年和 14 亿～16 亿吨/年，而且还在逐年增加，亟待资源化利用。然而，这些废品受到生活垃圾中渗滤液、重金属、难降解有机物、黏附物等源头污染物的严重污染，难以洁净和再生利用，只能填埋或焚烧。应开展四大类废品源头交叉污染过程与机理、贮运过程中污染物的老化行为与自然降解和衰减机理、废品中污染物洁净清除和控制方法、再生过程中污染物包裹及降解转化方法、再生成品污染物结合特性和释放机制及安全使用性能评估等研究，揭示废品与污染物相互作用的本质，提出其洁净控制方法，为生活垃圾大宗废品安全循环利用提供科学技术依据。

生活垃圾分类分流已经成为上海市和全国各地的政策，自上而下、自下而上多方位推进。目前，生活垃圾被人为确定分为四大类（可回收垃圾、湿垃圾、干垃圾、有害垃圾）或两大类（干垃圾、湿垃圾），分类非常粗放，基本上仍是四堆垃圾或两堆垃圾，纯度极差，后续利用仍然非常困难。其次，各类分类垃圾存在大量毒物，包括发生大规模公共卫生事件时垃圾桶中存在具有高度传染性的病毒，以及正常情况下必然存在的病原菌（如大肠杆菌等）、难降解有机物、重金属等，存在巨大的环境和社会风险。为此，应围绕生活垃圾深度分类及环境安全控制，开展生活垃圾深度分类（分类超过 5～10 类）、各类废物中毒物（如大规模公共卫生事件产生的病原菌、常规存在的病原菌、难降解有机物、重金属等）分布演变与环境风险评估、毒物高效去除等，确保生活垃圾源头分类分流安全、高效、经济，真正实现资源化利用。

（2）工业固体废物利用

通过产生节点和产生过程控制实现固废减量化，在绿色工艺、清洁生产、产品生态设计等领域深入探索，实现源头调控向精细化、生态化和智能化转型；开启基于大数据的互/物联网固废分类与回收，使智能设备、物联网技术联结为一个整体，实现固体废物自动识别、智能回收、实时监控。

对于以大宗低阶固废、煤基固废、多金属固废、新能源固废、高风险固废等为代表的无机固废，通过产业结构优化升级与推行清洁生产技术，促进工业固废产生量与排放量规模锐减，同时由资源单一利用向多资源协同提取、大规模增值利用等方式转变，并实现全过程污染控制。

废旧复合器件/材料包括退役动力电池、智能终端、高端装备、集成材料及再生金属行业典型复杂废料，具有产生量大、残值高、全组分利用难、直接利用技术缺乏和不经济等特性，智能拆解、安全利用、协同利用、保级提质、短程转化成为主要趋势。

（3）农业废物处理与资源转化

秸秆、尾菜和禽畜粪便，长期以来随意排放。未来应该通过大宗农业废物的有机交联聚合、生物热强化、热泵回收余热循环通风、处理微生物菌剂复配、杂草种子病原菌病毒生物灭活、在线监测和数字模型模拟及平台、腐熟度综合评价等腐殖质化生物学机制和无害化资源化利用调控途径，实现任意含水率、不同碳氮比、各种废物及其配伍的高速降解腐殖质化、稳定化、无害化，生产出不同分子量并适合各种农作物生长需要的腐殖质分子肥，大幅提高营养成分和肥力。

习题与思考题

1. 如何理解固体废物的双重属性？如何高效转化？请举例说明。
2. 从相关标准、价格、流通数据方面，定量化表征各种废物的污染属性和资源属性。
3. 生活垃圾分类过程的环境卫生风险有哪些？应如何防控？
4. 简述生活垃圾混合收集交叉污染的原因。
5. 列举你认为现阶段和未来固废领域的发展方向及原因。

第 2 章　固体废物处理与资源化原理

固体废物处理与资源化涉及的基础知识非常广，包括数学、物理、化学、生物学、力学、生态学、环境评价与环境规划、工程经济学等，特别是污染物分离与防控、废物利用与末端处理，需要应用电磁学和空气动力学、环境微生物学、化学热力学和化学动力学、固态与水溶液中的分离科学与技术、环境影响评价方法等原理与工艺技术。

2.1　电磁学和空气动力学

2.1.1　电分选原理

2.1.1.1　矿物电性质

（1）矿物的电导率

定义：电导率 γ，其物理意义是长 1cm、截面积为 $1cm^2$ 的直柱形物体沿轴线方向的导电能力。它是电阻率的倒数，是表示物体传导电流能力大小的物理量。电导率的单位是 $\Omega^{-1} \cdot cm^{-1}$。根据所测出各种矿物的电导率，常将矿物分成下列 3 种类型。

① 导体矿物：$\gamma=10^4 \sim 10^5 \Omega^{-1} \cdot cm^{-1}$，如自然铜、石墨。

② 半导体矿物：$\gamma=10^{-10} \sim 10^2 \Omega^{-1} \cdot cm^{-1}$，如硫化矿、金属氧化物矿等。

③ 非导体矿物：$\gamma<10^{-10} \Omega^{-1} \cdot cm^{-1}$，如硅酸盐、碳酸盐矿物。

导体矿物：在电场中吸附电子后，电子能在其颗粒表面自由移动，或者在高压静电场中受到电极感应后，能产生可以自由移动的正、负电荷。

非导体矿物：在电晕电场中吸附电荷后，电荷不能在其表面自由移动或传导。在高压静电场中正、负电荷只是中心发生偏离，不能被移走，一旦离开电场，矿物立即恢复原状，对外不表现正、负电性。

半导体矿物：导电性能介于导体矿物和非导体矿物之间。

（2）矿物的相对介电常数

定义：介质在外加电场中会产生感应电荷而削弱电场，原外加电场强度（真空中）与加入介质后电场强度的比值，即为该介质的相对介电常数，又称相对电容率，以 ε 表示。在无限大的均匀电介质中，电场强度减小为真空中场强的 $1/\varepsilon$ 倍，即

$$\varepsilon = \frac{E}{E_1} \tag{2-1}$$

式中　E——在真空中的电场强度的大小，N/C；

　　　E_1——在电介质中的电场强度的大小，N/C。

相对介电常数的取值有以下几种情形：

① 导体矿物的相对介电常数 $\varepsilon \approx \infty$。

② 非导体矿物的相对介电常数 $\varepsilon > 1$。

③ 半导体矿物的相对介电常数 ε 介于导体矿物和非导体矿物之间。

④ 真空（空气）的相对介电常数最小，$\varepsilon = 1$。

（3）矿物的整流性

石墨成为导体时所需电压为 2800V，以此为标准，把其他矿物在电场中成为导体时所需的电位差与标准相比较，两者的比值称为矿物的比导电度。在测定矿物的比导电度时会发现，有些矿物只有当高压电极带负电时才作为导体分出；而另一些矿物则只有高压电极带正电时才作为导体分出；还有一些无论高压电极带正电或负电，均能作为导体分出。矿物表现出的这种与高压电极极性相关的电性质称作整流性。规定：

① 高压电极带负电时，只获得正电荷的矿物叫正整流性矿物，如方解石、锆石、金红石。

② 高压电极带正电时，只获得负电荷的矿物叫负整流性矿物，如石英、电气石。

③ 不论电极正负，均能获得电荷的矿物叫全整流性矿物，如磁铁矿、钛铁矿等。

（4）矿物电性可选性特点

① 根据矿物的电导率可判断用电选法分离两种矿物的可能性，两者的电导率差别越大，越容易分离。

② 两种矿物的相对介电常数相差越大，越容易分离。

③ 根据矿物的比导电度可以确定电选时采用的最低分选电压。

④ 根据矿物的整流性可以确定高压电极的极性。

2.1.1.2　矿物带电方式

（1）直接传导带电

当矿粒直接和电极接触时，导电性好的矿粒就获得同电极极性相同的电荷，从而被电极排斥。而导电性差的矿粒，则只能被电极极化而产生束缚电荷，靠近电极一端产生与电极相反的电荷，从而被电极吸引。利用矿粒的导电性差异在电极上表现不同的行为，可达到分离的目的。

（2）感应带电

矿粒不与带电体或电极接触，在电场中受感应作用而带电。

① 导电性好的矿粒在靠近电极的一端产生和电极极性相反的电荷,另一端产生相同的电荷；矿粒上的这种电荷是可以移走的，如移走的电荷和电极极性相同，则剩下的电荷和电极极性相反，从而矿粒被电极吸引。

② 导电性差的矿粒虽处在同样条件，却只能被电极极化，其电荷不能被移走，因而不能被电极所吸引。

二者运动轨迹产生差异，即可进行分离。

（3）电晕带电

电晕场的形成：电晕电场中，在两个曲率半径相差很大的丝电极和平板电极上，通以足够高的电压。在高电压作用下，丝电极附近的电场强度将大大超过平板电极，因此，丝电极周围空气被击穿。正电荷迅速飞向高压负电极，负电荷迅速飞向接地正电极，形成电晕电流，从而在整个电晕场空间充满荷电体。

矿粒电晕分离：在电晕放电电场中，不同性质的矿粒因吸附空气离子而获得电性相同、但数量不同的电荷，因而受到不同的电力作用，产生不同的运动轨迹，从而可以实现分离。

（4）摩擦带电

摩擦带电是通过接触、碰撞、摩擦的方法使矿粒带电。不同性质的矿粒互相摩擦或者与给料设备表面摩擦，从而使不同性质的矿粒带上电性相反、数量足够的电荷，这种带电方式叫摩擦带电。

经摩擦带电的矿粒通过电场时，将分别被正、负电极吸引，从而实现分选。

（5）复合电场中带电

所谓复合电场是指电晕电场与静电场相结合的电场。复合电极的形式一种是电晕电极在前，静电极在后，另一种则是电晕电极与静电极混装在一起。电晕电极与静电极混装强化了静电场的作用，对导体加强了静电极的吸引力，对非导体加强了斥力，使之吸于鼓面。

2.1.2　磁分选原理

2.1.2.1　有关概念

（1）磁场、磁感应强度、磁场强度

① 磁场：磁力作用的空间，即磁场强度在空间的分布情况。描述磁场大小和方向的物理量有磁感应强度 $\boldsymbol{B}$ 和磁场强度 $\boldsymbol{H}$。

② 磁感应强度：磁场中某点的磁感应强度的大小等于该处的导线通过单位电流 I 时所受力的最大值，它的方向为放在该点的小磁针的 N 极所指的方向。

$$\mathrm{d}\boldsymbol{F}=k\boldsymbol{B}I\mathrm{d}\boldsymbol{L}\sin\theta \tag{2-2}$$

其中，在国际单位制中 $k=1$，$\theta=90°$ 时力最大；$\mathrm{d}\boldsymbol{F}$ 的单位为 N，I 的单位为 A，$\mathrm{d}\boldsymbol{L}$ 的单位为 m。

$k=1$，$\theta=90°$ 时，$\boldsymbol{F}$ 最大，用 $\boldsymbol{F}_{\mathrm{m}}$ 表示，此时

$$\boldsymbol{B}=\mathrm{d}\boldsymbol{F}_{\mathrm{m}}/(I\mathrm{d}\boldsymbol{L}) \tag{2-3}$$

在国际单位制中 $\boldsymbol{B}$ 的单位是 T（Tesla，特斯拉），也可表示为 Wb/m²，而在磁单位制中 $\boldsymbol{B}$ 的单位为 Gs（Gauss，高斯），两者的换算关系为 $1\mathrm{T}=10^4\mathrm{Gs}$。

③ 磁场强度：是指在任何介质中磁场中某点的磁感应强度 $\boldsymbol{B}$ 与同一点上磁介质的磁导率 μ 的比值，用 $\boldsymbol{H}$ 表示。

$$\boldsymbol{H}=\boldsymbol{B}/\mu \tag{2-4}$$

在国际单位制中真空中的磁导率 μ 为 $4\pi\times10^{-7}\mathrm{H/m}$，在电磁单位制中 $\mu=1$ 为一纯数。

在国际单位制中 $\boldsymbol{H}$ 的单位为 A/m，电磁单位制中 $\boldsymbol{H}$ 的单位为 Oe（Oersted，奥斯特）。这两种单位制的换算关系为

$$1\mathrm{Oe}=80\mathrm{A/m} \tag{2-5}$$

$$1\mathrm{T} = 80 \times \frac{10^4\mathrm{A}}{\mathrm{m}} = 10000\mathrm{Oe} \tag{2-6}$$

④ 均匀磁场：磁场的磁力线分布均匀，即磁场中各点的磁场强度大小相等，方向一致。

⑤ 非均匀磁场：磁力线的分布不均匀，即磁场中各点的磁场强度大小和方向都是变化的。

⑥ 磁场梯度：磁场的不均匀程度或称磁场强度的变化率。梯度的方向为该点处变化率最大的方向，大小为该点最大变化率的数值。用 $\mathrm{d}H/\mathrm{d}x$ 或 $\mathrm{grad}H$ 表示。

注意：分选磁性不同的颗粒必须在不均匀磁场中进行；对磁场设备分选空间中磁场的基本要求是不但要有一定的磁场强度，而且还要有较高的磁场梯度。

（2）物体的磁化、磁化强度和磁化系数

① 物体的磁化：原子中各个电子运动产生原子磁矩，分子则具有分子磁矩。物体在不受外磁场作用时分子的热运动使得分子磁矩取向分散，分子磁矩矢量和为零，物体不显磁性；当物体处于磁场中时分子磁矩可沿外磁场取向从而显示出磁性。

② 磁化强度：单位体积物体的磁矩，用 M 表示，单位为 A/m。

$$M = \sum P_{\mathrm{m}} / V \tag{2-7}$$

式中，$\sum P_{\mathrm{m}}$ 是物体中各原子磁矩的矢量和；V 是物体的体积。

③ 磁化系数：单位外磁场强度使物体产生的磁化强度称为物体的磁化系数，用 K_0 表示，量纲为 1。

$$K_0 = M/H \tag{2-8}$$

质地不同而体积相同的两个物体在相同的外磁场强度下被磁化时，磁矩大的物体 κ_0 大，说明其磁性强，反之其磁性弱。

④ 比磁化系数：单位外磁场强度在单位质量物体上产生的磁矩的大小，用 X_0 表示，单位为 m^3/kg。

$$X_0 = \sum \frac{P_{\mathrm{m}}}{V \rho_1 H} = \kappa_0 / \rho_1 \tag{2-9}$$

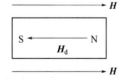

图 2-1　退磁场示意图

⑤ 退磁场：物体在外磁场中被磁化后，如果两端出现磁极，将在物体内部产生磁场，其方向与外磁场方向相反或接近相反，因而具有减退磁化的作用，这个磁场称为退磁场，如图 2-1 所示。

当磁化均匀时，产生的退磁场强度与磁化强度成正比：

$$H_{\mathrm{d}} = -NM \tag{2-10}$$

式中，N 为退磁系数，其值取决于物体的形状。在矿物分选实践中，由于颗粒大都呈不规则几何形状，所以 N 一般取 0.16。

（3）磁场中的高斯定律、安培环路定律

① 磁场中的高斯定律。定理表述：穿过闭合面的净磁通量等于 0。

$$\Phi_{\mathrm{m}} = \oiint_S B \cdot \mathrm{d}S = 0 \tag{2-11}$$

磁场中的高斯定律阐明了磁场的性质：①磁场是无源场，磁力线为闭合曲线，磁场是有旋场。②磁场与电场有本质的区别。电场为保守场，是有源场；电力线是发散的，电场是无旋场。

② 安培环路定律。定理表述：磁感应强度沿任何闭合环路 L 里的线积分，等于穿过该闭合环路所有电流的代数和的 μ_0 倍。用公式表示，则有

$$\oint_L \boldsymbol{B} \cdot \mathrm{d}\boldsymbol{L} = \mu_0 \sum_{i=1}^{n} I_i \tag{2-12}$$

其中电流 I 的正负规定如下：当穿过环路 L 的电流方向与环路 L 的环绕方向服从右手法则时，$I>0$；反之，$I<0$。如果电流 I 不穿过环路 L，则它对上式右端无贡献。

（4）磁介质中 $\boldsymbol{H}$、$\boldsymbol{B}$、$\boldsymbol{M}$ 之间的关系

当电流的磁场中有磁介质时，磁场中任意一点的磁感应强度 $\boldsymbol{B}$，除了包括电流产生的磁场外，还应考虑磁介质磁化后分子电流产生的附加磁场。

$$
\begin{aligned}
\boldsymbol{B} &= \mu_0(\boldsymbol{H}+\boldsymbol{M}) \\
&= \mu_0(\boldsymbol{H}+\kappa_0\boldsymbol{H}) \\
&= \mu_0(1+\kappa_0)\boldsymbol{H} \\
&= \mu_0\mu_{\mathrm{r}}\boldsymbol{H} \\
&= \mu\boldsymbol{H}
\end{aligned} \tag{2-13}
$$

式中，μ_0 为磁介质的固有磁导率；μ_{r} 称为磁介质的相对磁导率，无量纲。

2.1.2.2　磁性颗粒在非均匀磁场中所受的磁力

当一个载流线圈在磁场中运动时，所受力如图 2-2 所示。

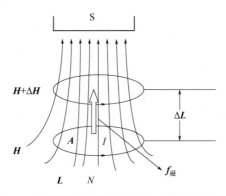

图 2-2　载流线圈在磁场中运动时所受力示意图

如果线圈中的电流强度 I 不变，则磁力所做的功 ΔW 为：

$$
\begin{aligned}
\Delta W &= I \cdot \Delta\varPhi \\
&= I \cdot \Delta\boldsymbol{B} \cdot A \\
&= I\mu_0[A(H+\Delta H)-AH] \\
&= I \cdot A \cdot \Delta H \cdot \mu_0
\end{aligned} \tag{2-14}
$$

$I \cdot A$ 为线圈的磁矩，令 $\boldsymbol{P}_{\mathrm{m}}=I \cdot A$，则

$$\Delta W = \mu_0 \cdot \boldsymbol{P}_{\mathrm{m}} \cdot \Delta H \tag{2-15}$$

如果载流线圈在磁场中受磁场作用的合力为 F_m（单位 N），则磁力所做的功

$$\Delta W = F_m \cdot \Delta L \tag{2-16}$$

$$F_m \cdot \Delta L = \mu_0 \cdot P_m \cdot \Delta H \tag{2-17}$$

$$
\begin{aligned}
F_m &= \mu_0 \cdot P_m \cdot \Delta H / \Delta L \\
&= \mu_0 \cdot M \cdot \Delta V \cdot \mathrm{grad}H \\
&= \mu_0 \cdot \kappa_0 \cdot H \cdot \Delta V \cdot \mathrm{grad}H \\
&= \mu_0 \cdot X_0 \cdot \rho \cdot H \cdot \Delta V \cdot \mathrm{grad}H \\
&= m \cdot \mu_0 \cdot X_0 \cdot H \cdot \mathrm{grad}H
\end{aligned}
\tag{2-18}
$$

$$f_m = \mu_0 \cdot X_0 \cdot H \cdot \mathrm{grad}H \tag{2-19}$$

$H \cdot \mathrm{grad}H$ 称为磁场力，由式（2-19）可知：

① 作用在单位质量磁性颗粒上的磁力——比磁力 f_m 主要由反映颗粒磁性的比磁化系数 χ_0 和反映颗粒所在处磁场特性的磁场力 $H \cdot \mathrm{grad}H$ 两部分组成。在分选强磁性物料（矿物）时，由于颗粒的磁性强，χ_0 很大，克服机械力所需要的磁场力 $H \cdot \mathrm{grad}H$ 则可以小一些；分选弱磁性物料（矿物）时，由于颗粒的磁性很弱，χ_0 很小，克服机械力所需要的磁场力 $H \cdot \mathrm{grad}H$ 就很大。

② 如果颗粒所在处的磁场梯度 $\mathrm{grad}H=0$，即使磁场强度很高，作用在磁性颗粒上的比磁力也等于 0。这说明磁选必须在非均匀磁场中进行。为了提高磁场力 $H \cdot \mathrm{grad}H$，不仅需要设法提高磁场强度 H，而且应该研究提高磁场梯度 $\mathrm{grad}H$ 的措施。正是一系列场强高、梯度大的强磁场磁选机的陆续问世，才使得磁力分选法的应用范围不断扩大。

③ 应用式（2-19）计算颗粒所受的比磁力时，一般采用颗粒中心处的磁场强度 H，因此，只有在磁场梯度 $\mathrm{grad}H$ 等于常数时，计算结果才是准确的。但在实际生产中，磁选设备分选空间的 $\mathrm{grad}H$ 不是常数，所以颗粒的粒度越小，其计算误差也就越小。对于粗颗粒或尺寸较大的物料块，必须将其分成许多体积很小的部分，先对每个小部分所受的磁力进行计算，然后再求出总的磁力。这在实际工作中是很难做到的，所以在通常的情况下，多是根据磁选机的类型，结合实际情况，首先估算出作用在颗粒上的机械力的合力 $\sum F_{机}$，然后再确定所需要的磁力。

④ 磁力的方向是沿磁场梯度的方向，即颗粒所受磁力的方向指向磁场强度升高的方向。而某点处的磁场梯度方向可能与该点的磁场方向平行，也可能与磁场方向成某一角度，但磁场梯度方向一定与等磁场线（磁场中磁场强度相等的点的连线）垂直。一个"细长"磁性颗粒在不均匀磁场中，其长轴方向一定平行于磁场方向，而其所受磁力方向是沿磁场梯度方向。

2.1.2.3 磁选分离的基本条件

磁选分离在磁选设备的磁场中进行，物料进入分选空间后，受到磁力和机械力（包括重力、摩擦力、流体阻力、离心惯性力等）的作用。磁性不同、粒度不同的颗粒所受力的情况不同，运动路径就不相同：磁性颗粒运动路径由其受到的磁力和所有机械力的合力决

定，非磁性颗粒运动的路径则由作用在其上的机械力的合力决定（图 2-3）。

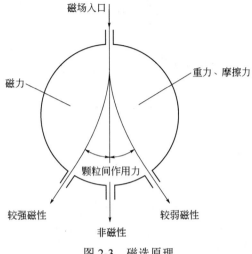

图 2-3 磁选原理

磁选分离的条件分为以下两种情况：

① 为保证磁性颗粒与非磁性颗粒分开，必须满足的条件是 $F_m > \sum F_{机}$；

② 将较强磁性和较弱磁性的颗粒分开，必须满足的条件是 $F_{m1} > \sum F_{机} > F_{m2}$。

2.1.3 空气动力学原理

2.1.3.1 颗粒及颗粒群沉降理论

（1）介质阻力

在风力分选过程中，颗粒运动时所受阻力的来源，一是风作用在物料颗粒上的阻力，是介质阻力；二是物料颗粒与周围其他物体及器壁间的摩擦、碰撞而产生的阻力，是机械阻力。颗粒在介质中自由运动时，只受介质阻力。

用量纲分析和实验研究相结合的方法，根据实验结果及流体力学的分析可知，颗粒所受介质阻力 R（单位 N），与它的运动速度 v（单位 m/s）、几何特征尺寸 d（单位 m）、流体密度 ρ（单位 kg/m³）和黏度 μ（单位 mPa·s）等物理量有关。R 可用如下函数表示：$R=f(v, d, \rho, \mu)$，用量纲分析的方法，经推导整理得介质阻力通式：

$$R = \varphi d^2 \rho v^2 \tag{2-20}$$

$$\varphi = \frac{3\pi}{Re} \tag{2-21}$$

式中　φ——阻力系数，无量纲；

　　　Re——雷诺数，无量纲。

（2）自由沉降与沉降末速

自由沉降是指单个颗粒在无限空间介质中的沉降，只受介质阻力，不受其他颗粒及器壁的影响。本书中颗粒密度用 δ 表示，介质密度用 ρ 表示，单位为 kg/m³。设球形颗粒受

重力 G_0 和阻力 R，则球形颗粒在介质中沉降末速的通式为：

$$m\frac{\mathrm{d}v}{\mathrm{d}t} = G_0 - R \qquad (2\text{-}22)$$

即

$$\frac{\pi d^3}{6}\delta\frac{\mathrm{d}v}{\mathrm{d}t} = \frac{\pi d^3}{6}(\delta - \rho)g - \varphi d^2\rho v^2 \qquad (2\text{-}23)$$

$$\frac{\mathrm{d}v}{\mathrm{d}t} = \frac{\delta - \rho}{\delta}g - \frac{6\varphi\rho v^2}{\pi d\delta} \qquad (2\text{-}24)$$

上式可改为：

$$\frac{\mathrm{d}v}{\mathrm{d}t} = g_0 - a \qquad (2\text{-}25)$$

式中 a——阻力加速度，m/s^2，与颗粒及介质的密度、粒度、沉降末速有关；

     g——重力加速度，m/s^2；

     g_0——矿粒在介质中的加速度，m/s^2；

     m——矿粒的质量，kg；

     v——矿粒的运动速度，m/s；

     t——沉降时间，s；

     φ——阻力系数，无量纲。

物体从静止开始，由于 $\mathrm{d}v/\mathrm{d}t$ 作用，v 增加，后因为阻力随速度不断增加，反过来使 $\mathrm{d}v/\mathrm{d}t$ 下降。

当 $R=G_0$ 时，受力平衡，加速度为 0，物体运动速度达到最大值，这时的运动速度以 v_0 表示，称沉降末速。

$$R=G_0 \qquad (2\text{-}26)$$

$$\frac{\delta - \rho}{\delta}g = \frac{6\varphi\rho v_0^2}{\pi d\delta} \qquad (2\text{-}27)$$

得自由沉降末速通式：

$$v_0 = \sqrt{\frac{\pi d(\delta - \rho)}{6\varphi\rho}g} \qquad (2\text{-}28)$$

式中，δ 越大，d、ρ 越大，则 v_0 越大；δ、d 一定，ρ 越大，则 v_0 越小。

式中的阻力系数是 $v=v_0$ 时的值，由雷诺数 Re 确定。

在风选过程中应用的风压不超过 1MPa，所以，实际上可以忽略空气的压缩性，而将其视为具有液体性质的介质。颗粒在水中的沉降规律也同样适用于在空气中的沉降，但由于空气密度较小，与颗粒密度相比可忽略不计，故颗粒在空气中的沉降末速 v_0 为：

$$v_0 = \sqrt{\frac{\pi d\rho_s}{6\varphi\rho}g} \qquad (2\text{-}29)$$

从上式可看出：当颗粒粒度一定时，密度大的颗粒沉降末速 v_0 大；当颗粒密度 ρ_s 相同时，直径 d 大的颗粒沉降末速大。

2.1.3.2　自由沉降的等沉现象与等沉比

（1）等沉现象、等沉粒和等沉比

由于颗粒的沉降末速同时与颗粒的密度、粒度和形状有关，因此在同一介质内，密度、粒度、形状不同的颗粒在特定条件下可以有相同的沉降速度，这样的现象称为"等沉现象"。有相同沉降速度的颗粒称为等沉粒，其中密度小与密度大的颗粒粒度之比称为等沉比。两等沉粒，其粒度和颗粒密度分别以 d_{v1}、δ_1 及 d_{v2}、δ_2 表示，设 $\delta_2>\delta_1$，$v_{01}=v_{02}$，因此有 $d_{v1}>d_{v2}$。

等沉比 e_0 的计算公式为 $e_0=d_{v1}/d_{v2}>1$。①$d_{v1}/d_{v2}<e_0$ 时，$v_{02}>v_{01}$，密度大的颗粒沉降快，在下面；②$d_{v1}/d_{v2}=e_0$ 时，$v_{02}=v_{01}$，两种颗粒沉降时不分上下；③$d_{v1}/d_{v2}>e_0$ 时，$v_{02}<v_{01}$，密度小而粒度大的颗粒沉降快。

要使性质不同的物料能按密度差异分离，必须使密度不同的颗粒的粒度比小于等沉比。即粒度需控制在一定范围内，范围越窄，d_{v1}/d_{v2} 越小，越小于 e_0。等沉比对于一定性质的两种颗粒是一定的。等沉比越大，越不利于按密度分级。所以，为提高分选效率，在风选之前需要将废物进行窄分级，或通过破碎使粒度均匀后，按密度差异进行分选。

（2）等沉比的计算

用通式求等沉比 e_0。对于两种密度不同的颗粒，有：

$$v_{0k1} = \sqrt{\frac{\pi d_{v1}(\delta_1 - \rho)g}{6\varphi_{k1}\rho}} \tag{2-30}$$

$$v_{0k2} = \sqrt{\frac{\pi d_{v2}(\delta_2 - \rho)g}{6\varphi_{k2}\rho}} \tag{2-31}$$

两末速相等时，有

$$\sqrt{\frac{\pi d_{v1}(\delta_1 - \rho)g}{6\varphi_{k1}\rho}} = \sqrt{\frac{\pi d_{v2}(\delta_2 - \rho)g}{6\varphi_{k2}\rho}} \tag{2-32}$$

$$e_0 = \frac{d_{v1}}{d_{v2}} = \frac{\varphi_{k1}(\delta_2 - \rho)}{\varphi_{k2}(\delta_1 - \rho)} \tag{2-33}$$

从计算 e_0 的式（2-33）可知，任何两种矿粒若是等沉粒，它们的等沉比不是一成不变的，因为除了矿粒的密度因素之外，e_0 的大小还与其他一些因素有关。

2.2　环境微生物学

2.2.1　微生物种类及营养物质

2.2.1.1　微生物种类

微生物（microorganisms）是指众多肉眼不可见、个体微小的低等生物的总称。它们类群庞杂，种类繁多。概言之，微生物中包括细胞型微生物和非细胞型微生物两类，细胞型微生物中又包括原核微生物与真核微生物两类。环境中常见的原核微生物有细菌、放线菌、蓝细菌、光合细菌、古细菌等；真核微生物有霉菌、酵母菌、微小藻类和原生动物等；非细胞型微生物常见有病毒、噬菌体等。

微生物细胞的化学元素和其他生物一样，都是由碳、氢、氧、氮、磷、硫、钾、钙、镁、钠及铁等大量元素组成；此外，还有极微量的锌、铜、锰、钼、钴等微量元素。由它们组成微生物体内的各种有机物与无机物。

微生物细胞中含量最多的是水分，约占菌体鲜重的 70%～90%。除去水分的干物质中，碳、氢、氧、氮 4 种元素占全部干重的 90%～97%，其余的 3%～10% 为矿质元素，亦称无机元素。各种微生物细胞干物质的含碳量比较稳定，约占干重的 50%±5%。氮元素含量在各类微生物中差别较大，约为 5%～13%。在矿质元素中以磷的含量为最高，约占全部矿物质含量的 50%，占细胞干物质总量的 3%～5%，其次为钾、镁、钙、硫、铁及钠等。微生物矿质元素的含量，可随着微生物生理活性的不同而有很大的变化。

2.2.1.2　营养物质

微生物的营养物质主要分为碳源、氮源、无机盐、生长因子和水等 5 大类，大部分以无机物或有机物的形式为微生物所利用，也有一些以分子态气体方式供给。

（1）碳源

自养微生物以 CO_2、CH_4 等一碳化合物作为唯一或主要碳源合成细胞物质；异养微生物则以有机碳化合物作为碳源，主要有单糖、寡糖、多糖、有机酸、醇、脂肪或芳香烃类化合物、纤维素甚至人工合成的一些有机高分子材料及有毒有害化合物（如黄曲霉毒素）等，许多微生物在利用这些碳源的同时获取了能量。

（2）氮源

从分子态氮、无机态氮到复杂的含氮有机物，包括氮气、氨、铵盐、（亚）硝酸盐、氰化物、尿素、胺、酰胺、嘌呤、嘧啶、氨基酸、肽、胨以及蛋白质等，都可被不同的微生物所利用。

（3）无机盐

无机盐也是微生物生长不可或缺的营养物质，主要包括钠、钾、钙、镁、铁化合物及磷酸盐、硫酸盐等无机盐；此外一些微量元素（如铜、锰、锌、钴、钼等）对微生物的生长也是必要的，需求量为 10^{-8}～10^{-6} mol/L。无机盐的主要作用是：构成细胞的组成成分；作为酶的组成部分，维持酶的活性；调节细胞渗透压、氢离子浓度、氧化还原电位等。某些无机盐（如亚铁盐、硫代硫酸盐等）还可作为一些自养微生物的能源。

（4）生长因子

有些微生物在正常生活时，除必须由外界供应一定的碳、氮、无机盐等营养外，还需要一些微量的特殊有机物，统称为生长因子。例如维生素类物质，主要是维生素 B 族化合物、肌醇、维生素 K 等。此外，生长因子中还包括某些氨基酸、嘌呤、嘧啶等。生长因子的作用主要是构成酶的辅酶或辅基参与新陈代谢。

（5）水

水是微生物体内、体外的溶剂，营养物质的吸收与代谢产物的分泌都需要水。

2.2.2　微生物在环境中的分布

2.2.2.1　微生物在土壤中的分布

土壤是微生物良好的生活环境。土壤中所具备的养分、水分、空气、pH 和温度条件等，可为微生物提供良好的生活环境，几乎全部细菌与真菌的种类都生活在土壤中。

土壤中微生物的数量因土壤类型、季节、土层深度与层次等不同而异；而且，无论在大面积的耕地里或者在一小团的土块里，微生物分布的数量都是不均匀的。一般来说，在土壤表面，由于日光照射及干燥等因素的影响，微生物不易生存。地表以下 10～30cm 的土层中菌数多；土壤愈肥沃，微生物愈多。深层土壤由于有机物含量少、缺氧等原因，菌数随土壤深度而减少。土壤微生物数量的季节变化是温度、水分、有机残体综合影响的表现。一般冬季温度低，有的地区土壤连续几个月都呈冰冻状态，微生物数量明显减少，但并不排除微生物的存在。当春季到来，气温升高，植物生长，根系分泌物增加，微生物数量上升。有的地区夏季干旱，微生物数量也随之下降。至秋季雨水来临，加上秋收后大量植物残体进入土壤，微生物数量又上升。这样，在一年里土壤中会出现两个微生物数量高峰。

2.2.2.2　微生物在水体中的分布

地球上 97%的水存在于海洋中，2%在冰川与两极，0.009%在湖中，0.00009%在河流中，其余部分为地下水。海洋覆盖了地球表面的 71%。水体是生命赖以生存的重要环境。凡江、河、湖、海以至温泉、下水道等，几乎有水的地方均可有微生物生存。水中微生物主要来自土壤、空气、动物尸体及分泌排泄物、生活污水等。许多土壤微生物均可见于水中。水中细菌 90%为革兰氏阴性菌，常包括弧菌、假单胞菌、黄杆菌等属；河水溪流因受土壤传播的影响可能革兰氏阳性菌多一些，但仍以革兰氏阴性菌为主。鞘细菌及有柄附生细菌常见于水体中。水体更是光合型微生物生活的良好环境，有各种藻类、蓝细菌与光合细菌等。

水中细菌个体较小，很多能运动，有的含有气泡，这些特征有利于细菌浮游于水中。霉菌在淡水中多于海水中，尤其当腐败的植物残体进入水体后更多。水中酵母菌虽不多，但深及海下 3000 m 处亦曾见到（每升中不少于 100 个）；由甲藻引起的水华中可以发现较多的酵母菌。微生物在水中的分布与数量亦受到水体类型与层次、污染情况、季节等各种因素的影响。如贫营养湖中细菌数约在 10^3～10^4 个/mL，而富营养湖中可达 10^7～10^8 个/mL。

2.2.2.3　微生物在空气中的分布

空气由于营养物质缺乏和水分不足，不是微生物生活的良好场所，但空气中仍然有从病毒到真菌，甚至藻类和原生动物等各种微生物。微生物通过各种方式进入空气，主要来源于带有微生物菌体及孢子的灰尘。

空气中的微生物大部分是腐生微生物，也有人和动植物病原微生物。空气中微生物种类因场所不同而有不同。有些种类是普遍存在的，如霉菌和酵母菌到处均有，在一些地区其数量甚至可超过细菌，曲霉、青霉、木霉、根霉、毛霉、白地霉、圆球酵母以及红色圆球酵母等都是常见的种类。细菌则是由土壤中来的，最常见的为芽孢杆菌，如枯草芽孢杆菌、肠膜芽孢杆菌、蕈状芽孢杆菌等，球菌，如微球菌、八叠球菌等。

2.2.2.4　极端环境中的微生物

极端环境包括高温、低温环境，高盐环境，高酸、高碱环境，高热酸环境，高压环境。另外还有某些特殊环境，如油田、矿山、沙漠的干旱地带，地下的厌氧环境和高辐射环境、高卤环境等。在这些极端环境中也有微生物存在和生长。微生物适应异常环境，是自然选择的结果。20 世纪 70 年代以来，极端环境微生物已成为微生物发展新的资源宝库。

（1）嗜热微生物。土壤、堆肥、热泉和火山地带普遍存在嗜热菌，并在每一类生境中都有一定的种群组成。例如，在晒热或自然的生境中，包含有中温菌和嗜热菌，占优势的嗜热菌有芽孢杆菌、梭菌和高温放线菌，而在热泉中（＞60℃），主要是超嗜热古细菌。根据嗜热菌与温度的关系可将它们分成 5 个不同类群：耐热菌、兼性嗜热菌、专性嗜热菌、极端嗜热菌和超嗜热菌。耐热菌最高生长温度在 45～55℃ 之间，低于 30℃ 也能生长。兼性嗜热菌的最高生长温度在 50～65℃ 之间，也能在低于 30℃ 条件下生长。专性嗜热菌最适生长温度在 65～70℃，不能在低于 40～42℃ 条件下生长。极端嗜热菌最高生长温度高于 70℃，最适生长温度高于 65℃，最低生长温度高于 40℃。超嗜热菌的最适生长温度在 80～110℃，最低生长温度在 55℃ 左右。

（2）嗜冷微生物。高山、海洋、南北两极、冷冻土壤、阴冷洞穴以及冰箱等生境中均有微生物存在和生长。嗜冷微生物能在较低温度下生长，可以分为专性和兼性两类。前者的最高生长温度不超过 20℃，可以在 0℃ 或低于 20℃ 条件下生长；后者要在低温下生长，但也可以在 20℃ 以上生长。嗜冷微生物适应环境的生化机理是因为细胞膜脂组成中有大量的不饱和、低熔点脂肪酸。嗜冷微生物低温条件下生长的特性可以使低温保存的食品腐败，甚至产生细菌毒素。

（3）嗜酸微生物。温和的酸性（pH 为 3～3.5）在自然环境中较为普遍，如某些湖泊、泥炭土和酸性的沼泽。极端的酸性环境包括各种酸矿水、酸热泉、火山湖、地热泉等。嗜酸微生物一般都是从这些环境中分离出来的，其优势菌是无机化能营养的硫氧化菌、硫杆菌。酸热泉不但呈高酸性，而且有高温的特点，从这些环境中分离出独具特点的嗜酸嗜热细菌，如嗜酸热硫化叶菌等。生长最适 pH 在 3～4 以下、中性条件下不能生长的微生物称为嗜酸微生物；能在高酸条件下生长，但最适 pH 接近中性的微生物称为耐酸微生物。嗜酸微生物的胞内 pH 从不超出中性大约 2 个 pH 单位，其胞内物质及酶大多数接近中性。嗜酸微生物能在酸性条件下生长繁殖，需要维持胞内外的 pH 梯度，现在一般认为其细胞壁、细胞膜具有排斥 H^+、对 H^+ 不渗透或把 H^+ 从胞内排出的机制。嗜酸菌被广泛用于微生物冶金、生物脱硫。

（4）嗜碱微生物。地球上碱性最强的自然环境是碳酸盐湖及碳酸盐荒漠，极端碱性湖如肯尼亚的 Magadi 湖。埃及的 Wadynatrun 湖是地球上最稳定的碱性环境，那里 pH 达 10.5～11.0。我国的碱性环境有青海湖等。碳酸盐是这些环境碱性的主要来源。人为碱性环境包括石灰水、碱性污水。一般把最适生长 pH 在 9 以上的微生物称为嗜碱微生物，中性条件下不能生长的称为专性嗜碱微生物，中性条件甚至酸性条件下都能生长的称为耐碱微生物或碱营养微生物。嗜碱微生物被广泛用于洗涤剂行业及处理工业生产排出的碱性废液。

（5）嗜盐微生物。含有高浓度盐的自然环境主要是盐湖，如青海湖、大盐湖、死海和里海，此外还有盐场、盐矿和用盐腌制的食品。海水中含有约 3.5% 的氯化钠，是一般的含盐环境。根据对盐的不同需要，嗜盐微生物可以分为弱嗜盐微生物、中度嗜盐微生物、极端嗜盐微生物。弱嗜盐微生物的最适生长盐浓度（氯化钠浓度）为 0.2～0.5mol/L，大多数海洋微生物都属于这个类群。中度嗜盐微生物的最适生长盐浓度为 0.5～2.5mol/L，从许多含盐量较高的环境中可以分离到这个类群的微生物。极端嗜盐微生物的最适生长盐浓度为 2.5～5.2mol/L（饱和盐浓度），它们大多生长在极端的高盐环境中。嗜盐微生物也有广泛的应用前景，可应用于生产胞外多糖、聚羟丁酸（PHB）、食用蛋白、调味剂、保健食品强化剂、酶保护剂、电子器件和生物芯片，还可用于海水淡化、盐碱地开发利用以及能源开发等。

2.3　化学热力学和化学动力学

2.3.1　化学热力学

2.3.1.1　相关概念

（1）体系和环境

化学热力学是研究体系和环境之间能量移动的学科，其中体系是指人为地划分出来加以研究的物质系统，环境是指体系之外的全部其他部分。根据体系和环境物质、能量交换的关系，可以将体系分为 3 类，如表 2-1 所示。

表 2-1　热力学体系分类

分类	物质交换	能量交换
敞开体系	有	有
封闭体系	无	有
孤立体系	无	无

在一个体系中，物理性质和化学性质完全相同的部分被称作一个相，相与相之间分隔开来的分界面被称作相界面。相的多少与体系中各物质的混杂程度有关，而与体系中物质种类的多少无关。例如，混合气体只有一个相，而混合固体（固体溶液除外）中每有一种固体物质就有一个相。

（2）状态和状态函数

对于一个体系，其具有的温度、压力、体积、密度等称作该体系的热力学性质，这些性质可以被分为两类：一类是广度性质，即该性质的量值与体系中物质的数量成正比，例如体积、质量、热容量等，广度性质具有加和性；另一类是强度性质，即该性质的量值与体系中物质的数量无关，仅与体系类型有关，例如温度、密度、浓度等，强度性质不具有加和性。

一个体系在某一时刻所有性质的集合称作该体系的状态，通常用一系列热力学函数来表征和确定体系的状态。状态函数是有量纲的热力学函数，当体系状态一定时状态函数就有确定值，其变化值仅与化学反应的始态和终态有关，而与反应的具体过程无关。

当一个体系的状态发生变化时，体系与环境之间必然发生了能量交换，这种能量交换的形式可以分为"热"和"功"两种。"热"指的是体系和环境之间为了保持温度一致而产生的能量交换，常用 Q 表示；"功"指的是除了热之外的一切能量交换，常用 W 表示。值得注意的是，由于热和功的具体数值并不仅仅由反应的始态和终态直接决定，还与反应经历的具体历程有关，因此热和功都不是体系的状态函数。

（3）过程和途径

对于一个化学反应的历程，通常用过程和途径来表示。过程指的是整个反应体系从始态到终态变化的经过，而途径指的是在过程中该体系具体经历的步骤和路线。按照反应条件的不同，过程可以分为恒温过程、恒压过程、恒容过程等。

无论反应经历何种过程和途径，所有化学反应都遵守基本的质量守恒定律和能量守恒定律，即化学反应中，物质和能量既不能被创造，也不能被消除，只能从一种形式转变为另一种形式。但由于体系与环境之间往往存在物质和能量的交换，因此对于体系而言，反应过程中往往会出现质量和能量的变化。

2.3.1.2 反应过程中物质和能量变化的衡量

（1）热、功和热力学能变

为了衡量体系在反应过程中能量的变化，引入热力学能来表征体系内部能量的总和，它包括体系内部的分子平动能、分子转动能、分子振动能、电子运动能、核运动能、分子间相互作用引发的势能等，但不包括体系整体的动能和势能。热力学能变即为体系反应前后发生的能量变化。根据能量守恒定律，体系的能量变化等于体系与环境发生的热和功的总和：

$$\Delta U = Q + W \tag{2-34}$$

式中　ΔU——反应体系的热力学能变，kJ/mol；

　　　Q——反应体系与环境发生的热，kJ/mol；

　　　W——反应体系与环境发生的功，kJ/mol。

式（2-34）中，W 和 Q 的符号取决于体系失去能量还是获得能量。当体系失去能量，即体系对环境做功、放热时，其符号为负；当体系获得能量，即环境对体系做功、放热时，其符号为正。

反应过程中的功可以分为两种。一种是体系因体积变化而产生的功，称作体积功；一种是体积功以外的其他功（如电功、表面功等），称作非体积功。通常，只做体积功，且始态和终态温度相同时，体系发生的热变化称作反应热。根据反应过程的不同，反应热又可以分为恒容反应热和恒压反应热。

对于恒容过程，由于反应前后体系体积未发生变化，因此没有体积功，根据能量守恒定律，反应热就等于体系的热力学能变：

$$\Delta U = Q + W = Q_v \tag{2-35}$$

式中　Q_v——恒容过程体系的反应热，kJ/mol。

而对于恒压过程，由于体系反应前后压力未发生变化，因此体系所做体积功即为压力和反应前后体积差的乘积，由于体积增大时，体系对环境做功，因此功的符号应与体积变化符号相反：

$$W = -p\Delta V \tag{2-36}$$

由能量守恒定律可得：

$$\Delta U = Q + W = Q_p - p\Delta V \tag{2-37}$$

式中　p——反应体系的压力，kPa；

　　ΔV——体系反应前后体积变化，m^3/mol；

　　Q_p——恒压过程体系的反应热，kJ/mol。

则：

$$Q_p = \Delta U + p\Delta V$$
$$Q_p = (U_1 + pV_1) - (U_2 + pV_2) \tag{2-38}$$

（2）焓和焓变

从式（2-38）中可以看出 $U + pV$ 也是体系的状态函数，称作焓，用 H 表示。对于恒容反应和恒压反应，分别有：

$$Q_v = \Delta H - \Delta pV$$
$$Q_p = \Delta H \tag{2-39}$$

式中　ΔH——反应体系的焓变，J/mol。

由于大多数化学反应在恒压条件下进行，此时焓变 ΔH 等于反应热 Q_p，因此焓变比热力学能变更易于反映化学反应过程中的能量变化情况，从而得到了更广泛的使用。通常使用热化学方程式表达化学反应过程中的热效应，例如：

$$2H_2（g）+ O_2（g）=== 2H_2O（l）\quad \Delta_r H_m^{\ominus} = -571 \text{ kJ/mol} \tag{2-40}$$

符号 $\Delta_r H_m^{\ominus}$（T）表示在温度 T 时的反应标准摩尔焓变，即对于一个反应，其反应进度达到 1mol 时体系的焓变量。其中，下标 r 表示化学反应；m 表示反应进度为 1mol；T 表示反应温度，通常在 T=298.15K 时可以省略；$\ominus$ 表示标准状态，即温度 T 时，压力 100kPa 下的物质状态。

物质的标准摩尔生成焓指的是在温度 T，由参考态单质生成 1mol 某物质的化学反应的标准摩尔焓变，用 $\Delta_f H_m^{\ominus}$（T）表示，下标 f 表示生成反应。可以通过设想从各物质的参考态单质生成反应物、生成物的过程，利用标准摩尔生成焓计算化学反应的标准摩尔焓变，其中的热效应可以用图 2-4 表示。

根据盖斯定律，不难得出：

$$\Sigma\Delta_r H_m^{\ominus}（反应）= \Sigma\Delta_f H_m^{\ominus}（生成物）- \Sigma\Delta_f H_m^{\ominus}（反应物） \tag{2-41}$$

因此，可以通过各物质的标准摩尔生成焓来推算化学反应的焓变。

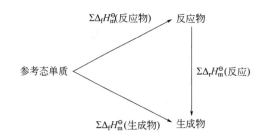

图 2-4 热效应关系示意图

（3）熵和熵变

除了焓之外，熵也是用于衡量化学反应过程中物质状态变化的重要状态函数。熵是表征体系混乱程度的状态函数，熵变的值就表示化学反应前后体系混乱程度的变化量。众所周知，化学反应的自发进行往往是具有方向性的，在孤立体系中，自发反应总是朝着熵增大的方向进行，这就是热力学第二定律，可表示为：

$$\Delta S_{\text{孤立}} \geqslant 0 \tag{2-42}$$

式中　ΔS——反应体系的熵变，J/(mol·K)。

理论上，当热力学温度为 0K，纯物质的晶体混乱程度最低，因此将此状态下的物质熵值规定为 0，即热力学第三定律，记作：

$$S_0 = 0 \tag{2-43}$$

2.3.1.3　反应自发进行的判据与反应限度

（1）吉布斯自由能

化学反应是否能够自发进行的重要判据是体系做非体积功的能力，因此引入一个新的状态函数吉布斯自由能 G 来表示恒温恒压下，体系潜在的做非体积功的能力，则吉布斯自由能变就表示体系状态变化时所做非体积功的负值：

$$G = H - TS$$
$$\Delta G = \Delta H - T\Delta S \tag{2-44}$$

式中　ΔG——反应体系的吉布斯自由能变，kJ/mol；

　　　T——反应体系的温度，K。

式（2-44）又被称作吉布斯-赫姆霍兹公式。当吉布斯自由能变为负时，表示反应发生时，体系可以做非体积功，即反应可以自发进行；吉布斯自由能变为 0 时，反应达到平衡状态；吉布斯自由能变为正时，可认为逆反应的吉布斯自由能变为负，即逆反应可以自发进行（表 2-2）。

表 2-2　反应自发进行判据

熵变	$\Delta H > 0$	$\Delta H < 0$
$\Delta S > 0$	高温自发	反应自发
$\Delta S < 0$	逆反应自发	低温自发

（2）化学平衡常数

由于自发反应都伴随着体系对环境的非体积功，任何一个自发反应都不能无限进行，即当体系失去做非体积功能力时，自发反应达到最大限度，反应达到平衡状态，此时化学方程式中各物质的浓度或分压的化学计量数幂次方之积必为一个常数，该常数被称作该反应的化学平衡常数。例如：

$$2H_2（g）+ O_2（g）\Longrightarrow 2H_2O（g）\qquad K = p^2(H_2O)p^{-2}(H_2)p^{-1}(O_2) \qquad (2\text{-}45)$$

确定化学平衡常数的方法有两种。一种是通过实验测定反应达到平衡时，各组分的浓度与分压，通过计算得出平衡常数的值，该方法求得的平衡常数称作实验平衡常数。另一种方法是利用化学反应的标准摩尔吉布斯自由能变与平衡常数的关系式求得：

$$\Delta_r G_m^{\ominus}(T) = -RT\ln(K) \qquad (2\text{-}46)$$

式中　R——理想气体常数，8.314J/(mol·K)；

　　　K——反应的化学平衡常数，无量纲。

该方法求得的平衡常数称作标准平衡常数，或热力学平衡常数。实验平衡常数与标准平衡常数数值上相等，区别在于实验平衡常数是有量纲的数，且对于不同反应可以有不同的量纲，而标准平衡常数无量纲。

2.3.2　化学动力学

2.3.2.1　反应进度与反应速率

对于任意化学反应，其反应进行的程度可以用反应进度 ξ 表示，即任一物质在反应过程中的变化量与其在反应方程式中系数的比值，例如对于反应：

$$2H_2（g）+ O_2（g）\Longrightarrow 2H_2O（l）$$

其反应进度 ξ（单位为 mol）为：

$$\xi = \frac{\Delta n(O_2)}{1} = \frac{\Delta n(H_2)}{2} = \frac{\Delta n(H_2O)}{2} \qquad (2\text{-}47)$$

其中，反应方程式中各物质的系数又被称作反应计量数（v）。

因此，通过将化学反应的反应进度对时间求导，就可以得出化学反应速率 v（单位为 mol/s）：

$$v = \frac{\mathrm{d}\xi}{\mathrm{d}t} \qquad (2\text{-}48)$$

由式（2-48）可以看出，对于同样的化学反应过程，化学反应速率的数值与选取何种物质作为计算基准无关，而与化学方程式的写法有关。

2.3.2.2　反应速率影响因素

（1）反应机理理论

化学反应机理的理论主要有碰撞理论和活化络合物理论。

　　碰撞理论认为，化学反应发生的过程中，实质是各反应物分子不断发生碰撞，在一定的条件下，碰撞能够导致化学反应的发生。这种能导致反应发生的碰撞被称作有效碰撞，而能发生有效碰撞的分子被称作活化分子。活化分子与普通分子的主要区别在于其所具有的能量不同，活化分子的最低能量与体系中反应物分子的平均能量之差被称作该反应的活化能。

　　根据碰撞理论，体系中有效碰撞的次数多少直接决定了反应进行的快慢，而活化分子的个数又决定了体系中有效碰撞的次数多少。因此，反应速率的高低受活化能的影响。同样条件下，反应的活化能越低则反应越快；反之，活化能越高则反应越慢。

　　活化络合物理论将化学反应的过程分为两步：第一步是反应物分子相互结合，生成过渡态的活化络合物，第二步是活化络合物迅速分解生成反应的产物。由于作为过渡态的活化络合物极其不稳定，一经产生就立刻分解，所以呈现出反应物直接生成产物的现象。

　　活化络合物理论中，活化络合物的最低能量与体系中反应物分子的平均能量之差被称作该反应的活化能。同样，活化能越高，则反应物越难形成活化络合物，反应越慢；反之，活化能越低，则反应物越容易生成活化络合物，反应越快。

　　（2）反应物浓度

　　除了活化能以外，反应物的浓度同样影响反应速率。反应物浓度增大，则体系中能量较高的分子数增多（或生成的活化络合物越多），反应的速率就越高。在一定温度下，对于基元反应，即反应物只经过一步就直接生成产物的简单反应，其反应速率与反应物的化学计量数幂次方的乘积成正比，这就是质量作用定律。例如对于某基元反应：

$$aA + bB \Longrightarrow cC + dD \tag{2-49}$$

　　其反应速率可以表达为：

$$v = kc^a(A)c^b(B) \tag{2-50}$$

式中　　k——反应速率常数，量纲随具体反应变化。

　　由于大多数实际发生的化学反应并不是基元反应，因此通常通过实验测定反应速率与反应物浓度的关系。例如对于反应：

$$2NO + 2H_2 \Longrightarrow N_2 + 2H_2O \tag{2-51}$$

　　实验测得该反应的反应速率为：

$$v = kc^2(NO)c(H_2) \tag{2-52}$$

　　该式通过实际实验测得，称作反应速率方程。式中 NO 和 H_2 浓度的幂指数之和也被称作反应级数，因此该反应的反应级数为三，是一个三级反应。有时，实验测得的反应速率方程，其中的指数项不是整数，则该反应的反应级数同样不为整数。

　　（3）反应温度

　　反应速率方程中的浓度、反应级数体现了反应物、反应机理对反应速率的影响，除此以外，反应发生的温度同样影响化学反应的反应速率，体现在反应速率方程的经验公式中：

$$k = Ae^{-E_a/(RT)} \tag{2-53}$$

式中　*A*——反应的特征常数，量纲与 *k* 相同；

　　　E_a——反应的活化能，J/mol。

该公式称作阿伦尼乌斯方程。由该式可以看出反应的温度、活化能对反应速率同样具有影响。

（4）催化剂

除了改变反应的温度、反应物浓度外，还可以通过加入催化剂的方式，改变指定反应的反应速率。催化剂能改变指定反应的反应速率，但其自身的组成、质量等性质在反应前后不发生改变。对于催化剂的机理有多种理论解释，通常认为催化剂通过改变化学反应的具体途径，改变了反应的活化能，从而改变了反应的反应速率常数和实际反应速率。

除了通常的化学反应外，还存在一种链反应，该反应过程中会产生不稳定的中间体，该中间体又与其他反应物分子发生反应，生成新的产物和中间体，从而导致反应持续迅速进行，直到反应终止。例如对于反应：

$$H_2（g）+ Cl_2（g）=== 2HCl（l）\tag{2-54}$$

经实验测定，该反应的反应速率方程为：

$$v = kc(H_2)c^{1/2}(Cl_2)\tag{2-55}$$

前文所述的理论无法解释这种情况，因此提出了链反应机理：

$Cl_2 === 2Cl\cdot$　　　　　　　　　　　　　　链的引发

$Cl\cdot + H_2 === HCl + H\cdot，H\cdot + Cl_2 === HCl + Cl\cdot$　　链的增长

$2Cl\cdot === Cl_2$　　　　　　　　　　　　　链的终止

由于链反应过程中一个活泼中间体往往可以生成多个产物分子，因此链反应的产物生成速率通常为链引发速率的许多倍。

2.4　焚烧工艺计算

2.4.1　热值计算

热值有高位热值和低位热值两种。高位热值是指化合物在一定条件下反应得到最终产物的焓的变化。低位热值与高位热值的差别是前者的水呈液态，后者的水是气态，二者的差就是水的汽化潜热。用氧弹量热计测量的是高位热值。高位热值转化成低位热值的计算公式如下：

$$LHV = HHV - 2420 \times \left\{ m(H_2O) + 9 \times \left[m(H) - \frac{m(Cl)}{35.5} - \frac{m(F)}{19} \right] \right\}\tag{2-56}$$

式中　　　　　　　　LHV——低位热值，kJ/kg；

　　　　　　　　　　HHV——高位热值，kJ/kg；

　　　　　　　　$m(H_2O)$——焚烧产物中水的质量分数，%；

　　$m（H）、m（Cl）、m（F）$——废弃物中的氢、氯、氟的质量分数，%。

若废弃物元素已知，则可利用 Dulong 方程式近似计算出低位热值：

$$LHV = 2.32 \times \{14000m(C) + 4500 \times [m(H) - 1/3m(O)] - 760m(Cl) + 4500m(S)\} \quad (2-57)$$

式中　　　　　　　　　　　　　　　　LHV——低位热值，kJ/kg；

　　　　m（C）、m（O）、m（H）、m（Cl）、m（S）——废弃物中的碳、氧、氢、氯、硫的
　　　　　　　　　　　　　　　　　　　　　　　　质量分数，%。

2.4.2　焚烧过程热平衡

焚烧过程伴随着一系列能量转换和能量传递。从能量转换的观点来看，焚烧系统是一个能量转换设备，它将垃圾燃料的化学能，通过燃烧过程转化成烟气的热能，烟气再通过辐射、对流、导热等基本传热方式将热能分配交换给工质或排放到大气环境。焚烧系统热量的输入与输出可用图 2-5 简单地表示。

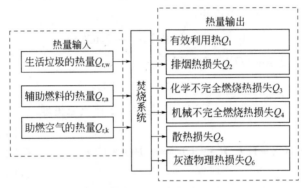

图 2-5　焚烧系统热量的输入与输出

在稳定工况条件下，焚烧系统输入输出的热量是平衡的，即：

$$Q_{r,w} + Q_{r,a} + Q_{r,k} = Q_1 + Q_2 + Q_3 + Q_4 + Q_5 + Q_6 \quad (2-58)$$

式中　　$Q_{r,w}$——生活垃圾的热量，kJ/h；

　　　　$Q_{r,a}$——辅助燃料的热量，kJ/h；

　　　　$Q_{r,k}$——助燃空气的热量，kJ/h；

　　　　Q_1——有效利用热，kJ/h；

　　　　Q_2——排烟热损失，kJ/h；

　　　　Q_3——化学不完全燃烧热损失，kJ/h；

　　　　Q_4——机械不完全燃烧热损失，kJ/h；

　　　　Q_5——散热损失，kJ/h；

　　　　Q_6——灰渣物理热损失，kJ/h。

（1）输入热量

① 生活垃圾的热量 $Q_{r,w}$。在不计垃圾的物理显热的情况下，$Q_{r,w}$ 等于送入炉内的垃圾量 W_r（单位为 kg/h）与其热值 Q_{dw}^y（单位为 kJ/kg）的乘积，用下式表示：

$$Q_{r,w} = W_r Q_{dw}^y \quad (2-59)$$

② 辅助燃料的热量 $Q_{r,a}$。若辅助燃料只是在启动点火或焚烧炉工况不正常时才投入，则辅助燃料的输入热量不必计入。只有在运行过程中需维持高温，一直需要添加辅助燃料帮助焚烧炉的燃烧时才计入。此时

$$Q_{r,a}=W_{r,a}Q_a^y \qquad (2\text{-}60)$$

式中　　$W_{r,a}$——辅助燃料量，kg/h；

　　　　Q_a^y——辅助燃料热值，kJ/kg。

③ 助燃空气热量 $Q_{r,k}$。按入炉垃圾量乘以送入空气量的热焓计。

$$Q_{r,k}=W_r\beta(I_{rk}^0-I_{vk}^0) \qquad (2\text{-}61)$$

式中　　　　β——送入炉内空气的过量空气系数；

　　I_{rk}^0、I_{vk}^0——分别为随 1kg 垃圾入炉的理论空气量在热风和自然状态下的焓值，kJ/kg。

以上助燃空气热量只有用外部热源加热空气时才能计入。若助燃空气的加热使用焚烧炉本身的烟气热量，则该热量实际上是焚烧炉内部的热量循环，不能作为输入炉内的热量。对采用自然状态的空气助燃的情形，此项为零。

（2）输出热量

① 有效利用热 Q_1。有效利用热是其他工质在焚烧炉产生的热烟气中加热时所获得的热量。一般被加热的工质是水，可产生蒸汽或热水。

$$Q_1=D(h_2-h_1) \qquad (2\text{-}62)$$

式中　　D——工质输出流量，kg/h；

　　h_1、h_2——分别为进、出焚烧炉的工质热焓，kJ/kg。

② 排烟热损失 Q_2。由焚烧炉排出烟气所带走的热量，其值为排烟容积 $W_{r,w}V_{py}$（单位为 m^3/h，标准状态下）与烟气单位容积的热容量之积，即

$$Q_2=W_{r,w}V_{py}[(\partial C)_{py}-(\partial C)_0]\frac{100-Q_4}{100} \qquad (2\text{-}63)$$

式中　　$(\partial C)_{py}$、$(\partial C)_0$——分别为排烟温度和环境温度下烟气单位容积的热容量，kJ/m^3；

　　　　　$\dfrac{100-Q_4}{100}$——因机械不完全燃烧引起实际烟气量减少的修正值。

③ 化学不完全燃烧热损失 Q_3。由于炉温低、送风量不足或混合不良等导致烟气成分中一些可燃气体（如 CO、H_2、CH_4 等）未燃烧所引起的热损失即为化学不完全燃烧热损失。

$$Q_3=W_r(V_{CO}Q_{CO}+V_{H_2}Q_{H_2}+V_{CH_4}Q_{CH_4}+\cdots)\frac{100-Q_4}{100} \qquad (2\text{-}64)$$

式中　　　　　　　W_r——送入炉内的垃圾量，kg/h；

V_{CO}、V_{H_2}、$V_{CH_4}\cdots$——1kg 垃圾产生的烟气所含未燃烧可燃气体容积，m^3/kg；

　　Q_{CO}、Q_{H_2}、Q_{CH_4}——各组分对应的热值，kJ/m^3。

④ 机械不完全燃烧热损失 Q_4。这是由垃圾中未燃或未完全燃烧的固定碳所引起的热损失。

$$Q_4 = 32700 W_r \frac{A^y}{100} \frac{C_{lx}}{100 - C_{lx}} \tag{2-65}$$

式中　$\dfrac{A^y}{100}$——1kg 垃圾所含灰分；

　　　32700——碳的热值，kJ/kg；

　　　C_{lx}——炉渣中含碳质量分数，%。

⑤ 散热损失 Q_5。散热损失为因焚烧炉表面向四周空间辐射和对流所引起的热量损失，其值与焚烧炉的保温性能、焚烧量及比表面积有关。焚烧量越小，比表面积越大，则散热损失越大；焚烧量越大，比表面积越小，其值越小。

⑥ 灰渣物理热损失 Q_6。垃圾焚烧所产生炉渣的物理显热即为灰渣物理热损失。若垃圾为高灰分、排渣方式为液态排渣、焚烧炉为纯氧热解炉，则灰渣物理热损失不可忽略。

$$Q_6 = W_r \alpha_{lz} \frac{A^y}{100} c_{lx} t_{lx} \tag{2-66}$$

式中　c_{lx}——炉渣的比热，kJ/(kg·℃)；

　　　t_{lx}——炉渣温度，℃；

　　　α_{lz}——灰烬燃烧系数，无量纲。

2.4.3　焚烧过程的物质平衡

生活垃圾焚烧系统物料的输入与输出如图 2-6 所示。

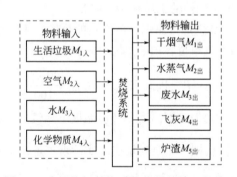

图 2-6　生活垃圾焚烧系统物料的输入与输出

根据质量守恒定律，输入的物料质量应等于输出的物料质量，即：

$$M_{1入} + M_{2入} + M_{3入} + M_{4入} = M_{1出} + M_{2出} + M_{3出} + M_{4出} + M_{5出} \tag{2-67}$$

式中　$M_{1入}$——进入焚烧系统的生活垃圾量，kg/d；

　　　$M_{2入}$——焚烧系统的实际供给空气量，kg/d；

　　　$M_{3入}$——焚烧系统的用水量，kg/d；

　　　$M_{4入}$——烟气净化系统所需的化学物质量，kg/d；

　　　$M_{1出}$——排出焚烧系统的干烟气量，kg/d；

　　　$M_{2出}$——排出焚烧系统的水蒸气量，kg/d；

$M_{3出}$——排出焚烧系统的废水量，kg/d；

$M_{4出}$——排出焚烧系统的飞灰量，kg/d；

$M_{5出}$——排出焚烧系统的炉渣量，kg/d。

一般情况下，焚烧过程的物料输入量以生活垃圾、空气和水为主，输出量则以干烟气、水蒸气及炉渣为主，而飞灰所占比例相对较少。

2.4.4　理论和实际燃烧空气量

理论燃烧空气量是指废物（或燃料）完全燃烧时，所需要的最低空气量，一般以 A_0 表示。固体废物中碳、氢、氧、硫、氮、氯的含量分别以 w_C、w_H、w_O、w_S、w_N、w_{Cl} 表示，根据固体废物的完全燃烧化学反应方程式，可以计算理论空气量。

但值得注意的一点是，由于在固体废物燃烧过程中，氯元素可以与氢元素反应生成氯化氢气体进入烟气，从而减少相应与氢反应的氧气量，因此在含氯量较高的固体废物焚烧的理论燃烧空气量的计算中应注意氯元素的影响。因此 1kg 垃圾完全燃烧的理论氧气需要量 $V_{O_2}^0$（单位为 m^3/kg）为：

$$V_{O_2}^0 = 1.866w_C + 0.7w_S + 5.66(w_H - 0.028w_{Cl}) - 0.7w_O \qquad (2-68)$$

空气中氧气的体积含量为 21%，所以 1kg 垃圾完全燃烧的理论空气需要量 $V_{理空}$（单位为 m^3/kg）为：

$$V_{理空} = \frac{1}{0.21}[1.866w_C + 0.7w_S + 5.66(w_H - 0.028w_{Cl}) - 0.7w_O] \qquad (2-69)$$

在实际燃烧过程中，由于垃圾不可能与空气中的氧气达到完全混合，为保证垃圾中的可燃组分完全燃烧，实际空气供气量要大于理论空气需要量，两者的比值即为过量空气系数 α。实际空气供气量 V 为：

$$V = \alpha V_{理空} \qquad (2-70)$$

2.4.5　焚烧烟气量

计算焚烧烟气量，常常是首先利用烟气的成分和经验公式计算出理论烟气量，然后再通过过量空气系数计算烟气量。不考虑辅助燃料的影响，并且假设物料中所有 C 均转化为 CO_2，所有 S 转化为 SO_2，所有 N 转化为 N_2，计算公式如下。

$$V = V_{CO_2} + V_{SO_2} + V_{H_2O} + V_{N_2} + V_{O_2} \qquad (2-71)$$

式中

$$V_{CO_2} = 22.4 \times \frac{w_C}{12} = 1.866w_C \qquad (2-72)$$

$$V_{SO_2} = 22.4 \times \frac{w_S}{32} = 0.7w_S \qquad (2-73)$$

$$V_{H_2O} = 22.4 \times \left(\frac{w_H}{2} + \frac{w_{H_2O}}{18}\right) = 11.2w_H + 1.244w_{H_2O} \qquad (2-74)$$

$$V_{O_2} = 0.21 \times (\lambda - 1) \times V_{理空} \qquad (2-75)$$

$$V_{N_2} = 0.79 \times \lambda \times V_{理空} + 22.4 \times \frac{w_N}{28} \tag{2-76}$$

$$\lambda = V_{实际} / V_{理空}$$

代入式（2-71）中得到

$$V = (\lambda - 0.21) \times V_{理空} + 1.866 w_C + 11.2 w_H + 0.7 w_S + 0.8 w_N + 1.244 w_{H_2O} \tag{2-77}$$

式中，w_C 为烟气中 C 元素的质量分数；w_H 为烟气中 H 元素的质量分数；w_S 为烟气中 S 元素的质量分数；w_N 为烟气中 N 元素的质量分数；w_{H_2O} 为烟气中 H_2O 的质量分数；λ 为空气比。

2.4.6　燃烧火焰温度

许多有毒、有害可燃污染物，只有在高温和一定条件下才能被有效分解和破坏，因此维持足够高的焚烧温度和充足的时间是确保固体废物焚烧减量化和无害化的基本前提。燃烧反应是由多个反应组成的复杂化学过程。燃烧产生的热量绝大部分贮存在烟气中，因此无论对于了解燃烧效率还是余热利用方面，掌握烟气的温度都十分重要。假如焚烧系统处于恒压、绝热状态，则焚烧系统所有能量都用于提高系统的温度和燃料的含热，该系统的最终温度称为理论燃烧温度或绝热燃烧温度。实际燃烧温度可以通过能量平衡精确计算，也可以利用经验公式近似计算。常用经验公式如下式。

$$LHV = V C_{pg}(T - T_0) \tag{2-78}$$

式中　LHV——低位热值，kJ/kg；

V——燃烧产生的废气体积，m^3；

C_{pg}——废气在 $T \sim T_0$ 间的平均比热容，kJ/(kg·℃)；

T——最终废气温度，℃；

T_0——大气或助燃空气温度，℃。

若把 T 当成近似的理论燃烧温度，式（2-78）可以变换为：

$$T = \frac{LHV}{V C_{pg}} + T_0 \tag{2-79}$$

若系统总损失为 ΔH，则实际燃烧温度可由下式估算：

$$T = \frac{LHV - \Delta H}{V C_{pg}} + T_0 \tag{2-80}$$

2.5　固态与水溶液中分离原理

工业上常使用的主要净化方法有离子沉淀法、还原法、溶剂萃取法、离子交换法等。

2.5.1　离子沉淀法

所谓离子沉淀法，就是溶液中某种离子在沉淀剂的作用下，形成难溶化合物形态而沉

淀的过程。为了达到使主体有价金属和杂质彼此分离的目的,工业生产中有两种不同的做
法:一是使杂质呈难溶化合物形态沉淀,而有价金属留在溶液中,这就是所谓的溶液净化
沉淀法;二是相反地使有价金属呈难溶化合物形态沉淀,而杂质留在溶液中,这个过程称
为制备纯化合物的沉淀法。

在湿法冶金过程中经常遇到的难溶化合物有氢氧化物、硫化物、碳酸盐、磺酸盐和草
酸盐等,但是在碱介质湿法冶金过程中,具有普遍意义的是形成难溶氢氧化物的水解沉淀
法和呈硫化物沉淀的选择分离法。

2.5.1.1　水解沉淀法

（1）氢氧化物沉淀

除了少数的碱金属氢氧化物外,大多数的金属氢氧化物都属于难溶化合物。在生产实
践中,使溶液中金属离子呈氢氧化物形态沉淀,包含两个不同方面的目的:一是使主要金
属从溶液中呈氢氧化物沉淀,如生产氧化铝时,铝呈氢氧化铝从铝酸钠溶液中沉淀析出;
二是使杂质从浸出液中呈氢氧化物或氧化物沉淀。

从物理化学的观点来看,上述两种生成难溶氢氧化物的反应都属于水解过程。金属离
子水解反应可以用下列通式表示:

$$Me^{z+} + zOH^- \rightleftharpoons Me(OH)_z(s) \qquad (2\text{-}81)$$

反应的标准吉布斯自由能变为:

$$\Delta G_{(1)}^{\ominus} = \Delta G_{Me(OH)_z}^{\ominus} - \Delta G_{Me^{z+}}^{\ominus} - z\Delta G_{OH^-}^{\ominus} \qquad (2\text{-}82)$$

$$\lg K_{sp} = \frac{\Delta G_{(1)}^{\ominus}}{2.303RT} \qquad (2\text{-}83)$$

式（2-83）中的 K_{sp} 为离子溶度积,当 $G^{\ominus}$ 已知时,就可以计算出反应的 K_{sp}:

$$\lg K_{sp} = \lg(\alpha_{Me^{z+}} \times \alpha_{OH^-}^z) = \lg \alpha_{Me^{z+}} + z \lg \alpha_{OH^-} = \lg \alpha_{Me^{z+}} + z(\lg K_w - \lg \alpha_{H^+}) \qquad (2\text{-}84)$$

式中　α——离子的活度,mol/L;

　　　K_w——水的离子积,$(mol/L)^2$。

整理后得:

$$pH_{(1)} = \frac{1}{z}\lg K_{sp} - \lg K_w - \frac{1}{z}\lg \alpha_{Me^{z+}} \qquad (2\text{-}85)$$

式（2-85）即为 Me^{z+} 水解沉淀时平衡 pH 的计算式。由式（2-85）可见,形成氢氧化
物沉淀的 pH 与氢氧化物的溶度积和溶液中金属离子的活度有关。

当氢氧化物从含有几种阳离子价相同的多元盐溶液中沉淀时,首先开始析出的是形成
pH 最低,即溶解度最小的氢氧化物。在金属相同但离子价不同的体系中,高价阳离子总是
比低价阳离子在 pH 更小的溶液中形成氢氧化物,这是由于高价氢氧化物比低价氢氧化物
的溶解度更小。

（2）碱式盐的沉淀

纯净的氢氧化物只能从稀溶液中生成,而在一般溶液中常常是形成碱式盐而沉淀析出。

设有碱式盐 $\alpha MeA_{z/y} \cdot \beta Me(OH)_z$，其形成反应可用下式表示：

$$(\alpha + \beta)Me^{z+} + \frac{z}{y}\alpha A^{y-} + z\beta OH^- \Longrightarrow \alpha MeA_{z/y}\beta Me(OH)_z \quad (2\text{-}86)$$

式中　α，β——系数；

　　　z——阳离子 Me^{z+} 的价数；

　　　y——阴离子 A^{y-} 的价数。

设 $\Delta G_{(2)}^{\ominus}$ 为上述反应的标准吉布斯自由能变，则可类似地推导出下式：

$$pH_{(2)} = \frac{\Delta G_{(2)}^{\ominus}}{2.303z\beta RT} - \lg K_w - \frac{\alpha+\beta}{z\beta}\lg \alpha_{Me^{z+}} - \frac{\alpha}{y\beta}\lg \alpha_{A^{y-}} \quad (2\text{-}87)$$

从式（2-87）可以看出，形成碱式盐的平衡 pH 与 Me^{z+} 的活度（$\alpha_{Me^{z+}}$）和价数（z）、碱式盐的成分（α 和 β）、阴离子 A^{y-} 的活度（$\alpha_{A^{y-}}$）和价数（y）有关。

当溶液的 pH 增大时，先沉淀析出的是金属碱式盐，也就是说对相同的金属离子来说，其碱式盐析出的 pH 低于氢氧化物析出的 pH。与氢氧化物的情况一样，3 价金属的碱式盐与 2 价同一金属碱式盐相比较，可以在较低的 pH 下沉淀析出。因此，为了使金属呈难溶化合物形态沉淀，在沉淀之前或沉淀的同时，将低价金属离子氧化成更高价态的金属离子是合理的。在这方面，铁的氧化沉淀对许多金属的湿法冶金来说具有普遍意义。

2.5.1.2　硫化物沉淀法

硫化物沉淀分离金属，是基于各种硫化物的溶度积不同，溶度积越小的硫化物越易形成硫化物而沉淀析出，经实践证明是一种既经济且高效的方法。该方法实际用于两种目的不同的场合：一种场合是使有价金属从稀溶液中沉淀，得到品位很高的硫化物富集产品，以备进一步回收处理；另一种场合则是进行金属的选择分离和净化，即在主要金属仍然保留在溶液中的同时使伴同金属呈硫化物形态沉淀。

硫化物在水溶液中的稳定性通常用溶度积来表示：

$$Me_2S_z \Longrightarrow 2Me^{z+} + zS^{2-} \quad (2\text{-}88)$$

$$K_{sp(Me_2S_z)} \Longrightarrow [Me^{z+}]^2[S^{2-}]^z \quad (2\text{-}89)$$

当用 H_2S 气体作为沉淀剂时，在 298K 条件下，溶液中的硫离子浓度 $[S^{2-}]$ 由 H_2S 按下列两段离解而产生：

$$H_2S \Longrightarrow H^+ + HS^- \qquad K_1 = 10^{-7.6} \quad (2\text{-}90)$$

$$HS^- \Longrightarrow H^+ + S^{2-} \qquad K_2 = 10^{-14.4} \quad (2\text{-}91)$$

总反应为：

$$H_2S \longrightarrow 2H^+ + S^{2-} \qquad K = K_1K_2 = 10^{-22} = \frac{[H^+]^2[S^{2-}]}{[H_2S]} \quad (2\text{-}92)$$

因为在 298K 时溶液中 H_2S 的饱和浓度为 0.1 mol/L，故得：

$$[H^+]^2[S^{2-}] = 10^{-23} \quad (2\text{-}93)$$

可导出一价金属硫化物（Me_2S）沉淀的平衡 pH 的计算式为：

$$pH = 11.5 + \frac{1}{2} \lg K_{sp(Me_2S)} - \lg \alpha_{Me^+} \tag{2-94}$$

二价金属硫化物（MeS）沉淀的平衡 pH 的计算式为：

$$pH = 11.5 + \frac{1}{4} \lg K_{sp(MeS)} - \frac{1}{2} \lg \alpha_{Me^{2+}} \tag{2-95}$$

由此可见，生成硫化物的 pH，不仅与硫化物的溶度积有关，而且还与金属离子的活度和离子价数有关。

在常温常压条件下，H_2S 在水溶液中的溶解度仅为 0.1mol/L，只有提高 H_2S 的分压，才能提高溶液中 H_2S 的浓度。所以，在现代湿法冶金中已发展到采用高温高压硫化沉淀过程。温度升高，硫化物的溶度积增加，不利于硫化沉淀，但 H_2S 离解度增大，又有利于硫化沉淀，且从动力学方面考虑，升高温度可加快反应速率。H_2S 在水溶液中的溶解度随温度的升高而下降，而提高 H_2S 的压力，H_2S 的溶解度又升高。

2.5.1.3　共沉淀法净化

在湿法冶金过程中，物质在溶液中分散成胶体的现象是经常遇到的，这种利用胶体吸附特性除去溶液中的其他杂质的过程叫做共沉淀法净化。

在湿法冶金中，时常产生胶体溶液，这给下一步液固分离，如沉降、过滤带来许多困难。因此，必须使胶体溶液中的微小胶粒互相碰撞，进一步聚结成大胶粒，从溶液中迅速沉降，或易于过滤。这种作用叫做胶体的凝聚，或者叫破坏胶体。在湿法冶金中常见的是固体分散质分散在水溶液中所形成的水溶胶。破坏胶体常用的方法有加电解质、加热胶体溶液、加凝聚剂等，此外还有共晶沉淀、沉淀物形成后的陈化过程等。

2.5.2　还原法

湿法冶金中的还原净化法是指利用还原剂将水溶液中的金属离子（或其络离子）由高价还原成低价金属，从而实现提纯或除杂的过程。还原剂的种类繁多，目前较为常见的还原剂是单质金属和氢气。

2.5.2.1　金属置换沉淀法

如果将较负电性的金属加入较正电性金属的盐溶液中，则较负电性的金属将从溶液中置换出较正电性的金属，而本身进入溶液。例如，将铅粉加入含有 $Cu(OH)_4^{2-}$ 的溶液中，便会有铜沉淀析出，而铅则进入溶液中：

$$Cu(OH)_4^{2-} + Pb \Longrightarrow Pb(OH)_3^- + Cu + OH^- \tag{2-96}$$

同样地，用铁可以置换溶液中的铜：

$$Cu^{2+} + Fe \Longrightarrow Cu + Fe^{2+} \tag{2-97}$$

用较负电性的金属从溶液中置换出较正电性金属的反应叫做置换沉淀。从热力学角度讲，任何金属均可能按其在电位序中的位置被较负电性的金属从溶液中置换出来。在许多场合，用置换沉淀法有可能完全除去溶液中被置换的金属离子。然而，置换过程不仅仅取决于热力学，还与一系列动力学因素有关。

关于置换过程的动力学方程，在大多数情况下，置换速率服从一级反应速率方程（$n=1$）：

$$-\frac{dC_{Me_1}}{dt} = kC_{Me_1}^n \tag{2-98}$$

式中　C_{Me_1}——被置换较正电性金属离子的浓度，mol/L。

必须指出，还有许多其他影响置换过程及反应结果的重要因素，例如：置换金属与被置换金属结合物的组成、置换温度、置换金属用量、置换金属的比表面积、置换时搅拌的作用、溶液中的阴离子和表面活性物质的作用、氧的还原与氢气的析出等。

2.5.2.2　加压氢还原

用氢使金属从溶液中还原析出的反应可表示如下：

$$Me^{z+} + \frac{1}{2}zH_2 = Me + zH^+ \tag{2-99}$$

为了使反应式（2-99）由左向右进行，$\Delta G_{(3)}$（单位 J）必须是负值。在这里，$\Delta G_{(3)}$以下式表示：

$$\Delta G_{(3)} = -zF(\varepsilon_{Me} - \varepsilon_H) \tag{2-100}$$

式中　ε_{Me}，ε_H——金属电极和氢电极的电位，V。

金属电极和氢电极的电位可用能斯特公式表示如下：

$$\varepsilon_{Me} = \varepsilon_{Me}^0 + \frac{2.303RT}{zF}\lg \alpha_{Me^{z+}} \tag{2-101}$$

$$\varepsilon_H = -\frac{2.303RT}{F}pH - \frac{2.303RT}{zF}\lg P_{H_2} \tag{2-102}$$

从式（2-102）可以看出，如果 $\varepsilon_{Me} > \varepsilon_H$，反应式（2-99）便可向金属还原的一方进行，直到 $\varepsilon_{Me} = \varepsilon_H$ 时建立平衡为止。其中，P_{H_2} 为以大气压表示的氢的压力。从式（2-102）还可以看出，在一定的 P_{H_2} 下，ε_H 与 pH 呈直线关系。

关于加压氢还原，有以下理论性结论：①用氢从溶液中还原金属的可能性，可根据标准电极电位的比较加以确定。②正电性金属实际上可以在任何酸度下用氢还原；标准电极电位为负值的金属的还原，则需要保持高的 pH，采用氨溶液可以满足这个要求。

加压氢还原的动力学研究表明，在强烈搅拌溶液以充分消除扩散因素影响的条件下，还原反应属于零级反应，其速率可用下列通式表示：

$$-\frac{dC}{dt} = KP_{H_2}^{1/2}S\exp\left(-\frac{W}{RT}\right) \tag{2-103}$$

式中　$\dfrac{dC}{dt}$——单位时间内溶液中金属离子浓度的降低，也即反应的速率（瞬间速率），

　　　　　　mol/(L·s)；

　　　K——与单位的选择有关的常数，无量纲；

　　　P_{H_2}——氢的分压，kPa；

S——催化剂表面积，m^2；

W——反应的表观活化能，kJ/mol。

从式（2-103）可以看出，反应具有明显的多相体系的特点，并且在控制速率的阶段，经常是原子氢参与作用。随着温度和氢压力的升高，还原反应将加速进行。

已经确定，氢的活化不是在溶液中发生，而是发生在吸附溶液中分子氢的固体表面上。以此可解释金属总是首先在浸入溶液中的压煮器壁、搅拌桨及其他金属部件上析出这一事实，因为固体的表面乃是独特的催化剂。吸附氢和发生氢活化作用的固体表面越大，还原反应进行越迅速。因此，在工业条件下，往往在还原前将适当的固体（通常是待还原的金属的粉末）加入溶液中。

2.5.3　溶剂萃取法

溶剂萃取法主要利用金属离子在水和有机试剂中分配不同，同时水溶液与有机液形成两层液体相，再用稀释剂从有机相中将金属离子分离出来。萃取广泛用于从浸出液中提取金属和从浸出液中除去有害杂质。

萃取平衡是指在恒温恒压下，金属 M 在两相的分配达到平衡，即 M 在两相的化学势相等。有许多因素能够对萃取平衡产生影响，如温度、萃取剂浓度、pH 值、水相组分、金属离子浓度、盐析剂等。

2.5.3.1　萃取剂、稀释剂、改质剂

（1）萃取剂

常用工业金属萃取剂根据酸碱质子理论可分为中性萃取剂、酸性萃取剂、碱性萃取剂和螯合萃取剂 4 大类。

① 中性萃取剂：为一类中性有机化合物，如醇、醚、酮、酯、硫醚、亚砜和冠醚等，其中的酯包括羧酸酯和磷（膦）酸酯。它们在水中一般是显中性的。

② 酸性萃取剂：为一类有机酸，如羧酸、磺酸和有机磷（膦）酸等。它们在水中一般显酸性，可电离出氢离子。

③ 碱性萃取剂：为一类有机碱，通常包括伯胺、仲胺、叔胺和季铵碱等。有机胺在水中能加合氢离子，其碱性一般强于无机氨。

④ 螯合萃取剂：为一类在萃取分子中同时含有两个或两个以上配位原子（或官能团）可与中心金属离子形成螯环的有机化合物。如羟肟酸类化合物（如 Lix64 等）的分子中同时含有羟基（—OH）和肟基（＝NOH）；再如 8-羟基喹啉及其衍生物（如 Kelex100 等）的分子中，同时含有酸性的酚羟基和碱性的氮原子。

（2）稀释剂

常用的稀释剂有煤油、200 号溶剂油、260 号溶剂油、辛烷、庚烷、苯、甲苯、二乙苯、氯仿和四氯化碳等。

在萃取过程中，稀释剂的作用主要有：

① 改变萃取剂的浓度，以便调整与控制萃取剂的萃取和分离能力。

② 溶剂化作用。溶质和溶剂的相互作用叫做溶剂化。同一萃取剂在不同稀释剂中的萃

取能力往往不同，本质上是稀释剂对萃取剂的溶剂化作用造成的。

③ 增大萃合物在有机相中的溶解度。某些萃合物分子中含有水分子，则极性大的稀释剂通过与水分子的作用，可使萃合物在有机相中的溶解度增大。

④ 改善有机相的物理性能，如降低萃取剂的黏度增加其流动性；改变有机相的密度，扩大其与水相的密度差，有利于两相的分离、澄清。

稀释剂需满足以下要求：

① 能与萃取剂或改质剂很好地互溶，对金属萃合物有很高的溶解度；

② 在操作条件下化学稳定性好；

③ 有较高的闪点和较低的挥发性；

④ 在水相中的溶解度小；

⑤ 表面张力低，密度和黏度小；

⑥ 价格便宜，来源广泛，毒性小。

稀释剂的组成、介电常数等对萃取剂的最大负荷能力、操作容量、动力速度、金属离子的选择性以及相的分离都有影响。

（3）改质剂

在用酸性或碱性如膦酸类和胺类萃取剂的萃取过程中，通常会出现两层有机相，介于水相和上层有机相之间的有机相称为第三相，它主要含有萃取剂与金属形成的络合物，其密度介于有机相和水相中间。形成第三相的原因很多，但归根到底是萃合物在有机相中的溶解度问题，故凡是加到有机相中能消除第三相的试剂就称作改质剂。常用的改质剂是醇类或磷酸三丁酯（TBP），用量一般在 2%～5%（体积分数），但也可能会在 20%左右。在萃取剂浓度高的情况下，用量会更多。

2.5.3.2　萃取方式和过程

工业萃取操作过程一般由以下步骤组成。①混合：料液和萃取剂密切接触；②分离：萃取相与萃余相分离；③溶剂回收：萃取剂从萃取相（有时也需从萃余相）中除去，并加以回收。

因此在萃取流程中必须包括萃取器（即混合器）、分离器与回收器。萃取操作流程可分为间歇萃取和连续萃取、单级和多级萃取流程，后者又可分为多级错流萃取流程和多级逆流萃取流程，以及两者结合进行操作的流程。

（1）单级萃取

单级萃取是液-液萃取中最简单的操作形式，其流程见图 2-7。

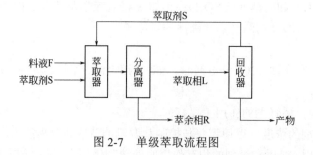

图 2-7　单级萃取流程图

单级萃取一般用于间歇操作，也可以进行连续操作。它是只用一个萃取器（混合器）和一个分离器的萃取操作，将料液 F 与萃取剂 S 一起加入萃取器内，并用搅拌器加以搅拌，使两种液体均匀混合，在萃取器（混合器）内产物由一相转入另一相。经过萃取以后的溶液流入分离器，分离得到萃取相 L 和萃余相 R。最后将萃取相送入回收器，在回收器中将溶剂与产物进一步分离，经回收后溶剂仍可作为萃取剂循环使用，留下的溶液即为萃取产品（产物）。

（2）多级萃取

多级错流萃取装置是由若干个单级萃取串联组成，料液经第一级萃取（每级萃取由萃取器与分离器所组成）后分离成两个相；萃余相流入下一个萃取器，再加入新鲜萃取剂继续萃取；萃取相则分别由各级排出，混合在一起，再进入回收器回收溶剂，回收得到的溶剂仍作萃取剂循环使用。多级逆流萃取操作中包括若干萃取级，料液与萃取剂分别从两端加入，萃取相与萃余相逆流流动，操作连续进行。

2.5.4　离子交换法

离子交换树脂是一种不溶于酸、碱和有机溶剂的固态高分子材料，化学稳定性良好，且有一定的孔隙率。其巨大的分子可以分成两部分：一部分是不能移动的多价的高分子基团，构成树脂的骨架，使树脂具有溶解度小和化学稳定的性质；另一部分是可移动的离子，称为活性离子，它在树脂的骨架中进进出出，就发生离子交换现象。或者说，离子交换树脂是一类带有官能团的、网状结构的高分子化合物，其结构由三部分组成：不溶性的三维空间网状骨架，连接在骨架上的官能团和与官能团所带电荷相反的可交换离子。根据树脂所带的可交换离子性质，离子交换树脂大体上可分为阳离子交换树脂和阴离子交换树脂。

离子交换过程通常包括两个阶段。①吸附：含金属离子的水溶液通过离子交换树脂柱时，金属离子从水相转入树脂相。当金属离子被吸附到饱和时，就停止供液，转入解吸阶段。②解吸：向树脂柱内引入适当溶液以除去前面被吸附的金属离子。解吸后就得到一种浓的金属离子水溶液，可送往提取金属。同时树脂也得到再生，可返回使用。离子交换过程特别适用于从很稀的溶液（浓度 $10\mu g/L$ 或更低）提取金属，对于浓度高于 1% 的浓溶液，该方法是不恰当的。在湿法冶金中最初使用离子交换的是从浸出液中提铀，随后在提取其他金属方面开展了大量研究工作。

离子交换速率是表示在单位时间内溶液中 A^+ 浓度减少或 B^+ 浓度增加的量。以 732 树脂上的 H^+ 交换谷氨酸离子为例，实际离子交换过程由如下的相对速率组成：

① 溶液中的谷氨酸离子从溶液通过液膜扩散到树脂表面。

② 谷氨酸离子穿过树脂表面向树脂孔内部扩散，到达有效交换位置。

③ 谷氨酸离子与树脂中的 H^+ 进行离子交换。

④ H^+ 从树脂内向树脂表面扩散。

⑤ H^+ 穿过树脂表面的液膜进入水溶液。

其中步骤①、⑤称作扩散或膜扩散；②、④称作内扩散或粒扩散；③称作交换反应。

一般反应速率很快，而扩散速率很慢，因此，离子交换反应的速率主要取决于扩散速率。影响交换速率的因素有：树脂颗粒大小、树脂的交联度、溶液流速、溶液浓度、温度、离子的大小和离子的化合价等。

2.5.5　膜分离方法

膜分离技术兼有分离、浓缩、纯化和精制的功能，又有高效、节能、环保、分子级过滤及过滤过程简单、易于控制等特征，目前已广泛应用于各领域，成为当今分离科学中最重要的手段之一。

膜可以是固相、液相，甚至是气相的。用各种天然或人工材料制造出来的膜品种繁多，在物理、化学、生物学性质上呈现出各种各样的特性。广义上的"膜"是指分隔两相的界面，并以特定形式限制和传递各种化学物质。它可以是均相的或非均相的，对称型的或非对称型的，中性的或荷电性的，固体的或液体的，其厚度可以从几微米到几毫米。虽然膜过滤的机理、操作方式各异，但它们具有相同的优点，过程一般较简单，费用较低、效率较高，往往没有相变，可在常温下操作，既节省能耗，又特别适用于热敏物质的处理，在食品加工、医药、生化技术领域有其独特的适用性。

2.5.5.1　膜的材料

对膜材料的要求一般有：大的透过速率和较高的选择性，机械强度好，耐热、耐化学和细菌侵蚀，耐净化和杀菌处理，成本低。

制造膜的材料主要有以下几类：

（1）改性天然物

醋酸纤维素，丙酮-丁酸纤维素，再生纤维素，硝酸纤维素。

（2）合成产物

聚胺，聚苯并咪唑，聚砜，乙烯基聚合物，聚脲，聚呋喃，聚碳酸酯，聚乙烯，聚丙烯。

（3）特殊材料

聚电解络合物，多孔玻璃，氧化石墨，ZrO_2-聚丙烯酸，ZrO_2-碳，油类。

在这些材料中，以纤维素和聚砜应用最广。

2.5.5.2　重要的膜分离过程及应用

（1）渗透和渗析

渗透是一个扩散过程，是指溶剂在膜两侧渗透压差的作用下产生流动的现象。渗析（又称透析）是利用膜两侧的浓度差从溶液中分离出小分子物质的过程。一般的渗析过程在原则上与渗透相重叠，因此使原溶液浓度不断降低，过程的推动力也因此不断减小。

在湿法炼铜细菌浸出-萃取-电积工艺中，反萃液中铁等杂质的积累会对电积造成影响，必须定期抽取一部分电积贫液进行处理。这些电积贫液不能返回细菌浸出，因为电积贫液酸度高，会使浸出液 pH 降低，结果不但影响浸出和萃取效果，而且排放的萃余液的酸度也会越来越高，造成恶性循环。为此，某铜矿细菌浸出-萃取-电积 2000t/d 的阴极铜厂的电积贫液采用了扩散渗析法处理，取得了良好的效果。

（2）反渗透和超滤、微过滤

如果在渗透装置的膜两侧造成一个压力差，并使其大于渗透压，就会发生溶剂倒流，进而从溶液中分离溶剂，使得浓度较高的溶液进一步浓缩，这种分离操作称作反渗透。如果膜只阻挡大分子，而大分子的渗透压是不明显的，按粒径选择分离溶液中所含的微粒和大分子的膜分离操作称为超滤。以多孔细小薄膜为过滤介质，使不溶物浓缩过滤的操作称为微过滤。由此可见，反渗透、超滤和微过滤都是以压力差为推动力。

（3）电渗析

在电场中交替装配的阴离子和阳离子交换膜，在电场中形成一个个隔室，使溶液中的离子有选择地分离或富集，这就是电渗析。

当金属冶炼及加工工业废水中的金属离子浓度较低时，采用普通方法富集或回收是不经济的，只能用石灰中和处理，但这造成大量的废渣堆积，处理后的水只能排放。而采用电渗析法不但可以回收富集废液中的金属离子，而且工业水还可以直接回用。在氧化铝生产中回收碱、铝与工业水回用、从废酸水中回收酸、含剧毒氰化物废水及放射性废水的处理等方面，电渗析法已成功地实现了工业应用。

（4）膜电解

膜电解与电渗析有很多相似的地方，有些文献也把两者看作一类。但它们在电解槽电极和膜元件的组装方面有着显著的不同。某单位研究出采用离子交换膜回收钨冶金中的碱液的技术，取得相当不错的经济和社会效益，并已在一些钨冶炼厂进行实际应用。

2.6　环境影响评价方法

环境影响评价是对一个地区的自然条件、资源条件、环境质量条件和社会经济发展现状进行综合分析研究的过程。它能保证建设项目选址和布局的合理性，指导环境保护设计，强化环境管理，把因人类活动而产生的环境污染或生态破坏限制在最小范围内，有利于对该地区的发展方向、发展规模、产业结构和产业布局等做出科学的决策和规划，实现可持续发展。

2.6.1　确定环境影响评价工作等级

首先，依据建设项目的工程特点、所在地区的环境特征以及相关的法律法规、标准及规划确定环境影响评价的工作等级，可分为一级、二级和三级，越高的工作等级对应越全面、细致和深入的评价。一级评价的要求最高，需要定量描述；二级评价需要对重点环境影响进行深入评价，一般为定量和定性描述相结合；三级评价可通过定性描述来完成。其次，可根据建设项目的实际情况做适当调整，但调整幅度不应超过一级，并应说明理由。

2.6.2　编写环境影响评价大纲

环境影响评价大纲是环境影响评价报告书的总体设计和行动指南，内容应尽量具体详细，包括总则、建设项目概况、建设项目工程分析的内容与方法、建设工程所在区域环境现状调查、环境影响预测与评价、建设项目的环境影响、评价工作成果清单、拟提出的结论和建议以及评价工作经费概算等。

2.6.3　建设项目工程分析

工程分析包括建设项目概况介绍、影响因素分析和污染源源强核算三部分内容。建设项目概况包括项目组成、建设地点、占地规模、生产工艺、平面布置、建设周期、总投资及环境保护投资等基本内容。影响因素分析从污染影响和生态影响两个方面来分析，应绘制可能产生污染环节的生产工艺流程图，明确消耗原料的数量和性质，分析常规污染物、特征污染物的来源和流向及减缓措施情况，分析对生态环境的作用因素、影响方式、范围和程度。对于可能造成人群健康风险的建设项目，应开展人群健康的潜在环境风险因素识别。污染源源强核算应按照《污染源源强核算技术指南》具体规定执行，核算出污染因子产生及排放的方式、浓度、数量等。

2.6.4　环境现状调查

环境现状调查的主要内容包括地理位置、地质水文及气象情况，大气、水、声、土壤等环境质量现状，环境功能情况、社会政治经济情况以及其他环境污染和破坏的现状等。调查时应先搜集现有资料，再进行现场调查，对与评价项目有密切关系的部分应做出详细说明。

2.6.5　环境影响预测与评价

环境影响预测一般按环境要素分别进行，要针对项目实施的全过程进行预测，不仅要对生产运行阶段进行预测，还应涵盖建设阶段和服务期满阶段。针对评价工作的等级来确定预测范围，可进行数学和物理的模型模拟，若受时间条件限制，可采用类比调查法和专业判断法来定性反映。

2.6.6　环境保护措施及其可行性论证

提出项目各阶段拟采取的污染防护措施和生态保护措施，分析拟采取技术的运行效果、技术可行性、经济合理性及达标排放的稳定性，明确各防范措施的具体内容、责任主体、实施阶段，并估算环境保护投入，明确资金来源。

2.6.7　环境管理与监测

对项目建设阶段、生产运行阶段、服务期满后阶段分别提出具体环境管理要求，建立环境管理制度，明确各污染物排放标准，对气、水、固、噪声等污染源进行定期或不定期监测，制定详细的污染源监测计划，包括监测项目、监测网点、监测频次、采样分析方法等，提出向社会公开的信息内容。同时应对环境质量和生态影响进行监测，确保环境影响评价的控污效果。

习题与思考题

1．简述选矿过程磁分选原理。
2．固体废物与废水中重金属的存在形态有何不同？简述各自的分离方法与原理。
3．简述焚烧工艺热值计算原理。
4．简述环境影响评价方法及步骤。

第3章 生活垃圾源头分类与物流转运

生活垃圾，一般也简称为"垃圾"，主要是指人们扔到垃圾桶中的废物。垃圾分类的总体思路是"干湿分开"，目前末端处理设施都是按照干湿分类的处理模式建设。其中，干的垃圾进行工业化再分选，有价值的东西再利用，剩余部分焚烧处理；湿的垃圾主要是通过生化处理，转化为沼气等可再生能源。中国是世界上最早提出垃圾分类的国家之一。对分类物资，如废塑料、废纸、废橡胶、废纤维织物、废玻璃，应配套相应的物流运输体系，包括一次转运和二次超大规模、复合型转运。沙发、床、家用电器等，在收运时称为大件垃圾，应单独处理。装修垃圾属于建筑废物（建筑垃圾），不称为生活垃圾。

3.1 生活垃圾分类模式

3.1.1 新型垃圾分类模式

（1）"互联网+垃圾分类"智慧模式

垃圾桶在线实时管理：所有垃圾桶带有 NFC 电子标签，工作人员可以在后台浏览有关垃圾桶的位置、基本信息、收集时间、收集质量、对应收集车辆等信息，方便进行有效的在线管理。

垃圾分类积分奖励制度：居民通过垃圾分类回收，可通过积分累积进行生活用品的兑换，充分调动了社区居民的垃圾分类积极性，同时也提供了在线预约上门服务，方便了居民的生活。

搭建宣传监督平台：社区建立垃圾分类的网站和微信平台，实现官方垃圾分类知识、新闻、活动等通知的投放，垃圾分类设施的在线查找，同时也提供在线监督反馈渠道，实现宣传和监督齐步走。

（2）"垃圾厢房"模式

垃圾分类"源头 100 米"精细化管理：建立专门的管理队伍，指导居民垃圾分类投放，同时对垃圾厢房进行维护管理，并进行分类垃圾的二次分拣工作。

投放新式垃圾厢房：设计人性化垃圾厢房，对踩踏板、垃圾投入口、厢房冲洗污水收集等进行优化，方便居民垃圾投放的同时减轻环卫工作压力。每个垃圾厢房都会经过湿垃圾收运、干垃圾收运、垃圾桶清洗、垃圾厢房清洗的标准化"一条龙"操作来保证清洁。

开设居民垃圾分类绿色账户：积极宣传绿色账户激励机制，强调"垃圾要分类、分类可积分、积分能获益"理念。居民通过正确的垃圾干湿分类，便可以获得绿色账户积分，并在相关网站和微信平台兑换奖品和资源。

（3）"互联网+"智能化"四分类"收集模式

在一部分小区进行可回收物、有害垃圾、其他垃圾三分类，由物管单位逐户发放专用垃圾桶，并指定专人负责每天两次、定时定点指导协助居民垃圾分类。另外一部分小区进行包括厨余垃圾在内的"四分类"，形成居民厨余垃圾及公共餐饮垃圾一体化处理。

在中端分类收集方面，委托外包服务公司负责大件垃圾拆解收运工作，建立覆盖低值可回收物、有害垃圾等的分类收运和资源化处理体系。

（4）"二分法"模式

针对乡村垃圾分类工作，对村民垃圾分类程序进行简化，将易腐烂的厨余垃圾与不易腐烂的其他垃圾进行分类，每家每户统一配备蓝、绿双色垃圾桶，然后由专职人员每日上门回收并开展垃圾的二次分拣工作。该模式考虑了有些乡村垃圾分类意识不高、一些村民垃圾分类知识缺乏等因素，得以在乡村实现良好开展；同时前端和后端垃圾分类工作的配合，也实现了分类效率的提高和投入成本的减少。

建立垃圾投放、分类、收运、处理全过程的配套设施，结合"互联网+"等技术实现垃圾智能化管理，通过积分兑换等激励方式鼓励居民进行垃圾分类，以及最重要的以干湿分类为核心、前端分类与后端二次分类相结合的分类模式，效果较好。

3.1.2　国际典型的垃圾分类模式

国际上典型的生活垃圾分类模式主要有 3 种。

（1）以美国为代表的简单分类模式

美国的垃圾分类是与其以填埋为主的处理方式相适应的，只简单地分为 2～3 类。废塑料等垃圾目前还不具备开发利用的经济价值，但留给后人却是重要的战略资源。从国家资源储备的战略高度出发，美国垃圾填埋量已经占到垃圾产生总量的 50%以上。

（2）以德国、瑞典等欧盟国家为代表的有限分类模式

欧盟则是从绿色化发展的需要出发，以资源化利用为结果导向对垃圾进行有限分类。居民大体上将垃圾分成 5～6 类，把有机垃圾分出，然后通过工业化分选装置进一步精细分选，再直接回收利用；对可生化组分和可燃组分进行生化和焚烧处理，进一步资源化。

（3）以日本为代表的无限分类模式

日本由于土地资源稀缺、填埋受限制，且各类矿产资源短缺，决定了其采取的模式是无限分类与焚烧处理。日本最早提出向垃圾要矿山，不断推进精细化分类。日本将垃圾分成 100 多类，首先是资源化处理，实在不能再细分的，进行焚烧处理。

3.1.3　农村地区生活垃圾源头分类

垃圾分类是对人的行为的一种教化。国际上，普遍认同开展垃圾分类是国民素质的体现，是现代文明和生态文明的重要内容，垃圾分类应该成为现代公共生活方式之一。每个国家的垃圾分类模式，根本上都是由国情决定的，包括垃圾组分、土地资源、生态环境状况、经济发展水平、社会文明程度等。垃圾分类的主要目的是保障城市运营安全，促进生态文明建设以及资源再利用。

综合国外发达国家垃圾分类模式，通常可回收废物和有机垃圾被作为优先分类项，考

虑以上因素，以居民可接受程度为导向，结合农村地区已有分类基础、垃圾分类目的，提出的农村地区生活垃圾源头分类方案为：

方案 1：源头不分类+集中分拣（C_1）；

方案 2：可回收废物+有毒有害垃圾+不可回收废物（C_2）；

方案 3：可回收废物+有毒有害垃圾+干垃圾+湿垃圾（C_3）；

方案 4：可回收废物+有毒有害垃圾+易腐烂垃圾+不腐烂垃圾（C_4）。

其中方案 1 与现有模式相同，增加了中转分拣或集中分拣流程。方案 2、3、4 对有毒有害垃圾、可回收废物进行了源头分类，避免有害垃圾在收集清运过程中产生二次污染，提高垃圾资源化率。方案 3、4 对有机易腐烂垃圾（湿垃圾）进行分类，可降低垃圾清运量，而方案 4 更便于有机易腐烂垃圾的后续资源化处置。

3.2 生活垃圾分类追溯体系

3.2.1 追溯体系概况

追溯系统建立一人一码身份标识数据库，并且设计积分制与商品兑换制。通过分类督导员扫描袋装垃圾二维码跟踪信息，通过 App 产生的二维码识别用户信息，使得分类投放的垃圾可跟踪，垃圾的投放质量可追溯，并按照小区对居民投放垃圾的行为发放相应积分。

3.2.2 用户投放

可根据运营管理或项目需要，定制不同的用户开门投放方式（图 3-1）。

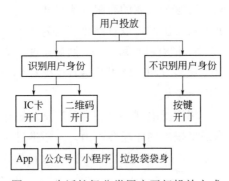

图 3-1　生活垃圾分类用户开门投放方式

对于不需要识别用户身份，只需要用户使用并投放的项目，提供按键开门的方式，按键位于投放仓口右侧（单仓口设备）或两个投放仓口中间（双仓口设备）；居民按下按钮，设备立即开门，可进行投放操作。

对于需要识别用户身份的项目，提供 IC 卡和二维码两种身份识别方式。多重二维码开门方式包括 App、公众号、小程序以及垃圾袋袋身二维码等。对于某些要求"可拆袋、实时督查"的项目，提供印有二维码的垃圾袋，可通过此二维码绑定追溯。用户投放后，设备自动关闭，并在关闭后称重计算奖励。当前账户余额可在设备液晶屏、App、公众号、小程序、POS 机中查询。当次投放奖励会在投放完成后显示于设备液晶屏上，若登录 App，也会推送到 App 登录设备中。

系统管理员可使用分配的账户登录后台管理系统。在菜单栏选择"用户管理"→"用户投放垃圾单价设置"→"选择对应城市"→"选择需要调整的垃圾类型以及价格"，点击修改，弹出修改弹窗，修改"余额奖励"条目，修改完成后点击保存，完成本次修改。

IC 卡为已在系统内注册账户，可直接使用。App、公众号、小程序需要注册，或使用 IC 卡账户登录；若使用 IC 卡号登录，账户为 IC 卡号，初始密码为 IC 卡号后六位。由于 IC 卡在系统内已有一个账户，若需绑定的手机号已注册，则用户无法自主绑定，可通知系统管理员，对用户账户进行调整；若需绑定手机号尚未注册，则用户有两种方式进行绑定。同时提供多种途径用于积分兑换，包括提现、商城消费、自动售卖机兑换、POS 机消费等。

3.3　城市分类垃圾收运物流网络

在进行生活垃圾收运模式的选择时，垃圾收集、运输和中转的方式及其相应设备可以进行不同的组合与匹配，从而城市生活垃圾收运系统具有多种不同的收运模式。各城市应根据所在区域的人口密度、垃圾收集密度、运输距离等影响因素，选择适合当地经济、资源、环境状况等特点的收运模式。

3.3.1　直接收运模式

（1）压缩车直运模式

压缩车直接收运模式，简称压缩车直运模式，是指利用较大吨位的压缩式垃圾收集车，如后装垃圾车、侧装垃圾车等，对分散于各收集点（主要指标准垃圾桶）的垃圾进行收集，收集后的垃圾直接运输到垃圾处理场所的一种袋装化、密闭化、容器化和定时的直接收运方式。图 3-2 所示为压缩车直接收运模式作业流程。

图 3-2　压缩车直接收运模式作业流程图

压缩车直运模式的作业流程为：居民在指定的时间段内将垃圾投入小区或路边的标准垃圾桶内，该垃圾桶密封性好，塑料、废纸等轻质物不会随风四处飘散，即使下雨也不会导致渗滤液四溢，对四周环境卫生影响较小。标准垃圾桶装满后，由压缩式垃圾收集车到各垃圾收集点，在指定时间内进行统一收集、清理，运往垃圾处理厂，标准垃圾桶倒空后固定在原地不动。这种收运模式的最大特点就是在运输过程中垃圾不落地，直接运送至垃圾处理厂，实现了垃圾运输一步到位。此外，垃圾在城区的停留时间短，对环境污染小。这种模式较适用于人口密度低、车辆可方便进出、收集点与垃圾处理厂距离较近的地区。

（2）小压站直运模式

小压站直运模式是以"小型压缩式垃圾收集站"充当垃圾收集点的直接收运模式。在整个收运过程中，垃圾不落地，少暴露，实现了运输集装化，提高了垃圾收运效率，同时改善了居住区的环境质量。图 3-3 所示为小型压缩式垃圾收集站直接收运模式作业流程。

图 3-3　小型压缩式垃圾收集站直接收运模式作业流程图

小压站直运模式的作业流程为：居民处收集来的垃圾，送到小型压缩式收集站内，利用站内的压缩机装到集装箱中，再由车厢可卸式垃圾车将集装箱直接运走，送至垃圾处理厂。这种收运模式的最大特点就是整个过程垃圾不落地，无重新装载过程，并且由于集装箱的密闭性，从而没有渗滤液、恶臭及垃圾洒落等二次污染，不仅降低了建设成本，保护了环境，而且缩短了垃圾在城区的裸露时间。此外，该模式还可以提高集装箱内的装载量，从而减少垃圾收集点的数量。这种模式较适用于城市的生活小区或商业网点等人口密度较高、垃圾产生率较高的区域。同时，小压站直运模式是将收集的垃圾直接运送至垃圾处理厂，故该模式适于中、长距离运输，收集点与处理厂有一定距离均可。

3.3.2　一级转运收运模式

一级转运收运模式是指在生活垃圾收运系统中，从收集点收集到的垃圾，经过小型收集车一次运输到垃圾中转设施，再通过大型转运车二次运输至垃圾处理厂的模式。该模式一般是在若干平方千米范围内收集垃圾，经过集中压缩转运到一定范围的垃圾处理厂。该收运模式根据收集点、中转设施以及运输工具的不同，有以下几种组合方式。

（1）小型压缩收集站收运模式

该模式是以"小型压缩式垃圾收集站"为核心，并结合垃圾中转站进行转运，适用于长距离的垃圾运输。图 3-4 所示为小型压缩收集站收运模式作业流程。

图 3-4　小型压缩收集站收运模式作业流程图

小型压缩收集站收运模式的作业流程为：从居民处收集来的垃圾，送到小型压缩式收集站内，利用压缩机装到集装箱中，再由车厢可卸式垃圾车将集装箱送至垃圾中转站，再由大型垃圾转运车将集装箱运送至垃圾处理厂。这种收运模式的最大特点就是整个过程垃圾不落地，无重新装载过程，并且由于集装箱的密闭性，从而没有渗滤液、恶臭及垃圾洒落等二次污染，不仅降低建设成本，保护环境，而且缩短了垃圾在城区的裸露时间。此外，该模式还可以提高集装箱内的装载量，从而减少垃圾收集点的数量。这种模式结合了直接收运模式的特点，既适用于城市的生活小区或商业网点等人口密度较高、垃圾产生率较高的区域，同时也适于中、长距离的垃圾运输。

（2）压缩中转站收运模式

垃圾收集点由小型收集箱组成，居民将生活垃圾倒入箱内，收集箱装满后，由拉臂钩车将装满垃圾的收集箱体运送至附近的垃圾压缩中转站内，垃圾在中转站经压缩后，用大型垃圾转运车运输到垃圾处理厂。图 3-5 所示为压缩中转站收运模式作业流程。

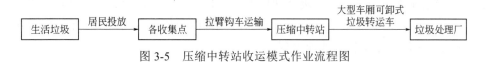

图 3-5　压缩中转站收运模式作业流程图

这种收运模式的特点是，垃圾收集点的小型收集箱可以做到密闭，无渗滤液、恶臭及垃圾洒落等二次污染，垃圾日产日清，从而大大改善了垃圾收集点周边环境。另外，这种收集点服务半径小于小型压缩收集站，缩短了清运工人的运距，降低了劳动强度，提高了清运效率。该收运模式的建设和运行成本均较低，管理简便，易于被居民所接受。该模式不受人口密度、垃圾收集密度、运距的影响，适合于多种区域。由于其多方面的优势，目前在国内许多城市已逐步应用。

（3）流动车收集收运模式

这种模式是指利用垃圾收集车辆，沿途对分散于各收集点的袋装、散装或桶装垃圾进行定时定点收集，再由垃圾运输车辆送至中转站，最后转运到垃圾处理厂。其中，若配置可移动式垃圾压缩收集设施，则可构成流动的压缩收集站。图 3-6 所示为流动车收集收运模式作业流程。

图 3-6　流动车收集收运模式作业流程图

流动车收集收运的方式灵活性较大，特别适合于一些不适宜建设固定式收集站的地方，或者垃圾产出量变化很大的场所，如繁华的商业街、闹市区等。但该模式收运成本较高，投资规模和运行成本都较大，对经济实力雄厚的区域可实施性较强。这种收运模式较适用于人口密度低、车辆可方便进出的地区，特别是区域的周边地带较适用。

（4）集装箱垃圾收集站收运模式

这种模式是指生活垃圾袋装后，由居民投放至指定的地点或者垃圾容器中，再由专门人员或者垃圾运输车辆送至垃圾收集站，垃圾在收集站内经压缩装箱，再由大型集装箱转运车辆运送至垃圾处理厂。图 3-7 所示为集装箱垃圾收集站收运模式作业流程。

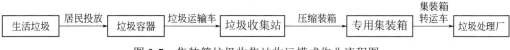

图 3-7　集装箱垃圾收集站收运模式作业流程图

这种收运模式是一种袋装化、密闭化、容器化的不定时的收运系统，具有方便居民投放、收集快、操作简便、设备投资少等优点。该收运模式目前在我国中西部中小城市运用很普遍。该模式适用于人口密度不大、垃圾收集较集中的区域。

3.3.3 二级转运收运模式

二级转运收运模式是指，垃圾通过小型收集车收集至一次转运站（中小型垃圾转运站）进行处理后，再通过中大型转运车将垃圾转运至大型垃圾转运站，再次压缩处理后，通过超大型转运车将垃圾转运至垃圾处理厂的一种收运模式。该模式一般是在垃圾收集服务区距离处理厂较远（通常不小于 30km），且垃圾收集服务区的垃圾量很大时采用。图 3-8 所示为二级转运收运模式作业流程。

图 3-8　二级转运收运模式作业流程图

二级转运收运模式是在一级转运模式的基础上，增加了一次大规模的中转方式复合而成的。近年来，由于我国推行城乡统筹化发展，都市圈范围不断扩大，城市中心区周围区域发展较快，和主城区一起构成了我国特有的大都市区体系。面对这种情况，根据不同的区域的特点，有针对性地选择适合当地的收运模式，对构建整个大都市生活垃圾收运系统有重要意义。二级转运收运模式便适合那些城市发展速度较快、大都市区范围较大的区域。

3.4　垃圾收集模式

3.4.1 混合收集的垃圾收集模式

垃圾收集方式是垃圾收运系统的第一个组成部分，对垃圾运输模式具有很大的影响。目前垃圾收集的方式主要有居民自行投放到收集容器和保洁工人上门收集后投放到收集设备中两种方式。

居民自行投放到收集容器的方式是指垃圾生产者如居民，自行把废物或可回收利用物送到公共垃圾箱、废物收集点或垃圾车内。将垃圾就近倒入垃圾箱，主要优点是不受时间限制，对居民方便，但有时收集不及时会对环境卫生有影响；而送往垃圾点有益于环境卫生和市容管理，但对居民不太方便。

保洁工人上门收集后投放到收集设备中的方式对居民方便，有益于城市固体废物的统一管理，但需要付费。欧美发达国家多采用这种方式，对居民家庭能分类贮存、收集的可回收物质免费收集，对城市垃圾分类收集有很大的推动作用。

按收集过程中生活垃圾的收集方式又可分为上门收集、定点收集和定时收集。

（1）上门收集

居民家上门收集：由小区保洁人员在楼层和单元口进行收集，或由作业单位沿街店铺上门收集，采用标准的人力封闭收集车送至垃圾房或小型压缩垃圾站。

普通垃圾道收集：我国以前大多数多层和高层建筑采用这种方式。居民产生的生活垃垃由通道口倾入后集中在垃圾道底部的贮存间内，然后装车外运。

气力抽吸式管道收集：是一种以真空涡轮机和垃圾输送管道为基本设备的密闭化垃圾收集系统。该系统的主要组成部分包括倾倒垃圾管道、垃圾投入孔通道阀、垃圾输送管道、机械中心和垃圾站。

（2）定点收集

垃圾厢房收集：生活垃圾袋装后直接由居民送入垃圾厢房内的垃圾桶内，然后由垃圾收集车运往垃圾转运站或垃圾处理厂，是一种袋装化、密闭化、容器化和不定时的垃圾收集方式。垃圾厢房通常设置在住宅楼外居民通道的附近。

集装箱垃圾收集站收集：生活垃圾袋装后由居民放置于指定地点或容器内，后用人力封闭收集车送至集装箱垃圾收集站，装入集装箱内，装车外运。它是一种袋装化、密闭化、容器化和不定时的垃圾收集方式。

固定式垃圾箱收集：生活垃圾袋装后由居民送入固定式垃圾箱，在指定时间内装车外运。

小型压缩式生活垃圾收集站收集：生活垃圾袋装后由居民放置于指定地点或容器内，后用人力封闭收集车送至小型压缩式生活垃圾收集站，在压缩收集站内安装压缩机，将收集的垃圾由压缩机装到集装箱内，再由垃圾车将集装箱运走。

（3）定时收集

这是一种以定时收集为基本特征的垃圾收集方式。作业单位定时到垃圾产生源收集，采用标准的人力封闭收集车送至标准的小型压缩站，或采用标准的封闭收集车送至垃圾转运站或垃圾处置厂。

这种方式主要存在于早期建成的住宅区。其特点是取消固定式垃圾箱，在一定程度上消除了垃圾收集过程中的二次污染。但由于垃圾必须在指定的时间收集并装入垃圾收集车内，在实际操作过程中常出现垃圾排队等待装车的现象。

3.4.2　分类收集的垃圾收集模式

目前垃圾分类收集主要有居民将分类的垃圾自行投放到收集容器，和保洁工人上门收集居民分类后的垃圾并投放到收集设备中两种方式。按收集过程划分，分类收集有三种方式：

（1）上门分类收集

居民先将垃圾粗分类袋装后，放置在房屋门前，由收集工人上门收集后运至垃圾房内，再经不同的垃圾运输车，视分类方法不同采用不同运输频率，分别送往处理地点。

（2）设点定时分类收集

居民把自己分类袋装后的垃圾投入分类收集桶内，收集桶可置于垃圾房内或定点放置在居民区内，由收集工人将桶内物分送至垃圾房，然后经不同的垃圾运输车，视各分类垃圾量而采用不同的运输频率，分别送至不同收购点或综合处理场所处置。

（3）流动垃圾车式分类收集

流动垃圾车式分类收集是采用分栏的垃圾运输车，沿居民点街道收集并运输居民定时放置的已分类的垃圾，直接送至不同收购点或综合处理场所处置。

3.5　垃圾转运系统与物流系统

3.5.1　垃圾转运系统

城镇垃圾转运系统可分为一级转运和二级转运模式，一般情况下使用一级转运系统；当垃圾转运量很大且运距较远时（通常≥30km），可建立二级转运系统。在二级转运系统中，垃圾经由数个中小型垃圾转运站转运至一个大型转运站，再次集中运往垃圾处理厂。城镇垃圾转运系统转运模式如图 3-9 所示。

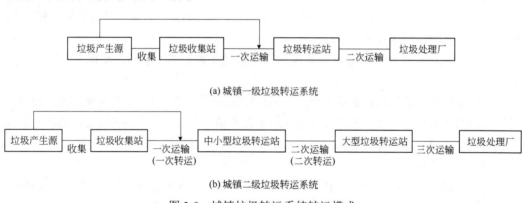

(a) 城镇一级垃圾转运系统

(b) 城镇二级垃圾转运系统

图 3-9　城镇垃圾转运系统转运模式

垃圾转运系统最基本的要求之一是节省运输费用。建立中转站，将收集到的少量垃圾在站内聚集贮存，经机械压实压缩后，用更大型的运输车进行转运。这样不仅可以减少燃料消耗和运输车维护费用，达到减少整体运输费用的目的，还能够减少对环境的污染，降低公路的相对负载。

除节约运输成本之外，垃圾转运站还有以下作用：

（1）为处置前对垃圾进行筛选提供更多机会。近几年许多新建的大型垃圾转运站都兼有垃圾分选的功能，工人们在传送带、垃圾倾倒或专门的回收场所中对垃圾进行筛选。垃圾分选一般由两个部分组成：先从废物流中分选出有回收价值的垃圾，然后挑出不适合某种处置方式的垃圾（比如有毒有害品、白色垃圾、橡胶轮胎、蓄电池或病原垃圾等）。回收有价值的垃圾，不仅可以减少最终处置的垃圾量，节省运输和处置费用，还可以获得这些垃圾的回收价值。并且，在转运站筛选垃圾比在处理厂效率更高。

（2）选择垃圾处置方式时具有更大的灵活性。垃圾在转运站安全贮存后，有机会去选择更经济或者更加环保的处置场所，即使处理厂更加偏远；还可以考虑综合的处置场所。

（3）可作为更加卫生的便民垃圾收集中心。转运站通常都包括向公众开放的便民中心，这些中心可以让居民自己直接将垃圾送入。一些转运中心还能够管理庭院垃圾、大件物品、有毒有害品和可回收利用垃圾。

（4）增加如公厕等其他公共服务设施附属建设的可能性。土地资源紧张的地区，转运站附属建设公厕提高了土地的利用率，增加了公共服务设施；特殊结构的垃圾转运站（例如地下）将提供更多的地面土地面积，从而用于建设更多的设施。

3.5.2   城镇垃圾物流系统

城镇垃圾转运系统实际是一个大型的物流系统，应该用系统理论研究，并从社会、环境、经济等方面加以综合评价。目前国内研究垃圾转运系统的方法极少，而研究物流系统的方法却很多，而且很成熟，因此物流系统的研究方法非常值得借鉴。一般的物流系统，其货物流通方向是从集中到分散的，即从供货商到需求厂家。而城镇垃圾物流系统（即城镇垃圾转运系统），垃圾的流动方向是从分散到集中的，即从各居民小区到垃圾中转站，再到集中的垃圾处理厂。可以说，城镇垃圾转运系统是一个倒置的物流系统。具体比较如图3-10 和图 3-11 所示。

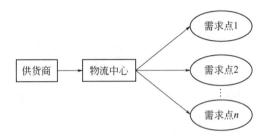

图 3-10   普通物流系统流程框图

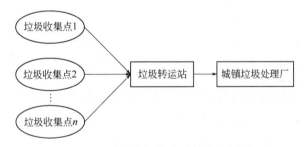

图 3-11   城镇垃圾物流系统流程框图

3.6   大型中转站工艺

某生活垃圾中转站采用竖直装箱工艺。垃圾装载压缩是在容器竖直状态下进行的。若容器装载时位于地平面上，卸料平台较高，则收集车进出卸料大厅需建约 100m 长的坡道，加上压实器的作业空间，建筑物层高较高，大于 14.0m，与周围景观难以协调；同时收集车在坡道和搬运车在运转场地的作业噪声对周围环境影响较大。为降低建筑物层高，便于搬运车作业场地的隔音，降低收集车噪声，同时便于实现环境绿化，易与周围环境协调，工程采用半地下式结构，即卸料大厅位于地平面，取消收集车进出卸料大厅的坡道，搬运车作业场地位于地下，加顶盖，形成封闭空间，顶盖上进行绿化、景点布置。

由于搬运车作业场地位于地下，为降低容器状态转换时车辆工作噪声，工程需要配备性能优越、工作噪声低的搬运车；同时鉴于垃圾处理厂卸料条件较好，以及难以提供运输车与卸料车之间进行容器转换的场地，配备同时具有运输和卸料功能的运输车。某生活垃圾中转站主体工艺流程如图 3-12 所示。

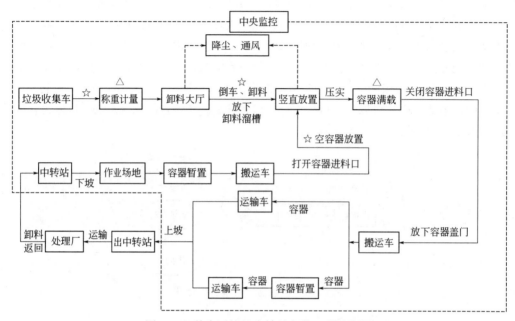

图 3-12　某生活垃圾中转站主体工艺流程图

△—作业过程监控区；☆—进站垃圾量及压缩装箱作业监控点

（1）垃圾收集车进站称重计量

装满垃圾的垃圾收集车驶进中转站后，经过称重计量后方能驶向卸料大厅。

称重计量的目的在于：准确记录中转站每天的垃圾处理量，便于实现企业化管理；便于垃圾收集车在中转站内的作业调度；便于掌握垃圾收集车运行状况；便于了解和掌握中转站服务区域内生活垃圾产出量的变化规律和增长趋势。

（2）空容器装料准备

垃圾收集车卸料之前，需要将空容器垂直竖起，放置到容器停泊位。运输车将空载容器通过坡道运往地下搬运车作业场地平面后，将空载容器转移至搬运车上，后由搬运车将空容器放入容器停泊位，该过程由监视器通过监控系统进行控制，保证空容器准确就位。当空容器完全定位后，除掉容器盖保护装置，由钢丝牵引机构打开容器盖，同时放下卸料溜槽，卸料溜槽与容器盖门形成卸料漏斗，防止垃圾散落，以使垃圾卸料顺利。

（3）垃圾收集车卸料

当垃圾收集车经称重计量后，驶向卸料大厅，根据监控室和现场调度指示，倒车驶向指定的容器停泊位，卸料大厅上靠近容器停泊位的限位设施使垃圾收集车的尾部对准竖直放置的容器进料口。这时，容器顶端的盖门已打开，与容器上方的卸料溜槽共同围成一卸料漏斗。当垃圾收集车的尾部对准竖直放置的容器进料口后，打开尾部卸料门，将垃圾卸入容器内。当垃圾收集车卸料完毕，收集车驶离卸料大厅，驶离中转站。如此完成一次垃圾收集车卸料过程。

　　垃圾收集车的卸料过程受监控室监控及卸料大厅工作人员现场指挥，收集车在卸料大厅流向畅通，不会造成卸料过程不必要的等待。

　　由于垃圾在空中暴露时间短，仅为垃圾收集车卸料时间，同时，垃圾暴露在空中的面积小，仅为垃圾容器进料口面积，每个容器停泊位的垃圾暴露面积为 $4.34m^2$，因此，中转站内产生的臭气量很少，对环境的影响非常小。但是，为了严格控制作业过程中的臭气和灰尘的扩散，在每个容器停泊位处均安装有吸风装置，时刻对容器进料口和卸料大厅进行换气，主体车间换气率按 6 次/h 设计，保持作业场所空气清新，符合环保要求。卸料大厅为全封闭结构，并且在卸料大厅入口处设置风帘，使卸料大厅的臭气对外界的影响降到最小，同时垃圾收集车卸料时不会有垃圾散落，并且垃圾在压缩装箱时没有渗滤液泄漏。

　　（4）垃圾压缩

　　首先，进站垃圾收集车被指定到相应的容器停泊位，进行垃圾卸料作业，直至容器装满垃圾。然后根据监控室指示，启动自动压实器，压实器由 PLC 控制，准确到达指定的容器停泊位，再按下操作按钮，压实器即向下伸入容器内部，将垃圾压缩之后压实器自动退位。最后，再由垃圾收集车往容器内卸入垃圾，装满后再压实，直到容器内的垃圾量达到设计的装载量，此过程需要 2～3 次。

　　控制中心可准确控制容器内装载的垃圾量，一旦装载量达到设计值，控制系统即发出信号。用于卸料溜槽升降的电动机带动钢丝牵引机构将卸料溜槽提升，并固定在相应位置；然后启动用于容器盖门开闭的电动机，带动钢丝牵引机构将容器盖门缓缓放下；当容器盖门合上后，由人工装上安全保护装置。如此即完成一次容器的压缩及装箱作业过程。

　　（5）满载容器装车、运输和卸料

　　取下满载容器：容器装满垃圾后，由搬运车上的钢丝牵引机构将容器由竖直装载位置转换成水平状态并放置在车辆底架上。此时先由钢丝牵引机构的支架紧靠并提升容器，将容器与机构的支架相贴，然后支架再缓慢地回到水平位置与车辆底架结合。

　　满载容器转移至运输车：搬运车取下容器后，通过钢丝牵引机构将容器转移至运输车底架上。此时容器呈水平状态，卸料门位于后端。

　　容器的运输和卸料：垃圾运输车通过坡道驶离中转站，将装满垃圾的容器运往生活垃圾处理厂。在处理厂，满载容器在运输车上，打开卸料门，用后倾自卸方式进行卸料。卸料完毕，空载容器由运输车带回中转站，通过坡道驶至搬运车作业平面，转移至搬运车上待复位。

　　（6）容器在站内的移动

　　搬运车除上面的取放和运输功能外，还具有移动容器的作用。即在垃圾进站高峰期和交通不畅时，利用站内的搬运车将装满垃圾的容器移动至站内的空地上，竖直地放置（不可水平放置），待运输车返回后即可从空地上将容器装车外运。另外，运输车返回中转站时，如果没有空闲的泊位或搬运车正在工作，可将空容器竖直地放到站内的空地上，等待搬运车复位，以节约时间，提高工作效率。

（7）中转站除尘脱臭系统

卸料大厅的臭气和灰尘由设置在垃圾收集车卸料作业处对面的吸风罩吸走，通过压实器检修走道下面的汇集总管，沿建筑物的外墙与风机相联。

收集的气体首先经过喷淋塔进行初步除尘，再用活性炭纤维吸附异味。当活性炭纤维吸附容量达到80%时，停止进异味气体，应用再生设备将活性炭纤维吸附的异味物质去除，并催化分解为 CO_2 和 H_2O 之后排向大气。

3.7　中转站水平压缩转运系统

3.7.1　水平预压式压缩机

水平预压式垃圾压缩机（以下简称"压缩机"）是中转站最重要的核心设备。它上接卸料槽和钢板输送带，下对垃圾半挂车，并接驳液压系统、现场控制系统、中央控制系统。主要用于垃圾的脱水预压和装载（图3-13）。

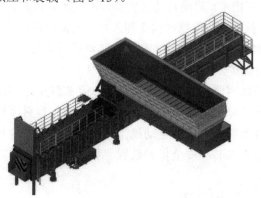

图3-13　大型水平预压式垃圾压缩机三维外形图

3.7.2　组成及作用原理

以某压缩机为例，本体部分主要由压缩机前后框架、大小推头、大小压缩油缸、闸门机构、称重支撑、检修门组件、集污排污组件等组成，并配置高压冲洗、自动润滑功能。全长约26m，重约110t，主要用于垃圾的脱水预压、装载（打包入箱）以及污水定向收集与排放（图3-14、图3-15）。

压缩机框架是采用钢结构焊接而成的一个箱型结构，是压缩机的本体，也是所有附属机构的安装基础。从图3-16的压缩机各组成部分线框简图中可以看出，压缩机框架所组成的箱型结构主要分为两舱室。①预压腔：用于垃圾的脱水预压。②装料腔：上部对接钢板输送带及卸料槽，装载输送掉落下来的垃圾。

大、小推头均安装在框架内，并在大、小油缸的作用下运动，主要用于推送装料腔内的垃圾，并在预压腔内进行垃圾的脱水预压，预压完成后将垃圾一次打包（装载）入箱。闸门机构安装在框架前端，主要实现闸门的上下开关。主要由闸门升降油缸和闸门升降支架等组成，采用液压动力来实现闸门的升降。当闸门关闭时，预压腔封闭（即闸门与框架

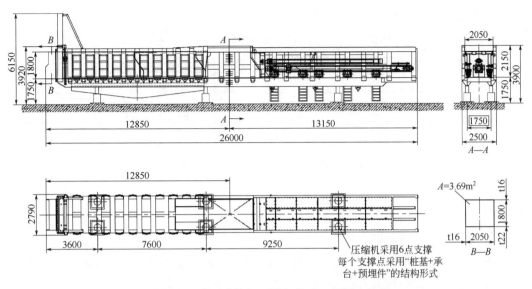

图 3-14　大型水平预压式垃圾压缩机外形三视图（单位：mm）

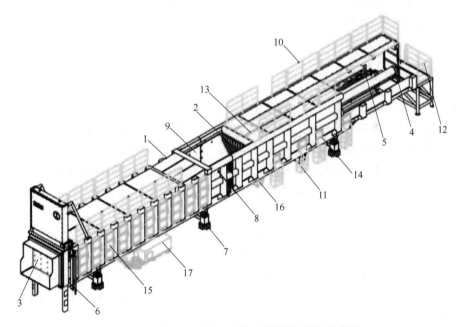

图 3-15　大型水平预压式垃圾压缩机组成示意图

1—压缩机框架；2—推头；3—闸门；4—主油缸；5—副油缸；6—闸门油缸；7—称重传感器；8—垃圾检测器；
9—压缩机落料口；10—栏杆组件；11—侧检修楼梯；12—后部检修平台；13—上部检修口；14—侧检修门；
15—排污槽检修门；16—底集污槽；17—底排污槽

形成密封的腔体），垃圾在推头的挤压下将进行脱水预压。当闸门打开后，垃圾在推头的推送下将被推入半挂车，从而实现垃圾的装箱。

其余的压缩机组成部件中，称重支撑主要用于支撑安装压缩机，实现压缩机的整机称重，并通过称重除皮的方式实时监测垃圾的质量；检修门组件主要用于压缩机的日常检修维护；集污排污组件主要用于垃圾压缩时挤出水的收集与排放。

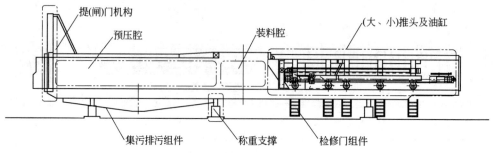

图 3-16　压缩机各组成部分线框简图（压缩机剖开显示）

基于以上的压缩机组成，压缩机的作业原理为：

① 闸门机构将闸门关闭，从而封闭预压腔。

② 垃圾经供料输送后落入装料腔。

③ 推头在油缸作用下往复运动，将装料腔内的垃圾推送入预压腔，并进行脱水挤压。

④ 垃圾挤压时的挤出水被集污排污组件完全收集并有序排放。

⑤ 当称重支撑检测到垃圾包已预压到指定质量后推头将停止垃圾压缩。

⑥ 闸门机构将闸门打开。

⑦ 推头继续伸出，将脱水预压后的垃圾包装入半挂车。

3.7.3　压缩工艺

采用"多次压缩、一次进箱"的压缩工艺，即将垃圾推送至预压腔并在预压腔内多次脱水预压，通过传感器进行料位、质量和压力控制，达到设定质量后，再将脱水预压的垃圾块一次性地推送进压缩式垃圾半挂车箱体内。由于大型压缩机采用了双级推头与油缸的设计方案，在具体的压缩过程中，根据推送垃圾和预压垃圾的不同力量需求，分别采用不同的油缸。这种方式可以显著提高设备的处理能力，有效降低设备能耗，与其他方案相比具有显著的优点（图 3-17）。

对压缩工艺及能力计算中的相关基础参数做如下的界定。推头每推的垃圾包约 $11m^3$，质量约 $5.3\sim8.2t$（因垃圾成分变化而波动）。为增加计算安全裕度，取下限值统一按 5t/包（次）进行计算。对于推头运动速度，液压系统的设计中，在电机总功率不变的前提下，综合采用变频、差动、多级油泵、分流合流等多种技术，获得了如下的基本运动速度。①小推头及其油缸：$v_{小缸高速进}=405mm/s$，$v_{小缸高速退}=435mm/s$；②大推头及其油缸：$v_{大缸高速进}=165mm/s$，$v_{大缸高速退}=255mm/s$。

可以看出，在 5t/包（次）的垃圾质量前提下，按照大于 24t/箱的要求，极限情况下需要进行 5 次打包，才可以预压约 25t 的垃圾块。如果需要压缩到 30t/箱，则需要进行 6 次打包。

在上述打包过程中，第 1、2、3 包，由于垃圾的总体积仅为 $33m^3$，小于预压腔 $37.45m^3$ 的容积（$3\times11m^3=33m^3<37.45m^3$），因此不需要进行垃圾脱水预压，只需进行垃圾推送，因此前 3 包垃圾均采用小推头及小油缸进行垃圾推送，且对每包垃圾小推头只需推送 3.8m，然后靠垃圾相互的推送将垃圾全部送入预压腔（图 3-18）。

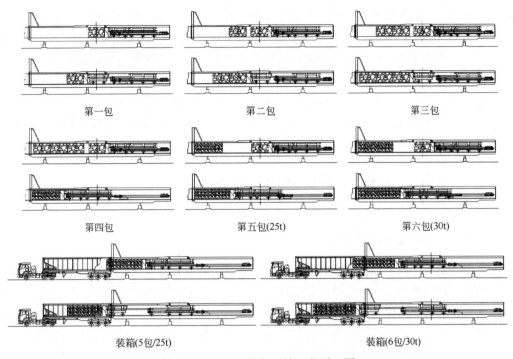

第一包　　　　　　　　　　第二包　　　　　　　　　　第三包

第四包　　　　　　　　第五包(25t)　　　　　　　第六包(30t)

装箱(5包/25t)　　　　　　　　　　装箱(6包/30t)

图 3-17　大型压缩机压缩工艺原理图

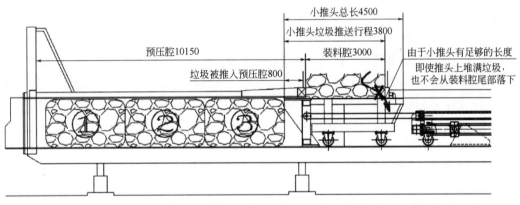

图 3-18　小推头送料长度及防落料设计原理（单位：mm）

由于小推头采用加长式设计，在推送 3.8m 的使用情况下可以确保小推头后部不会从装料腔后端露出，从而保证垃圾不会落入大小推头之间。这是能够采用小推头进行前 3 包垃圾推送的一个关键设计要点，也是区别于其他设备的一个显著技术优点。由于前 3 包垃圾采用了小推头及小油缸推送的方式，而小油缸需要的供油量仅约为大油缸的 1/2，因此可以获得较高的推料速度，从而大幅度提升垃圾处理效率，同时有效降低设备的推料能耗。

当前 3 包垃圾已经被推送入预压腔后，从第 4 包垃圾装入开始，由于垃圾的总体积已经开始大于预压腔的容积，因此后续的垃圾包均采用大油缸及大推头进行垃圾压缩。此时在大油缸高达 $2 \times 10^6 N$ 的压缩力下，垃圾将在预压腔内被有效地脱水、压缩，直至达到额定的垃圾块质量（24t 或更多）。

当垃圾块达到额定质量后将进入装箱环节。此时，先对接垃圾半挂车，然后闸门机构提起闸门，准备进行装箱。垃圾装箱时大油缸首先将未使用完的行程完全伸出，推动大推头，并靠大推头带动小推头及小油缸。然后小油缸带动小推头伸出，完成油缸行程叠加，将垃圾完全推入半挂车箱体。

在装箱环节，当小推头开始和大推头分离时，由于分离面已经伸入预压腔内部，推头分离面上方已无垃圾，因此不必担心垃圾落入大小推头之间的问题，可以顺利进行大小推头的分离作业。

3.8　中转站竖式压缩转运系统

3.8.1　竖式压缩工艺流程

垃圾收集车卸料之前，需由转运车将空载容器由容器堆放区背起，竖直放置到卸料容器停泊位。该过程由监视器通过监控系统进行控制，保证空容器准确就位。

当空容器完全定位后，除掉容器盖保护装置，由钢丝牵引机构打开容器盖，同时放下卸料溜槽，卸料溜槽与容器盖门形成卸料漏斗，防止垃圾散落，以使垃圾卸料顺利。

（1）一次转运车及垃圾收集车卸料

经称重计量后的横式一次转运车及垃圾收集车进入卸料大厅，根据中央控制室和现场调度指示，收集车分别倒车驶向相应指定的容器停泊位，监控系统根据车辆到达信号将指定泊位的快速卷帘门打开，卸料大厅上靠近容器停泊位处的限位设施使垃圾收集车的尾部对准竖直放置的容器进料口。这时，容器顶端的盖门已打开，与容器上方的卸料溜槽共同围成一卸料漏斗。当车辆的尾部对准竖直放置的容器进料口后，打开尾部卸料门，将垃圾卸入容器内。垃圾收集车卸料完毕，容器泊位快速卷帘门关闭，确保卸料泊位臭气不外溢，收集车驶离卸料大厅，驶离分类转运站。如此完成一次垃圾车卸料过程。

一次转运车和垃圾收集车的卸料过程受中央控制室监控及卸料大厅工作人员现场指挥，车辆在卸料大厅流向畅通，不会造成卸料过程不必要的等待。

（2）压缩及装箱作业过程

进站垃圾收集车被指定到相应的容器停泊位，进行垃圾卸料作业，直至容器装满垃圾。当容器装满垃圾后，根据监控室指示，启动自动压实器，压实器由 PLC 控制，准确到达指定的容器停泊位，再按下操作按钮，压实器即向下伸入容器内部，将垃圾压缩之后压实器自动退位。然后，再由垃圾收集车往容器内卸入垃圾，装满后再压实，直到容器内的垃圾量达到设计的装载量，此过程需要 2～3 次。中央控制室可准确控制容器内装载的垃圾量，一旦装载量达到设计值，控制系统即发出信号。用于卸料溜槽升降的电动机带动钢丝牵引机构将卸料溜槽提升，并固定在相应位置；然后启动用于容器盖门开闭的电动机，带动钢丝牵引机构将容器盖门缓缓放下；当容器盖门合上后，由人工装上安全保护装置。

（3）容器装车作业

容器装满垃圾后，由转运车上的钢丝牵引机构将容器由竖直装载位置转换成水平状态，并放置在车辆底架上。此时先由钢丝牵引机构的支架紧靠并提升容器,将容器与机构的支架相贴,然后支架再缓慢地回到水平位置与车辆底架结合。为最大程度减少对周围环境的影响,容器装车作业过程在室内完成。

(4)站内短驳

满载容器装车后,由转运车间驶出至转驳区域,由门式起重机将满载容器吊离站内短驳车,满载容器吊至两厢半挂车上二次转运,或吊至吊车边临时堆放场地。站内短驳车移至另一台吊机下,吊机将空载容器吊至车上就位,站内短驳车驶回中转车间。

(5)容器在站内的移动

转运车除上述功能外,还具有移动容器的作用。即在垃圾进站高峰期和交通不畅时,利用站内的转运车将装满垃圾的容器移动至站内的容器堆放区,竖直放置(不可水平放置),待转运车返回后即可从空地上将容器装车外运。

另外,转运车返回分类转运站时,如果没有空闲的泊位或转运车正在工作,可将空容器竖直地放到站内的容器堆放区,等待复位,这样可减少转运车的配置数量,降低设备投资,节约时间,提高工作效率。为最大程度减少对周围环境的影响,容器装车作业过程也在室内完成。

3.8.2 卸料溜槽及压实器系统

(1)卸料溜槽及驱动机构

卸料溜槽位于容器停泊位上方。卸料溜槽成漏斗状,与容器紧密结合形成相对独立的卸料空间,以使垃圾卸料顺利进行。卸料溜槽的上平面带有向周边伸出的边翼,可防止垃圾散落,同时也阻止灰尘、臭气的外溢。卸料溜槽的特点有:电机或手动驱动,单级齿轮减速;钢丝牵引,升降自如;保证无垃圾泄漏;材料防腐、耐磨等。卸料溜槽及驱动机构技术参数如表 3-1 所示。

表 3-1 卸料溜槽及驱动机构技术参数

序号	项目	技术参数
1	操作方式	电动控制
2	电源	380V 三相 AC
3	电机数量	5 台/泊位,侧门电机为公用电机
4	电机总功率	0.55kW×3+0.75kW×2
5	溜槽材料	Domex
6	溜槽质量	610kg
7	外形尺寸(长×宽×高)	3790mm×3226mm×1205mm

(2)压实器

压实器采用液压驱动形式,通过液压驱动,压实器可以进行水平移动,并对容器内垃圾进行竖直压实。液压油缸的构造为双缸型,安装在压实器内部,工作平稳、可靠,没有泄漏、卡滞等现象。所有的动作和功能通过遥控操作系统实现,自动化程度高,运行平稳。

压实器在制造过程中，用砂布打光，喷涂底漆，然后再喷上防腐漆，防腐性能好。

压实器具有竖直压缩，液压驱动，上部自带可水平移动小车，由液压发动机驱动，自动定位，一个压实器可对应多个容器，压力可调节，遥控、手控操作相结合，专利技术，运行可靠，随机备品备件，更换方便等性能特点。压实器技术参数见表3-2。

表 3-2　压实器技术参数

序号	项目	技术参数
1	自重	7000 kg
2	压头直径	1500 mm
3	水平移动速度	250～300 mm/s
4	上、下压缩速度	约 200 mm/s
5	压头有效行程	3850 mm
6	压实力	300 kN
7	液压系统工作压力	25 MPa
8	电机功率	35 kW
9	工作噪声	<70 dB

3.9　生活垃圾分类环境卫生风险防控

生活垃圾中常见病原菌包括大肠杆菌、沙门氏菌、志贺氏杆菌、阿米巴属、无钩绦虫、美洲钩虫、流产布鲁氏菌、化脓性球菌、酿脓链球菌等，以及在极个别事件中可能存在传染性病毒，如 2019 年新型冠状病毒、2003 年非典病毒。在实施垃圾全过程分类的同时，在传统的垃圾收集、分拣、转运等环节的基础上增加了新增容器、破袋、二次纠偏分拣、人工分拣分选等新的环境风险暴露环节，环境卫生风险防控非常重要。应采用含活性氯消毒剂、臭氧、紫外线、石灰水等方法使病原菌失去活性。

3.9.1　垃圾分类新增环节环境卫生风险

已有的城市生活垃圾收运处理体系，主要是对混合垃圾进行密闭化收运、末端无害化处理，严格控制相关转运、末端处理设施的二次污染物排放，基本实现"投放—小区/单位收集—中转—末端无害化"的全过程环境风险可控。垃圾全过程分类后，为实现"干湿分类、两网融合"新模式，在传统的密闭、无害的垃圾收运过程上新增的新环节、新做法、新模式，会出现一定的环境卫生风险。

生活垃圾收运处理的环境风险除了化学污染物（恶臭、渗滤液、残渣、飞灰等）对环境、人体的健康影响外，复杂的垃圾组分（卫生用品、护理用品、宠物尸体、粪便等）附着的病原微生物也可能是重要的风险因素。同时，新增环节带来了敏感人群（源投放公众、分类志愿者、小区保洁员、设施分拣员）和生活垃圾的接触（气相接触、直接接触），使得二次污染物（以恶臭为主）和病原微生物对暴露人群的影响风险增加（表3-3）。

表 3-3　生活垃圾收运体系环境卫生风险源

收运体系	风险环节	潜在风险因素	敏感人群
传统体系	投放	少量恶臭	居民、保洁员
	收集	恶臭、渗滤液	保洁员
	转运	恶臭、渗滤液	周边公众、作业人员
	末端处理	恶臭、渗滤液、烟气、病原微生物	周边公众、作业人员
分类体系	投放（新增破袋环节）	恶臭、病原微生物	居民、保洁员、志愿者
	收集（新增人工纠偏、分拣环节）	恶臭、病原微生物	居民、保洁员、志愿者
	湿垃圾就地就近处理（新增人工分拣环节）	恶臭、渗滤液、病原微生物	作业人员
	两网融合可回收物贮存转运	恶臭、病原微生物	作业人员
	转运	恶臭、渗滤液	周边公众、作业人员
	末端处理	恶臭、渗滤液、烟气、病原微生物	周边公众、作业人员

3.9.2　生活垃圾投放卫生风险防控

① 生活垃圾应投放到指定垃圾容器或投放点，不得乱丢乱倒。严禁任何单位和个人向河流、湖泊、沟渠、水库等水体及河道倾倒生活垃圾。

② 生活垃圾应定时定点投放、收集、转运。

③ 投放点、垃圾厢房（以下统称"垃圾厢房"）应有专人负责。

④ 居民靠近垃圾厢房，投放生活垃圾时，应戴好口罩，有序正确分类投放，投放时应与其他投放者、社区志愿者人员保持适当距离，投放完毕后及时洗手消毒。废弃的口罩，投放时使用塑料袋密封后作为干垃圾投放。

3.9.3　生活垃圾收集作业卫生风险防控

（1）垃圾收集作业人员集中点/休息点

① 作业人员集中点或休息点应配备足够的医用防护口罩、手套、雨胶靴、防护服、帽子、护目镜、反光衣等劳保用品，消毒剂、消毒酒精等杀菌消毒用品，及体温计（或测温仪）。

② 集中点或休息点每天至少用水全面冲洗 1 次，再用有效氯浓度为 1000～2000mg/L 的消毒剂溶液对墙面、地面、周围环境喷洒消毒 1 次，喷药量为 200～300mL/m²。

（2）垃圾收集容器

① 垃圾桶、垃圾收集点、垃圾收集站等垃圾收集容器，每天清理、收集垃圾 2 次，每天用水清洗，并用有效氯浓度为 1000～2000mg/L 的消毒剂溶液喷洒消毒。

② 对垃圾量大的收集点，要随满随清，随清随消毒。

（3）环卫工具房

① 每天作业前，用有效氯浓度为 1000～2000mg/L 的消毒剂溶液对环卫工具喷洒消毒

1 次，喷药量为 200～300mL/m^2，全面消毒后方可作业。

② 每次作业完成后，用水将环卫工具冲洗 1 次，再用有效氯浓度为 1000～2000mg/L 的消毒剂溶液对环卫工具喷洒消毒 1 次，喷药量为 200～300mL/m^2。

3.9.4　作业人员防护

① 收集作业人员要规范佩戴口罩、手套、帽子、雨胶靴，身穿工作服，作业过程中切忌摘除口罩、手套，切忌用手触碰眼、口、鼻等处；如有特殊情况，应先将手套摘除，再用消毒洗手液洗手后方可触碰；口罩脏污、变形、损坏、有异味时需及时更换。

② 垃圾桶、垃圾收集点收集作业前及作业后须进行清洗及消毒。

③ 对居民小区、机关企事业单位放置的口罩专用垃圾桶，应每天清理。清理前用含有效氯浓度为 500～1000mg/L 的消毒液喷洒或浇洒垃圾至完全湿润，然后扎紧塑料袋口。

④ 集中隔离观察点以及定点医疗机构产生的生活垃圾按照医疗垃圾标准处理，不得混入生活垃圾收运处理系统。

⑤ 临时接收有病原菌附着风险类型垃圾的，要求在前端配置专袋收集，专人收集，须采用有效氯浓度为 2000mg/L 的消毒液对收集袋进行消毒后，再用专车进行收集运走。对包装破损、包装外表污染或未盛装于周转箱内的医疗废物，医疗废物运送人员应当要求医疗卫生机构重新包装、标识，并盛装于周转箱内。

⑥ 工作完成后，立即取下口罩和手套，换下工作鞋、帽子、工作服等，并将口罩和手套放入塑料袋内，喷洒 75% 的酒精消毒后，将塑料袋密封。随后，立即用有消毒功能的洗手液或肥皂流水洗手（在特殊区域作业的人员应当全面洗澡），再进行体温检测并登记方可下班。

⑦ 使用后废弃的口罩、纸巾等（不可重复利用）应投放至指定的容器，日产日清，清理前后须进行消毒。

⑧ 可重复使用的护目镜、手套、工作服等使用有效氯浓度为 200mg/L 的消毒剂浸泡消毒 20～30min 后，用清水清洗并晾晒。

3.9.5　运输作业设备卫生风险防控

① 车辆集中停放场地应配备隔离消毒专用房及消毒设施设备，应设置作业人员淋浴间。

② 运输过程中，车辆保持密闭，并保证车容整洁、无明显污垢、无滴漏、无拖挂、无散落。

③ 清运车辆装载卸料一轮后应做一次整车消毒，采用有效氯浓度为 1000～2000mg/L 的消毒剂溶液消毒 1 次，喷药量为 200～300mL/m^2。装车作业处应对洒漏垃圾或污水及时清理并消毒。

④ 特殊流行病时期，尽可能采用机械作业装卸车，减少人工操作。

习题与思考题

1. 生活垃圾收运的操作过程包括哪几个阶段？垃圾分类与转运如何协调？

2．论述设置垃圾转运站的作用。

3．描述一级和二级转运收运模式的工程内容，及其使用情况和作业流程图。

4．如遇公共突发事件（如 2003 年"非典"和 2019 年新型冠状病毒）时，垃圾分类应如何实施？是否需要对常规分类方式进行变动？生活垃圾病原菌应如何杀灭？

5．简述现阶段生活垃圾分类模式的优缺点，并针对如何深入推进垃圾分类和分类物资的资源化利用提出自己的观点。

第4章 生活垃圾填埋场稳定化过程

生活垃圾填埋场稳定化是一个复杂而漫长的物化和生化作用过程，一般持续几十年甚至上百年。其中，填埋垃圾中的微生物降解作用占主导地位，故填埋场稳定化过程实质上是填埋垃圾的生物降解过程。生活垃圾进入填埋场后，一是可降解有机物在微生物作用下被分解为简单化合物，最终形成 CH_4、H_2O 和 CO_2 等小分子物质，即有机物无机化过程；二是有机物生物降解中间产物（如芳香族化合物、氨基酸、多肽、糖类物质等）在微生物作用下重新聚合成复杂的腐殖质，这一过程称为有机物腐殖化过程。在以上有机物无机化过程和有机物腐殖化过程中，其产物一部分溶解到水中以渗滤液形式排出，一部分以填埋气形式逸出，剩余部分则滞留在场内，从而逐步实现垃圾填埋场稳定化。填埋前三年，生活垃圾降解非常活跃，不能挖采，否则病原菌和异味释放十分严重，危害性极大。填埋八年以后，填埋场生活垃圾即可开采，此时，挖采点细菌总数和 $PM_{2.5}$ 比较高，需防控。

4.1 固体垃圾的降解进程

1995 年，在上海老港填埋场建造了一个面积为 3000m^2、生活垃圾填埋量为 10800t 的实验场，并进行监测。同时，对老港填埋场 40 个填埋单元进行取样，验证和推论填埋场稳定化进程，其生活垃圾组成见表 4-1。

表 4-1 实验场生活垃圾组成

分类	组分	百分比/%
干垃圾组分	有机物	37.67
	无机物	43.78
	废品可利用部分	18.55
	合计	100
湿垃圾组分	含水率	43.12

4.1.1 总糖

糖类是垃圾中的一种有机组分，也是生物体新陈代谢的基本物质之一。垃圾中许多有机成分如蛋白质等的中间分解产物就包括糖类。糖类在厌氧菌的分解下转化为简单有机酸，并进一步在产甲烷菌作用下分解成甲烷。由于糖类为垃圾降解的中间产物，随着垃圾的降解，其含量变化趋势应是缓慢降低（图 4-1）。

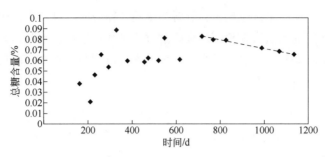

图 4-1　总糖含量随时间变化示意图

4.1.2　有机质

随着垃圾的降解，部分高分子有机物逐渐被分解为小分子有机物，并产生甲烷等最终产物；另一些有机物则溶解于渗滤液中。垃圾有机质含量随时间的变化应是缓慢变小，最后趋于一恒值（图 4-2）。

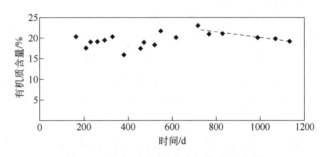

图 4-2　有机质含量随时间变化示意图

4.1.3　生物可降解物

生物可降解物（biologically degradable matter, BDM）是垃圾可降解程度的表征方法之一。随着垃圾降解的进行，垃圾的可生化程度越来越差，其 BDM 含量逐渐降低（图 4-3）。

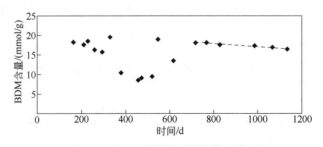

图 4-3　BDM 含量随时间变化示意图

4.1.4　粗纤维

在垃圾降解过程中，纤维素首先被厌氧微生物分解为糖类，再分解为简单有机酸，最后形成甲烷和其他物质；半纤维素则先分解为单糖、糖醛酸，进一步分解为厌氧发酵的各种产物，如甲烷等；而木质素在整个垃圾降解过程中变化很小。因此，填埋场封场后，垃圾中的纤维素和半纤维素含量越来越少，而木质素含量则基本不变，即粗纤维含量逐渐缓慢下降，最后接近一定值（图 4-4）。

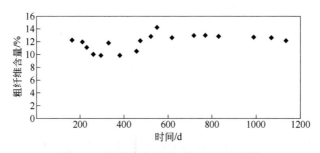

图 4-4　粗纤维含量随时间变化示意图

4.1.5　固体垃圾降解数学模拟

由图 4-1～图 4-4 可知，在实验场封场后不久（$t<718d$），垃圾降解程度较小，垃圾仍然成团成块，这些团块之间各种有机组分含量差异很大，因而垃圾取样非均匀性也很大，垃圾总糖、有机质、生物可降解物和粗纤维含量随时间变化波动很大，缺少规律性。封场 718d 后，垃圾中总糖、有机质、生物可降解物和粗纤维含量随填埋时间的增加，逐渐缓慢降低。

垃圾降解符合一级反应，所以可以尝试对封场 718d 后垃圾可降解组分含量随时间变化曲线进行指数拟合，即可假设垃圾中可降解组分含量呈指数形式衰减，其含量变化可表示为

$$C_t = C_0 \mathrm{e}^{-kt} \tag{4-1}$$

式中，t 为填埋场封场进入完全厌氧阶段后的时间（≥718d）；C_t 为 t 时刻垃圾中可降解组分的含量；C_0 相当于 $t=0$ 时垃圾中可降解组分的含量；k 为垃圾中可降解组分的完全厌氧降解速率常数。由于粗纤维中木质素一般不降解，故只分别对封场 718d 后的垃圾中总糖、有机质、生物可降解物含量随时间变化曲线作指数拟合，拟合结果见表 4-2。

表 4-2　垃圾组分含量随时间变化曲线指数拟合结果

组　分	拟合公式	单位	衰减系数（k）	相关系数（R）	时间范围（t）/d
总　糖	$C_t = 0.1233\mathrm{e}^{-0.0006t}$	%	0.0006	0.9958	≥718
有机质	$C_{VS} = 28.162\mathrm{e}^{-0.0003t}$	%	0.0003	0.9000	≥718
BDM	$C_{BDM} = 21.335\mathrm{e}^{-0.0002t}$	mmol/g	0.0002	0.9587	≥718

4.2　渗滤液水质衰减过程

4.2.1　水质指标变化

（1）COD_{Cr} 浓度

渗滤液的 COD_{Cr} 在封场后 1.5 个月内是上升的，达到最高值（54900mg/L）后开始下降；在 2～5 个月内，COD_{Cr} 迅速下降，经 3 个月左右降至 8200mg/L；之后，随着填埋时间的延长，COD_{Cr} 缓慢下降（图 4-5）。

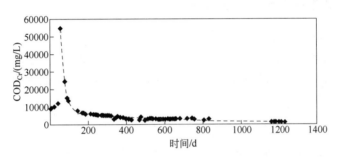

图 4-5　渗滤液 COD_{Cr} 浓度随时间变化示意图

（2）BOD_5 浓度

BOD_5 的变化趋势与 COD_{Cr} 相似，只是 BOD_5 浓度比 COD_{Cr} 低（图 4-6）。渗滤液 BOD_5 在封场后 1.5 个月内是上升的，达到最高值（15900mg/L）后开始下降；在 2～5 个月内，BOD_5 迅速下降，经 3 个月左右降至 2500mg/L；之后，随着填埋时间的延长，BOD_5 缓慢下降。

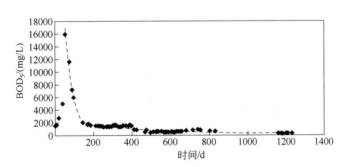

图 4-6　渗滤液 BOD_5 浓度随时间变化示意图

（3）氨氮浓度

在填埋场封场后 500d 内，氨氮浓度较高，基本上稳定在 2500mg/L 以上，最高达 4460mg/L，最低也有 1320mg/L。500d 左右氨氮浓度急剧下降至 700mg/L 以下，此后氨氮浓度降低得很缓慢（图 4-7）。

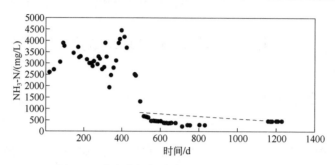

图 4-7　渗滤液氨氮浓度随时间变化示意图

4.2.2　水质指标变化与时间的关系

（1）渗滤液 COD_{Cr} 和 BOD_5 与时间的关系

填埋场垃圾的降解是物理、化学和生化反应综合作用的结果，其中生化反应占主导地位。填埋场垃圾进入厌氧降解阶段后，渗滤液 COD_{Cr} 和 BOD_5 浓度上升至最大值后即呈指数形式衰减，即：

$$C_t = C_0 e^{-kt}$$

式中，C_t 为填埋场封场后渗滤液的 COD_{Cr} 和 BOD_5 浓度；C_0 为渗滤液 COD_{Cr} 和 BOD_5 浓度最大值；k 为衰减系数；t 为填埋场封场后的时间。由于底物浓度和微生物数目的变化，随着时间的推移，k 值逐渐减小。

根据浓度随时间变化的快慢和相关系数的大小，对 COD_{Cr} 和 BOD_5 的浓度随时间变化曲线按时间分段进行指数拟合，拟合结果见表 4-3。

表 4-3　COD_{Cr} 和 BOD_5 浓度随时间变化的分段指数拟合结果

指标	拟合函数	单位	相关系数（R）	时间范围/d
COD_{Cr}	$C_t = 330604 e^{-0.034t}$	mg/L	0.9933	$54 \leqslant t \leqslant 96$
	$C_t = 7811 e^{-0.0015t}$	mg/L	0.7686	$96 < t < 1159$
	$C_t = 3214 e^{-0.0007t}$	mg/L	0.9991	$t \geqslant 1159$
BOD_5	$C_t = 60506 e^{-0.0236t}$	mg/L	0.9827	$54 \leqslant t \leqslant 96$
	$C_t = 2462 e^{-0.0021t}$	mg/L	0.7964	$96 < t < 1159$
	$C_t = 824 e^{-0.0009t}$	mg/L	0.8728	$t \geqslant 1159$

（2）渗滤液氨氮与时间的关系

蛋白质是生活垃圾中的主要氮源。在垃圾好氧降解、兼性厌氧降解和完全厌氧降解的初期，渗滤液中的氮以氨氮、硝酸盐氮、亚硝酸盐氮和多种有机氮的形式存在，各种形式的氮在微生物作用下相互转换，此阶段氨氮浓度难以预测。在垃圾完全厌氧降解的后期（本实验场取 $t \geqslant 496d$），渗滤液中的氮主要以氨氮的形式存在，此阶段氨氮浓度呈指数形式衰减。

对氨氮浓度随时间变化曲线的后段进行指数拟合，拟合结果（单位为 mg/L）为：

$$C_t = 1336 e^{-0.0009t} \qquad t \geqslant 496d, \ R = 0.6841$$

4.3　场地沉降性能变化

4.3.1　沉降量测定

为全面掌握 3000m² 实验场的整体沉降规律，在老港填埋场实验场选定有代表性的 7 个点位（图 4-8），定期分别测定实验场在这些位置的沉降量（填埋场的填埋高度为 4m）。从 1995 年 5 月到 1997 年 10 月，其中 3# 点测定了 12 次，5# 点测定了 6 次，6# 点测定了 10 次，其余各点测定了 29 次。由于 3#、5#、6# 点的实测数据不多，只研究 1#、2#、4#、7# 点的沉降性能。

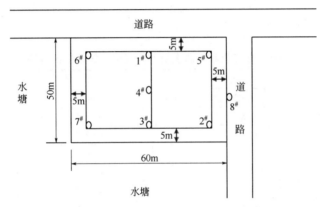

图 4-8　实验场中沉降观测点位置分布图

测定沉降量时基准点设在实验场旁边道路上 8# 点处，由于向实验场填埋垃圾时经过了运输车辆的碾压，填毕封场后几乎无大型车辆经过，因此，可以认为基准点的标高是稳定的，对实验场沉降的测定是可靠的。各点沉降量测定值见图 4-9。

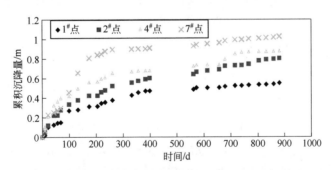

图 4-9　实验场各观测点的累积沉降量随时间变化示意图

从图中可以看出，在填毕封场后一段时期内，各点的沉降量都相对增加很快，这是由上层垃圾及覆土对下层垃圾的压实作用和填埋场垃圾孔隙中的水分和气体的逸出而引起的。之后沉降量增加很慢，也即沉降速率很小，此阶段的沉降主要是由垃圾缓慢的厌氧降解所引起的。

4.3.2　沉降量与时间的关系

填埋场的沉降行为一般可以分为三个阶段：初始阶段、第一阶段和第二阶段。初始阶段的沉降发生在填埋操作过程中；第一阶段的沉降一般是在填埋操作完工后的 1～6 个月内发生，其沉降量与时间呈线性关系；第二阶段的沉降主要由填埋场内垃圾的降解引起，其沉降量与时间的对数呈线性关系。

从图 4-9 来看，填埋场封场后初期沉降量与时间近似呈线性关系；当 $t>200d$ 时，沉降量与时间明显不呈线性关系。又因为，第一阶段的沉降一般是在填埋操作完工后的 1～6 个月内发生，所以，在 0d$<t<$30～200d 内，对实测曲线作线性拟合。由此得到不同时间范围的拟合公式及相关系数 R，将 R 值最大（$R=1$ 除外）的拟合直线所对应的时间范围作为发生第一阶段沉降的时期。此后，则发生第二阶段沉降，对第二阶段沉降的实测曲线进行对数拟合。拟合结果见表 4-4。

表 4-4　各点累积沉降量随时间变化曲线的拟合结果

观测点	模拟公式	相关系数（R）	时间范围/d
$1^\#$点	$S_p=0.0027t_1$	0.9655	$0<t_1\leqslant99$
	$S_s=0.1389\ln t_2-0.3896$	0.9851	$t_2>99$
$2^\#$点	$S_p=0.0043t_1$	0.9722	$0<t_1\leqslant68$
	$S_s=0.2109\ln t_2-0.6566$	0.9903	$t_2>68$
$4^\#$点	$S_p=0.0083t_1$	0.9744	$0<t_1\leqslant42$
	$S_s=0.1844\ln t_2-0.3966$	0.9847	$t_2>42$
$7^\#$点	$S_p=0.0048t_1$	0.9798	$0<t_1\leqslant174$
	$S_s=0.1181\ln t_2+0.2112$	0.9782	$t_2>174$

注：S_p 为第一阶段的沉降量，m；S_s 为第二阶段的沉降量，m。

由于 $1^\#$点、$2^\#$点、$4^\#$点和 $7^\#$点在实验场中的位置不一样，相同碾压次数下各点垃圾的压实效果不一样，因此各点第二阶段沉降在总沉降中占主导地位的起始时间不一致。其中 $4^\#$点位于实验场的中央，$1^\#$点靠近道路边的中间，$2^\#$点位于道路与水塘相接处，$7^\#$点位于两水塘相接处，$4^\#$点的压实效果明显好于 $7^\#$点，因而表 4-4 中 $7^\#$点 t_1 的范围要比 $4^\#$点大得多。

将 4 个观测点的累积沉降量取平均值，可得场地平均累积沉降量随时间变化曲线（图 4-10），其拟合公式为：

$$S_p=0.0035t_1 \quad R=0.9383,\ t_1\leqslant174d$$

$$S_s=0.1727\ln t_2-0.3686 \quad R=0.9894,\ t_2>174d$$

由此可进一步得到场地的平均年沉降量的数学拟合公式为：

$$\Delta S_s=0.1727[\ln T-\ln(T-1)] \quad T=na$$

场地的平均年沉降率的数学拟合公式为：

$$\Delta S_s/S_0=0.0432[\ln T-\ln(T-1)] \quad T=na$$

式中，S_0 为实验场内垃圾初始填埋高度。

由上式可得，当 T=18a 时，ΔS=0.0099m<0.01m，S=1.149m。即填埋场封场 18a 后，场地的平均年沉降量已小于 0.01m，累积沉降量为 1.149m，达到填埋高度（4m）的 29%。

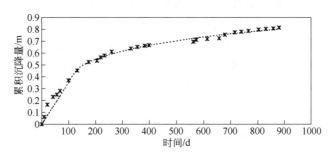

图 4-10　实验场各观测点的平均累积沉降量随时间变化曲线

4.4　填埋场稳定化预测与评价

应用环境评价学的基本原理，建立评价填埋场稳定化的方法，并对老港实验场的稳定化进程进行预测与评价。填埋场渗滤液产率及水质、气体产率、场地沉降速率，是决定填埋场对周围环境影响的大小和填埋场场地的可利用性的主要因素，也是填埋场稳定化评价的主要指标。

4.4.1　填埋场稳定化预测

当填埋场内垃圾组分变化很小、渗滤液水质符合排放标准、场地基本不再沉降时，可以认为填埋场已处于稳定化状态。实验场达到稳定化状态的时间主要表现在垃圾 BDM 含量变化和渗滤液水质衰减。

4.4.1.1　垃圾 BDM 含量变化

由于填埋场封场 718d 后，垃圾 BDM 含量变化能较好地反映垃圾降解规律，故可以以此预测实验场的稳定化状况。

老港填埋场覆盖用黏土的 BDM 含量为 3.59mol/g，假设当垃圾 BDM 含量下降至 3.59mol/g 时实验场内垃圾基本不再降解。根据表 4-2 中的数学拟合公式，可求得实验场到达稳定化状态所需的时间为 24.41 年，即封场约 25 年后，实验场进入稳定状态。

4.4.1.2　渗滤液水质衰减

指数拟合法得出了渗滤液有机污染物（COD_{Cr}、BOD_5、氨氮）的数学拟合公式，实际上拟合公式中的衰减系数 k 是随时间 t 的增大而减小的，所以在利用拟合公式进行外推时应对 k 进行修正。

将图 4-5 中 $t \geqslant 54d$ 的渗滤液 COD_{Cr} 浓度曲线、图 4-6 中 $t \geqslant 54d$ 的渗滤液 BOD_5 浓度曲线、图 4-7 中 $t \geqslant 496d$ 的渗滤液氨氮浓度曲线，按时间进行分段（5～6 段）拟合，再考察各段曲线拟合公式中的 k 与时间 t 的关系，可以得出 k 与 t 的关系式为：

$$k_t = Ae^{\frac{\alpha}{t}}$$

式中，k_t 为 t 时刻的衰减系数；A、α 为常数；t 为填埋龄。

根据不同时间段的渗滤液 COD_{Cr}、BOD_5 和氨氮浓度曲线的拟合结果，作衰减系数 $k \sim 1/t$ 曲线，再对此曲线进行数学拟合，可得衰减系数 k 的修正公式（表 4-5）。

利用表 4-5 中的修正公式分别对渗滤液中有机物浓度随时间变化曲线的数学拟合公式进行修正，修正结果分别见表 4-6～表 4-8。

表 4-5　渗滤液 COD_{Cr}、BOD_5 和氨氮浓度衰减系数 k 的修正公式

指标	公　式	单位	常数 A /d^{-1}	常数 α /d	相关系数 （R）	时间范围 /d
COD_{Cr}	$k_t = 0.0005e^{\frac{213.73}{t}}$	d^{-1}	0.0005	213.73	0.9910	$t \geq 54$
BOD_5	$k_t = 0.0008e^{\frac{195.89}{t}}$	d^{-1}	0.0008	195.89	0.8568	$t \geq 54$
氨氮	$k_t = 0.0002e^{\frac{1768.3}{t}}$	d^{-1}	0.0002	1768.3	0.9545	$t \geq 496$

表 4-6　修正后的渗滤液 COD_{Cr} 浓度随时间变化拟合公式和 k 值

时间范围/d	拟合公式	单位	衰变系数(k)
$1172 > t \geq 636$	$C_t = 3214e^{-0.0007t}$	mg/L	0.0007
$1631 > t \geq 1172$	$C_t = 2859e^{-0.0006t}$	mg/L	0.0006
$2243 > t \geq 1631$	$C_t = 2723e^{-0.00057t}$	mg/L	0.00057
$2778 > t \geq 2243$	$C_t = 2604e^{-0.00055t}$	mg/L	0.00055
$3668 > t \geq 2778$	$C_t = 2533e^{-0.00054t}$	mg/L	0.00054
$5450 > t \geq 3668$	$C_t = 2442e^{-0.00053t}$	mg/L	0.00053
$10793 > t \geq 5450$	$C_t = 2313e^{-0.00052t}$	mg/L	0.00052

表 4-7　修正后的渗滤液 BOD_5 浓度随时间变化拟合公式和 k 值

时间范围/d	拟合公式	单位	衰变系数（k）
$1402 > t \geq 1140$	$C_t = 843e^{-0.00092t}$	mg/L	0.00092
$1837 > t \geq 1402$	$C_t = 808e^{-0.00089t}$	mg/L	0.00089
$2335 > t \geq 1837$	$C_t = 779e^{-0.00087t}$	mg/L	0.00087
$3231 > t \geq 2335$	$C_t = 743e^{-0.00085t}$	mg/L	0.00085
$4015 > t \geq 3231$	$C_t = 719e^{-0.00084t}$	mg/L	0.00084
$5321 > t \geq 4015$	$C_t = 691e^{-0.00083t}$	mg/L	0.00083
$7933 > t \geq 5321$	$C_t = 655e^{-0.00082t}$	mg/L	0.00082

表 4-8　　修正后的渗滤液氨氮浓度随时间变化拟合公式和 k 值

时间范围/d	拟合公式	单位	衰变系数（k）
1176>t≥1099	$C_t = 1500e^{-0.001t}$	mg/L	0.001
1276>t≥1176	$C_t = 1336e^{-0.0009t}$	mg/L	0.0009
1412>t≥1276	$C_t = 1176e^{-0.0008t}$	mg/L	0.0008
1610>t≥1412	$C_t = 1021e^{-0.0007t}$	mg/L	0.0007
1930>t≥1610	$C_t = 869e^{-0.0006t}$	mg/L	0.0006
2551>t≥1930	$C_t = 716e^{-0.0005t}$	mg/L	0.0005
3332>t≥2551	$C_t = 555e^{-0.0004t}$	mg/L	0.0004
4361>t≥3332	$C_t = 454e^{-0.00034t}$	mg/L	0.00034
5255>t≥4361	$C_t = 381e^{-0.0003t}$	mg/L	0.0003
6740>t≥5255	$C_t = 343e^{-0.00028t}$	mg/L	0.00028
7924>t≥6740	$C_t = 300e^{-0.00026t}$	mg/L	0.00026
9699>t≥7924	$C_t = 256e^{-0.00025t}$	mg/L	0.00025
12652>t≥9699	$C_t = 232e^{-0.00024t}$	mg/L	0.00024

4.4.1.3　渗滤液有机物浓度变化预测

（1）COD_{Cr} 浓度的衰减

由表 4-6 中修正后的拟合公式可求得：当 C_t=1000mg/L 时，t=4.81a，即渗滤液 COD_{Cr} 浓度降到 1000mg/L 以下，约需 5 年时间；当 C_t=300mg/L 时，t=10.84a，即渗滤液 COD_{Cr} 浓度降到 300mg/L 以下，约需 11 年时间；当 C_t=100mg/L 时，t=16.55a，即渗滤液 COD_{Cr} 浓度降到 100mg/L 以下，约需 17 年时间。

（2）BOD_5 浓度的衰减

由表 4-7 中修正后的拟合公式可求得：当 C_t=150mg/L 时，t=5.19a，即渗滤液 BOD_5 浓度降到 150mg/L 以下，约需 6 年时间；当 C_t=30mg/L 时，t=10.36a，即渗滤液 BOD_5 浓度降到 30mg/L 以下，约需 11 年时间。

（3）氨氮浓度的衰减

由表 4-8 中修正后的拟合公式可求得：当 t≥25.49a 时，C_t≤25mg/L，即渗滤液氨氮浓度降到 25mg/L 以下，约需 26 年时间；当 t≥31.26a 时，C_t≤15mg/L，即渗滤液氨氮浓度降到 15mg/L 以下，约需 32 年时间。

由以上分析可知,实验场渗滤液达到排放要求所需的时间为 32 年。其中,渗滤液 COD_{Cr} 和 BOD_5 均达到排放要求所需的时间为 17 年,氨氮达到排放要求所需的时间为 32 年。

4.4.2　填埋场稳定化定量化评价

4.4.2.1　填埋场稳定化评价方法

（1）评价方法的选择

与环境质量现状评价相似,填埋场稳定化评价的方法大体可以分为四类：①指数法；

②概率统计法；③模糊数学法；④生物指标法。由于指数评价法比较简单，应用方便，有利于在实际工作中推广，故本书采用指数评价法。

（2）评价因子及评价参数的确定

渗滤液、气体和场地沉降，是表征填埋场稳定化的主要指标，故选择渗滤液、气体和场地沉降作为填埋场稳定化评价的评价因子。其中，渗滤液包括产率及水质两方面，水质又包括 SS 、COD_{Cr}、BOD_5 以及氨氮浓度 4 个参数；气体产率用于表征气体；场地沉降用场地沉降速率表征（见图 4-11）。

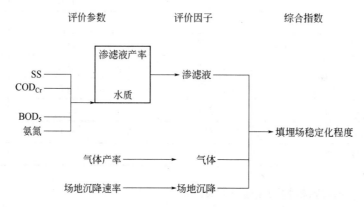

图 4-11　填埋场稳定化评价的评价因子及评价参数的构成

（3）评价标准的确定

目前，除渗滤液水质有排放标准外，渗滤液产率、气体产率、场地沉降速率均无可供参考的标准。所以在确定评价标准时，只能参考渗滤液的排放标准，对渗滤液产率、气体产率、场地沉降速率适当取值作为其评价标准。

（4）评价指数的设计

在整个填埋场稳定化过程中，渗滤液产率和 SS、COD_{Cr}、BOD_5 以及氨氮浓度、气体产率、场地沉降速率的变化幅度很大。所以对评价指数作如下设计。

① 指数单元。令 x_{ij} 为指数单元，则

$$x_{ij} = \frac{C_{tij}}{C_{sij}}$$

（4-2）

式中，C_{tij} 为封场后 t 时刻 i 评价因子 j 评价参数的值，C_{sij} 为填埋场达到稳定状态时 i 评价因子 j 评价参数的值（当 $C_{tij} < C_{sij}$ 时，以 $C_{tij} = C_{sij}$ 计）。

② 分指数的函数形式。由于评价参数随时间呈指数形式衰减，故取分指数为对数形式，即

$$I_{ij} = \lg(x_{ij}) \times 100$$

（4-3）

式中，I_{ij} 为 i 评价因子 j 评价参数的分指数。

③ 分指数的综合。采用等权平均型函数形式进行分指数综合，即

对于渗滤液有：
$$I_1 = \frac{1}{2}\left[\frac{C_{t\text{产率}}}{C_{s\text{产率}}} + \frac{1}{4}\left(\frac{C_{t\text{SS}}}{C_{s\text{SS}}} + \frac{C_{t\text{COD}_{\text{Cr}}}}{C_{s\text{COD}_{\text{Cr}}}} + \frac{C_{t\text{BOD}_5}}{C_{s\text{BOD}_5}} + \frac{C_{t\text{氨氮}}}{C_{s\text{氨氮}}}\right)\right]$$ （4-4）

对于气体有：
$$I_2 = \frac{C_{t\text{产率}}}{C_{s\text{产率}}}$$ （4-5）

对于场地沉降有：
$$I_3 = \frac{C_{t\text{沉降速率}}}{C_{s\text{沉降速率}}}$$ （4-6）

则综合指数为：
$$I = \frac{1}{3}(I_1 + I_2 + I_3)$$ （4-7）

式（4-7）中，I 为综合评价指数。

（5）评价指数数据处理

填埋场封场后，其稳定化程度随着填埋时间的增长而增大，即 7 个评价参数值的变化趋势应是从最大值一直下降到稳定化标准值。

实际上，在填埋场封场后，7 个评价参数值都是在短时间内从较小值上升至一最大值（或上升至一较高值并在一段时间内保持较高水平），然后在短时间内大幅度下降至一较小值，再缓慢降低至稳定化标准值。

为了保证每个评价参数值的变化趋势是从最大值一直下降到稳定化标准值，在进行填埋场稳定化评价时须在一定时间内对 7 个评价参数进行连续监测，并对其作以下处理：

① 找出每个评价参数的最大值或较高范围内的平均值。

② 对在每个评价参数最大值或较高范围出现以前所测得的值，作以下转换：
$$C'_{tij} = C_{\max ij} + (C_{\max ij} - C_{tij}) = 2C_{\max ij} - C_{tij}$$ （4-8）

式中，$C_{\max ij}$ 为评价参数的最大值或较高范围内的平均值，C'_{tij} 为转换以后的 C_{tij}。

③ 对在每个评价参数的最大值或较高范围出现以后所测得的值，则不作任何转换，即
$$C'_{tij} = C_{tij}$$ （4-9）

（6）指数分级系统

二级排放：SS 浓度为 200mg/L、COD_{Cr} 浓度为 300mg/L、BOD_5 浓度为 150mg/L、氨氮浓度为 25mg/L；三级排放：SS 浓度为 400mg/L、COD_{Cr} 浓度为 1000mg/L、BOD_5 浓度为 600mg/L。

参照填埋场渗滤液的排放要求，可将填埋场稳定化程度分为四个等级。只考虑渗滤液 SS、COD_{Cr}、BOD_5 和氨氮浓度，根据式（4-4）～式（4-7）可得出各个稳定化等级的综合指数取值范围（表 4-9）。

表 4-9　填埋场稳定化级别划分

稳定化等级	一级	二级	三级	四级
综合指数	0	$0<I\leqslant50$	$50<I\leqslant100$	$I>100$
渗滤液基本满足排放要求	一级	二级	三级	劣于三级

当填埋场稳定化程度为四级时，填埋场渗滤液有机物浓度很高，场地沉降速率较大。此时，渗滤液在排放前需作处理，填埋场地只能植以植被而不能考虑再利用，同时应严禁非工作人员与畜禽进入填埋场。

当填埋场稳定化程度为三级时，场地沉降速率依然较大。此时，渗滤液可以考虑不作处理直接向污水收集管道排放，填埋场地依然不能考虑再利用。

当填埋场稳定化程度为二级时，填埋场地沉降速率较小。此时，渗滤液可以考虑稍作处理后纳管排放，同时可以考虑在填埋场地种植花卉和非食用性农作物（如棉花）。

当填埋场稳定化程度为一级时，填埋场地沉降速率很小。此时，渗滤液可以考虑不作任何处理直接排放，在填埋场地可以营建低层建筑物（1 或 2 层）作一般仓库使用，也可以将填埋场改建为公园或高尔夫球场等。

4.4.2.2　老港实验场稳定化评价

只考虑渗滤液 COD_{Cr} 浓度、BOD_5 浓度、氨氮浓度和场地沉降速率 4 个评价参数。实验场的场地平均年沉降率为初始高度的 0.025% 时，其渗滤液 COD_{Cr}、BOD_5 浓度基本达到一级排放要求，所以可以将平均年沉降量为 0.01m 作为场地沉降速率的稳定化标准。

（1）数据处理

由现场检测数据可知：

① t=54d 时，渗滤液 COD_{Cr} 和 BOD_5 浓度最大，其值分别为 54900mg/L、14900mg/L；

② t=15d 时，场地平均沉降速率最大，其值为 3.16m/a；③t 在 20～496d 范围内，渗滤液氨氮浓度保持较高值，此范围内其平均值为 3210mg/L。

根据评价方法，在进行稳定化评价前对检测数据作以下处理。

① 对于渗滤液 COD_{Cr} 浓度（单位为 mg/L）：

a．当 t<54d 时，C'_t=109800−C_t；

b．当 t≥54d 时，C'_t=C_t。

②对于渗滤液 BOD_5 浓度（单位为 mg/L）：

a．当 t<54d 时，C'_t=31800−C_t；

b．当 t≥54d 时，C'_t=C_t。

③对于场地平均沉降速率（单位为 m/a）：

a．当 t<15d 时，C'_t=6.32−C_t；

b．当 t≥15d 时，C'_t=C_t。

④对于渗滤液氨氮浓度（单位为 mg/L）：

a．当 t<20d 时，C'_t=6420−C_t；

b．当 t≥20d 时，C'_t=C_t。

（2）稳定化评价

对检测数据进行处理后，可根据式（4-4）～式（4-7）和实验场各评价参数的实测值及预测值，求出实验场封场后各个时期的综合评价指数（I），由此判定填埋场在各个时期内的稳定化等级。

图 4-12 为实验场稳定化综合指数随时间变化曲线。由图 4-12 可知，老港实验场封场后前 4 年，其稳定化等级为四级；封场后 4~10 年，其稳定化等级为三级；封场后 10~32 年，其稳定化等级为二级；封场 32 年后，其稳定化等级为一级。

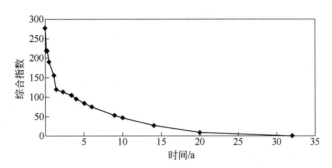

图 4-12　实验场稳定化综合指数随时间变化曲线

4.5　填埋垃圾腐殖质分子量及其分布

生活垃圾在填埋单元内的稳定化过程主要反映在可生物降解组分的无机化降解和腐殖化聚合两个过程，这两个过程都会通过填埋垃圾内有机质分子量和分子量分布指标得以体现。

4.5.1　腐殖质提取液分子量及其分布

（1）凝胶色谱图结构和色谱峰数据

填埋垃圾腐殖质提取液在碱提后未经酸化分离，腐殖质提取液必然含有胡敏酸、富里酸以及小分子有机物。因此，腐殖质的凝胶色谱图呈现出多峰组合的特点，色谱峰数据如表 4-10 所示，色谱图如图 4-13 所示。所有填埋垃圾样品的腐殖质提取液都具有 4 个相似特征峰，具体保留时间分别为 10min、15min、21min 和 22min 左右。

表 4-10　填埋垃圾腐殖质提取液的凝胶色谱峰数据

峰的序号	最大峰值	峰开始时间/min	最大峰值对应的时间/min	峰结束时间/min	开始时分子量/Da	最大峰值对应的分子量/Da	结束时分子量/Da
I	2622	10.27	15.23	15.63	1636975	37814	27764
II	2358	15.63	17.21	20.30	27764	8396	801
III	220	21.58	21.93	22.63	302	232	136
IV	383	22.63	24.16	26.13	136	43	10

从整体色谱图（图 4-13）来看，实际上填埋垃圾腐殖质是以 II 峰和 III 峰为代表的两类大分子有机物构成的腐殖质体系。由于填埋垃圾腐殖质提取后未经透析膜和大孔吸附树脂等分子量截留手段处理，因此腐殖质提取液依然含有相当数量的碱溶性小分子有机物，IV峰分子量就代表填埋垃圾中的这类小分子有机物。

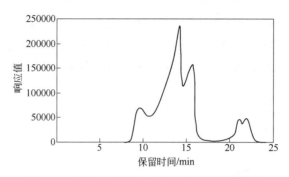

图 4-13　填埋垃圾腐殖质提取液的凝胶色谱图

（2）凝胶色谱峰随填埋龄的迁移变化

腐殖质提取液的色谱峰随填埋龄的增加呈现明显规律性的迁移变化，如表 4-11。随着填埋龄的不断增加，腐殖质提取液的 II、III 峰不断向大分子量方向移动，这说明填埋过程中有机物以腐殖化聚合过程为主。明显不同于 1997 年和 2001 年填埋垃圾样品，填埋年份为 1993 年（填埋龄 12 年）的腐殖质提取液在高分子量 $2×10^6$ Da 处则有明显的色谱峰值形成。

表 4-11　不同填埋龄腐殖质提取液的色谱峰数据对比表

峰的序号	填埋时间/a	最大峰值对应的时间/min	最大峰值对应的分子量/Da	M_n[①]/Da	M_w[②]/Da	M_z[③]/Da	M_w/M_n[④]	M_z/M_w[⑤]
I	12	9.5	2996790	2224372	2693818	3196046	1.21	1.19
I	8	9.7	2549728	2370143	2609666	2902784	1.10	1.11
I	4	10.0	1954442	2421990	2966635	3744610	1.22	1.26
II	12	14.2	79490	138327	236919	422722	1.71	1.78
II	8	15.4	33444	65234	150475	412524	2.31	2.74
II	4	16.3	16919	33619	105568	407746	3.14	3.86
III	12	15.5	31536	32687	36632	39487	1.12	1.08
III	8	17.8	5554	8200	10621	13446	1.30	1.27
III	4	17.9	4861	4747	6477	7639	1.36	1.18
IV	12	21.9	241	234	310	426	1.32	1.37
IV	8	21.9	237	247	298	357	1.20	1.20
IV	4	21.9	232	208	220	230	1.06	1.05

① 数均分子量。

② 重均分子量。

③ 平均分子量。

④ 分子量分散度。

⑤ 分子量分散度。

从整个腐殖质提取液的凝胶色谱图（图 4-14）来看，腐殖质在物质组成上可分为以分子量 1000Da 为分界点的大分子腐殖质和小分子有机物。IV 峰代表分子量小于 1000Da 的小分子有机物，在填埋过程中峰值分子量和分散度随填埋龄略有增加。在腐殖质提取液分子量随填埋龄增加而相对增大过程中，分子量 1000Da 的分界点并未发生变化。这表明分子量小于 1000Da 的小分子有机物的特性与腐殖质明显不同，并不是参与腐殖化进程的主体有机物质，在填埋过程中聚合和分解过程兼而有之。

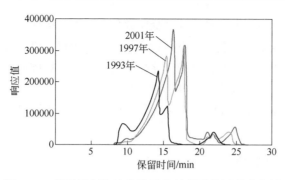

图 4-14　腐殖质提取液色谱峰随填埋龄的迁移变化图

（3）填埋垃圾稳定度的表征

填埋垃圾腐殖质提取液分子量和分散度随填埋龄的变化趋势见图 4-15 和图 4-16。填埋前期（填埋龄 1～5 年）腐殖质提取液分子量变化缓和而分散度快速下降，填埋垃圾腐殖质组成则由复杂的多组分向组成简单的主组分变化。在此期间，腐殖质的物质组成和分布以逐渐集中化和趋同化过程为主，而未发生明显的聚合过程。在填埋后期（填埋龄 10～14年），腐殖质的分子量分散度逐渐趋于稳定，填埋垃圾腐殖质的分子量快速增大，这说明在腐殖质的物质组成和分布完成集中过程后，填埋垃圾中腐殖质呈现明显的聚合特性。从腐殖质分子量分散度角度判断，填埋龄长于 10 年的腐殖质提取液其分子量分散度保持在 5的水平，说明填埋垃圾的腐殖质组分已经趋于稳定化。

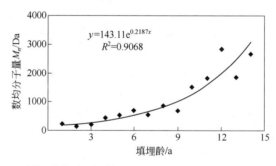

图 4-15　填埋垃圾腐殖质提取液分子量随填埋龄的变化趋势图

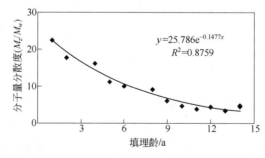

图 4-16　填埋垃圾腐殖质提取液分散度随填埋龄的变化趋势图

不同填埋龄的腐殖质提取液分子量和分散度变化趋势的拟合结果表明，腐殖质提取液的分子量和分散度分别随填埋龄增加呈显著上升和下降趋势，相关系数 R^2 分别达到 0.91

和 0.88。在这两个指标中，分子量可能会受实验仪器、测定条件以及填埋过程条件的影响存在较大的偏差，但是由于分散度是不同意义分子量的相对比值，可以消除单一分子量指标的不确定性因素，所以更适合作为稳定化表征的指标。根据腐殖质提取液分散度的变化规律和拟合结果划分填埋垃圾稳定标准：腐殖质分散度在 15 以上，填埋垃圾处于不稳定状态；分散度在 10 左右属于相对稳定状态；分散度保持 5 的水平则可以认为填埋垃圾已基本稳定。

4.5.2　富里酸组分的分子量及其分布

（1）凝胶色谱图结构和色谱峰数据

如图 4-17 和表 4-12 所示，填埋垃圾富里酸组分的凝胶色谱构成相对简单，主要以峰值分子量 15926Da 的Ⅱ峰为主体构成，Ⅰ峰则为分子量 140452Da 的大分子有机物质在Ⅱ峰上形成的肩峰。峰Ⅲ、Ⅳ和Ⅴ峰值仅 50 左右，分子量小于 1000Da，仅代表富里酸组分中含量极少的小分子有机物。

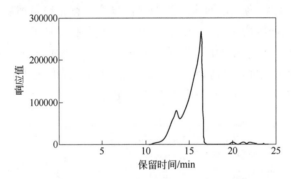

图 4-17　填埋垃圾富里酸组分的凝胶色谱图

表 4-12　填埋垃圾富里酸组分的凝胶色谱峰数据

峰的序号	最大峰值	峰开始时间/min	最大峰值对应的时间/min	峰结束时间/min	开始时分子量/Da	最大峰值对应的分子量/Da	结束时分子量/Da
Ⅰ	803	10.4	13.5	14.0	1460678	140452	96017
Ⅱ	2687	14.0	16.4	17.4	96017	15926	7164
Ⅲ	46	19.4	20.0	20.7	1568	1028	607
Ⅳ	51	20.7	21.2	21.7	607	407	284
Ⅴ	48	21.7	22.1	23.6	284	207	66

（2）凝胶色谱峰随填埋龄的迁移变化

如图 4-18 和表 4-13 所示，填埋垃圾富里酸组分的凝胶色谱峰随填埋龄增加呈现明显规律性的迁移变化。代表大分子腐殖质的Ⅱ峰随填埋龄增加而不断向大分子量方向移动，峰值分子量由 4 年填埋龄的 7144Da 上升到 12 年的 15926Da，分散度也由 2.72 下降到 1.32 的水平。这说明富里酸组分中的大分子腐殖质在填埋过程中以聚合过程为主，物质组成也不断趋同化。

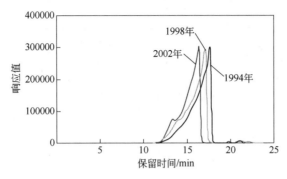

图 4-18　富里酸组分色谱峰随填埋龄的迁移变化图

表 4-13　不同填埋龄富里酸组分的色谱峰数据对比表

峰的序号	填埋时间/a	最大峰值对应的时间/min	最大峰值对应的分子量/Da	M_n/Da	M_w/Da	M_z/Da	M_w/M_n	M_z/M_w
II	12	16.37	15926	25166	33098	44736	1.32	1.35
II	8	17.08	9268	18597	42929	117158	2.31	2.73
II	4	17.42	7144	13517	36719	120699	2.72	3.29
III	12	21.19	407	392	403	414	1.03	1.03
III	8	21.11	433	542	585	630	1.08	1.08
III	4	21.09	441	443	450	458	1.02	1.02

对于富里酸组分中的小分子有机物质，填埋龄为 4 年的富里酸组分的分子量小于 1000Da 的有机物峰有 III、IV 和 V 峰，随填埋龄的不断增加 IV 和 V 峰已消失，至填埋龄为 13 年时则仅剩 III 峰。在填埋过程中，III 峰峰值分子量也随填埋龄增加而不断减小。因此，富里酸组分中的小分子有机物在填埋过程中以降解过程为主。富里酸组分在填埋过程中分子量 1000Da 的分界点并未发生变化，这说明分子量小于 1000Da 的有机物其特性与腐殖质组分明显不同，也不参与有机质的腐殖化进程。

（3）填埋垃圾稳定度的表征

不同填埋龄的富里酸组分分子量和分散度的变化趋势拟合曲线见图 4-19 和图 4-20。拟合结果表明，富里酸组分的分子量和分散度分别随填埋龄增加呈线性下降和上升趋势，相关系数 R^2 分别达到 0.72 和 0.67。在整个填埋过程中，富里酸组分分子量由填埋初期的 60000Da

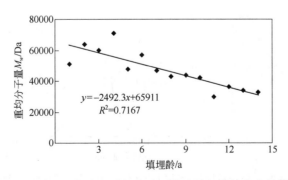

图 4-19　填埋垃圾富里酸组分分子量随填埋龄的变化趋势图

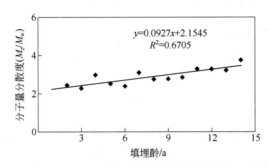

图 4-20　填埋垃圾富里酸组分分散度随填埋龄的变化趋势图

最后下降到 30000Da 的水平，分散度则由 2 上升至 4，这说明填埋垃圾富里酸组分在填埋过程中以降解过程为主导。

4.5.3　胡敏酸组分的分子量及其分布

（1）凝胶色谱峰随填埋龄的迁移变化

不同填埋龄胡敏酸凝胶色谱图表现出显著的差异性，如图 4-21、图 4-22 和表 4-14、表 4-15 所示。填埋初期填埋垃圾胡敏酸色谱图的组成由高分子量区的 Ⅰ、Ⅱ和Ⅲ三个色谱峰构成，填埋龄超过 8 年的胡敏酸色谱图则主要由 Ⅰ 和Ⅱ谱峰组成。这说明填埋过程中胡敏酸的物质组成发生明显变化，其中Ⅲ号色谱峰最终因降解作用消失。低分子量区的有机物分子量则随填埋龄增加而不断增大。

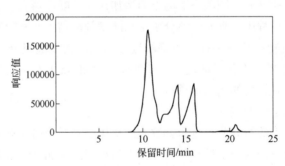

图 4-21　填埋垃圾胡敏酸组分（填埋龄 4 年）的凝胶色谱图

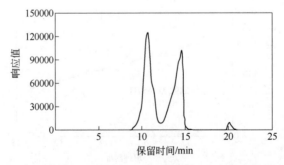

图 4-22　填埋垃圾胡敏酸组分（填埋龄 8 年）的凝胶色谱图

表 4-14　填埋垃圾胡敏酸组分（填埋龄 4 年）的凝胶色谱峰数据

峰的序号	最大峰值	峰开始时间/min	最大峰值对应的时间/min	峰结束时间/min	开始时分子量/Da	最大峰值对应的分子量/Da	结束时分子量/Da
I	1770	8.28	10.69	12.02	7385473	1187700	433198
II	815	12.02	14.02	14.47	433198	94737	67358
III	840	14.47	15.90	16.68	67358	22610	12505
IV	122	20.18	20.73	21.58	876	579	302

表 4-15　填埋垃圾胡敏酸组分（填埋龄 8 年）的凝胶色谱峰数据

峰的序号	最大峰值	峰开始时间/min	最大峰值对应的时间/min	峰结束时间/min	开始时分子量/Da	最大峰值对应的分子量/Da	结束时分子量/Da
I	1253	8.58	10.66	12.25	5880349	1218777	362832
II	1024	12.25	14.62	16.00	362832	59967	21014
III	92	19.58	20.13	21.00	1381	910	471

（2）填埋垃圾稳定度的表征

填埋垃圾富里酸组分在填埋过程中不断降解，胡敏酸组分在填埋过程中则以聚合过程为主。这一点可以从胡敏酸的分子量和分散度随填埋龄变化规律上得以体现，如图 4-23 和图 4-24 所示。胡敏酸的分子量和分散度分别随填埋龄增加呈指数上升和下降趋势，相关系数 R^2 分别达到 0.81 和 0.81。在整个填埋过程中胡敏酸的分子量由 20000Da 上升到 60000Da 左右的水平，分散度则由 30 下降至 10 的水平。

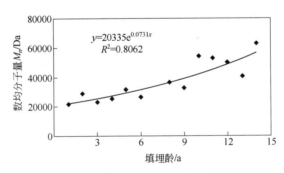

图 4-23　填埋垃圾胡敏酸分子量随填埋龄的变化规律拟合图

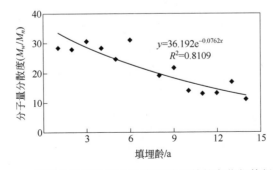

图 4-24　填埋垃圾胡敏酸分散度随填埋龄的变化规律拟合图

习题与思考题

1．简述填埋场处于稳定化状态的主要特征。
2．为什么 BDM 可以预测垃圾的降解？
3．简述填埋场不同稳定化状态下的维护、管理措施以及场地再利用方式。
4．简述填埋场稳定化评价方法及主要指标。
5．写出填埋场稳定化评价综合指数的具体含义及稳定化级别划分方法。

第5章 生活垃圾填埋场矿化垃圾资源化利用

大量生活垃圾非正规填埋场和卫生填埋场存贮了巨量存余垃圾，占地面积极大，内含约几十亿吨陈腐有机物、塑料、织物、无机惰性物，潜在资源量巨大，但污染严重。生活垃圾在填埋场中，经生物、化学和物理作用，易腐有机物转化为腐殖质，病原微生物逐步消失，恶臭强度逐步下降，污染物逐步转化为资源。填埋场中的垃圾8~15年后基本稳定，此时有机质含量9%~15%，有机-无机复合物含量2.2%~3.2%。矿化垃圾内含45%~55%陈腐有机物，5%~20%玻璃、金属、砖石、混凝土，30%~40%可回收物，开采利用风险较小。填埋时间小于8年时，稳定化程度低，恶臭和病原微生物污染严重，需进行无害化预处理后才能开采和资源化利用；填埋时间大于8年的填埋场，可以挖采利用。

5.1 矿化垃圾特性

根据矿化垃圾各组分含量的14年平均值（表5-1），砖石、渣土、塑料为矿化垃圾的三大主要组分，总量为86%；橡胶、玻璃、纤维、纸等组分含量水平较低，总量仅13%左右。

表5-1 矿化垃圾组分的含量（14年平均值）

组分	含量/%	组分	含量/%
渣土湿重	40~50	橡胶	2~5
塑料	20~40	干基织物	2~15
砖头、石块	10~20	金属	0.5~3
玻璃	1~6	干基骨头	1~3
干基木竹	1~5	干基纸张	0~5

（1）渣土

矿化垃圾渣土经筛分后，粒径小于1cm部分，腐殖质含量很高，可用于园林绿化土壤；粒径小于4cm部分，可用于矿化垃圾生物反应床填料，或用于经济林种植，如种植会吸收大量营养物质和部分重金属的桉树。

（2）塑料

矿化垃圾中塑料主要有塑料薄膜、纤维和成型塑料制品，如吸管和塑料杯等。所有填埋单元中塑料组成相对稳定，以塑料薄膜为主，具体组成见图5-1。塑料薄膜以塑料袋为主，其中有一部分为再生品。

由于生活垃圾填埋场内部具备厌氧和避光条件，生活垃圾中塑料填埋十几年时间后未因光照和氧化等因素导致老化，塑料外观柔韧，依然保持良好的材料性能。因此矿化垃圾中的塑料组分同普通废弃塑料一样，经过清洗处理去除污物后即可采用传统成熟的再生工艺进行再生。

（3）玻璃

矿化垃圾中玻璃制品主要有玻璃碎片和玻璃瓶，具体组成见图 5-2。由于玻璃是相当稳定的惰性物质，所以填埋时间不会对玻璃组分的资源化产生影响。然而玻璃制品，特别是玻璃碎片，容易在矿化垃圾资源化过程中对人体造成伤害，因此是矿化垃圾资源化过程中的不利因素，需要引起高度重视。1cm、4cm、8cm 和 12cm 筛筛分玻璃组分粒径组成见图 5-3。

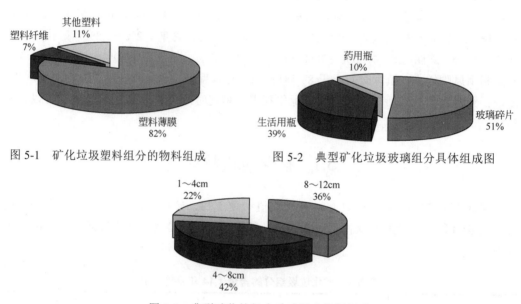

图 5-1　矿化垃圾塑料组分的物料组成　　　图 5-2　典型矿化垃圾玻璃组分具体组成图

图 5-3　典型矿化垃圾中玻璃组分粒径组成

玻璃组分筛分结果表明，粒径小于 1cm 的玻璃碎片含量甚少，因此粒径小于 1cm 的矿化垃圾作为园林绿化有机肥的玻璃危害并不突出。粒径小于 4cm 的矿化垃圾作为矿化垃圾填料，虽然其中含有占玻璃总量 22%的玻璃碎片，但由于与相关作业人员没有直接接触，因此矿化垃圾中的玻璃碎片不会对矿化垃圾作为填料的资源化途径造成影响。粒径在 4～8cm 和 8～12cm 的玻璃分别占 42%和 36%，是矿化垃圾中玻璃的主要呈现粒径范围。若利用该粒径范围的腐殖土，需进一步处理予以剔除。粒径大于 12cm 的玻璃片和玻璃瓶可以通过滚筒筛从矿化垃圾中分离进行再生。

（4）其他物质

除了棉布填埋多年后出现明显腐烂外，纤维纺织品，尤其是化学纤维织物，保存完好。近年来一次性无纺布制品开始出现，如卫生用品和纸尿布。橡胶类组分以废旧自行车轮胎和鞋底为主，这些物品依然保持柔韧。纸类主要由报纸和香烟盒组成，大部分已经开始解体。金属类主要是废旧金属容器、小金属碎片和啤酒瓶盖，已经锈迹斑斑，可利用价值不高。

5.2　矿化垃圾开采与分选

5.2.1　开采及运输

稳定化的填埋场一般采取"分区、分层开挖、自上而下"的开挖方式，开挖过程中，严格控制边坡开挖线、开挖坡度、高程、长度，保证开挖工作的安全运行。反铲挖掘机将待处理垃圾装入装载车，运到临时垃圾处理站的场地或临时堆场，采用筛分系统对垃圾进行筛分处理。

矿化垃圾开挖工程工序为：设备进场→场地平整→施工放线→开挖支护施工工作面→垃圾开挖→土方平整。在整个开挖过程中做好渗滤液和雨污导排工作。

开挖垃圾层时，在现场设置临时行车道及筛分生产线运输道路。垃圾运输流程为：挖掘机装车→车辆运输至临时垃圾处理站→筛分区。

挖方现场设专人指挥；依据倒运土距离，合理配置挖掘机与运输车辆；运输车辆装车时，挖掘机司机要做到稳、准，准确装到位；大团垃圾要先打散再装车；出场前要防止垃圾扬、撒、乱挂现象。

5.2.2　分选主要流程

筛分系统包括上料系统、输送系统、两级筛分系统、两级滚筛系统、人工分选系统、风选系统、磁选系统、弹跳分选系统。筛选车间为全封闭形式，由于工作时间较长，为保证操作人员的身体健康，对粉尘及空气质量的控制要求也较高，车间内的带式输送机为密闭形式（人工分拣区除外），以避免垃圾的裸露。分选车间采取局部隔离措施，生活垃圾裸露区域、机械扰动产生扬尘部位均设置吸风口，将臭气抽出，经处理后达标排放。人工分选区无法采取密闭形式的，应做好操作人员的防护措施，如配备具有过滤颗粒物与挥发性有机物等有毒有害气体的防护面罩以及防护手套等。常规分选工艺流程表述如下。

（1）挖掘和运输

用挖掘机将矿化垃圾挖出并装入自卸卡车的车厢内，运送到筛分设备处。

（2）上料和预筛分

将挖掘的垃圾运送到筛分设备处，倒入进料斗，将大体积建筑垃圾及其他不能直接筛分处理的垃圾通过预筛分机进行预筛分，大的渣砾直接通过预筛分机出料，大尺寸轻质物通过皮带传送至出料口。

（3）人工分选系统

预筛分后的筛下物进入皮带传送，进行人工分选，将输送带上的废电子产品、废油漆、废灯管、废日用化学品等分类拣出。

（4）磁选系统和分料器

人工分选后的筛上物通过皮带传送至分料器，再由分料器分出至两个滚筒筛，物料进分料器前增加磁选设备，用于选出垃圾中含有的铁器。

（5）滚筒式筛分

通过滚筒式筛分可将矿化垃圾通过输送带筛出筛下物，并将筛下物输送入风选筛分系统和弹跳分选系统。筛上物输送入单机比重分选机。

（6）风选系统

滚筒式筛分的筛下物通过输送带进入风选仓，在风量与风速可调的风机作用下将轻质物吹落到带风罩的输送链上，落下堆放，用抓斗送入打包机，重质物落到缓冲装置的输送带上，轻质物传输的皮带机均为密闭状态，防止扬尘、飘洒所形成的二次污染。

（7）弹跳分选系统

弹跳分选系统是针对无机颗粒分选而设计的带有分离功能的输送设备。输送皮带设计弹跳功能，在输送物料的同时把无机颗粒或其他硬性颗粒物通过弹跳分离出来，被分离出的颗粒物与输送物料成反方向运动从而实现分选的目的。弹跳分选主要是选出电池、陶瓷、玻璃等成分。

（8）单机比重分选机

滚筒式筛分的筛上物通过单机比重分选机分选出大量轻质物以及渣砾，渣砾再通过移动式比重分选机进一步分选出其中的少量轻质物。

5.2.3　粗分和细分技术路线

（1）前端粗分选

存量垃圾进入前端粗分选系统后，经过滚筒筛筛分，把存量垃圾筛分成筛上物和筛下物。筛上物经风选、磁选和辅助人工分选，分选为可燃物、细土、骨料和铁金属，筛下物经振动筛、风选和磁选，分成细土、微小可燃物、骨料和铁金属。分筛后的物料共有 4 种，分别为可燃物、细土、骨料和铁金属。前端粗分选工艺路线如图 5-4 所示。

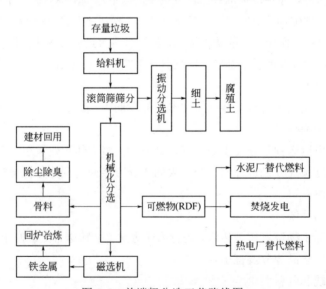

图 5-4　前端粗分选工艺路线图

（2）后端深度分选

可燃物进入深度分选系统，通过滚筒筛筛分成筛上物和筛下物。筛下物主要是残留在可燃物中的细土。筛上物经自动分选机分成 9 类物料，分别是胶纸布类、木类、胶纸、重塑料/鞋类、有色金属、铁金属、编织袋和轻塑料。对分选物进行环保处置和资源化利用，达到全量处置存量垃圾的目的。后端深度分选工艺路线如图 5-5 所示。

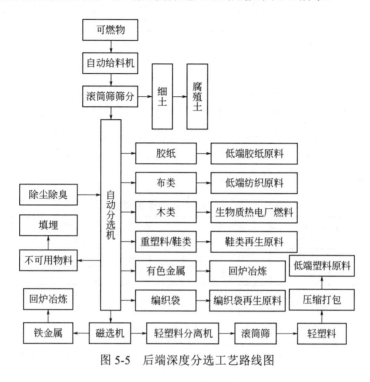

图 5-5　后端深度分选工艺路线图

5.3　矿化垃圾园林绿化利用

5.3.1　矿化垃圾筛分细土性质分析

矿化垃圾筛分细土（也称腐殖土）主要营养成分为腐殖质，可作为园林土壤改良剂。因此，需考虑其化学性质、物理性质和微生物性质，评价是否对土壤质量具有良好的互补性。

表 5-2 列出了矿化垃圾典型的微生物生理生态参数，可以看出，矿化垃圾中微生物相丰富，其微生物的生物量约是覆层土壤的 10 倍；呼吸作用也较强，是覆层土壤的数倍；因其微生物的生物量较大，代谢熵相对较低，说明矿化垃圾微生物生态系统运行正常，没有因为抵抗外在的毒害作用而使相对呼吸速率显著提高；同时发现矿化垃圾的微生物熵约为覆层土壤的 2 倍，这说明其中的微生物活性较好，物质和能量转化稳定进行。

在矿化垃圾生物反应床处理渗滤液的工艺中，利用各类氧化还原酶（如脱氢酶、过氧化物酶、多酚氧化酶、酪氨酸酶等）和水解酶（如磷酸酶、脲酶、蔗糖转化酶、纤维素酶等）的酶促作用，微生物对有机物、重金属、无机盐等污染物质具有优良的氧化、吸附、溶解、沉淀、螯合等能力，可使其逐渐被降解、转化或固定在矿化垃圾的腐殖质上，或随尾水淋溶下来。

表 5-2　矿化垃圾典型的微生物生理生态参数

生理生态参数	有机碳（C_{org}）/(g/kg)	微生物生物量碳（C_{mic}）/[mg/(20g·24h)]	呼吸作用强度（R_{mic}）/[mg/(20g·24h)]	代谢熵（R_{mic}-C_{mic}）	微生物熵（C_{mic}/C_{org}）
矿化垃圾	59.45	41.61	5.02	0.12	0.035
覆层土壤	13.63	4.09	1.56	0.38	0.015

注：1. C_{org}、C_{mic} 和 R_{mic} 中碳以 CO_2 质量（mg）计，基质以土的质量（20g）计，均为 28℃ 条件下测定 24h。
　　2. 覆层土壤取自上海老港填埋场 2005 年封场的填埋单元表面 0～20cm 处。

矿化垃圾具有良好的机械组成、理化性质、水热状况，以及丰富的黏粒和有机质含量，其中多种酶类物质可以酶-无机矿物胶体复合体、酶-腐殖质复合体和酶-有机无机复合体等吸附态形式存在于矿化垃圾中，免遭外界不良环境因素的破坏，具有较高的活性和稳定性。表 5-3 列出了几种重要酶的活性，可以发现，矿化垃圾脱氢酶的活性高于覆层土壤十余倍，活性稍低的脲酶，也是覆层土壤的两倍多。

表 5-3　矿化垃圾中几种重要酶的活性

酶类	过氧化氢酶[①]/[mL/(20g·30min)]	脱氢酶[②]/[ng/(20g·6h)]	脲酶[③]/[mg/(10g·3h)]	磷酸酶[④]/[mg/(10g·3h)]	转化酶[⑤]/[mL/(10g·24h)]
矿化垃圾	32.45	125.88	15.20	24.84	245.21
覆层土壤	8.20	10.55	6.78	5.24	46.60

① 用 0.1mol/L $KMnO_4$ 溶液滴定时所消耗溶液的体积，取 20g 土样品，在 25℃ 条件下提取振荡 30min 后测定。
② 取 20g 土样品，在 30℃ 条件下提取振荡 6h 后测定。
③ 用 NH_3-N 量计算，取 10g 土样品，在 37℃ 条件下提取振荡 3h 后测定。
④ 用酚的量计算，取 10g 土样品，在 37℃ 条件下提取振荡 3h 后测定。
⑤ 用 0.1mol/L $Na_2S_2O_3$ 溶液滴定时所消耗溶液的体积，取 10g 土样品，在 37℃ 条件下提取振荡 24h 后测定。

5.3.2　矿化垃圾对植物生长的影响

矿化垃圾与常规绿化土以不同含量配比，基于盆栽实验，评价其对土壤改良和植物生长的影响。矿化垃圾双重混配介质盆栽实验配土方案如表 5-4 所示。

表 5-4　矿化垃圾双重混配介质盆栽实验配土方案

处理组名称	配土方案（质量比）	
	矿化垃圾/%	绿化土/%
对照组	0	100
L25	25	75
L50	50	50
L75	75	25
L100	100	0

（1）双重混配种植介质理化性质变化

混配后种植介质的理化性质变化如图 5-6 所示。随着矿化垃圾含量的升高，双重混配介质的 pH 有所下降 [图 5-6（a）]。由于弱酸性更有利于植物生长，种植介质碱性的降低能促进植物生长。种植介质有机质含量是决定介质持久性肥力的重要标志，绿化土有机质含量很低，远不能满足植物生长需要。随着矿化垃圾含量的上升，双重混配介质的有机质

含量上升 [图 5-6 (b)]，说明添加矿化垃圾有利于改善种植介质有机质含量，增强种植介质肥力。因此，添加矿化垃圾有利于改善种植介质的 pH 和有机质含量，提高种植介质的质量，更有利于植物生长。

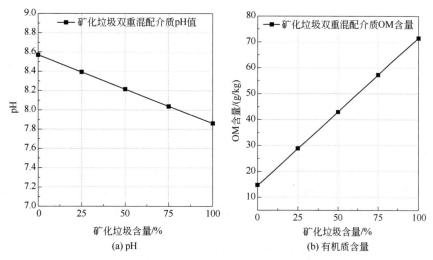

图 5-6 矿化垃圾双重混配介质的理化性质变化

矿化垃圾中三种营养元素（总氮、总钾、总磷）的含量基本都高于绿化土，添加矿化垃圾可以明显改善种植介质的无机营养水平，对植物生长有利。三种营养元素变化如图 5-7 所示。

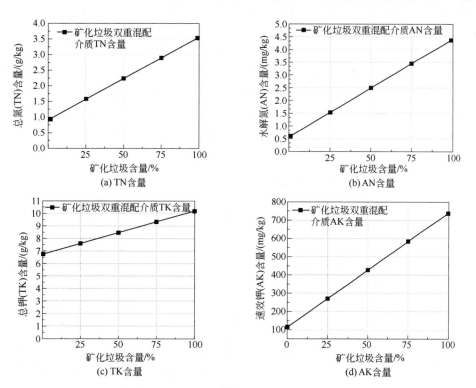

图 5-7

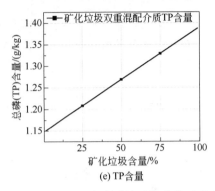

(e) TP含量

图 5-7　矿化垃圾双重混配介质的无机营养元素含量变化

绿化土总氮（TN）含量为 0.91g/kg，矿化垃圾 TN 含量为 3.56g/kg，将近绿化土的 4 倍。两者混合后可以明显提高种植介质的总氮含量，从而为植物生长提供更好的营养水平。水解氮（AN）是指种植介质近期氮元素供应情况，绿化土 AN 含量仅为 0.57mg/kg，而矿化垃圾 AN 含量为 4.42mg/kg，将近绿化土的 8 倍，两者混合以后，混配介质的 AN 含量随矿化垃圾含量的上升而显著提高。

绿化土中总钾（TK）含量为 6.73g/kg，矿化垃圾 TK 含量为 10.19g/kg，添加矿化垃圾可以提高种植介质的 TK 含量。绿化土中速效钾（AK）含量为 114mg/kg，矿化垃圾中 AK 含量为 740mg/kg，将近绿化土的 7 倍，添加矿化垃圾可以使种植介质的 AK 含量提高，有利于提高种植介质中钾元素水平。

绿化土的总磷（TP）含量为 1.14g/kg，矿化垃圾中 TP 含量为 1.39g/kg，略高于绿化土，两者混合依然可以提高种植介质的 TP 含量。

（2）矿化垃圾含量对植物生物量的影响

表 5-5 显示不同矿化垃圾含量对植物生物量的影响。添加矿化垃圾的处理组的生物量平均值比空白对照组要高，且差异达到显著水平，说明添加矿化垃圾对植物生长有一定的促进作用。四种植物在矿化垃圾含量为 25%和 50%时，差异不显著，说明 25%和 50%的矿化垃圾含量对植物的促进作用相似。在 0%～75%的含量范围内，植物的平均生物量随着矿化垃圾含量的升高而增大，矿化垃圾对植物生长有正效应。按实验中的五种比例，四种植物的平均生物量的最大值都在 75%的矿化垃圾含量时发生，但随着矿化垃圾含量的继续升高，平均生物量反而下降。说明矿化垃圾含量在 75%左右最有利于植物生长，此时营养元素活性较强，易被植物吸收，有利于植物生长。

表 5-5　不同矿化垃圾含量的生物量平均值

矿化垃圾含量 /%	生物量平均值/g			
	辣椒	一串红	长春花	千日红
0	7.66	5.18	2.12	4.30
25	8.71	4.36	3.91	7.17
50	9.71	4.94	4.01	7.18
75	10.74	9.54	4.85	8.22
100	10.60	8.12	4.73	7.84

5.3.3　矿化垃圾对植物重金属累积率的影响

（1）对植物叶部重金属累积率的影响

四种植物叶部 As 元素和 Cr 元素累积率的情况很相似［图 5-8（a）和图 5-8（b）］：①辣椒和千日红较一串红和长春花对 As 和 Cr 两种金属元素的累积量更大；②一串红和长春花两种植物叶部对 As 和 Cr 两种金属基本没有累积。

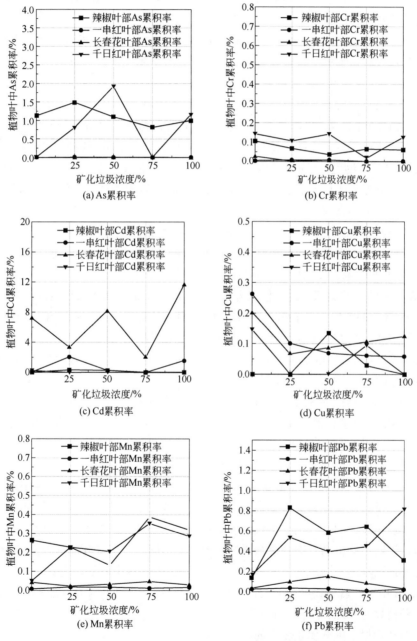

图 5-8　不同矿化垃圾含量对应的植物叶部重金属累积率

长春花和一串红叶部中的 As 累积率都为零 [图 5-8（a）]，说明没有 As 元素累积。即使在矿化垃圾含量为 50%时，As 元素在千日红叶部累积率的最高值也只有 1.91%，对植物基本没有毒害。千日红叶部对 As 的累积呈现升→降→升的趋势，在矿化垃圾含量为 50%时出现峰值。而辣椒的累积率变化曲线比较平缓，说明矿化垃圾含量对辣椒叶部的 As 元素累积率影响不大。

长春花和一串红叶部中的 Cr 累积率都为零 [图 5-8（b）]，说明没有 Cr 累积。在千日红叶部 Cr 累积率的最大值为 0.142%，发生在矿化垃圾含量为 50%时的千日红叶部。这可能是因为千日红对 50%的矿化垃圾含量有最好的耐受性。

长春花叶部的 Cd 累积率较其他几种植物都高 [图 5-8（c）]，说明长春花叶部对 Cd 的耐受性比其他几种植物好。辣椒叶部中的 Cd 累积率基本为零。一串红在矿化垃圾配比为 25%和 100%时有少量的累积，但不会对植物造成毒害。

Cu 在四种植物叶部中的累积率总体都较低，最大值 0.263%发生在不含矿化垃圾处理组的一串红植物叶部。除辣椒外的三种植物，当矿化垃圾含量从 0%升至 25%时，Cu 在植物叶中的累积率反而下降 [图 5-8（d）]，说明矿化垃圾的添加能够抑制 Cu 在植物叶部的累积。Cu 元素是植物生长所必需的微量元素之一，只要浓度不是很高，在一定的浓度范围内对植物生长有促进作用。添加矿化垃圾之后，Cu 的累积率基本都低于空白处理组，Cu 的累积量不会对植物造成毒害。

四种植物叶部 Mn 元素和 Pb 元素的累积率的情况很相似 [图 5-8（e）和图 5-8（f）]：①辣椒和千日红较一串红和长春花对 Mn 和 Pb 两种金属元素的累积量更大。②辣椒和千日红对 Mn 和 Pb 两种金属元素的累积率的变化趋势基本相同。

Mn 在植物叶中的累积率最大值仅为 0.39%，Mn 元素是植物生长所需的微量元素之一，浓度适宜的 Mn 对植物生长有利，过量的 Mn 会对植物造成危害，在矿化垃圾双重种植介质中，四种植物叶中 Mn 元素含量都不是很高，不会对植物造成毒害。

辣椒和千日红叶部 Mn 的累积率基本呈现相同的趋势，在矿化垃圾含量为 50%时有个低谷，之后出现了先升后降趋势，基本在 75%矿化垃圾含量时出现了 Mn 在叶部累积率的峰值，100%全矿化垃圾时 Mn 的累积率反而低于矿化垃圾含量为 75%时，这说明矿化垃圾不会造成植物叶中 Mn 的过多积累。辣椒和千日红对 Mn 累积的整体水平比一串红和长春花要高。

Pb 在植物叶中的累积率最大值为 0.815%，小于 1%，较低的累积率说明矿化垃圾双重种植介质不会造成植物叶部的 Pb 过量累积。

辣椒和千日红叶部 Pb 的累积率也基本呈现相同的趋势，先升后降。矿化垃圾含量为 50%和 75%时反而比 25%时低，说明随着矿化垃圾含量的提升，不会因为 Pb 累积对植物造成毒害。值得注意的是，当矿化垃圾含量从 75%上升至 100%时，千日红和辣椒出现了不同趋势，说明不同植物对同种重金属的累积情况不同。一串红叶部基本没有 Pb 累积，长春花的 Pb 累积率也比较低，在矿化垃圾含量为 50%时有个峰值，达到 0.153%，不会对植物造成 Pb 中毒。就植物叶部而言，辣椒和千日红比一串红和长春花能累积更多的 Pb，说明前两种植物对 Pb 有更好的耐受性。

（2）对植物根部重金属累积率的影响

长春花和辣椒根部 Cr 元素累积率总体较小。辣椒根部的 Cr 元素累积率随矿化垃圾含

量的上升变化不大 ［图 5-9（a）］，说明其对矿化垃圾含量的变化不敏感。一串红根部 Cr
累积率在 25% 的矿化垃圾含量时产生峰值，除此之外都很低。当矿化垃圾含量超过 50% 时，
千日红根部的 Cr 元素累积率呈现直线上升趋势，而绿化土中的 Cr 含量高于矿化垃圾中 Cr
含量，矿化垃圾含量的上升使混合种植介质的 Cr 含量下降，但是千日红根部 Cr 元素累积
率反而上升，这可能是因为矿化垃圾中的 Cr 元素较易被千日红根部吸收。不同植物根部
Cr 元素的累积率都不同。

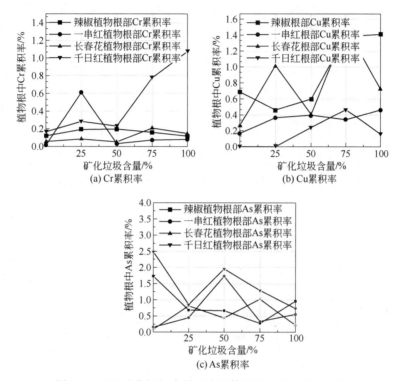

图 5-9　不同矿化垃圾含量对应的植物根部重金属累积率

长春花根部 Cu 元素累积率随矿化垃圾含量不同有显著变化 ［图 5-9（b）］，说明长
春花根部的 Cu 元素累积率对矿化垃圾含量的变化很敏感。千日红根部 Cu 元素累积率的
峰值发生在矿化垃圾含量为 75% 时，原因也可能是此时有最大的生物量。一串红根部 Cu
元素累积率对矿化垃圾含量变化不敏感。

一串红和长春花根部 As 元素累积率呈相反变化趋势，不同植物种类对同种重金属
元素 As 的累积性有很大不同 ［图 5-9（c）］。千日红根部 As 元素累积率在矿化垃圾含
量超过 75% 时，继续呈直线下降趋势，可能是因为在矿化垃圾含量较高时，千日红叶
部 As 元素累积率上升的缘故。

5.3.4　矿化垃圾绿化工程方案设计

（1）基地工程设计内容
某绿化示范基地的高程选择地平面为起点，可以避免复杂的地下开挖施工。绿化防渗基

地的高度定为 0.5m，周围用腐殖土砌成围墙。将地块均匀划分为 6×2=12 个单元，相邻单元用腐殖土堆砌的土坝隔开，每个单元底部面积为 4m×5m=20m²，如图 5-10～图 5-13 所示。

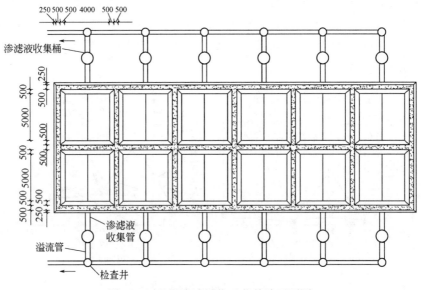

图 5-10　现场防渗绿化示范基地平面图

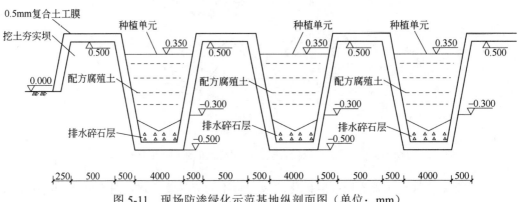

图 5-11　现场防渗绿化示范基地纵剖面图（单位：mm）

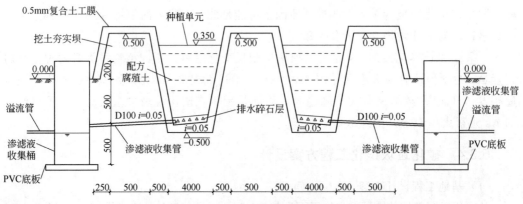

图 5-12　现场防渗绿化示范基地横剖面图（单位：mm）

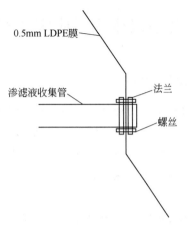

图 5-13　渗滤液收集管与土工膜连接处详图

每个单元两边向中间的倾斜坡度为 2%，以确保基地土层两边的渗滤液都能流入中央。每个单元沿中央向收集桶倾斜的坡度为 5%，以确保渗滤液流入收集管，并顺利流入收集桶。所有单元及坡度均采用腐殖土垫基，并用推土机进行夯实（密实度≥85%），避免在使用过程中由于基础下沉造成破坏从而对永久性的使用带来不利因素。

在基地底部需要铺设防渗性能良好的衬垫，以避免绿化基地的渗滤液污染地下水层，同时收集基地中所有的渗滤液以便进行水质监测。因此，须在上述坡度基底上铺设 0.5mm 的 LDPE 膜，膜上铺设 0.2m 厚的排水碎石层。

渗滤液收集管采用内径为 10cm 的 PVC 管，穿过 LDPE 膜，并通过法兰与 LDPE 膜连接，防止渗滤液渗出。将内径为 60cm 的 PVC 管作为渗滤液收集桶，底部焊接 PVC 作底板，与收集管焊接。每个收集桶还需设置溢流管，溢流管同收集管一样，采用内径为 10cm 的 PVC 管，高度低于收集管，与收集桶焊接。最后，每个单元设置塑料检查井，管道采用内径为 15cm 的 PVC 管，沿地块坡度方向铺设。

（2）跟踪监测

① 对不同配土的理化性质（pH 值、有机质含量、电导率）、无机营养元素含量（总氮含量、水解氮含量；总钾含量、速效钾含量；总磷含量、有效磷含量）以及重金属含量进行测定。

② 分析植物对腐殖土双重混配介质的生长响应，例如腐殖土含量对植物生物量、叶绿素以及植物根叶内 TOC 含量的影响。

③ 分析植物对腐殖土双重介质中营养元素的吸收，例如植物叶部和根部磷、钾元素的吸收量以及介质中磷、钾总量。

④ 测定植物体内重金属累积效应，针对矿化垃圾含量以及植物品种对植物体内重金属累积率及累积效应进行显著性影响分析，包括：植物叶部各重金属累积浓度；植物根部各重金属累积浓度；矿化垃圾含量对植物体内重金属累积浓度的影响；不同品种对植物体内重金属累积的比较等。

5.4　矿化垃圾生物反应床处理渗滤液

5.4.1　作为生物介质的可行性

矿化垃圾是在长期填埋过程中，历经好氧、兼氧和厌氧等复杂环境而逐渐形成的一种微生物数量庞大、种类繁多、水力渗透性能优良、多相多孔的自然生物体系。由于渗滤液的长期洗沥、浸泡和驯化，矿化垃圾各组分之间不断发生着各种物理、化学和生物作用，其中尤以多阶段降解性生物过程为主，这使其成为具有特殊新陈代谢性能的无机、有机、生物复合体生态系统。

作为生物介质填料，矿化垃圾的主要特点有以下几个方面。

① 矿化垃圾作为填埋场整个生态系统的重要组成部分，是填埋场各种生物特别是微生物的载体，不仅富含生物相，同时作为渗滤液的上游母体，对其含有的污染物质具有与生俱来的亲和性，无须对其中的微生物进行驯化或筛选。矿化垃圾作为多孔介质，能对有机污染物起截留作用，并进行生物降解，经一段时间启动后，流经填料层的污染物即被矿化垃圾吸附、截留，并在微生物的作用下进行生物降解，使填料对有机物的吸附能力得到再生，如此循环，达到良好的净化效果。矿化垃圾反应床的最大处理量就是维持吸附和降解动态平衡时所允许的废水进水量。

② 相对于新鲜垃圾，矿化垃圾具有疏松的结构和较大的比表面积，矿化垃圾的多孔结构主要是因为内含较多的腐殖质，而腐殖质对污染物质的去除机理主要表现在以下两方面：a. 腐殖质具有疏松的海绵状结构，使其具有巨大的比表面积（330～340m^2/g）和表面能，构成了物理吸附的应力基础。腐殖质是由微小的球状微粒构成，各微粒间以链状形式连结，形成与葡萄串类似的团聚体，在酸性基质中各微粒间的团聚作用是通过氢键进行的。腐殖质微粒直径在8～10nm之间。腐殖质的吸附能力，除了与其表面积和表面能有关外，还与腐殖质对水的膨胀性能有关，腐殖质的钠盐（R—COONa）或碱土金属盐［(R—COO)$_2$Ca］较腐殖质（R—COOH）本身具有较高的膨胀性能。随着膨胀性能的加强，可使腐殖质的活性基团更充分地裸露于水溶液中，增强了腐殖质与污染物质的接触概率，进而提高了吸附能力。b. 腐殖质分子结构中所含的活性基团能与污染物质特别是金属离子进行离子交换、络合或螯合反应，这是腐殖质类物质能去除渗滤液中污染物质的理论基础。

③ 相对于一般土壤，矿化垃圾微生物生物量大、呼吸作用强、微生物熵和代谢熵高，而且附着大量的活性酶（如过氧化氢酶、脱氢酶、转化酶、多酚氧化酶、纤维素酶、磷酸酶等），这些氧化还原酶或水解酶活性高、适应性强，能迅速通过酶促反应降解污染物，加速各种生化过程，使其顺利进行。

5.4.2　污染物去除机理

有机污染物在流经矿化垃圾反应床的过程中，其中的悬浮物、胶体颗粒和可溶性污染物在物理过滤与吸附、化学分解与沉淀、离子交换与螯合等非生物作用下，首先被截留在床体浅层（0～60cm）的生物填料表面，在落干期良好的好氧条件下，经生物氧化和降解作用，微生物获得生理生化活动所需的能量，将渗滤液中的营养元素吸收转化成新的细胞质和小分子物质，并将 CO_2、H_2O、NH_3 和无机盐等代谢产物排出系统之外，或淋溶至兼氧区和厌氧区继续降解。渗滤液中大部分污染物的去除作用主要发生在好氧区，兼氧区和厌氧区因微生物数量少、活性低，其中的生化反应较为平缓。图 5-14 为矿化垃圾生物反应床由上而下，整个床体内生物降解（好氧、兼氧、厌氧）作用的示意图。

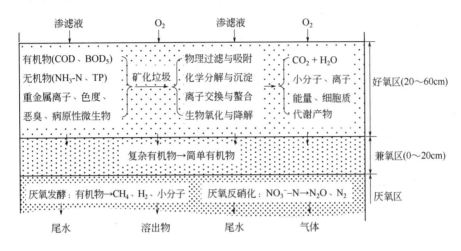

图 5-14　矿化垃圾生物反应床净化渗滤液示意图

5.4.3　生物反应床设计

矿化垃圾生物反应床处理渗滤液的工艺属天然基质自净化过程。在结构上主要包括填料层、承托层、配水和排水系统；在形状上，应尽量减少死角和流体短路，并力求使床体构型有利于污染物的降解过程。因此，依据快速渗滤系统的设计原则对反应床进行了优化设计，其结构剖面图如图 5-15 所示。

（1）填料层

在示范工程中，为便于布水操作，三个反应床的横截面均为 32m×32m 的方形结构，一级床、二级床、三级床内矿化垃圾的实际装填高度分别为 2m、2.2m 和 2.4m，三个反应床共装填矿化垃圾约 5400t。

填料层高度与通风状况对反应床的净化效能影响很大，渗滤液中 COD、BOD_5、NH_3-N 和 TSS 等污染物的去除，主要集中在床体 60cm 以上复氧条件良好的浅层，且沿床层深度由上而下去除效果呈负指数递减趋势。因此填料层厚度太小，水力停留时间短，出水水质差；厚度过大，将大幅增加投资成本，并使床体深层区域的好氧降解作用受到抑制，从而导致单位质量填料对渗滤液的处理负荷下降。

根据反应床的这一特点，基于防止床层堵塞、强化复氧、节省占地、减少重复投资，以及提高处理负荷等方面的考虑，填料层厚度设计为 100cm 左右，采用上下双层结构，中间采用 10cm 厚的碎石层予以隔断，碎石层经由床侧通风管道与大气相通，同时在床层内沿纵横方向每隔 5m 处设置高出床层表面的通风管（Φ100mm），以强化床层的通风效果。

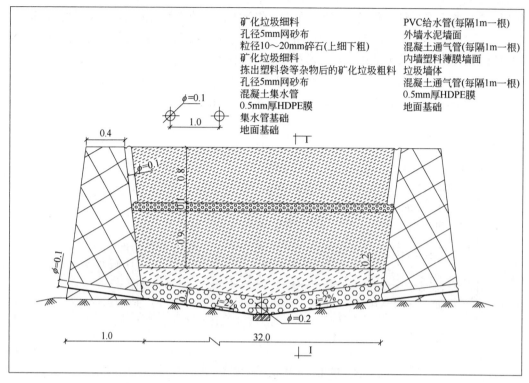

图 5-15　矿化垃圾生物反应床结构剖面图（单位：m）

（2）配水系统

渗滤液进水直接取自兼氧塘，由高压水泵通过管式大阻力布水系统进行喷灌配水。与表面分配和浇灌分配相比，喷灌分配既具有水力分布均匀、分配效率高、受床层表面平整度影响小、配水/落干时间和配水量易于自动控制等特点，又可使部分挥发性有机物在喷洒中通过逸散去除，同时还强化了液滴在大气中的复氧进程，有利于后续的生物处理。管式大阻力布水系统设计参数如表 5-6 所示。

表 5-6　管式大阻力配水系统设计参数

干管管径/mm	支管管径/mm	支管间距/mm	配水孔间距/mm	配水孔径/mm	开孔比/%
100	20	500	75	2	0.25

（3）排水系统

床体地面基础平整时，需预留 2%的坡度以利于尾水导排，排水设施采用管径为 200mm 的穿孔集水管，其结构剖面图如图 5-16 所示。排水系统位于承托层之中，承托层之下铺设有 0.5mm 厚的 HDPE 防渗膜。

（4）承托层

承托层的主要作用有两方面：一是在反应床底部起承托垃圾层的作用，使垃圾层架空，便于滤出水顺畅排出，以利于渗滤过程的持续进行；二是通过滤液的排出和排水口空气的进入，促进垃圾介质层内的气体交换。承托层采用粒径为 10～20mm 的碎石块铺设，较大石块置于底层，碎石置于上层，总厚度为 300mm 以上。

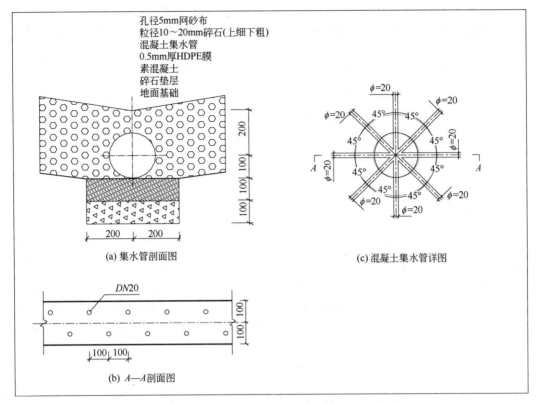

图 5-16　混凝土集水管剖面图（单位：mm）

注：混凝土集水管开孔间距为 100mm

5.4.4　工艺流程的确定

矿化垃圾生物反应床净化渗滤液的机制主要为配水期的截留、吸附，及落干期的生物降解。在此过程中，微生物生长繁殖所产生的代谢产物也绝大多数被截留在床体内部为自身所消化。因此，在适当的负荷下，其出水可不进行固液分离和再处理而直接排放。同时，在适宜的运行方式和运行参数下，矿化垃圾生物反应床可自身形成良好的固、液、气环境，不需要其他人工改善手段。因此，利用矿化垃圾构建反应床处理渗滤液的工艺流程可大为简化，只需要水质调节、厌氧酸化等预处理工序和多级反应床主体工艺两部分即可。预处理的主要目的是降低进水中悬浮物和大分子有机物的含量，防止过量的悬浮物短时间内堵塞床体表层，并有效改善进水的可生化性。

矿化垃圾处理渗滤液的工艺流程如图 5-17 所示。渗滤液原水先进入调节池进行水质调节，然后进入厌氧池水解酸化；经泵提升到第一级反应床进行喷灌配水，出水进入集水池；再由泵

图 5-17　矿化垃圾处理渗滤液工艺流程

提升进入第二级反应床配水，出水进入集水池；最后由泵提升到第三级反应床配水，尾水收集后，根据出水水质的不同要求直接排放，或经进一步深度处理后中水回用或达标排放。

5.4.5　运行效果

为评价示范工程的长期稳态运行效能，在提高渗滤液处理能力的同时，兼顾出水水质的改善，在随后 75 周的时间里，持续考察了配水量为 50t/d 时，三级串联反应床对渗滤液的处理效果。

图 5-18、图 5-19 和图 5-20 为三级反应床历经春（2 次）、夏（1.5 次）、秋（1 次）、冬（1.5 次）四个季节，对渗滤液主要污染物 COD 和 NH_3-N 的去除效果。渗滤液进水水质随季节、气候条件变化明显，其中冬、春两季因雨水较少，COD 和 NH_3-N 浓度较大；而夏、秋两季因降雨频繁、垃圾成分含水量高、地表径流大等因素，稀释了渗滤液的浓度。因此，渗滤液性质的频繁变化，对反应床的抗负荷性能提出一定要求。从图中发现，在反应床连续运行的一年半时间里，COD 进水浓度为 6000～11000mg/L，一级出水水质随进水浓度的波动而有所变化，介于 1300～3200mg/L 之间，而二级、三级出水已基本稳定，浓度分别介于 680～2000mg/L 和 270～950mg/L 之间；就 NH_3-N 的去除效果而言，其进水浓度为 850～1550mg/L，一级、二级和三级出水浓度分别介于 120～420mg/L、60～150mg/L 和 5～25mg/L 之间。

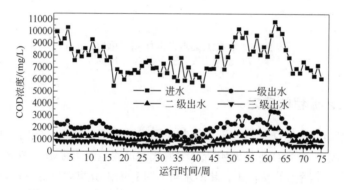

图 5-18　50t/d 渗滤液处理示范工程对 COD 的去除效果

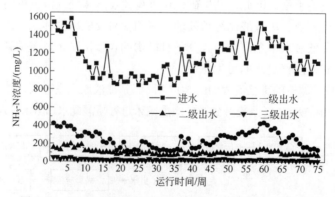

图 5-19　50t/d 渗滤液处理示范工程对 NH_3-N 的去除效果

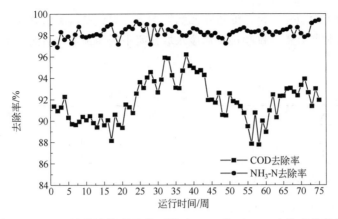

图 5-20　50t/d 渗滤液处理示范工程对 COD 和 NH₃-N 去除率的变化

经历三级反应床之后，COD 的总去除率在 88.5%～95.2%之间，随季节气候变化波动较大，并呈现出高进高出、低进低出的特点；而 NH₃-N 的总去除率在 96.5%～99.8%之间，波动较小。这是因为随着渗滤液中易降解有机物的去除，尾水的可生化性迅速降低，有机污染物越到最后越难以处理，且床层内微生物群落和降解酶的活性受气温影响较大；而各级床体浅层对 NH₃-N 的吸附截留过程比较平稳，其硝化去除作用在低温条件下也可维持较高的水平。

对长期监测数据进行统计分析的结果表明：投入运行以来，NH₃-N 的最终出水浓度均低于 25mg/L；COD 的最终出水浓度低于 300mg/L 和 650mg/L 的时间分别占总运行时间的 20%和 75%。

5.5　矿化垃圾生物反应床处理畜禽废水

矿化垃圾生物反应床处理畜禽废水工艺流程见图 5-21。

图 5-21　矿化垃圾生物反应床处理畜禽废水工艺流程图

该反应床由塑料布、不锈钢钢管和 PVC 管组成，内装填上海老港垃圾填埋场已填埋 10 年的矿化垃圾，总有效高度为 3000mm，垃圾总质量为 240t，矿化垃圾与日处理畜禽废水体积比为 30∶1，形成两个串联的矿化垃圾生物反应床，每个反应床尺寸为：长×宽×高=5m×7m×3m。

反应床中装填的是挖出后经筛分，并剔除其中颗粒较大的石子、碎玻璃、未完全降解的橡胶塑料以及木棒、纸类等杂物后的矿化垃圾，最大粒径 20mm。反应床底端是钢管支架，为架空式，有利于通风，其上铺设一层不锈钢丝网，钢丝网上铺设竹排，竹排上铺设土工布。另外，垃圾底部还铺设 HDPE 膜用于收集经处理的废水。喷洒装置采用多孔板，使进水尽可能均匀洒在填料表面上，采用一般 PVC 管钻两排孔径 0.2mm 的小孔。进水流量由蠕动泵控制，进出水均设有贮水池。

污水经泵提升至滤层顶部，通过喷洒装置淋下，穿过填料层由滤池底部排入贮水池，水泵采用定时器控制开停。试验用畜禽废水取自奶牛场经预曝气后的废水，其水质状况见表5-7。

表 5-7　反应床进水水质

水质项目	浓度范围	浓度均值
pH	7.2～8.5	8.04
COD/(mg/L)	3000～5000	3936.9
NH_3-N/(mg/L)	1000～2000	1313.5

采用4h淹水（早8点至12点）和20h落干（湿干比为1∶5），从2004年2月开始运行，到2004年5月共运行4个月，运行效果见表5-8。

表 5-8　矿化垃圾生物反应床处理畜禽废水运行效果记录

月份	水量/(t/d)	COD（平均值）			NH_3-N（平均值）		
		进水/(mg/L)	出水/(mg/L)	去除率/%	进水/(mg/L)	出水/(mg/L)	去除率/%
2004年2月	8	4952.08	223.64	95.48	1627.76	15.96	99.02
2004年3月	8	4106.71	316.09	92.30	1415.71	23.79	98.32
2004年4月	8	3057.12	233.31	92.37	1150.25	15.86	98.62
2004年5月	8	3632.00	206.40	94.32	1060.14	8.45	99.20

注：表中数据为每月检测的平均值。

从表5-8中的数据记录可知，废水COD、NH_3-N去除效果显著，矿化垃圾生物反应床运行稳定，已达到2003年1月1日实施的《畜禽养殖业污染物排放标准》，出水水质得到明显改善。

5.6　存量垃圾填埋场废旧塑料资源化

5.6.1　强化干洗洁净技术的构建和优势

存量垃圾废塑料沾污严重，污物黏附包裹量大且成分复杂，而且塑料种类繁多，是资源转化的最大障碍。直接湿法水洗不适用于存量垃圾废塑料，不仅耗水量大［传统废塑料再生水洗用水量（以废塑料质量计）约 $10m^3$/t，而垃圾塑料直接水洗用水量通常增加数倍］，且灰土杂质量大，给污水和污泥处理带来不便。因此，可采用以干洗技术为核心的强化洁净技术，通过废塑料相互摩擦或加入砂砾强化摩擦，可以在去除大部分尘泥的同时达到清洗过程污水零排放的目的，并且不影响废塑料后续资源化利用效果。

存量垃圾经滚筒筛分选得到的筛上物，经风力分选大体分成轻质物和重质物两大类，其中轻质物以各种类型的塑料为主。轻质物自然风干后进入强力破碎机破碎成 10～20mm 的碎片，同时使废塑料粘污杂物与废塑料剥离；破碎后物料进入摩擦干洗设备，利用物料之间相互摩擦进一步剥落废塑料上的粘污物和附着物，再利用重力作用向下从筛孔漏出，而保留的筛上物得以与灰渣泥土分离，从而完成废塑料的摩擦干洗工序。

　　由于筛上轻质物中的塑料，其油性污染物附着量很少，多是使用或运输过程中黏附的泥土和小颗粒沙石等，这类附着物烘干后附着力小，容易脱落，因此在烘干之后，使用固体介质清洗装置使其脱落。固体介质清洗装置结构见图 5-22，该装置包括罐体（1、2、6、7、8、9）、搅拌器（3、4、5）和传送系统（10、11、12、13）。罐体包括圆柱形清洗主罐（2）以及支撑部分（7、8、9），搅拌器连接带有四个相互垂直桨叶（3）的搅拌桨主轴（4），主罐内径和桨叶长度分别为 11.6cm 和 7cm。固体介质清洗装置采用砂石作为清洗介质，在搅拌桨作用下，砂石与塑料片在罐体内同时起落、下坠，通过摩擦、击打、研磨、碾压的方式使包裹在塑料内部和附着在塑料表面的污垢脱落。

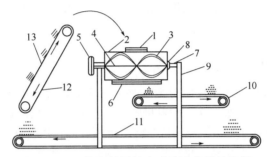

图 5-22　污染塑料固体介质清洗装置结构图

1—进料口；2—清洗主罐；3—桨叶；4—搅拌桨主轴；5—电机；6—出料口；7—支撑横杆；
8—主罐固定器；9—支架；10—出料口与分选机间的传送带；11—连接分选装置和
提升机的传送带；12—物料提升机；13—波状挡边输送带

　　清洗过程中砂石受到的污染主要是原塑料表面污染物的附着，后续可经过风选与大部分附着物分离，因此砂石可以循环利用。砂石消耗主要是摩擦损耗，经摩擦损耗而产生的碎屑粉末，可作为残渣进行填埋处理。

5.6.2　强化干洗洁净技术的实际运行效果

① 处理对象：40mm 孔径滚筒筛筛上物；
② 处理规模：1000kg/d；
③ 工艺流程：上料→风力分选→固体介质清洗→塑料与固体介质分离；
④ 相关设备：上料机、卧式气流分选机、滚筒搅拌机、振动筛；
⑤ 清洗效果：塑砂比 1∶20、处理 30min 条件下 90% 清洁率。

5.6.3　原料分类挤压脱水成型技术

（1）免加热烘干脱水技术能耗低、二次污染小

　　利用挤压脱水原理，将清洗后初步离心脱水后的塑料薄膜［塑料薄膜，塑料农膜、地膜，PP 编织袋，蛇皮袋，太空袋（吨袋），废塑料片材］中的水分挤干净。配置旋转螺杆装置、专用硬齿面减速机、专用挤干脱水全自动设备，使塑料薄膜挤干脱水效率高、效果好，且操作简易，挤干脱水效果达到 90% 以上。对比传统熔融法塑料造粒，该方法对材料本身混杂程度包容性强，清洁度要求更低，无需加热熔化，从而节省能耗，且该免加热烘

干脱水技术不产生熔融气，无需配备废气处理设施，流程更短，成本更低。

（2）挤压成型技术能耗低、无污染、占地省

将粒长度和含水量在规定范围内的物料通过上料机（皮带输送机）或人工均匀送到成型机上方料口内，进行压制成型即是成品。废旧塑料颗粒机的工艺流程为：上料→压制→成型→输出→冷却→运输→下游塑料制品厂使用。由于无加热熔融环节，整体流程无废气废水污染，且由于流程短，设备体积不大，整体平面布置较为密集规整，减少车间占地。

5.7　存量垃圾填埋场无机惰性物资源化

存量垃圾填埋场开采筛分后的无机惰性物除作再生骨料应用于道路建设外，还可作为骨料用于生产砖块。

5.7.1　工艺流程

无机惰性物砌块成型工艺路线如图 5-23 所示。水泥由螺旋输送机运送到配料机料斗，无机惰性物等其他原料由铲车运送到配料机料斗。配料机通过计量称将原材料按事先设好的配比配好后进入搅拌机上料斗。搅拌机上料斗将配好的料运送到搅拌仓，加入适量的水，搅拌均匀。搅拌好的原料通过输送机运送到成型机料斗，并进入成型布料车，送板机同时将托板运送到成型机模具下方。原料在模具中振压成型，成型产品由出砖机运送到降板机，随后由降板码垛机进行码垛，每 3~5 板砖一摞，经养护后出厂。

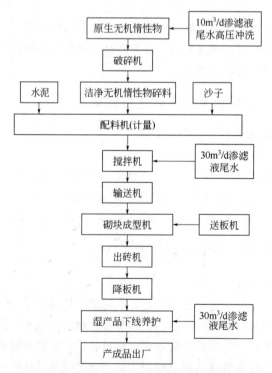

图 5-23　无机惰性物砌块成型工艺路线图

5.7.2 工艺计算及设备选型

水槽建造容积不小于 3m³，自来水流量可满足要求。经计算，无机惰性物砌块成型技术设备选型如表 5-9 所示。

表 5-9 无机惰性物砌块成型技术相关设备清单

设备名称	规格与型号	数量	单位	功率/kW
水泥仓	100t	1	台	
螺旋输送机	6m	1	台	7.5
配料机	PLD1200	1	台	12
搅拌机	JS750	1	台	30
输送机	9200mm	1	台	3
砌块成型机	FZQT10-20	1	台	56.85
自动上板机	FZQT10-20 用	1	台	8
双板降板机	FZQT10-20 用	1	台	4
标砖模具	FZQT10-20 用	1	台	
托板	FZQT10-20 用	2000	块	
叉车	3T	2	台	
铲车	30 型	1	台	
功率合计				121.35

习题与思考题

1. 简述矿化垃圾常规筛分工艺流程。
2. 分别画出矿化垃圾前端粗分及后端深度细分的工艺路线图。
3. 简述矿化垃圾生物反应床处理渗滤液基本原理和流程。
4. 论述强化干洗洁净技术清洁矿化垃圾中废旧塑料的原理及参数。

第6章 生活垃圾焚烧发电与飞灰压块技术

生活垃圾的燃烧称为焚烧，是可燃物与助燃物在火源作用下，产生发光、放热的激烈化学反应现象。通过 3T+E（停留时间、温度、湍流度和过剩空气系数）量化焚烧以减少垃圾体积和危害，实现对污染的综合预防与控制，回收利用垃圾中的能量，包括利用余热发电和供热。垃圾焚烧处理技术虽可追溯至 19 世纪末，但现代化垃圾焚烧炉的使用及其在西欧、日本等发达国家的普遍推广则起始于 20 世纪 60～70 年代，当时正值石油危机，能源紧缺，因此，利用垃圾焚烧发电解决城市电力和供暖不足难题，目前已经发展成为城市生活垃圾无害化、资源化、减量化的重要设施。20 世纪 90 年代，我国生活垃圾炉排焚烧设备基本依靠进口，21 世纪初，98%的设备实现国产化。生活垃圾炉排焚烧是典型的"引进、消化、吸收、国产化、创造、制造"案例。

6.1 典型生活垃圾焚烧炉排

6.1.1 二段式焚烧炉

生活垃圾焚烧二段式焚烧炉简图如图 6-1 所示。二段式焚烧可以使垃圾充分搅拌、燃烧，适应不同热值范围的生活垃圾的充分燃烧和稳定运行。逆推炉排的逆向运动使新加入的垃圾与灼热层混合在一起，加上炉膛前拱的辐射，干燥和点火可在很短时间内完成。这使得炉排对热值较低且水分含量大（最高达 60%）的垃圾具有较好的适应性。在逆推炉排上，通过炉排片头部的凸台将垃圾不断牵动、破碎，使垃圾层得到充分搅拌。垃圾料层非常平整，燃烧状态稳定，炉膛温度的波动可以控制在很小的范围内。逆推炉排与顺推炉排之间设置了台阶，使完成燃烧阶段的垃圾落到顺推炉排上时大的团块被打碎，在顺推炉排的床面上继续和氧气反应，完成燃尽过程，这样的燃烧方式充分保证了垃圾焚烧炉渣的热灼减率。

独立的炉排组控制系统，使焚烧炉调节比较便捷。给料装置设三组平行布置的滑动平台，每组分别由一支油缸驱动。三列逆推炉排平行布置，每列分别由一支油缸驱动。逆推炉排尾部的料层调节装置分左右两列，分别由一支油缸驱动，既可进行同步控制，也可分别进行调节。三列顺推炉排平行布置，每列炉排分别由一支油

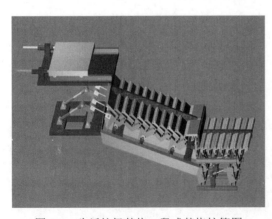

图 6-1 生活垃圾焚烧二段式焚烧炉简图

缸驱动。给料装置、逆推炉排、顺推炉排的各三列分别由独立的油缸驱动,可同步工作,也可根据炉内燃烧情况单独控制各自的速度和频率,提高了焚烧炉对热值范围波动很大的生活垃圾的适应性。此外,对每个炉排组的单独控制,使垃圾在炉排上完成干燥、加热、分解、燃烧、燃尽的反应过程中能得到较好的控制。同时不同步运动也可使相邻列的抱团垃圾分离,促进垃圾的分解、燃烧。

炉排下部的灰斗既能收集炉底灰,又有各个炉排组一次风的进风口。一次风从炉排组下部进入焚烧炉,向上吹至垃圾料层,这既可有效地减少垃圾表面结焦,又可比较好地冷却炉排片,降低炉排片的更换率。在风室设计有风门调节装置,用于逆推炉排的调风。逆推风室内的四组风门分别对应炉排上的四个燃烧区,每组风门通过设置在风室外侧的电动执行机构进行调节。各个风门调节装置既可联动,也可单独驱动,根据炉内垃圾燃烧状态,可以单独调节各燃烧区的风量,以取得最佳燃烧效果。

完善的一、二次风系统,使燃烧更加充分。为延长烟气在炉内的停留时间,同时避免烟气闷塞,二段往复炉排气流模式采用逆流式,即垃圾移送方向与燃烧气体流向相反,可以充分利用燃烧气体与炉体的辐射和对流传热进行垃圾干燥。在焚烧炉的上方,通过高温二次风的高速喷入,使烟气得到充分的扰动,延长烟气在炉膛内的停留时间,既改善了燃烧状况,又保证烟气在炉膛内 850℃以上的高温区停留时间至少 2s 以上,促进二噁英完全分解。焚烧炉逆推炉排一次风分四个风室分别送入炉排,各风室之间互不窜风,各风室的风量可根据炉排上的燃烧情况分别调节。二次风在后置式燃烧室的炉排上方助燃,以完全燃烧 CO 为目的,使燃烧处于最佳状况。

独立的自动控制系统,使焚烧过程的控制更加精确。为了保证燃烧稳定,同时保证蒸汽产量在离设定值很近的范围内波动,通过对含氧量的变化、给料速度、炉排运动周期的自动控制从而完成自动燃烧控制系统(ACC)的功能。

6.1.2 逆推式机械炉排炉

生活垃圾焚烧逆推式机械炉排炉结构简图如图 6-2 所示。逆推式机械炉排的炉排面由一排固定炉排和一排活动炉排交替安装而成,炉排运动方向与垃圾运动方向相反,其运动速度可以任意调节,以便根据垃圾性质及燃烧工况调整垃圾在炉排上的停留时间。为了使垃圾在炉内得到充分干燥,同时避免运行时垃圾床层太厚,在设计时增大了炉排面积。整个炉排分为干燥段、燃烧段、燃尽及冷却段 3 个区域,采用较低的炉排机械负荷,以保证炉渣的热灼减率≤3%。采取逆流式炉型,炉排面向下与水平面成 24°倾角,炉排上的垃圾通过活动炉排片的逆向运动而得到充分的搅动、混合及滚动,使低位热值较低的生活垃圾更易着火和完全燃烧。炉排片前端设计为角锥状,可避免熔融灰渣附着,同时在炉排逆向运动时,更有利于垃圾的蓬松、着火和燃烧。炉排片背面的加强筋设计成迷宫式通道,一次风通过炉排背面送风时,也对炉排起到了很好的冷却效果;炉排片侧面和正面是经过精加工的,漏灰量较少,炉排片之间通过螺栓连接,避免了炉排片之间的磨损和被抬起的可能性。

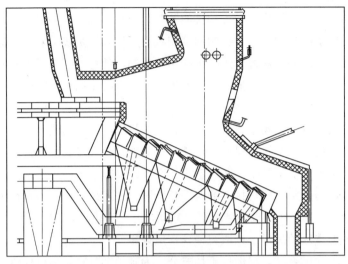

图 6-2　生活垃圾焚烧逆推式机械炉排炉结构简图

6.1.3　VONROLL 炉排

日立造船 VONROLL 炉排结构简图如图 6-3 所示。除活动炉排和固定炉排外，还设置了剪切刀和落差部，增加了对垃圾的剪切破碎效果和跌落搅拌作用，使垃圾易于燃烧。剪切刀设置在燃烧炉排处，炉排分烘干、燃烧、燃尽三段，共两个落差。炉排分为活动梁和固定梁，通过活动梁的动作，炉排反复进行前进、后退动作。通过炉排的动作和炉排之间的落差，对垃圾进行松散和搅动，使垃圾充分燃烧。一次风从活动炉排和固定炉排之间以及设置在炉排片上的通风孔均匀地吹出，进行炉排冷却和助燃。二次风从最合适的部位喷入，充分搅拌烟气，达到完全燃烧效果。通过计算机模拟烟气流场、温度设计，选择最合适的焚烧炉构造和容积。利用有效的热辐射，促进垃圾干燥。设置空冷耐火砖墙和烟气空气预热器，有效防止炉墙结焦，并极大提高了低热值垃圾的焚烧适应性。自动燃烧控制系统，具有较高的可靠性和稳定性，实现了稳定燃烧和达标排放。

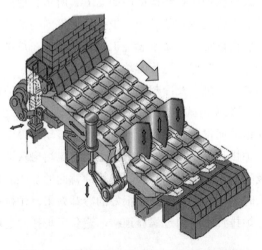

图 6-3　日立造船 VONROLL 炉排结构简图

6.2　垃圾接收及贮存

6.2.1　垃圾接收

生活垃圾由垃圾收集车或垃圾转运车运入垃圾焚烧发电厂，经地磅房地磅自动称重并由计算机记录和存储数据后，通过封闭式高架引桥进入主厂房卸料平台。在物流入口大门后设置地磅房及地磅，在地磅前后均设有检视缓冲区，以提供空间方便地磅管理人员对需检查车辆的检查，在检查的同时不影响其他车辆的正常进出。地磅前的缓冲区还可以作为高峰时的车辆缓冲区，以避免堵塞进厂道路，同时避免车辆停留在厂外道路上影响周边居民的正常生活。厂区共设置两台地磅，一进一出。根据垃圾收集车或垃圾转运车的尺寸，卸料平台宽度设计为 24m，以保证中转车辆的回转及交通顺畅。

为使垃圾车司机能准确无误地把车对准垃圾卸料门，将垃圾卸入垃圾池内而避免车辆翻到垃圾池中，在每个门前设置白色箭头标志。在卸料门前设置高度为 300mm 的车挡以防车辆倒退掉进垃圾池，且在卸料门后距平台 3500mm 高度处设置翻车挡，以防止车辆倾翻；垃圾卸料门间设有隔离岛，以避免垃圾车相撞，并给工作人员提供作业空间。

为了方便将卸料平台上的垃圾扫入垃圾池，在车挡中间开一个 200mm 宽的缺口。同时为了便于收集卸料大厅的清洗污水，在卸料平台设置了一定的坡度和排水沟。考虑到特殊情况下的特殊垃圾处理，可设计直通焚烧炉卸料平台层的垂直应急通道，用以处理公共突发事件情况下的特殊生活垃圾运入和处理，该通道亦可作为垃圾吊车检修运出通道。

6.2.2　垃圾贮存

按平均日处理 600t 计算，垃圾贮存池的容积设计为 13200m³（长 42.3m×宽 24m×平均高度 13m，地面以下深度约为 6m），按照入池贮存垃圾平均容重 0.4t/m³ 计算，至卸料平台高度处可贮存约 8.8d（5280t）的焚烧量，如果沿着垃圾池墙壁堆放，可存放 10d 以上的垃圾焚烧量。垃圾池上方设 2 台抓斗行车，用于焚烧炉加料及对垃圾进行搬运、搅拌、倒垛，按顺序堆放到预定区域，以保证入炉垃圾组分均匀、燃烧稳定。垃圾池剖面如图 6-4 所示。

垃圾池底部在宽度方向有 1% 的坡度，垃圾产生的渗滤液经不锈钢格栅进入收集槽，收集槽底坡度为 2%，使渗滤液能自流到收集井中。在建筑条件许可的前提下，在垃圾池墙壁上尽量多设置排水栅网；特别在渗滤液收集槽处设置了水冲装置，对收集槽进行定期冲洗疏通，防止此处聚集的污泥等杂物造成收集槽堵塞；在渗滤液收集槽外侧设置了检修通道，万一格栅及收集槽堵塞，可进入检修通道进行疏通，并且在检修通道中也可对格栅进行疏通和更换。当使用检修通道时，一侧鼓风机引入外界空气，另一侧吸出并排入垃圾池，以保证检修人员的安全。垃圾贮存池渗滤液排出设施详见图 6-5。

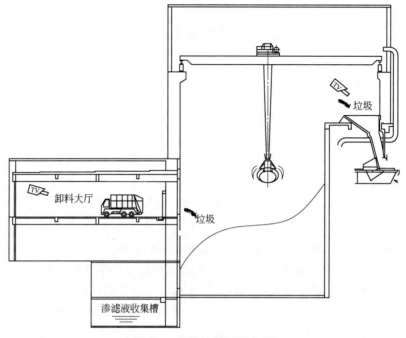

图 6-4　垃圾池剖面示意图

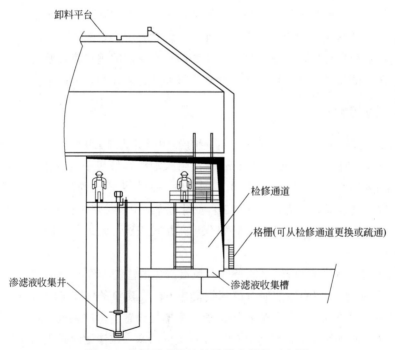

图 6-5　垃圾贮存池渗滤液排出设施示意图

6.2.3　主要设备

计量磅站由 IC 卡片阅读机，车辆积载台、显示质量的计量装置和连接两者的计算机装置，以及传送打印等设备构成。生活垃圾的地磅站位于垃圾车进厂道路旁，为独立的建筑，包括管理室、地磅、等待称量的车辆缓冲区、车辆检视区等设施。地磅的数量为 2 台，1 台进厂车用（垃圾车），1 台出厂车用（运输生产辅助原料、出厂的炉渣、飞灰固化物等）。地磅具有动、静两种称量方式。静态称量时，每台地磅称重由读 IC 卡至完成，作业时间约在 10s 左右。动态称量时，通过安装在通道上的地感线圈自动读取车辆信息（探头），传至计算机并开始全自动称量作业，整个称重过程约在 2s 左右。地磅采用全电子式，含有 6 个荷重元，并以全自动方式操作。地磅的设置容量为 80t，刻度范围为 0～80t，精度为 20kg，磅称前设置红、绿灯标志，以调整进、出厂的车流量。

垃圾卸料门把卸料平台与垃圾池分开，为保证其气密性、迅速开关和耐久性，并防止垃圾池内粉尘、臭气的扩散，卸料门设计成密闭构造。在垃圾收集车集中运行的时间段，为使卸料工作顺畅进行和确保安全启闭，当车辆进入平台内的规定位置后，感应启动开关控制卸料门启闭。卸料门除上述全自动操作外，通过与垃圾吊车的联动还可在现场手动操作每扇门，垃圾卸料门的开关与吊车抓斗位置互锁。

垃圾吊车位于垃圾池的上方，主要承担垃圾的投料、搬运、搅拌、整理和堆积工作。根据日垃圾处理量 600t 的要求，本工程设置 2 台半自动式垃圾抓斗起重机，正常情况下，两组垃圾吊车一用一备。抓斗起重机配有计量装置，具有自动称重、自动显示、自动累计、打印、超载保护等功能。

6.2.4　垃圾池防渗、防腐措施

垃圾池防渗方面，垃圾池壁设置后浇带，但不设伸缩缝，严格限制裂缝宽度小于 0.2mm；混凝土的设计抗渗等级采用 P8，实现钢筋混凝土结构自防水；在混凝土中掺入一定量的混凝土膨胀剂，并掺入必要的钢纤维或合成纤维；池壁外侧、底板底安装防水材料。

垃圾池防腐方面，选择低水化热水泥，控制水灰比、单位体积混凝土内的水泥用量、氯离子含量和碱含量，选用合适的混凝土强度等级，如选择粉煤灰硅酸盐水泥、火山灰硅酸盐水泥等抗盐侵蚀能力强的水泥；适当加大池壁内侧钢筋保护层厚度；池壁内侧涂刷防腐涂料。

6.2.5　垃圾卸料大厅及垃圾池除臭措施

垃圾卸料大厅地面采取防渗措施，防止卸料大厅地面渗入臭气物质。在垃圾池通往主厂房的通道门前设置气密室，通过向气密室送风使室内保持正压，有效防止臭气进入主厂房。另外在焚烧车间通往外部的所有通道门前、卸料平台通往其他建筑的门前均设有气密室。在卸料平台的相应部位设置供水栓，以利于清洗卸料时污染的地面，卸料平台设计有一定的坡度使之易于排出清洗污水。为了减少垃圾池臭气外逸污染环境，在垃圾池上部设抽气风道，由鼓风机抽取臭气作为焚烧炉一、二次燃烧空气，使垃圾池保持负压状态。在停炉检修时，由设置的专用风道通过除臭风机抽取垃圾池臭气，经活性炭除臭装置处理达标后引入烟囱高空排放。

6.3 垃圾焚烧系统

6.3.1 垃圾给料系统

炉膛的入口部分为料斗，下部的溜槽是垃圾进入焚烧炉的通道（图 6-6）。在这两部分之间安装了关断门，用于防止空气渗入炉内。料斗和溜槽的角度经过周密的考虑而设计，以最大限度防止垃圾堵塞。将料斗和溜槽的连接处设计成外凸形状也是考虑了以上问题。为防止堵塞，溜槽下部的截面相对于上部截面有所扩大。为解决突然发生的架桥现象（又称架桥、桥型堵塞，指粉末在通过料斗排出口时，粉末间形成拱形结构，堵塞排出口的现象），料斗内还设置了可靠性高并容易破解架桥的棒式架桥破解装置。运行时溜槽内存有 3m 左右高度的料层，起密封作用，以免空气渗进炉内。

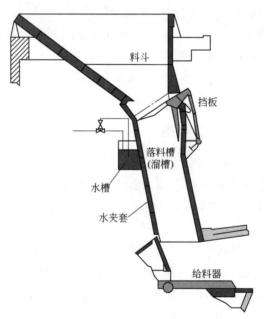

图 6-6　料斗与落料槽

给料系统应具有耐久、可靠、给料稳定、保持炉内密封等性能，可选用往复推动式给料装置。对于低热值垃圾的燃烧，稳定的垃圾给料是很重要的。往复推动式给料装置能够适应较大的垃圾特性变动范围，具有持续稳定并定量给料的优秀性能（图 6-7）。运行结束时给料平台上残留垃圾可以通过将推杆推到最大行程清理干净。给料机床面上装有滚筒，使得推杆能平滑移动。给料机由数块耐热铸件组装而成，可吸热膨胀。如垃圾的处理量较大，给料机在宽度方向上分成平行的两列，可以保证均匀进料。

6.3.2 焚烧炉本体

焚烧炉选用成熟可靠的机械炉排炉。以前我国的生活垃圾热值较低，目前正逐渐提

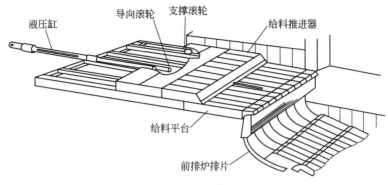

图 6-7　往复推动式给料装置示意图

高，当热值较高时可能会将垃圾渗滤液回喷入炉焚烧，因此预留渗滤液回喷口。某焚烧炉设计性能如表 6-1。

表 6-1　某焚烧炉设计性能

序号	设计内容		设计参数
1	处理能力	设计处理能力（按最大垃圾处理量 MCR 计）	12.5t/h
		最小处理能力（60% MCR）	7.5t/h
		最大处理能力（110% MCR）	13.75t/h
2	垃圾设计低位热值		1700kcal/kg（7118kJ/kg）
3	垃圾低位热值适应范围		1000～2200kcal/kg（4190～9210kJ/kg）
4	炉排型式		全连续燃烧式炉排
5	运行负荷范围（占 MCR 比例）		60%～110%
6	年运行时间		≥8000h
7	焚烧炉数量		2 台
8	全厂年处理能力		$21.9×10^4$t
9	炉渣热灼减率		≤3%
10	焚烧烟气温度		≥850℃（停留时间＞2s）

6.3.3　点火及助燃系统

点火燃烧器的作用是焚烧炉点火时炉内在无垃圾状态下，通过燃油或燃气使炉出口温度升高至额定运转温度（850℃以上），然后才能开始向炉内投入垃圾，以防止垃圾在炉内低温状态投入造成排烟污染物超标。同样，正常停炉过程中，在炉内垃圾未完全燃尽状态下也需要投入点火燃烧器来维持炉内温度在850℃以上。另外，急剧升温时炉材的温度分布也发生剧烈变化，因热及机械性能的变化而发生的剥落会使耐火材料的寿命缩短，故点火燃烧器和辅助燃烧器应进行阶段性的温度调整以防温度的急剧变化。

辅助燃烧器主要用于保持炉出口烟气温度在850℃以上，当垃圾的热值较低而无法达到850℃以上的燃烧温度时，根据焚烧炉内测温装置的反馈信息，自动投入运行，喷入辅助燃料确保焚烧烟气温度达到850℃以上并停留至少2s。

6.3.4　出渣机

出渣机示意图如图 6-8 所示，可采用船形出渣机或其他形式。由于采用水封结构具有完好的气密性，可保持炉膛负压，有效除去残留的污水，使得灰渣含水量仅为 15%～25%。因此，灰坑里的灰渣几乎没有渗漏的水分。出渣机推杆的所有滑动面都采用耐磨钢衬，寿命长。出渣机内水温将保持在 60℃以下。

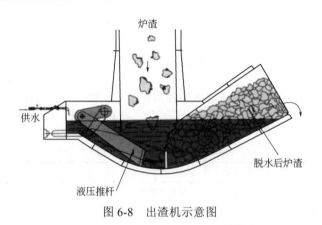

图 6-8　出渣机示意图

6.3.5　焚烧炉液压传动系统

垃圾给料斗的架桥破解装置、出渣装置、炉排等全部由液压油缸驱动。执行机构各自具有独立的控制阀、速度（流量）调节阀和油压控制回路。在充分考虑油压装置的紧凑性、可操作性、容易检修和安全检查的基础上，把电机、油压泵、各控制阀等的构成部件集中到了共同平台上。为防止液压油的泄漏，共同平台兼有泄漏液压油的临时贮存功能。把各控制阀集中在集合管柜上，力求通过减少管道的数量达到防止接管处油漏现象的目的。各个油缸的进油口集中在一处，并且在每个进油端口都设有压力监测口。

油缸的油动机、液压油的温度计和压力表的操作在同一个地方就可以全部完成。焚烧炉油压驱动装置中电气控制部件的电线集中在中央集束柜里，充分考虑了与外线接入工作的方便性。炉排液压站既可以就地控制，也可以在中央控制室通过集散控制系统（DCS）远程控制。

6.4　余热锅炉与汽轮发电系统

6.4.1　余热锅炉系统

卧式余热锅炉是有效回收高温烟气热能、获取一定经济效益的关键设备，是与焚烧炉配套设计的专用锅炉。余热锅炉是主要由汽包、水冷壁、炉墙及包括过热器、对流管束、省煤器等在内的多级对流受热面组成的自然循环锅炉。锅炉加药水用除盐水和药剂（磷酸三钠）配制，其装置为台架式，加药设定值通过加药泵控制。为保证蒸汽品质，锅炉设有连续排污和定期排污管。

锅炉为自然循环式锅炉，在燃烧室后部有三组垂直的膜式水冷壁组成的烟气通道及带有过热器、蒸发器和省煤器的第四水平通道。锅炉配有必要的平台可达所有的检查孔和观察口。为便于检查，锅炉设置必要的人孔及检修门。受热面管束的表面采用有效的清灰装置。锅炉自身通过钢结构固定，可以进行任何方向的膨胀。通过走廊或阶梯可以容易地到达所有人孔及检修门以便进入所有主要设备。

采用先进的炉排系统，即使燃烧低热值的垃圾，也可以实现高质量的燃烧效果。垃圾的可燃成分在炉膛的燃烧室内与二次风进行充分的混合，随后通道为气密性的膜式壁结构，其表面覆盖有防腐蚀、耐磨损的 SiC 耐火浇注，炉顶管道喷涂防磨耐腐蚀材料，一通道从炉膛出来的垃圾中残留的可燃成分可实现完全的燃烧。炉膛后面为三个垂直烟道，在这里热量主要通过辐射方式传送。这些通道四周由气密性的膜式壁构成，均为蒸发受热面。在锅炉的第四水平通道设置了蒸发器管束、过热器管束以及省煤器管束。过热器前布置的蒸发器可使烟气温度降至 650℃以下，减少了高温烟气对过热器的高温腐蚀。过热器以及省煤器的管束均采用有效的清灰装置进行清扫。

省煤器设计为连续回路的光管式结构，锅炉的给水以烟气的逆流方向流经省煤器，给水从省煤器集箱的出口经连接管流入锅炉汽包。省煤器的集箱均可进行疏水及排气。

锅炉蒸发系统的水来自下降管，炉水从下降管通过连接管道进入蒸发系统。蒸发系统包括炉膛的上部水冷壁、前三个垂直通道的水冷壁、凝渣管、蒸发器和水平通道的水冷壁，连接管将生成的汽水混合物从蒸发系统的出口导入汽包。整个蒸发系统（包括下降管、连接管及上升管）即使在低负荷和超负荷运行时也能保证水循环的安全。

汽水混合物在汽包内分离后，饱和蒸汽从汽包顶部导入饱和蒸汽出口集箱，随后流经连接管进入过热器，最终通过过热器进入主蒸汽管道。

锅炉装有各种监督、控制装置，如各种水位表、平衡容器、紧急放水管、加药管、连续排污管等。在锅筒和过热器出口集箱上各设有一台弹簧式安全阀。过热蒸汽各段测点上均设有热电偶插座。在锅炉最高点和最低点均设有放空阀和排污疏水阀。为监测给水、炉水、蒸汽品质，装设了给水、炉水、饱和蒸汽和过热蒸汽取样器。

锅炉配有必要的平台，使工人能够到达所有的检查孔和观察口。在所有平台当中，设在锅炉顶部的平台高度最高，以方便工人到达锅炉汽包。为便于检查，需要给锅炉配备必要的检查孔和通道门，检查部位有炉排、灰斗（分别位于第二垂直烟道、第三垂直烟道、水平烟道）和所有受热面。为防止受热管面积灰，使用蒸汽吹灰系统作为清灰装置。锅炉通过钢结构固定。在固定锅炉时，需要考虑其向各个方向膨胀的可能性。工人可经由楼梯、过道到达所有大型设备的检修孔和检查孔。锅炉汽包由一段圆柱筒焊接而成，带有人孔盖、连接液位仪的管座、连接饱和蒸汽与补给水的相关构件。此外，还需配备用于防止锅炉水进入过热器的内部构件，以及用于补给水在汽包全长均匀分布的相关设备。在焊接工作结束后，还需对汽包进行退化处理。为减少烟气腐蚀，第一回程锅炉管需要包裹耐火材料，以尽量避免其直接与火焰接触。常见余热锅炉的设计参数如表 6-2所示。

表 6-2　常见余热锅炉的设计参数表

序号	设计内容	设计参数
1	蒸汽温度	400℃
2	蒸汽压力	4.0MPa
3	额定蒸发量	29.95t/h（LHV=7118kJ/kg）
4	排烟温度	190～240℃
5	给水温度	130℃

6.4.2　汽轮机发电系统

为提高垃圾焚烧发电厂的经济性，防止对大气环境的热污染，对焚烧过程产生的热能进行回收利用。以垃圾处理总规模为 600t/d（其中一期 300t/d）计，入炉垃圾设计热值为 7118kJ/kg。垃圾经焚烧后，对垃圾焚烧余热通过能量转换的形式加以回收利用。垃圾焚烧产生的热量被工质吸收，未饱和水吸收烟气热量成为具有一定压力和温度的过热蒸汽，向热用户提供蒸汽。为使垃圾焚烧在获得良好社会效益的同时取得一定的经济效益，若工程周围无蒸汽的热用户，则利用垃圾焚烧锅炉产生的过热蒸汽驱动汽轮发电机组发电，将热能转换为电能。一期一台焚烧炉配套余热锅炉产生压力 4.0MPa、温度 400℃的总蒸汽量为 29.95t/h（1×29.95t/h）；二期总蒸汽量将达到 59.9t/h（2×29.95t/h）。

根据垃圾焚烧发电厂以处理垃圾为主的特点，汽轮发电机组采用"机随炉"的运行方式。为保证在汽轮机故障或检修期间垃圾焚烧炉的稳定运行，设置汽轮机旁路系统，用于汽轮机停机时将主蒸汽通过减温减压装置送入旁路凝汽器，凝结水送至除氧器，通过除氧器除氧加热后用给水泵送至余热锅炉，维持垃圾焚烧锅炉的正常运行。凝汽式机组的抽汽为非调整抽汽，抽汽压力随机组负荷的变化而变化。

在汽轮机负荷较低时，一、二级抽汽的压力不能满足空气预热器和除氧器的加热蒸汽压力的要求，需要设置空预器减温减压器和除氧器减温减压器，将主蒸汽减温减压至所需参数的蒸汽从而补充抽汽的不足。尤其在汽轮机检修而焚烧炉仍然运行时，要通过空预器减温减压器和除氧器减温减压器提供空气预热器和除氧器所需的部分蒸汽。

考虑到焚烧余热锅炉和汽轮发电机组的年工作小时数均为 8000h，为满足垃圾焚烧处理的不可间断的要求，两台焚烧余热锅炉应安排在以每个时段为 760h 的不同的两个时段内检修。当一台焚烧余热锅炉检修时，为尽量多处理垃圾，另一台焚烧余热锅炉应该在允许范围内多处理垃圾。

正常工况下采用两炉一机运行方式，余热锅炉产生的过剩蒸汽可走旁路凝汽器，同时减少垃圾的焚烧量。汽轮机设有三级抽汽。抽汽管道上设有液动逆止阀和关断阀。一级抽汽作为空气预热器一次预热蒸汽，凝结下的疏水返回除氧器。二级抽汽作为中压除氧器的加热蒸汽。除氧器加热蒸汽系统采用单母管制，到每台除氧器的加热蒸汽管上设有蒸汽电动调节阀，用于调节除氧器的工作压力。汽轮机的三级抽汽用于加热低压加热器。

锅炉房和发电机厂房内工业水系统由全厂工业水供水，设有 2 根工业水供水母管，在厂房内形成管网。工业水主要用来冷却少量设备，并且在夏季循环水温度过高时，掺入冷油器、射水器进水管和发电机空冷器的循环水用于降温。工业水排水系统采用有压排水，排水进入工业水回水母管。汽轮机厂房内有 2 台闭式换热器，2 台闭式冷却水泵。设备冷却水用除盐水，换热水来自循环水，主要用于冷却给水泵、所有风机、液压站、雾化器等重要设备。

6.5　烟气净化系统

6.5.1　烟气原始参数及排放标准

在垃圾焚烧过程中产生的烟气含有各种污染物，主要有粉尘、HCl、HF 及 SO_x 等酸性气体，重金属及其盐类等。此外，在烟气中还含有二噁英等有机物（表 6-3）。

表 6-3　余热锅炉出口污染物浓度变化范围和设计值

污染物名称	变化范围	设计值
粉尘/(mg/m³)	≤6000	6000
CO/(mg/m³)	≤50	50
HCl/(mg/m³)	800～1200	1200
SO_x/(mg/m³)	200～500	500
HF/(mg/m³)	5～20	20
NO_x/(mg/m³)	≤350	350
二噁英，以 TEQ 计/(ng/m³)	1～4	4
重金属类/(mg/m³)	20～65	65

注：1. 以干基、O_2 含量 11%计。

2. 均为标准状态下测定。

3. TEQ：毒性当量。

烟气净化工艺主要是对烟气中的酸性气体（如 HCl、HF、SO_x 等）、粉尘、重金属及二噁英等污染物根据烟气排放标准的要求进行控制。目前，烟气净化工艺一般分为两步，第一步是酸性气体的脱除，第二步是捕集粉尘。烟气中的重金属及有机物等污染物在上述两步工艺中也可同时被捕集，如辅以其他系统如活性炭喷射系统，则可以进一步对重金属及有机物进行去除。

余热锅炉出口的烟气温度为 190～240℃，烟气通过烟道进入半干式反应塔的上部，反应塔的上部设有石灰浆溶液喷射系统。喷射的石灰浆溶液与烟气中的酸性气体反应，同时石灰浆溶液中的水分通过蒸发降低烟气温度，将半干式反应塔出口处的烟气温度稳定在 155℃，烟气在反应塔的下部通过连接烟道进入袋式除尘器。在袋式除尘器与半干式反应塔的连接烟道中配置有碳酸氢钠喷射系统和活性炭喷射系统。碳酸氢钠喷射装置喷射出来的碳酸氢钠粉末与烟气中的酸性气体进一步发生中和反应，部分未反应的碳酸氢钠粉末附着在布袋上能更进一步中和烟气中的酸性气体。粉末活性炭经活性炭喷射装置喷射进入烟道，在烟道内与烟气充分混合，烟气中的重金属、二噁英等污染物被活性炭吸附随烟气进入袋式除尘器，被活性炭吸附的重金属、二噁英以及粉尘在袋式除尘器内被分离，经灰斗排出，通过输送设备进入灰仓。经袋式除尘器排出的烟气则为洁净烟气，通过引风机经 80m 高的烟囱排入大气。以下对烟气净化工艺的各个主要组成部分分别进行介绍。

6.5.2　二噁英排放控制

通过燃烧管理和袋式除尘器的配合使用，能够使烟气中的二噁英含量降到≤0.1ng/m³。袋式除尘器可以拦截固相二噁英，去除率可达 90%以上。在袋式除尘器入口部的烟道直接喷射粉末状活性炭，喷射出的活性炭吸附烟气中的汞蒸气及气相二噁英，粒状的汞和二噁英再通过袋式除尘器吸附去除。

6.5.3　NO$_x$排放控制

焚烧炉通过采用 ACC 进行燃烧管理就能够把 NO$_x$ 的排放浓度抑制在 400mg/m³ 以下，但为了确保 NO$_x$ 排放达标以及适应以后更高的排放标准，设置一套非催化还原（SNCR）脱氮系统（两炉共用）。工艺流程如图 6-9 所示。

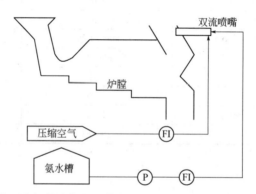

图 6-9　生活垃圾焚烧烟气非催化还原（SNCR）脱氮系统工艺流程

利用干燥垃圾时产生的氨、一氧化碳、烃类等热分解气体对 NO$_x$ 进行还原，不向炉内喷氨水时，烟气中 NO$_x$ 浓度低于 400mg/m³。通过把用于还原 NO$_x$ 的还原剂氨水喷入焚烧炉内 800~1000℃的高温部分，在高温气氛下氨具有优先还原 NO$_x$ 的作用，和 NO$_x$ 反应生成无害的氮气（N$_2$）。喷入氨水后最终排放的烟气中 NO$_x$ 浓度可降至 200mg/m³。

6.5.4　烟气在线监测系统

每条焚烧线设置一台引风机，引风机为克服烟气系统阻力，与鼓风机共同工作维持炉膛的要求压力（负压）。工程配备引风机数量为 2 台，并配有变频装置。在引风机出口合适的位置设有烟气在线监测的测点，在线监测①烟气流量、②烟气温度、③烟气压力、④烟气湿度、⑤烟气含氧量、⑥CO 浓度、⑦烟尘浓度、⑧HCl 浓度、⑨HF 浓度、⑩SO$_x$浓度、⑪NO$_x$浓度、⑫CO$_2$浓度。设立远程数据接口，接受环保监测部门 24h 的随机监测。监测系统实现自动控制，确保达标排放。

6.6　焚烧飞灰高压压块减容填埋

6.6.1　焚烧飞灰可压缩性论证

　　焚烧飞灰来自袋式除尘器，属于危险废物。飞灰粒径与其渗透性能、堆积密度、传输沉积性能息息相关。粒径过小，其渗透性能弱，传输处置过程易发生扬尘飘散等问题，污染环境；粒径过大但采用气力输送等措施时，又易产生沉积现象，增加能耗。图 6-10 展示了某基地生活垃圾焚烧飞灰粒径分布，可看出飞灰粒径主要在 2～200μm 之间，其中最大分布粒径主要在 20～40μm 之间，粒径统计结果如表 6-4 所示。

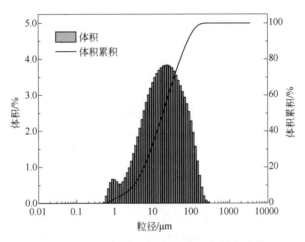

图 6-10　某基地生活垃圾焚烧飞灰粒径分布

表 6-4　某基地生活垃圾焚烧飞灰粒径统计　　　　　　　　　　单位：μm

样品名称	D_{10}	D_{50}	D_{90}	$D(4,3)$	$D(3,2)$
LG	3.57	20.5	91.1	35.5	8.12

　　根据表 6-4 中的粒径统计结果，飞灰的中位粒径 D_{50} 基本保持在 20～30μm，D_{90} 数据表明，绝大多数飞灰粒径小于 100μm。体积平均粒径 $D(4,3)$ 与表面积平均粒径 $D(3,2)$ 差值均较大，差值越大，则表明粒径分布越广，飞灰颗粒形状越不规则。不规则的形状、较低且分布较广的粒径，一方面表明飞灰具有较高的比表面积，采用化学稳定处置工艺时具有良好的传质稳定化效果，不规则的形状则提供了稳定药剂更多的结合位点；另一方面，也表明飞灰具有良好的颗粒级配性能，在压缩过程中，颗粒间能够相互填补空隙或在颗粒变形时发生"机械啮合"作用，形成联结力，从而具有机械强度，为焚烧飞灰高压压块提供了物质基础。

6.6.2　焚烧飞灰压块工艺参数论证

　　某基地稳定化飞灰的压坯密度-压制压强关系曲线如图 6-11 所示。在 0～200 MPa 压强范围，压坯密度上升迅速，减容效果明显，其百兆帕压强密度增加为 0.336g/cm³；当压强大于 200MPa 后，压坯密度增加显著放缓，200～800MPa 区间内，百兆帕压强密度增加仅为 0.110g/cm³，压制效率大大降低。堆积减容比及振实减容比与压坯密度呈现相同的变化关系。当压强为 200MPa 时，堆积减容比 $R_{V,B}$ 和振实减容比 $R_{V,T}$ 分别为 55%、43%；而当压强为 800MPa 时，堆积减容比和振实减容比分别为 68%、59%。压强从 200MPa 增加至 800MPa 所带来的减容效果增加并不十分明显。

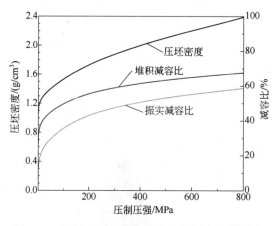

图 6-11　压制压强对稳定化飞灰压坯密度的影响

对于某基地生活垃圾焚烧飞灰稳定化物，其高效减容压制压强上限在 200MPa 附近。压制后的飞灰压块在常温下于室内（相对湿度>70%）放置 3d，其质量未出现明显增加，且几何形状完整，未出现崩裂等现象，说明稳定化飞灰压制后样品性质稳定，能够稳定贮存。结合实际应用和设备现状，从工程应用角度出发，焚烧飞灰高静压压制工程有效压强范围应在 0～200MPa 左右，可实现最大压制减容效率。

实际飞灰化学稳定化工艺中，焚烧原灰经与化学稳定药剂配水混炼后得到稳定化飞灰，稳定化飞灰含水率可根据出料要求进行调节。稳定化飞灰不同含水率压制过程中压制压强-位移变化曲线如图 6-12 所示。

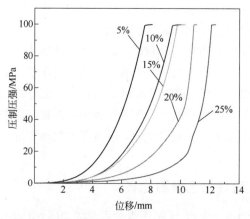

图 6-12　含水率对稳定化飞灰压制过程的影响

对于某基地生活垃圾焚烧飞灰稳定化物，在 100MPa 压制工况下，20%及 25%含水率时，压制曲线出现明显突变波动，当含水率超过 15%时，稳定化飞灰压制过程易出现塑性流变。20%含水率压制时，模具及压坯表面即显现水分溢出现象，而当含水率为 25%时，稳定化飞灰呈现黏结"团块"状，具有可塑性。因此，考虑压制过程顺畅及安全性，稳定化飞灰含水率应不超过 15%。

保压时间对不同含水率稳定化飞灰压坯密度增比的影响如图 6-13 所示。稳定化飞灰密度增比最大约为 5.5%。由于飞灰中水溶性组分较多，其颗粒性质与干灰相比结构应力显著下降，延长保压时间使密度增比持续变化，增加趋势放缓的速度较慢。对稳定化飞灰而言，其密度增比数值不大，且大多发生于前 20s 内。因此，可根据实际情况，在 0～20s 范围调节保压时间。相对于压制压强、含水率这些对压制过程有显著影响的因素，保压时间对最终飞灰压制过程及成型减容的贡献率不大，基本可以忽略，保压时间过久反而会降低工艺生产效率。鉴于以上原因，实际应用过程中，兼顾生产效率和压坯质量的前提下，保压时间可在 0～20s 内进行调节，并遵循就低原则。

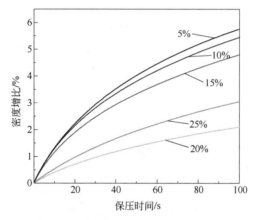

图 6-13　不同含水率条件下稳定化飞灰压坯密度增比随保压时间变化关系

6.6.3　焚烧飞灰压块强度论证

对于飞灰高压压块成型工艺，散装飞灰成型以及成型后坯体具有一定机械强度是焚烧飞灰成型工艺的两个最基本要求。由于成型后飞灰固化块体在处置作业过程中可能会经历跌落、撞击、夹取、转运、堆垛、碾压等机械过程，因此，飞灰固化块体需满足一定的结构强度要求，以足够应对以上情况，同时保证块体完整性。

稳定化飞灰由于要进入填埋场填埋，所需经历的作业流程比焚烧原灰复杂。从结构完整、破坏率等要求出发，对其压坯强度的要求应比焚烧原灰要高，相关强度要求应近似比对免烧砖、砖块等标准，以满足机械转运要求。

压制压强对稳定化飞灰固化体抗压强度的影响如图 6-14 所示。某基地生活垃圾焚烧稳定化飞灰固化体抗压强度随压制压强上升而增大。50MPa 压制压强时，抗压强度为 26.8MPa。比照国标《蒸压灰砂砖》（GB 11945—1999）中对抗压强度的规定，压坯强度基本满足 MU10 级别实心砖的强度要求，说明稳定化飞灰压坯抗压强度能够经受常规跌落、撞击、夹取、转运、堆垛、碾压等机械过程。

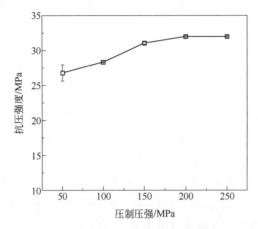

图 6-14　压制压强对稳定化飞灰固化体抗压强度的影响

压强对稳定化飞灰固化体抗弯强度的影响如图 6-15 所示。压坯抗弯强度随压制压强增大而上升。由于飞灰中含有水分、氧化钙、氢氧化钙等成分，延长养护时间将有利于 $CaO \rightarrow Ca(OH)_2 \rightarrow CaCO_3$ 的碳化形态转变，从而发展压坯机械强度。当养护时间延长，压坯抗弯强度有明显提升。某基地稳定化飞灰钙含量高，因此其碳化反应持续时间久，抗弯强度存在持续上升的趋势。

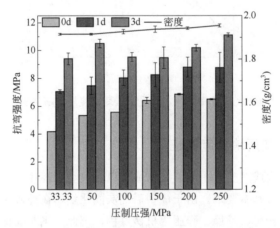

图 6-15　压强对稳定化飞灰固化体抗弯强度的影响

稳定化飞灰经过养护后，压制压强对其抗弯强度的影响降低，养护 3d，其抗弯强度呈现不规则变化，且趋同，说明固化体成型后的早期结构强度主要来源于压制压强所造成的颗粒变形机械啮合，其后期强度发展则主要依靠固化体内组分的化学变化，及钙碱化合物自身的碳化反应或与其他组分的碱激发反应。此时，坯体强度发展主要取决于碳化反应中 CO_2 向坯体内部的扩散速度，进而主要由固化体尚存的孔道间隙决定。由于低压制压强压缩密实效应较弱，其孔隙率高，因此在养护后期，低压制压强碳化速率快，强度发展会超过高压制压强坯样。

　　总体来看,某基地稳定化焚烧飞灰固化体抗弯强度最低为 4.18MPa,参考国标《蒸压灰砂砖》(GB 11945—1999)中对抗弯强度的规定,其最低可达到 MU15 级别灰砂砖强度。

　　含水率对某基地稳定化飞灰固化体抗弯强度的影响如图 6-16 所示。固化体抗弯强度随含水率上升先增大后减小。当含水率不超过 10%时,稳定化飞灰压坯强度及密度随含水率上升迅速增大。当含水率超过 15%时,压坯强度与密度迅速下降。含水率过高时,固化体有明显的水分溢出,且固化体发生塑性流变,压制作用达到极限。

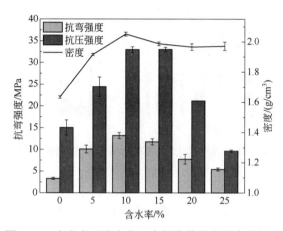

图 6-16　含水率对稳定化飞灰固化体抗弯强度的影响

　　由于稳定化飞灰仍含有氧化钙成分,适当的水分可以与其反应形成氢氧化钙,使得固化体强度进一步加强。而当水分含量过多时,固化体自由水含量变多,组分溶于自由水,颗粒间作用力减弱,固化体结构强度下降。从固化体强度来看,对于某基地稳定化飞灰,其可压制含水率最佳范围在 5%～15%。

6.6.4　焚烧飞灰固化体填埋论证

　　卸料转运系统负责将脱模后的飞灰压块从模具上卸下,并转运至厂房内飞灰临时堆存区,待运输至填埋场填埋处置。从自动化控制角度出发,设计以下 3 种方案进行比选。

　　(1)滑槽卸料+叉车转运

　　如图 6-17 所示,脱模系统同时附带推料油缸,当飞灰压块脱模后,推料油缸工作,将

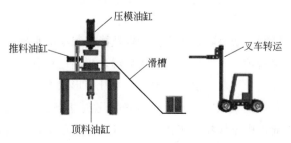

图 6-17　滑槽卸料+叉车转运厂内卸料转运方案

飞灰压块推入右侧滑槽，飞灰压块利用自身重力滑落至卸料平台，卸料平台做软化处理，避免压块滑落至底时磕碰破损。配合夹式叉车，将飞灰压块转运至临时堆存区，以待运输至填埋场处置。

（2）卸料码块机+叉车转运

如图 6-18 所示，于脱模系统后安装一套自动卸料码块机，卸料码块机利用机械抱夹将脱模后的飞灰压块从模具上夹取，并规整码放，组成 $1m^3$ 飞灰固化体组合体后，由夹式叉车转运至飞灰临时堆存区堆垛存放，以待运输至填埋场处置。

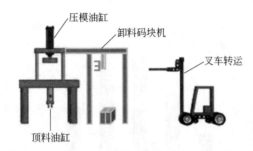

图 6-18　卸料码块机+叉车转运厂内卸料转运方案

（3）行车夹卸料转运

如图 6-19 所示，于脱膜系统正上方设置小型行车，配备行车夹。飞灰压块脱模后，利用行车夹夹取压块，直接转运至压块临时堆存区。同时，行车夹可兼用作装载设备，将压块装载于自卸式运输车，转运至填埋场处置。

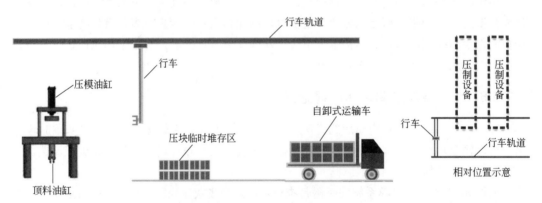

图 6-19　行车夹卸料转运方案

焚烧飞灰压块填埋在飞灰减容、扬尘抑制以及稳定渗滤液水质方面具有积极作用，能够有效提高填埋场库容利用率，改善填埋作业环境，提高运行管理水平。

相较于传统粉状飞灰，飞灰压块在物理性质及几何形状方面存在明显不同，其具有形状规则、结构密实、单体质量大等特点，传统粉状飞灰自卸-推铺-压实填埋作业流程不再适用于块状飞灰。因此，根据块状飞灰特点及填埋场建设现状，应对块状飞灰填埋作业流程及方式进行重新设计。

焚烧飞灰固化体填埋作业流程如图 6-20 所示。由于飞灰压块为规则六面体，不具备传统散装自卸作业条件，易造成飞灰压块破碎，需配备专门装卸机械。需于填埋单元外设置平整的卸料平台，平台配备小型自行式吊装机械，负责飞灰运输车的压块卸料作业。卸载后压块规范堆置，待短驳车辆或传送装置短驳至填埋作业面。填埋作业面飞灰压块由夹式叉车进行规范堆垛填埋处置，填埋作业按照每层 2m 分层填埋，每日填埋作业结束后进行日临时覆盖。为避免块状飞灰堆垛填埋过程中对软底填埋场防渗层（高密度聚乙烯膜）产生不均匀应力，块状飞灰填埋前，可先填埋 2m 厚粉状飞灰作为垫层，分散应力作用。

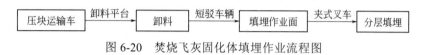

图 6-20　焚烧飞灰固化体填埋作业流程图

6.6.5　焚烧飞灰高压压块减容填埋工艺流程

焚烧飞灰高压压块减容填埋处理工艺流程如图 6-21 所示。主要包括以下几个系统：飞灰原灰存贮系统、混料搅拌系统（化学稳定化）、输送系统、高压压块系统、转运填埋系统。飞灰贮罐中的飞灰进入混料搅拌系统，与螯合剂按照一定比例混合，充分搅拌均匀螯合后，通过输送系统经由自动给料机定量注入高压压块系统模具内，在压力作用下飞灰被压制成型，由传送系统送至转运平台，再由专用运输车辆运至填埋场填埋。

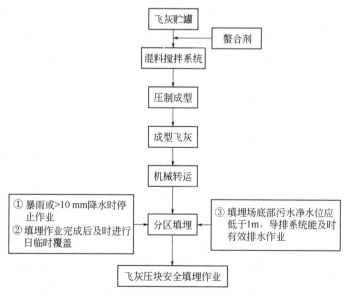

图 6-21　焚烧飞灰高压压块减容填埋处理工艺流程

相较于传统化学稳定化填埋工艺，此工艺的不同主要体现在高压压块系统和转运填埋系统。高压压块系统选用特制的液压压缩设备，将稳定化飞灰压缩成固化体。转运及填埋自动化、机械化操作，减少人工的使用，降低人员的环境暴露风险。

6.7　焚烧飞灰熔融技术

6.7.1　焚烧飞灰熔融效果指标分析

针对流化床飞灰及炉排炉飞灰进行熔融，根据熔融效果对不同工况下飞灰熔融过程进行工艺指标分析，如表 6-5 所示。

表 6-5　焚烧飞灰熔融工艺指标分析

灰样	工况	熔融效果				
		熔融性	玻璃化程度	熔渣性质	减量/减容效果	重金属安全性
流化床飞灰	原灰1#，1100~1500℃	熔融流动温度约1200℃	1300℃稳定形成玻璃体，玻璃相含量超过90%	黑色玻璃体，质硬	14%/64%	低于限值的10%，弱酸浸出风险
	原灰2#，1100~1500℃	熔融流动温度1200℃	1400℃稳定形成玻璃体，玻璃相含量超过90%	黑褐色玻璃体，质硬	17%/75%	低于限值的10%，弱酸浸出风险
炉排炉飞灰	10%~50%石英添加	↘↗，添加量30%~35%，碱度为0.98~1.13时流动温度最低，约1340℃	↗，添加量>30%稳定形成玻璃体，玻璃相含量超过90%	草绿色透明玻璃体，质脆	38%/85%	低于限值的10%
	15%~75%玻璃粉添加	↘↗，添加量45%~55%，碱度为1.15~1.34时流动温度最低，约1310℃	↗，添加量>55%稳定形成玻璃体，玻璃相含量超过90%	深绿色透明玻璃体，质脆	35%/85%	低于限值的10%，弱酸浸出风险
	5%~30%Al$_2$O$_3$添加	↘↗，添加量15%~20%，流动温度最低，约1310℃	↗↘，稳定形成玻璃体，添加量10%~20%时，玻璃相含量最高	茶色透明玻璃体，添加量↗，则质硬↗	35%/84%	低于限值的10%
	1100~1500℃，35%石英	1340℃	↗—，1400℃，稳定形成玻璃体，玻璃相含量超过95%	草绿色透明玻璃体，质脆	37%/85%	低于限值的10%，弱酸浸出风险
	1100~1500℃，55%玻璃粉	1310℃	↗—，1400℃，稳定形成玻璃体，玻璃相含量超过90%	深绿色透明玻璃体，质脆	36%/84%	低于限值的10%，弱酸浸出风险
	1100~1500℃，w(CaO)：w(SiO$_2$)：w(Al$_2$O$_3$)=45：40：15	1310℃	↗—，1400℃，稳定形成玻璃体，玻璃相含量超过90%	茶色透明玻璃体	35%/85%	低于限值的10%
	球磨混料，35%石英	1340℃	熔渣完全玻璃化，玻璃相>99%	墨绿色透明玻璃体	38%/85%	低于限值的10%
	球磨混料，55%玻璃粉	1310℃	熔渣形成玻璃体，玻璃相约78%	深绿色半透明玻璃体	36%/85%	低于限值的10%，弱酸浸出风险
	球磨混料，w(CaO)：w(SiO$_2$)：w(Al$_2$O$_3$)=45：40：15	1310℃	完全玻璃体，玻璃相>95%	草绿色透明玻璃体	39%/85%	低于限值的10%
	压坯混料，35%石英	1340℃	完全玻璃体，玻璃相>99%	草绿色半透明玻璃体，质脆	38%/84%	低于限值的10%
	压坯混料，55%玻璃粉	1310℃	熔渣形成玻璃体，玻璃相约67%	深绿色玻璃体，质硬	37%/86%	低于限值的10%，弱酸浸出风险
	压坯混料，w(CaO)：w(SiO$_2$)：w(Al$_2$O$_3$)=45：40：15	1310℃	完全玻璃体，玻璃相>95%	绿色透明玻璃体，质硬	37%/84%	低于限值的10%，弱酸浸出风险
	Cl含量变化（石英调整碱度至1）	1330℃	↘，氯的挥发不畅导致玻璃化程度下降			低于限值的10%，弱酸浸出风险
	焚烧飞灰与炉渣共熔融 w(FA)：w(BA)=(0~100)：20	↗，质量比0~1，流动温度最低，<1300℃	↘，(0~3)：20形成玻璃体	棕褐色玻璃体，质硬	28%/83%	低于限值的10%，弱酸浸出风险

注：↗代表上升趋势，↘代表下降趋势，—代表稳定趋势。

流化床飞灰，其化学组成中硅铝钙比例适宜，碱度接近1，可直接熔融处置，可应用熔融温度在1400℃，形成的熔渣玻璃体结构完好，主要为质硬的黑色玻璃体。由于流化床飞灰氯盐及钙盐等易分解组分少，其熔融减量率较低，约在14%～17%，其灰样减容效果显著，约64%～75%，熔渣重金属浸出低于国标限值的10%，但仍存在弱酸浸出风险，不适宜进入卫生填埋场处置。

炉排炉飞灰，其化学组成中硅钙比例失调，碱度过高，原灰直接熔融无法形成玻璃体，需辅助添加硅源调节碱度后方可熔融，常见的廉价易得硅源主要有石英砂、废玻璃等。对于石英添加，混合物料碱度调整至0.98～1.13时，熔融流动温度最低，在1400℃实际熔融作业中能够获得完整的玻璃体熔渣，混合物料减量37%～38%，减容约85%，熔渣为草绿色玻璃体，热应力较差，质地较脆。熔渣重金属浸出稳定低于国标限值的10%，浸出风险低，可用作一般硅酸材料。对于玻璃添加，混合物料碱度调节至1.15～1.34，熔融流动温度最低，1400℃作为实际熔融温度，能够稳定获得深绿色透明玻璃体，熔融减量约35%～36%，减容约84%～85%，溶渣重金属浸出低于国标限值的10%，但在弱酸性条件下仍存在一定的浸出风险，适宜应用于碱性场景。

单纯调整硅钙比例，使得网络结构中[Si—O]结构不饱和，热应力较差，冷却过程易碎裂，玻璃体的机械性能稍差，适量氧化铝的加入可以改善此类现象。氧化铝的添加同时使得熔融流动温度降低，改善熔体流动性，1400℃下，约10%～15%的氧化铝添加能够获得完整的茶色透明玻璃体，玻璃体冷却碎裂现象明显改善，减量35%，减容84%～85%，重金属浸出风险低，远低于国标限值的10%，可应用于常规硅酸盐材料。

氯盐的挥发不畅将导致飞灰熔融熔渣发生定向结晶析出，降低熔渣玻璃化程度。氯盐挥发的影响主要体现在对运行设备的腐蚀及后端烟气处置系统的冲击，烟气通畅的前提下，不影响焚烧飞灰的熔融稳定化效果。

炉排炉飞灰炉渣具有较好的熔融特性，焚烧飞灰虽可通过适量掺入的形式与炉渣一起进行熔融稳定化处置，在1300～1400℃实际熔融温度下，即可获得稳定的棕褐色玻璃体熔渣，但炉渣本身环境危害性低，属于一般固体废物，可直接处置应用，炉渣共熔融不符合国内飞灰处置需求的现状，导致熔融稳定化处置的有效能耗低、成本高、经济性差。

飞灰的粉体特性导致其作业环境较差，实际入熔融炉存在易弥散至烟气系统等问题。混合粉料经压制预处理，可有效改善该问题，混合粉料化学组成适宜的前提下，压制对熔融效果影响不显著，均可在1400℃稳定获得玻璃体熔渣，减量37%～38%，减容84%～86%，重金属浸出风险低，远低于国标限值。因此，流化床飞灰、炉排炉飞灰熔融的最适熔融碱度在1左右，其中混合物料氧化铝组成可在10%～15%，应用熔融温度为1400℃，均可稳定获得完整玻璃体熔渣，熔渣重金属浸出远低于国标限值，环境风险低，适用于一般硅酸盐类材料应用。

6.7.2 焚烧飞灰熔融工艺应用

焚烧飞灰熔融工艺着重关注物料调整、熔融温度、设备腐蚀等问题。根据研究结果，飞灰熔融可通过添加硅源调整化学组分达到降低熔融温度和形成玻璃体的目的。但熔融温度降低有限，高含氯飞灰氯盐挥发严重，二次飞灰产率较高，对设备腐蚀性大，不利于运行维护。同时，低沸点重金属的强烈挥发，亦导致焚烧飞灰重金属污染的富集，二次飞灰的环境危害性增强。因此，需从入炉物料性质出发，减少低沸点重金属挥发，降低设备运行损耗。

对于物料组分调整和熔融温度，应避免多种熔融助剂的添加，降低工艺复杂性，在优先调整硅钙比例的前提下，选取既能保证满足熔渣玻璃体组成需求，又能进一步降低熔融温度的助熔剂，如玻璃工业常用硼化合物、氟化合物等。熔融温度应根据灰锥法测定及实际熔融熔渣玻璃化程度确定，在能够稳定获得重金属浸出安全的玻璃体和有效排渣的前提下，尽可能降低熔融温度，减少能耗。

对于设备腐蚀，应降低入炉物料中氯盐比例，减少熔融过程含氯烟气量。常见脱氯手段主要为水洗预处理脱氯，水洗后，飞灰中绝大多数可溶性氯盐溶于洗涤水中，脱氯效果良好。但该工艺也带来其他问题，飞灰中的可溶性重金属、氢氧化钙溶于洗涤水中，从而形成高盐高碱重金属废水，难以处理。水洗后的飞灰需附加压滤设备进行脱水处理，灰样中原氧化钙组分转变为氢氧化钙，在熔融过程中，需另外补充水的潜热以及氢氧化钙的分解热，降低了熔融炉的有效能耗。但水洗预处理后，飞灰碱度有所降低，入炉飞灰量减少，二次飞灰产率降低，熔融系统负荷降低。

从焚烧飞灰产生现状及工艺可靠性考虑，水洗预处理仍是较为可靠且经济的脱氯手段，同时辅以压制预处理，避免飞灰入炉熔融所带来的氯盐挥发高、二次飞灰多、入炉弥散等问题。根据焚烧飞灰厂内稳定化处置的需求，相应的全流程工艺可如图 6-22 设计。

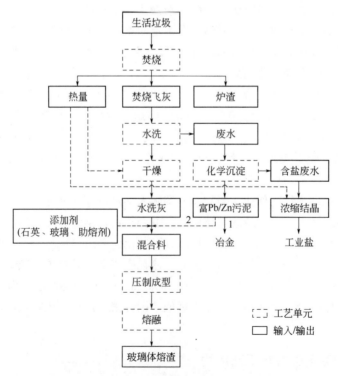

图 6-22　焚烧厂飞灰熔融处置全流程工艺设计

1—高丰度；2—低丰度

焚烧飞灰水洗后，利用压滤设备进行脱水处理，利用垃圾焚烧厂的余热烟气对脱水水洗灰进行干燥处理。利用石英等硅源与助熔剂调整飞灰化学组成，混料后进行压制预处理，成型后入熔融炉处置形成玻璃体。水洗中产生的废水利用化学沉淀法去除重金属，得到的富 Pb/Zn 污泥，丰度高可作为冶金原料，丰度低则干燥后与水洗灰混合，入熔融炉稳定化处置。形成的含盐废水则通过浓缩结晶，用于生产工业盐或化肥等。

6.8　飞灰固化稳定化预处理工艺

6.8.1　总体工艺描述

通过飞灰贮仓下的圆盘给料机定量向混合螺旋输送机供应飞灰，与此同时水泥贮仓下的圆盘给料机向混合螺旋输送机定量提供水泥。水泥贮仓的圆盘给料机具有延时启动调节功能，以便调整飞灰和水泥定量同时混合。

飞灰与水泥的混合物料由混合螺旋输送机初步混合后输送至混炼机进料口，混炼机进料口配置物料探测器，当物料到达混炼机时，混炼机启动，对物料进行搅拌混合。当混合物料输送至混炼机后螯合剂混合溶液以 1.5MPa 的压力喷入混炼机。

混炼机内设置水分自动调整装置，通过实时监测物料特性调整螯合剂和水的添加量。飞灰、螯合剂、水泥在混炼机内混合，飞灰中的重金属类与螯合剂发生络合反应，生成不溶于水的物质从而被稳定化。经过混炼机混炼后的物料掉落在养护输送机上，稳定化的物料在养护输送机上养护 30min 后，水泥完成初凝过程，之后落入养护输送机下的运输车辆。运输车辆将飞灰运至厂内出料存贮间内相应的堆放区堆放养护，并取 10 组测试样品进行化验分析，经过 3d 的堆放化验分析并得出 10 组样品全部合格的结果后，由运输车辆将飞灰运输至填埋场填埋；如果 10 组样品中任意一组样品浸出毒性监测不合格，则全天处理的物料运回混炼机重新处理。飞灰固化稳定化处理系统流程见图 6-23。

飞灰贮仓与水泥贮仓上设置清扫孔，并在清扫孔上设置观察孔，观察孔有机玻璃需要耐高温 150℃。飞灰贮仓的保温层表面温度不得高于 50℃。

处理系统的飞灰、水泥输送管道上设置观察窗，用于观察是否有物料通过，观察窗有机玻璃需要耐高温 150℃以上，并且须将观察窗设置为活动式以方便开启清扫，输送管道材料为 Q235-A。

系统内所有输送螯合剂及螯合剂混合液的接管、阀门、仪表等均采用 PE 或等效耐碱腐蚀材料。

系统中与飞灰接触的材料经过特殊处理。易磨易损件应方便更换。

任何设备的噪声值(离噪声源 1m 处)：≤85dB(A)。

控制系统电缆应符合国家相关标准规范中的抗干扰和防腐蚀等要求。

电气设备应符合国家相关的标准法规要求，防护等级不低于 IP54。

所有电机应能负载启动。

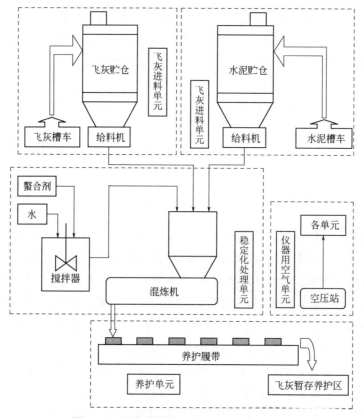

图 6-23　飞灰固化稳定化处理系统流程图

6.8.2　飞灰给料系统

该系统主要由飞灰贮仓、仓顶除尘器、出料装置、电伴热和其他配件组成。

整个仓体采用圆形设计，采用整张钢板材焊接而成，仓体圆锥部分角度为60°，大于飞灰安息角50°；仓体采用CO₂保护焊进行焊接，保证焊缝的质量。飞灰贮仓的支架采用型钢焊接而成，并在焊接后消除焊接应力。支架结构合理，方便现场工作。设置独立的楼梯及平台，楼梯及平台把手不低于1100mm高。具体设计按《立式圆筒形钢制和铝制料仓设计规范》（SH 3078—96）参照执行。

为保证系统运行稳定，飞灰贮罐的贮存量设定为50t/台（即每条处理线2d的处理量）。同时为防止飞灰吸潮结块，在飞灰贮仓上设置电伴热系统，电伴热系统设计升温温差ΔT=100℃。为防止飞灰架桥，设计两套简单实用的架桥破解装置，一套为通常使用的压缩空气架桥破解，另外一套采用人工振打方式破解飞灰仓架桥。飞灰吸潮后在飞灰仓中间结块，并且结块的硬度不大时，压缩空气可以破解架桥，但是当结块出现在筒壁或结块的硬度较大时，就需要人工振打的方式进行破解。人工振打方式具体如图 6-24 所示。

飞灰进料过程如下：垃圾焚烧厂通过槽罐车送入的飞灰经压缩空气吹入飞灰贮仓贮存，飞灰仓顶部设置容量为 18m² 的袋式除尘器，飞灰送入灰仓，通过仓顶除尘器使料气分离后，气体经过袋式除尘器后排入大气。进入飞灰贮仓的飞灰设计温度为20℃，由电伴热系

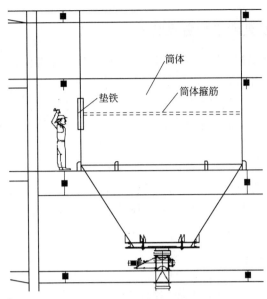

图 6-24　人工振打方式

统对其加热以维持仓内飞灰 100℃以上温度，防止飞灰结块。飞灰贮仓顶部平台为钢板铺设而非格栅铺设，在飞灰仓顶部检修时，意外散落的飞灰可以通过清扫后再送入飞灰仓，以防止飞灰扩散至空气中。飞灰出料时通过圆盘给料机进行计量给料，圆盘给料机可以有效防止螺旋给料机的卡壳现象，给料器采用变频调速的方式调整给料速度。飞灰贮仓设置 1 套超声波料位探测仪用于实时探测料位，料位信号通过全厂自动控制系统传输至控制室的模拟屏上。

6.8.3　水泥给料系统

该系统主要由水泥贮仓、仓顶除尘器、出料装置、混合输送机、检修用电动葫芦和其他配件组成。同飞灰贮仓一样，整个仓体采用圆形设计，采用整张钢板材焊接而成，仓体圆锥部分角度为 60°；仓体采用 CO_2 保护焊进行焊接。灰仓的支架采用型钢焊接。

为设备维护和维修方便，在水泥贮仓与飞灰贮仓各层使用平台连接，方便检修人员过往，平台扶梯不低于 1100mm 高。飞灰贮仓与水泥贮仓上面由自身钢平台支撑一个共用的检修用电动葫芦，方便贮仓检修。具体设计按《立式圆筒形钢制和铝制料仓设计规范》（SH 3078—96）参照执行。

水泥贮仓防架桥处理措施与飞灰储仓相同，设置压缩空气与人工振打装置。

进料过程如下：外购散装水泥由槽罐车运入厂内后通过压缩空气吹入水泥贮仓贮存，灰仓顶部设置容量为 $9m^2$ 的袋式除尘器，压缩空气将散装水泥送入水泥贮仓后通过仓顶除尘器使料气分离，气体经过袋式除尘器后排入大气。

与飞灰贮仓相同，水泥贮仓顶部平台为钢板铺设而非格栅铺设。出料同样使用圆盘给料机进行计量给料，圆盘给料机采用变频调速的方式调整给料速度。与飞灰贮仓相同，每台水泥贮仓设置 1 套超声波料位探测仪，实时探测料位，并将料位信号传输至控制室的模拟屏上。

6.8.4　工艺水及螯合剂配置系统

该系统主要由螯合剂贮存槽、工艺用水贮存槽、混合搅拌槽、螯合剂计量泵、工艺水计量泵、混合溶液输送计量泵、管道、阀门仪表等组成。

设一套工艺水与螯合剂配置系统，螯合剂与工艺水通过螯合剂计量泵和工艺水计量泵按比例送入混合搅拌槽中，混合液体在混合搅拌槽中通过搅拌器搅拌均匀，后经混合计量泵以 1.5MPa 的压力送入飞灰混炼机中与飞灰和水泥的混合物反应。

操作过程如下：将螯合剂放入螯合剂贮存槽中，加水稀释至 50% 的浓度。通过螯合剂计量泵将螯合剂送入混合搅拌槽中，同时工艺水通过工艺水计量泵按 1∶15 体积比送入混合搅拌槽，两种液体在混合搅拌槽中通过搅拌器搅拌均匀后由混合溶液输送计量泵以 1.5MPa 的压力喷入飞灰混炼机。

6.8.5　飞灰混炼机

飞灰混炼机工作原理：飞灰与水泥的混合物从进料口进入，在进料口设置物料探测器，物料进入混炼机搅拌部位，搅拌部位内部的双主轴上布置推进螺旋，通过推进螺旋将飞灰与水泥的混合物推入同轴的混炼棒部分，进行物料混合。在推进过程中利用物料之间的空间并通过混炼棒将物料进行充分混合。

混炼棒沿主轴方向成螺旋布置，沿主轴每 360° 布置 8 根混炼棒，从而双轴在断面上形成由 16 根混炼棒组成的搅拌组合。通过齿轮箱的机械传动，双主轴成不等速转动，更好地对物料进行搅拌，并有效防止混炼机卡涩。

在混炼机的搅拌部位设置独有的水分自动调整装置的探测器，实时探测物料的含水率，从而控制螯合剂与水的添加量，促进物料与螯合剂的均匀混合，并且有效防止污水的产生。

同时混炼机设置过载保护装置。推进叶片与主轴为螺栓连接，混炼棒和推进螺旋与主轴为螺栓连接。这种连接方式既保证推进与搅拌的牢固性，又方便了设备维修和易损件的更换。每台混炼机对推进螺旋和混炼棒的更换可以在 8h 内完成。

混炼机的推进螺旋与混炼棒组采用 1Cr15 硬质合金耐磨材料，硬质合金布氏硬度应达 HB400 以上。壳体采用整板模压成型，材料应为碳钢 Q235-A，厚度≥6mm，采用耐热密封垫、密封胶进行密封。混炼机壳体内衬 1Cr15 硬质合金材料，厚度不小于 6mm，内衬和外壳体螺栓固定，可以拆卸更换。双主轴的计算弯曲变形≤1/1000L（L 为螺旋输送机壳体的长度）并应考虑工作温度影响。螺旋与壳体间的最小间隙不小于 5mm。

推进螺旋和混炼棒布置在搅拌机构中，通过混炼棒组的搅拌功能使混合物充分均匀混合，粉尘中的重金属可以被彻底固化，没有扬尘，不发生泄漏。

6.8.6　养护输送系统

经混炼机混合搅拌后生成稳定化的飞灰，经出料口落在养护输送机上。飞灰稳定化物在养护输送机上养护 30min 以上，水泥完成初凝过程，再由养护输送机送至皮带下的运输车辆，然后由车辆运至飞灰暂存间进行养护。

胶带输送机按严重冲击和骤变荷载设计，设计考虑到可能遇到的不同尺寸的固化物掉落，从而不至于造成运行困难或运行中止，同时考虑清除大块飞灰固化物的措施。输送机最大输送能力按照设计输送能力的 5 倍考虑，保证输送机在系统最大处理能力时设备各部件不致损坏。

胶带输送机运行时最大跑偏量不超过带宽的 5%，并设置了胶带跑偏调整装置。该系统设计时充分考虑落料时的冲击力及由此对胶带跑偏的影响。

胶带输送机卸料滚筒处装设端部清扫器，在尾部滚筒前和拉紧装置第一个改向滚筒前均应装设非承载面清扫器，清扫胶板应耐磨不脆裂，保证使用中安全可靠。

胶带使用寿命不小于 30000h，其他易磨损部件的使用寿命不小于 30000h，轴承的寿命不小于 80000h，托辊在正常工作条件下的使用寿命不低于 50000h。

托辊内部配以多元迷宫式密封，以防止粉尘、脏物和水侵入。胶带输送机各种支架、驱动架、头架、尾架均选择合理材料制造，保证有足够的刚度和强度，焊缝应牢固、美观、均匀，设备表面光滑、无毛刺。

所有胶带输送机的上部装有密封罩，保证系统在密封状态下运行，为防物料卡塞，密封罩顶面距胶带表面不小于 500mm，密封罩一侧采用铰链固定，可以方便地打开，密封罩两边立面设置有机玻璃观察窗，观察窗设置间距不超过 1.5m。

6.8.7　压缩空气系统

由于该飞灰固化稳定化系统部分仪表阀门等需要压缩空气，并且考虑到输送飞灰和水泥的车辆未配备气力输送系统时，需要使用厂内配置的气力输送系统，拟配置两台活塞式空气压缩机，采用一用一备设计。

6.8.8　污染治理系统

设置用于收集冲洗水和冒漏液的事故池。事故池中的废水通过污水泵送至工艺用水中处理。

采用全密闭处理，处理过程中不产生扬尘。在飞灰贮仓与水泥贮仓中分别设置了过滤面积为 $18m^2$ 和 $9m^2$ 的袋式除尘器，除尘效率均可以达到 99%，并在袋式除尘器上设置机械振打装置，防止布袋前后压差过大导致的布袋破裂。

6.9　飞灰填埋场分类

6.9.1　柔性填埋场

柔性填埋场是指采用双人工复合衬层作为防渗层的填埋处置设施。双人工复合衬层是由两层人工合成材料衬层与黏土衬层组成的防渗衬层。

（1）柔性填埋场的设计

① 场区的区域稳定性和岩土体稳定性良好，渗透性低，没有泉水出露；

② 填埋场防渗结构底部应与地下水有记录以来的最高水位保持 3m 以上的距离；

③ 填埋场选址不应选在高压缩性淤泥、泥炭及软土区域。

（2）柔性填埋场填埋原则

柔性填埋场应根据分区填埋的原则进行日常填埋操作，填埋工作面应尽可能小，方便及时得到覆盖，填埋堆体的边坡坡度应符合堆体稳定性验算的要求。

柔性填埋场的填埋方式选择模袋填埋技术。

模袋填埋技术优势：①填埋库容利用率增加 30%～80%；②安全风险低，堆体稳定性好；③环境友好，湿法作业且工艺环节全封闭，无扬尘，无渗滤液产生；④达标填埋，满足《生活垃圾填埋场控制标准》（GB 16889—2008）要求；⑤模袋材质强度为吨袋的两倍以上；⑥无须吊装；⑦模袋体固结后强度高，堆体稳定性好；⑧无扬尘。

6.9.2　刚性填埋场

刚性填埋场是指采用钢筋混凝土作为防渗阻隔结构的填埋处置设施。

（1）刚性填埋场的设计

① 刚性填埋场钢筋混凝土的设计应符合《混凝土结构设计规范》（GB 50010）的相关规定，防水等级应符合《地下室工程防水技术规范》（GB 50108）一级防水标准；

② 钢筋混凝土与废物的接触面上应覆有防渗、防腐材料；

③ 钢筋混凝土抗压强度不低于 $25N/mm^2$，厚度不小于 35cm；

④ 应设计成若干对对称的填埋单元，每个填埋单元面积不得超过 $50m^2$ 且容积不得超过 $250m^3$；

⑤ 填埋结构应设置雨棚，杜绝雨水进入；

⑥ 在人工目视条件下能观察到填埋单元的破损和渗漏情况，并能及时进行修补。

（2）刚性填埋场填埋原则

刚性填埋场的填埋方式主要是吨袋填埋。针对飞灰类等粉末首选模袋填埋技术。

吨袋填埋仍存在一些问题，主要有：①单位体积的飞灰填埋量系数小；②吨袋之间的空隙大，浪费填埋库容；③吨袋仅能起到类似容器的作用，无法满足堆体强度、袋体变形度等指标，难以有效利用地面以上的填埋空间；④吨袋材质强度低；⑤吨袋吊装作业存在安全风险；⑥吨袋地面堆高存在安全隐患；⑦对于灰飞类物质，在填埋作业时会产生大量扬尘。

习题与思考题

1．列举影响焚烧的主要因素和炉排炉设计参数。

2．简述烟气净化工艺的控制指标及净化工艺。

3．试分析生活垃圾中的硫、氮、氯、废塑料、水分等成分对垃圾焚烧效果及烟气治理存在的影响。

4．论述飞灰高压压块工艺流程。

5．简述飞灰固化稳定化处理系统流程和各工段操作参数。

第7章 城市污泥堆肥和有机垃圾资源转化

污水厂污泥和有机垃圾（厨余及泔水）是人类生活消费的必然产物，其资源化利用具有重要的社会和环境效益。污泥的好氧堆肥工艺具有操作方便、技术简单、运营及维护成本较低等优点，因此好氧堆肥及后续土地利用是适合我国国情的主要污泥处理处置技术路线。高湿有机垃圾中含有不饱和油脂、淀粉、纤维素、蛋白质等4种典型组分，极易发生降解和官能团转化，具有发生高分子聚合形成疏水性固体/半固体物质的特性。通过有机垃圾聚合，使分子量相对较小的有机垃圾聚合为分子量更大的高分子物质，生产高附加值产品，具有重要价值。

7.1 城市污泥好氧堆肥温室气体排放

堆肥法（composting）是在控制条件下，利用自然界广泛分布的细菌、放线菌、真菌等微生物，促进垃圾中的有机成分发生生物稳定作用，使可生物降解的有机物转化为稳定的腐殖质的生物化学过程。这个定义强调堆肥过程是在人工控制条件下进行的，不同于一般生活垃圾的自然腐烂与腐化；作为堆肥化的原料是生活垃圾中可降解的有机成分；堆肥化的实质是生物化学过程，堆肥产品对环境无害，即废物达到相对稳定。堆肥化是有机生活垃圾资源化、能源化的主要方式之一。堆肥化的产物称为堆肥（compost），是一种深褐色、质地疏松、有泥土气味的物质，类似于腐殖质土壤，故也称为"腐殖土"，具有一定肥效，可作土壤改良剂和调节剂。传统的堆肥主要是自然堆肥法，堆肥温度低、时间长（可长达3～6个月）、卫生条件差、无害化程度低、处理规模小，但操作简单，适合农村一家一户用。现代堆肥处理是在传统的堆肥方式上发展起来的，加入了人为的控制过程，使堆肥进程大为加快，卫生无害化效果好，机械化程度高，在对生活垃圾处理的同时达到了生活垃圾有机质的生物质能回收利用，具有显著的资源化与无害化特点，适合工厂化生产。堆肥化能够将大量的有机固体废物资源化、能源化，变废为宝；可以减重减容，间接减少城市垃圾处理费用；堆肥产品可以用作农田肥料和土壤改良剂。

适合好氧堆肥处理的原料很多，来源于生产和生活的所有可生物降解的有机废物均可进行堆肥处理，这些有机废物往往含有大量有机质和氮、磷、钾等各类营养元素。①生活与市政有机废物：包括厨余、肉菜市场废物、各种生活垃圾、市政污泥、河道底泥、市政管网中淤泥等。这类有机物是很好的堆肥原料，用于制作堆肥可为农业生产提供大量优质的有机肥料。②工业废物：包括糖业废物如蔗渣、滤泥、甜菜渣等，造纸废物如造纸污泥、树皮、黑液浓缩物或木质素粉等，印染污泥，食品加工废物如啤酒滤泥、葡萄酒厂废渣、番茄酱厂废渣，药厂废渣如中药渣、抗菌素生产废渣等。③农业废物：包括种植、畜牧、水产、林业等产业废物，主要有作物秸秆、禽畜粪便、鱼塘（河流）

底泥、林业加工的残枝和木屑。随着农业生产的发展，农业废物的数量和种类迅速增加，如鱼（虾）塘底泥和河流疏浚底泥的处理和利用都成为亟待解决的问题，而这些废物都可作为堆肥的原材料。

7.1.1 堆料气体中 O_2 和 CO_2 浓度变化

好氧堆肥是在有氧条件下，依靠好氧微生物的作用把有机垃圾腐殖化的过程，即利用堆料中好氧微生物的生命代谢作用——氧化、还原、合成等过程对有机生活垃圾进行生物降解和生物合成。堆肥化的实质是微生物在自身生长繁殖的同时对有机垃圾进行生化降解的过程。堆肥微生物主要来自两个途径：一是有机垃圾中固有的微生物种群，一般生活垃圾中的细菌数量在 $10^{14} \sim 10^{16}$ 个/kg；二是人工加入的特殊菌种。

好氧堆肥的通风决定了供氧，而有机物的降解和硝化过程决定了耗氧，两者共同决定了堆体中氧气含量。N_2O 的产生主要来源于硝化路径和反硝化路径。在硝化路径中，羟胺（NH_2OH）氧化为 NO_2^-，产生中间体 NOH·自由基，NOH·自由基缩合成 NO，然后还原形成 N_2O；在反硝化路径中，NO_2^- 首先在含铜离子的亚硝酸盐还原酶（nirK）催化下被还原为 NO，NO 在 NO 还原酶（norB）作用下产生 N_2O。反硝化路径也可以由硝化细菌在缺氧条件下完成，称为硝化菌反硝化。N_2O 还可以在 N_2O 还原酶（nosZ）作用下被消耗，还原为 N_2。无论是硝化路径还是反硝化路径，氧作为主要电子受体和酶的抑制因子，是硝化-反硝化过程 N_2O 产生的关键因素。强制通风装置堆肥系统中，排气口气体中的氧含量和硝化速率相关。此外，通风是堆肥最重要的工艺参数，影响着堆肥过程的热损失，水蒸气、氨气和其他气态产物的散逸。

通风强度为外部供氧条件，而堆肥装置内 O_2 浓度为堆料实际所处的氧环境，其对于堆料的有机物降解和氮转化过程有着更实际的意义，例如有些堆肥规范建议堆肥过程堆体内部 O_2 体积分数大于 5% 以维持好氧环境。基于此，设置第一批次堆肥实验，称为 A 实验，分析不同通风条件下堆肥体系性能变化。在通风强度堆肥实验中，对堆肥第 0~22d 静态箱内堆肥气体进行每日取样，以监测堆料中实际 O_2 浓度及 CO_2 浓度变化，结果见图 7-1（通

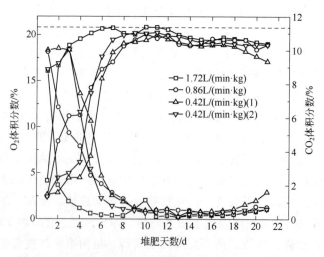

图 7-1　不同通风量条件下堆料气体 O_2 和 CO_2 浓度变化

风量以单位质量绝干污泥单位时间通入的气体体积计）。第 22d 以后，O_2 浓度和 CO_2 浓度虽有小幅变化，但均接近空气中含量，且各处理差异不大。

　　4 个处理通风强度造成 O_2 和 CO_2 变化差异，通风强度越大，O_2 和 CO_2 越快接近空气背景值。第 5d 以后，各处理均已达到好氧堆肥 O_2 体积分数>5%的要求，第 9d 以后，各处理的 O_2 浓度均已接近空气背景值20.9%，且彼此差异不大，说明堆肥氧消耗速度（OUR）极小，堆肥已进入腐熟期。值得注意的是，第 12d 以后，O_2 和 CO_2 浓度分别出现了缓慢下降和缓慢上升的过程，可能来自堆体内较难降解有机物对 O_2 的消耗。

　　为评价间歇通风期间（4 个处理的间歇通风设置分别为 30s/9.5min，30s/9.5min，1min/9min，2min/8min），堆体内部的 O_2 浓度是否有显著变化，即堆肥是否在间歇通风阶段存在厌氧-好氧交替的效果，选取最低通风量 0.42L/(min·kg)处理（通风量以单位质量绝干污泥单位时间通入的气体体积计，以下如无特殊说明，均为绝干污泥），分别在堆肥第 1～4d 对各处理间歇通风的通风阶段和随后的停止通风阶段监测其 O_2 浓度变化，如图 7-2 所示。通风前后，堆体内 O_2 浓度变化极小，说明即使在极小通风量 0.42L/(min·kg)的高温期，在10min 的通风循环内未出现厌氧-好氧交替的环境。

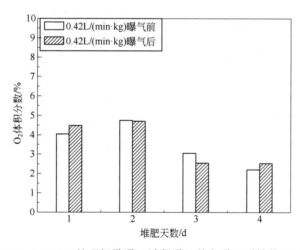

图 7-2　0.42L/(min·kg)处理间歇通风过程通风前和通风后堆体 O_2 浓度对比

7.1.2　堆体温度变化

　　堆体温度是评价堆肥效果和观察堆肥过程最重要的参数。A 实验中，堆肥温度曲线均呈现升温期-降温期-腐熟期的特征（图 7-3），高温期（>50℃）均较短，这在小反应器堆肥实验中很普遍。高温期仅最高通风量［1.72 L/(min·kg)］时堆体温度超过 50℃（为 57℃），但其降温更迅速，说明高通风量带来有机物的快速降解，同时也带来热量散失，其他三个处理的最高温度依次为 42.5℃、47.0℃、42.3℃，4 个处理均在第 8d 左右接近室温，与图7-1 中堆料气体 O_2 和 CO_2 浓度接近空气背景值的时间接近（第 9d），说明此后堆料无论从氧消耗速率还是从堆温角度，均已进入腐熟期。

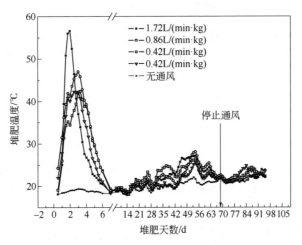

图 7-3　不同通风量条件下城市污泥堆肥温度曲线

7.1.3　堆料水溶性有机碳变化

堆料浸出液中水溶性有机碳（DOC）反映了堆料中可被生物直接利用的有机质成分。图 7-4 给出了 A 实验中堆料 0～30d 的 DOC 变化，30d 后 DOC 已降至较低浓度而未予继续测定。从图中可看出，各处理的 DOC 变化规律类似，在高温期（第 0～5d）迅速升高到 13～15g/kg，随后缓慢下降，至堆肥第 30d 已下降到 5g/kg 以下，第 30d 后，各处理的 DOC 含量已维持在较低水平（<5g/kg）且较稳定。其中，A-0.86 处理［A 实验中通风量为 0.86L/(min·kg)的处理，简记为 A-0.86 处理，余同］的 DOC 下降速度最快，最终维持在 2.2g/kg 以下，为各处理中最低，从有机质下降的角度，A-0.86 处理的堆肥效果最好，而通风量最高的 A-1.72 处理和最低的 A-0.42 处理的 DOC 差异不大。说明在实验的通风量条件下，高通风量并未带来高的有机质降解速率。

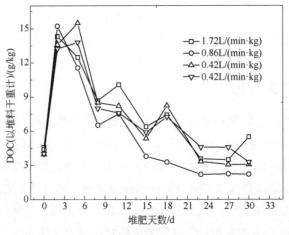

图 7-4　不同通风量条件下堆料 DOC 变化

7.1.4　堆料 pH 变化

pH 对微生物硝化和反硝化过程有着较大的影响,硝化与反硝化过程所涉及的酶活性均和 pH 直接相关。在 A 实验中(以污泥总固体质量计),4 个处理在第 5d 同时达到最高值(pH=8.7～8.9)。其中,A-0.86 的 pH 下降速度最快,从第 5d 的最高值 pH=8.8 下降到第 68d 的 pH=4.8,同期最高通风量的 A-1.72 的 pH 从 8.9 下降到 5.8,而低通风量的 A-0.42(2)的 pH 在第 5～43d 一直维持在 pH=8.4～9.0 的碱性环境,在第 68d 后下降到 pH=6.3。总体而言,通风阶段并不是通风量越高 pH 下降越快。此外,停止通风后,除了 A-0.86 处理,其他各处理 pH 均出现明显上升。A-0.86 处理停止通风时 pH 降低至 4.8,而在停止通风后继续降低到极低值 4.0(图 7-5)。低 pH 环境,以及后期有机质以难降解的木质素、纤维素为主的环境条件,不利于细菌的生存,可能使嗜酸的真菌(如酵母菌和霉菌)获得竞争优势,成为主要微生物类群。

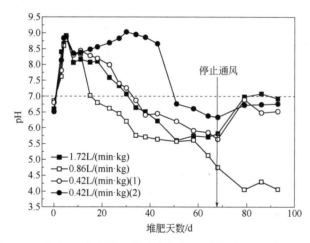

图 7-5　不同通风量条件下城市污泥堆肥实验堆料 pH 变化曲线

7.1.5　堆料浸出液中氮元素变化

堆料中氨氮、亚硝酸盐、硝酸盐是无机氮转化的直接底物和产物,其浓度变化可以反映硝化和反硝化进程。图 7-6 为 A 实验三种无机氮浓度随堆肥时间的变化曲线,在所有四个处理中的通风阶段,无机氮的变化趋势相同:氨氮在高温期氨化阶段上升至峰值,随后在硝化阶段缓慢下降;亚硝酸盐作为中间产物仅在堆肥中期积累;硝酸盐含量在硝化阶段缓慢上升。

氨氮含量的下降主要源于硝化。四个处理的 NH_3-N 含量的下降和其 pH 值的下降耦合,说明堆肥过程中两者的相关关系。A-0.86 的 NH_3-N 下降速度最快,从第 8d 的 3068mg/kg 下降到第 15d 的 1487mg/kg,其 pH 亦下降最快,说明硝化过程迅速;相反,A-0.42(2)的 NH_3-N 浓度在第 3～58d 一直维持在 1500mg/kg 以上,其 pH 在 45d 前也维持在 8.5 左右,说明硝化过程较缓慢。

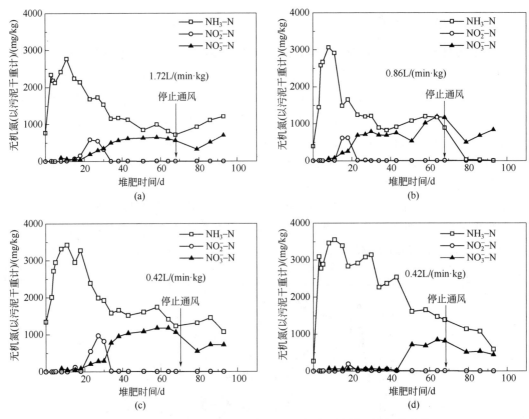

图 7-6　城市污泥堆肥通风量实验（A 实验）堆料无机氮的变化

作为硝化过程的不稳定中间产物，NO_2^--N 浓度积累被认为是亚硝酸盐氧化菌（NOB）不能及时将氨氧化菌（AOB）的产物 NO_2^- 转化至 NO_3^-，从而使 NO_2^- 积累所致。在 A 实验中，A-1.72、A-0.86、A-0.42(1)的 NO_2^--N 积累分别出现在第 18d、第 11d、第 18d，与 NO_3^--N 的增长几乎同步，NO_2^--N 积累分别持续了 15d、7d、15d，A-0.42(2)硝化速度缓慢，并未出现明显的 NO_2^--N 积累，其 NO_3^- 浓度至第 43d 才开始增长。第 68d 通风结束后，1.72L/(min·kg)、0.86 L/(min·kg)和 0.42L/(min·kg)处理的 NO_3^- 并未如预期降低，反而升高，而 A-1.72 和 A-0.42 处理的氨氮也伴随升高，pH 变化曲线印证了这一变化，说明在这一阶段出现了氨氮含量和硝酸盐含量同步升高的现象。

7.1.6　堆肥过程 N_2O 的释放特征

通风阶段 N_2O 释放高峰均在堆肥降温期后。N_2O 的释放主要存在于高温期，一般被归因为反硝化作用，也有研究认为高温期 AOB 仍能进行硝化反应，因此可能是硝化作用导致。如图 7-7 所示，在高温期和随后的降温期并未观察到 N_2O 释放，可能是初始 NO_2^--N 和 NO_3^--N 浓度极低而无法进行反硝化作用，而硝化过程并未开始。N_2O 的日释放量（以 N_2O-N 和初始污泥干重计）在 0～90mg/kg 之间，硝化进程最快的 A-0.86 处理释放早且释放期长，从第 13d 的 34.8mg/kg 到第 25d 的峰值 89.6mg/kg，而后缓慢下降，其全过程都存

在 N_2O 的释放；A-1.72 和 A-0.42(1)前期释放规律类似，在第 19d 出现 N_2O 释放，分别在第 25d 和第 28d 出现释放峰值 55.6mg/kg 和 58.2mg/kg；A-0.42(2)释放峰滞后，出现在第 25d，在第 49d 达到峰值 58.6mg/kg。将 N_2O 的释放曲线和无机氮的变化曲线进行比较，可以看出，N_2O 的释放和硝化进程有着很强的相关性，说明 N_2O 的释放可能主要来自硝化。在第 68d 停止通风后，N_2O 释放出现第二个峰值，根据之前对 pH 和无机氮的分析，此阶段以反硝化作用为主，故推断 A 实验停止通风后 N_2O 的释放高峰可能主要来自反硝化。

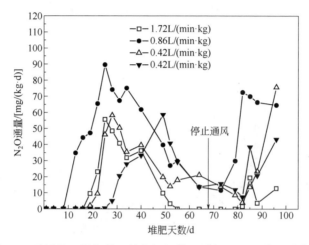

图 7-7　不同通风量条件下城市污泥堆肥过程 N_2O 释放通量曲线

由于 A-0.86 处理末期（第 80～90d）NH_3-N 含量极低，硝化作用受到抑制，且细菌反硝化作用会受到低 pH（pH=4.0～4.3）的抑制，因此，真菌的异养好氧反硝化是这一阶段 N_2O 的主要释放源。

7.2　生物炭添加对城市污泥堆肥 N_2O 释放影响

生物炭（biochar）是生物质高温热解时形成的类似于活性炭的多孔难降解物质，但其热解温度及制作成本远低于活性炭。生物炭本身是一种碳的稳定赋存形式，将生物炭作为土壤添加剂是一种碳捕集方式。农业及牧业土壤是 N_2O 最大的人为释放源，向土壤添加生物炭以减少温室气体排放，是当前国际生物炭研究领域的前沿。大多数研究表明，生物炭添加能抑制土壤 N_2O 的释放，但也有研究指出，生物炭添加对土壤中 N_2O 释放没有长期抑制作用。生物炭的 N_2O 释放抑制效应被归因于生物炭能改善土壤颗粒通透性，提高土壤 pH，吸附和固定土壤中氮元素和有机质，以及改变硝化菌和反硝化菌的种类等。

除了可能存在 N_2O 释放抑制效应，生物炭作为堆肥添加剂还有其他功能：生物炭能吸附堆肥中微生物可利用的水溶性 NH_4^+，减少氨气释放，从而减少堆肥氮损失，保持肥效；另外，生物炭还能促进堆肥的腐殖化进程，由于堆肥产品最终将应用于土壤改良，因此生物炭作为堆肥添加剂进入土壤后也有长期的减排意义。

7.2.1　堆体温度变化

城市污泥堆肥体系中温度变化曲线如图 7-8 所示，呈现升温期-高温期-中温期的变化。生物炭添加量为 10%（图中简记为 0%生物炭，余同）、5%、2.5%、0%时最高温度分别为 57.8℃、60.7℃、51.6℃、48.1℃，高生物炭添加量有助于提高最高温度和持续时间，生物炭添加量越大，堆料含水率越低，其比热容越小，升温越快且热量不易通过水蒸气散逸而损失。4 个处理在第 2.5d 左右温度降低至 35℃左右，第 6d 左右接近室温。

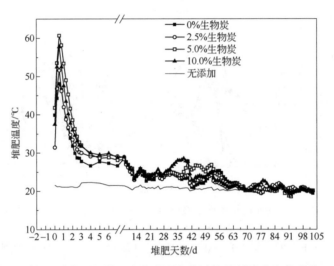

图 7-8　城市污泥堆肥生物炭添加实验中堆料温度变化曲线

7.2.2　堆料 pH 变化

图 7-9 为生物炭添加后体系 pH 变化曲线。添加生物炭的各处理和未添加生物炭各处理在 pH 变化上存在明显的差异性。在堆肥初期，添加生物炭并未改变堆料初始 pH，4 个处理的 pH 在 0～7d 内维持在 8.4～8.6 之间。随后，各处理 pH 开始缓慢降低，其中，未添加生物炭的 B-0%处理 pH 在第 42d 前高于其他处理，到第 60d 时与各处理 pH 接近，堆肥结束时下降到 pH=5.4，添加生物炭组的 pH 最终降至 6.2～7.0 之间。可见，生物炭添加组在堆肥中期（第 20～40d）的 pH 要低于对照，而在堆肥后期，pH 下降至偏弱酸性环境时，生物炭添加组的 pH 要高于对照。生物炭的添加在前期导致了 pH 的下降，而在后期减缓了 pH 的下降，表现出对堆肥 pH 变化的缓冲效应。

7.2.3　堆料浸出液中氨氮、亚硝酸盐氮和硝酸盐氮

图 7-10 为堆料无机氮变化曲线。氨氮在堆肥高温期升高至 1500mg/kg 左右（以堆料干重计），随后下降；亚硝酸盐积累伴随着硝酸盐含量的增加。添加生物炭对氨氮含量的变化有显著的差异。

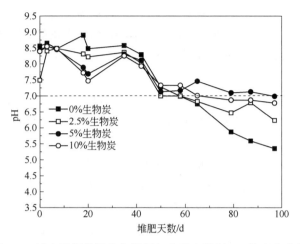

图 7-9　城市污泥堆肥生物炭添加实验中堆料 pH 的变化曲线

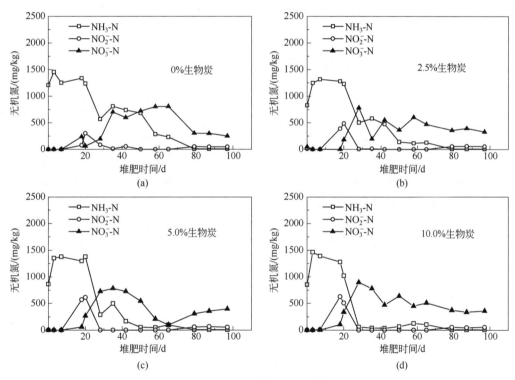

图 7-10　城市污泥堆肥生物炭添加实验中堆料无机氮的变化曲线

对照组 B-0%（B 实验中生物炭添加量为 0%的处理组简记为 B-0%，余同）的氨氮含量在第 0～80d 均缓慢下降，直至小于 150mg/kg（即氨氮峰值下降 90%）；但添加生物炭后，各处理氨氮含量下降速率大幅增大，B-2.5%、B-5.0%、B-10.0%初始氨氮含量下降 90%的时间分别为第 50d、第 42d、第 28d。生物炭的添加导致堆料水溶性氨氮含量的快速下降，其原因可能有：①生物炭吸附了堆料中的氨氮，使得浸出液中氨氮浓度比实际氨氮浓度低，在前 20d，堆料中氨氮浓度均维持在 1250mg/kg 以上，彼此差异不大，说明生物炭的吸附效应并不是主要原因；②生物炭的添加导致了硝化过程的加快，在第 18～28d，氨氮含量因硝化而迅速下降，B-0%、B-2.5%、B-5.0%、B-10.0%处理分别从初始的 1300mg/kg 下降到 568.3mg/kg、505.7mg/kg、287.8mg/kg、59.4mg/kg，这表明生物炭的添加量和硝化速率呈正相关。

B-0%、B-2.5%、B-5%、B-10%的亚硝酸盐累积和氨氮下降几乎同步，同样发生在第 18～28d，峰值分别为 302mg/kg、486mg/kg、614mg/kg、628mg/kg。添加生物炭后，亚硝酸盐积累效应更强，这也同时印证了生物炭添加促进氨氮转化为亚硝酸盐的氨氧化过程。$NO_3^- $-N 增长略滞后于亚硝酸盐积累，出现在堆肥第 20d。但添加生物炭组和对照组的 $NO_3^- $-N 增长趋势存在显著差异：B-0%的硝酸盐增长发生在第 18～65d，从 236.86mg/kg 增加到峰值 806.6mg/kg；B-2.5%的硝酸盐增长发生在第 20～58d，从 181.0mg/kg 增加到峰值 601.3mg/kg；B-5%的硝酸盐增长发生在第 18～35d，从 56.96mg/kg 增加到 781.33mg/kg；B-10%的硝酸盐增长发生在第 18～28d，从 106.3mg/kg 增加到 893.0mg/kg。可以看出，对照组的 $NO_3^- $-N 表现出缓慢增长，而添加生物炭组的 $NO_3^- $-N 表现出快速增长，这同样也证明了生物炭的添加可以加快硝化进程。

7.2.4　城市污泥堆肥过程 N_2O 的释放特征

图 7-11 为 N_2O 释放通量曲线。未添加生物炭的 B-0%，其 N_2O 的释放始于第 18d，在第 32d 达到释放峰值 40.1mg/kg，之后均存在 N_2O 释放；添加生物炭后各处理的 N_2O 释放均受到显著抑制，B-2.5%的 N_2O 释放在第 18d 开始，第 25d 达到峰值 28.4mg/kg，随后迅速下降，而 B-5%和 B-10%仅存在短暂且较低水平的 N_2O 释放，分别在第 32d 和第 25d 达到 7.8mg/kg 和 8.1mg/kg。各处理均在第 18～32d 之间出现 N_2O 释放峰，这恰好和硝化过程吻合，说明此阶段的 N_2O 可能主要来自硝化作用。但是，生物炭促进了硝化作用，氨氧化过程的副产物 N_2O 释放却受到了抑制。在第 40d 后，添加生物炭处理的 N_2O 释放相比对照组显著减少，其中 B-5%处理和 B-10%处理的 N_2O 释放几乎停滞。第 40d 后，添加生

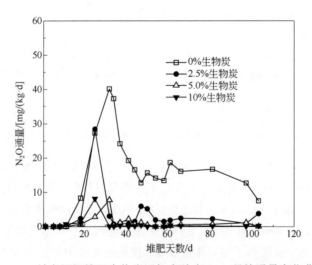

图 7-11　城市污泥堆肥生物炭添加实验中 N_2O 释放通量变化曲线

物炭各处理的硝酸盐氮含量开始降低，说明反硝化作用出现，N_2O 作为反硝化过程的中间产物，其释放量较低，说明生物炭能抑制反硝化作用产生 N_2O。

7.3　仓式工艺城市污泥堆肥厂 N_2O 释放

选择某城市污泥堆肥厂进行污泥堆肥过程 N_2O 的释放实测。某城市污泥堆肥厂建于污水厂内，承担污水厂污泥的稳定化处理，日处理能力为 200t 污泥（80%含水率）。堆肥厂采用静态仓式好氧堆肥工艺，共设置 23 个堆肥仓，仓最大容积 240m³，长×高×宽=15m×4m×4m，每个仓底部设置三道通风管道，分别连接离心风机，风机流量为 1410～1701m³/h。在堆肥仓外两侧分别有两个腐熟堆垛区。堆肥厂主要采用机械化运作，安装皮带布料机进行布料进仓，装配铲车搬运堆肥料，装配翻抛机对腐熟堆垛进行翻抛。

仓式堆肥工艺的日常运行类似污水处理续批式工艺。一次堆肥在堆肥仓内进行，采取堆肥仓轮作形式，周期为 16～17d，完成堆肥的稳定化。第一步是混料，混料时，通过变频器控制污泥和调理剂混合量，实现污泥量和调理剂量配比。第二步是进仓，采用皮带式布料设备进仓，堆料进仓前，堆肥仓底部预先铺设一小层腐熟堆肥以保证底部堆料孔隙率，进仓时并非一次进满，而是分为两次，第一次进料至约 3m 高度，2～3d 后再注满至仓顶。冬季时，主要调理剂为稻壳和腐熟堆肥；夏季因腐熟料含水率较低，直接将腐熟污泥堆肥作为调理剂。完成一次堆肥后，堆肥料采用铲车搬运，出仓至腐熟堆垛区；堆垛区堆高约 1m，长度约 50m，堆垛周期约 3～4d，采用翻抛机定时翻抛，完成堆肥的腐熟过程。

实际堆肥过程中，堆料在进仓 2～5d 内处于高温期，堆料最高温度可达 50～70℃，处于高温期的堆肥仓可以明显看到表面蒸发的蒸汽，靠近能闻到刺鼻氨味。作业区存在臭味，夏季尤为明显。

环境气温、湿度等气候因素从根本上影响工程堆肥过程，气温影响堆肥过程，而不同季节的污泥泥质是有差异的。冬季和夏季的平均气温有较大差异，为此，分别选取 1 月（冬季）及 7 月（夏季）至堆肥厂现场取样。冬季共取样三次，时间为 1 月 9 日（日间气温 0～5℃）、1 月 14 日（日间气温 2～8℃）、1 月 18—19 日（日间气温 2～10℃）；夏季共取样一次，时间为 7 月 7—8 日（日间气温 24～30℃）。在堆肥仓内和静态堆垛区采集堆肥固体样，同时以静态箱法采集气体样。其中，对堆肥仓取样时，除 1 月 9 日采样位置为仓前端的斜坡高度 1m 位置外，之后的固体样采集均在堆肥仓顶端，沿着仓内宽度方向左-中-右三点采样；对堆垛区采样时，沿着堆垛长度方向均匀选三点采样。采样过程描述详见表 7-1。

表 7-1　某污泥堆肥厂各次采样过程描述

采样编号	日期	采样目的	样品信息
冬季-1	1 月 9 日	评价浅层 10cm 及深层 40cm 堆料物性随堆肥时间的变化，同时采集气体样	共采集 14 个固体样，对应堆肥时间为第 0d、1d、1d、3d、3d、7d、7d、7d、7d、11d、11d、16d、16d、20d
冬季-2	1 月 14 日	评价深层 40cm 堆料物性随堆肥时间的变化，同时采集气体样	共采集 6 个固体样，对应堆肥时间为第 5d、6d、12d、16d、20d、20d

续表

采样编号	日期	采样目的	样品信息
冬季-3	1月18日、 1月19日	1月18日，评价浅层40cm堆料物性随堆肥时间的变化，同时采集气体样；1月19日针对8#仓3×3矩形布点及10cm、40cm、80cm不同深度样品进行综合采样，以评价同一个仓内不同位置不同深度堆肥样品的均一性	1月18日共采集15个固体样，对应堆肥时间为第3d、3d、5d、7d、8d、9d、10d、11d、12d、13d、14d、16d、19d、19d、19d；1月19日共采集堆肥时间为第10d的堆肥仓内9个不同位置样品和6个不同深度的样品
夏季-1	7月7日、 7月8日	评价夏季堆肥堆料物性随堆肥时间的变化，同时采集气体样	7月8日共采集13个固体样，取第0d、2d、5d、6d、7d、9d、9d、11d、13d、20d、20d 40cm深度固体样及原污泥样2个

注：冬季-1、冬季-2、冬季-3 的气体样仅测定 CO_2、O_2、CH_4 浓度，未测定 N_2O 浓度。

堆肥仓内，堆肥料存在极大的不均一性。为衡量不均一程度，以及评价单点取样是否能代表整仓堆肥样，选取一个堆肥仓，在顶部 15m×4m 平面内，采取 3×3 矩形布点，40cm 深度处取样，测定含水率及挥发分以评价采样代表性，结果如表 7-2 所列。由表中数据可知，同一仓内同一深度不同采样点的污泥特性存在较大差异，含水率标准差=1.70%，挥发分标准差=0.75%，含水率离散系数（标准差/平均值）=3.60%，挥发分离散系数=1.90%。

表 7-2　某城市污泥堆肥厂某仓内 3×3 矩形平面布点各点含水率及挥发分

序号	1	2	3	4	5	6	7	8	9	标准差	离散系数
含水率/%	50.17	48.03	46.83	48.22	46.92	48.64	44.38	45.82	45.34	1.70	3.60
挥发分（以挥发分质量占固体质量的比例计）/%	38.97	39.27	40.07	37.74	38.41	39.81	38.13	38.75	38.17	0.75	1.90

为评价不同深度样品的差异性，比较了 1 月 9 日不同堆肥时间样品 10cm 深度和 40cm 深度样品的含固率（TS）及挥发分（VS/TS），如图 7-12，1 月 9 日 10cm 深度和 40cm 深度样品含固率及挥发分存在差异，单点 TS 深度取样差异最高可达 5.5%，VS 深度取样差异最高可达 2.1%，但差异和深度不相关。总体而言，各仓内水平尺度以及表面 0~50cm

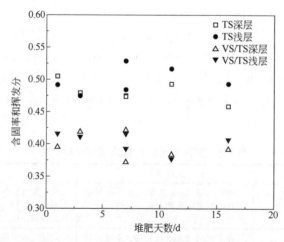

图 7-12　城市污泥堆肥厂某仓内不同深度样品含固率（TS）及挥发分（VS/TS）差异性

垂直尺度上，含固率和挥发分含量较离散，但总体上是随机分布的。

对冬季-1、冬季-2、冬季-3 的三次采样 40cm 深度的共 29 个固体样品测定含水率及挥发分，对堆肥时间作图如图 7-13 所示。该堆肥厂污泥属于典型低挥发分污泥，初始挥发分在 42%左右，冬季混料初始含水率为 50%～53%之间。理论上，堆肥过程中含水率和挥发分均会逐渐下降，从图 7-13 中可以体现这一下降规律，但是下降速度缓慢。经过约 20d 堆肥后，含水率下降约 0.18%×20=3.6%，挥发分下降 0.13%×20=2.6%。

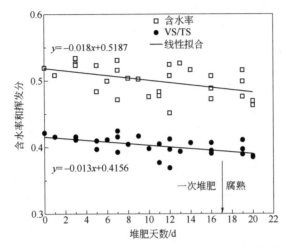

图 7-13　某城市污泥堆肥厂冬季含水率和挥发分随堆肥时间的变化规律

对夏季-1 的堆肥仓 40cm 深度共 10 个固体样及腐熟堆垛区共 3 个固体样测定含水率及挥发分，对堆肥时间作图如图 7-14 所示。夏季堆肥仓内堆肥含水率随着堆肥时间的增加而增加，从初始的 45.0%上升到第 15d 的 50.2%，堆肥过程含水率并未降低，反而升高，这和预期相冲突，可能的原因是不断的通风将堆肥下层（高度共 4m）水分转移到上层，上层水蒸气在夏季无法及时散逸，而所采样品均来自上层（40cm 深度）所致。值得注意的是，腐熟区的堆料含水率下降明显，下降至 38.9%±0.6%。堆肥挥发分在夏季缓慢下降，从初始

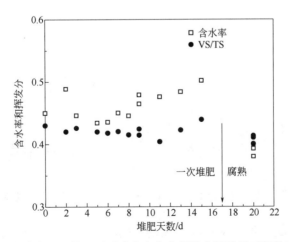

图 7-14　某城市污泥堆肥厂夏季含水率和挥发分随堆肥时间的变化规律

混料的 43.0%下降到腐熟期的 40.8%，20d 下降 2.2%。

总的来说，该堆肥厂污泥初始挥发分含量偏低，冬季约为 42%，夏季为 52%，堆肥过程挥发分下降较慢。经过 20d 堆肥后，冬季堆料含水率（初始 52%）仅下降了 3.6%（图 7-13），夏季堆料含水率（初始 45%）下降了 6.1%（图 7-14）。

取冬季 10 个样品、夏季 11 个样品，测定堆料中氨氮（NH_3-N）、亚硝酸盐氮（NO_2^--N）和硝酸盐氮（NO_3^--N）随堆肥时间变化，如图 7-15、图 7-16 所示（以样品固体质量计，余同）。冬季和夏季无机氮均以氨氮为主，氨氮含量占 90%以上。冬季，堆料氨氮达到 3431～5063mg/kg；夏季，堆料氨氮含量整体较冬季高，达到 5800～7200mg/kg。浓度差别主要因为夏季所用调理剂为腐熟污泥，而冬季为稻壳，导致夏季堆肥原料氨氮偏高。在一次堆肥和二次堆肥期间，氨氮缓慢降低但不明显。

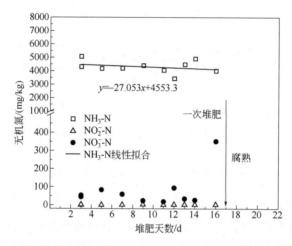

图 7-15　某城市污泥堆肥厂冬季堆肥料中 NH_3-N、NO_2^--N、NO_3^--N 随堆肥时间的变化规律

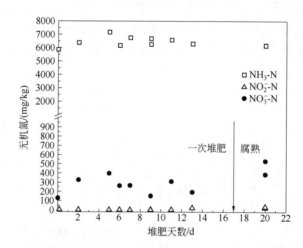

图 7-16　某城市污泥堆肥厂夏季堆肥料中 NH_3-N、NO_2^--N、NO_3^--N 随堆肥时间的变化规律

夏季和冬季堆肥过程中，NO_2^--N 含量均较低，在 2mg/kg 以下，说明全程并未出现亚硝酸盐积累。在冬季，NO_3^--N 含量在堆肥过程第 1～14d 保持在 0～100mg/kg 以下，在第

16d 增加到 351.79mg/kg，说明硝化过程在仓式堆肥末期出现；在夏季，$NO_3^- $-N 含量整体较冬季高，一次堆肥期在 400mg/kg，和氨氮类似，可能是腐熟堆肥作调节剂所致。值得注意的是，腐熟堆垛区 NO_3^- -N 显著增加至 388～533mg/kg，说明腐熟区硝化过程增强；比较冬季和夏季的硝酸盐浓度变化也可以看出，夏季硝化进程略快于冬季，环境温度对硝化进程影响很大。

　　图 7-17 为夏季和冬季堆肥过程 CH_4 在静态箱内的平均浓度（体积分数）以及夏季 N_2O 通量。需要指出的是，因研究采用静态箱法取气体样，而一次堆肥仓内为连续通风，并不是静态环境，导致静态箱法每隔 0.5 h 测得的气样中 CH_4 和 N_2O 浓度并不存在线性增加，通量无法计算，因此只给出静态箱内 CH_4 和 N_2O 在 0.5～2.0h 内平均浓度。在腐熟堆垛区，静态箱法可以准确测定通量。

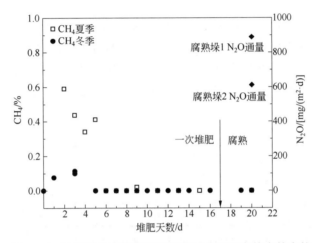

图 7-17　夏季和冬季城市污泥堆肥过程甲烷在静态箱内的
平均浓度（体积分数）以及夏季 N_2O 通量
（注：除第 15 仓外，其他仓未检出 N_2O）

　　夏季和冬季的甲烷释放均只存在于堆肥前期第 0～5d 内，此阶段为堆肥高温期和降温期，甲烷浓度均极低，冬季静态箱内最高体积浓度仅为 0.10% 左右，夏季略高，体积浓度为 0.60% 左右。堆肥过程 CH_4 的释放通常出现在高温期氧受限情形下。

　　夏季 N_2O 在堆肥厂内浓度极低，仅在堆肥时间为第 15d 时检出，平均为 11.7mg/L，说明在一次堆肥期间，N_2O 释放微弱。在腐熟堆垛区，N_2O 存在释放高峰，堆垛区测得的 N_2O 通量分别为 890.6mg/(m^2·d) 和 611.3mg/(m^2·d)，和无机氮曲线比较可以看出，在堆垛区硝化进程开始活跃，伴随着硝酸盐含量增加和 N_2O 释放。

7.4　餐厨垃圾聚合交联

7.4.1　餐厨垃圾聚合交联反应可行性

　　餐厨垃圾主成分为淀粉、纤维素、油脂、蛋白质，含有巨量—COOH、—OH、C＝C 等特征官能团，可通过聚合反应进一步转化为高分子材料。

废弃动植物油脂中含有大量双键脂肪酸，可经系列反应生成共轭酸，进而与亲二烯体发生 Diels-Alder 反应，生成 C21 二元酸、C22 三元酸及 C36 二聚酸等重要化工产品。以废弃油脂制备的脂肪酸甲酯为原料进行聚合反应，得到单体酸甲酯（生物柴油）和二聚酸甲酯，但此产品需经分子蒸馏后得到，且环境条件对产率的影响较大。植物油含有大量的不饱和键，以其为原料可制备生物基树脂、天然纤维、胶黏剂等聚合物和高分子复合材料，并实现多种方法的改性利用。以 4,4′-二苯基甲烷二异氰酸酯和 1,3-二丙胺为原料合成聚氨酯泡沫，在合成过程中添加不同质量分数的二丙胺纳米蒙脱土（DAP-MMT）进行接枝改性，发现添加质量分数在 4%时，能明显增强聚氨酯泡沫的热稳定性和抗压缩强度。目前国内外对动植物油聚合反应的研究主要集中在对天然植物油的改性利用，包括天然植物油基高分子材料性能的优化及聚合工艺参数的整合等。

纤维素是由很多 D-吡喃葡萄糖环彼此以 β-(1,4)糖苷键连接而成的线型高分子，其实验式为 $C_6H_{10}O_5$，化学结构式为$(C_6H_{10}O_5)_n$（n 为聚合度）。纤维素链中每个葡萄糖环上含有三个羟基，因此纤维素可以发生一系列与羟基有关的化学反应。目前，改性天然纤维素的方法主要是接枝共聚反应。常用的纤维素接枝共聚引发体系包括光化学引发体系、高能引发体系和化学引发体系，各引发体系中自由基的引发本质及优缺点如表 7-3 所示。

表 7-3　接枝共聚技术及其优缺点

接枝共聚技术	引发本质	优点	缺点
光化学引发	紫外光引发自由基生成	反应条件温和、成本低	需要一定的引发设备和时间
高能引发	辐射引发裂变和自由基生成	不需要催化剂或者添加剂、应用范围广	高能耗
化学引发	化学试剂分解产生自由基	成本低、易于规模化生产和使用	需要催化剂或者添加剂，接枝共聚效率受引发剂纯度、引发温度的限制

针对不同的原料体系，接枝反应采取不同的引发剂，主要的引发剂体系有过硫酸盐体系、$KMnO_4/H_2SO_4$ 体系、Fe^{2+}/H_2O_2 体系、Ce^{4+}体系等。目前应用最广泛的是过硫酸盐体系，采用过硫酸盐引发纤维素类物质的接枝聚合反应机理如下所示：

$$S_2O_8^{2-} \longrightarrow 2SO_4^- \cdot$$
$$纤维素—OH + S_2O_8^{2-} \longrightarrow 纤维素—O^- + HSO_4^- + SO_4^- \cdot$$
$$纤维素—O^- + 单体 \longrightarrow 共聚物$$
$$SO_4^- \cdot + 单体 \longrightarrow 均聚物$$

7.4.2　餐厨垃圾水凝胶的制备

高吸水性聚合物，也叫水凝胶（hydrogel），是一种功能高分子材料，可以吸收为自身质量几百倍甚至上千倍的水，而且在压力下仍能保持大部分的水。它一般是由亲水性高分子链轻度交联而成的三维网状结构，其分子链上带有大量的亲水性基团如—OH、—COOH以及—CONH$_2$ 等，主要应用于卫生用品、农业、医药、污染土壤及废水处理等领域。餐厨垃圾中含有的不饱和废油脂、淀粉、纤维素、蛋白质等四种典型组分，其中存在大量—OH、—COOH 和 C═C 等特征官能团。在一定条件的诱导下，这些组分可通过聚合反应进一步转化为高分子材料。

（1）餐厨垃圾水凝胶的表观性状

① 合成产品的宏观形貌。水凝胶合成过程中，随着反应时间的增加，体系黏度不断增大，溶液从最初的浆液状逐渐向凝胶状转化。如图 7-18 所示，所制备的餐厨垃圾水凝胶（Food Waste-Hydrogel，简称 FW-Hydrogel）呈乳白色胶体状，内部饱含水分。凝胶呈固定性状，手触具有一定黏性，挤压时也具有一定弹性，表现出水凝胶的特性，且随着聚合条件的不同表现出不同特征。

(a)   (b)

图 7-18   FW-Hydrogel 表观形貌图

② FW-Hydrogel 吸水前后性状变化。所合成的 FW-Hydrogel 最显著的性能是其优越的吸水性。为充分了解凝胶吸水前后性状变化，选取不同质量的交联剂亚甲基双丙烯酰胺(MBA)添加下所得的 FW-Hydrogel 样品，进行吸水实验。如图 7-19 所示，FW-Hydrogel 干燥后外观为黄色，硬度较大；充分吸水后，体积膨胀，颜色为乳白色。此外，MBA 添加量不同，其吸水膨胀性能不同，主要是因为交联剂影响凝胶内部结构的紧密性。交联剂含量越高，其内部越紧密，吸水膨胀越小；反之，则吸水膨胀越大。

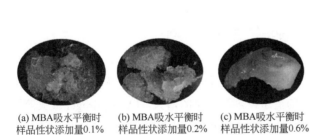

(a) MBA吸水平衡时   (b) MBA吸水平衡时   (c) MBA吸水平衡时   (d) 干燥时样品性状
样品性状添加量0.1%   样品性状添加量0.2%   样品性状添加量0.6%

图 7-19   交联剂 MBA 不同添加量下 FW-Hydrogel 吸水后性状变化

（2）FW-Hydrogel 吸水保水性能

FW-Hydrogel 主要用途即作为干旱/半干旱地区农业作物和园艺植物保水剂，同时通过缓慢释放水分和自身营养物质给植物提供所需养分。

① 丙烯酸单体添加量对 FW-Hydrogel 吸水性能的影响。丙烯酸（AA）单体在引发剂和交联剂作用下可发生自由基反应，自聚或与餐厨垃圾接枝共聚，因此其添加量对 FW-Hydrogel 吸水性能有较大影响，故在反应温度 70℃、MBA 添加量 0.3g、KPS（过硫酸钾）浓度 4mmol/L 的条件下，考察了 AA 添加量为 3.0～5.0mL，即质量分数为 5.7%～12.3%

时对水凝胶吸水性能的影响。图 7-20 为 AA 添加量对 FW-Hydrogel 最大溶胀率（Q_m）的影响。由图可知，水凝胶的最大溶胀率 Q_m 在添加量 5.0mL（质量分数 9.1%）时达到最大，为 73.5g/g；继续增大 AA 添加量，则会引起 Q_m 的下降，且下降幅度较为明显，由 73.5g/g（质量分数 9.1%）降到 40.6g/g（质量分数 12.3%）。因此，AA 最佳添加量（质量分数）为 9.1%。

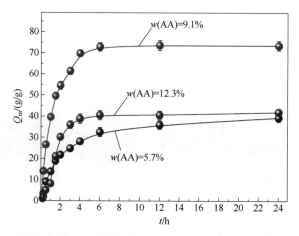

图 7-20　丙烯酸（AA）单体添加量对 FW-Hydrogel 吸水性能的影响

② 引发剂添加量对 FW-Hydrogel 吸水性能的影响。过硫酸钾起引发剂作用。引发剂是产生自由基的聚合反应活性中心物质，不仅是聚合反应速率的影响因素，也是影响聚合物分子量的重要因素。KPS（过硫酸钾）在一定聚合温度下可发生热分解，生成自由基，能够引发 AA 单体和餐厨垃圾主成分间的聚合反应。KPS 热分解反应如式（7-1）和式（7-2）所示。

$$\text{K}_2\text{S}_2\text{O}_8 \xrightarrow{\text{热分解}} 2\text{KSO}_4 \cdot \qquad (7\text{-}1)$$

$$\text{K}_2\text{S}_2\text{O}_8 \xrightarrow[\Delta]{\text{水溶液中}} 2\text{K}^+ + 2\text{SO}_4^- \cdot \qquad (7\text{-}2)$$

反应温度 70℃、MBA 添加量 0.3g、AA 质量分数 9.1% 的条件下，考察 KPS 添加量对 FW-Hydrogel 吸水性能的影响。以 50mL 浆液为基底，添加量变化范围为 4～16mmol/L，结果见图 7-21。由图 7-21 可知，随着引发剂添加量的增大，FW-Hydrogel 最大溶胀率也相应升高，KPS 添加量 16mmol/L 下 Q_m 为 94.5g/g。KPS 添加加量越大，反应体系中产生的 $\text{SO}_4^- \cdot$ 自由基越多，进而引发更多的 AA 单体自聚和 AA 与餐厨垃圾主成分的接枝共聚反应，在交联剂的作用下，发生交联反应。然而，过高的 KPS 添加量并未引起 Q_m 的大幅增加，主要受丙烯酸单体添加量的限制。

③ 交联剂添加量对 FW-Hydrogel 吸水性能的影响。图 7-22 为 N,N-亚甲基双丙烯酰胺添加量对 FW-Hydrogel 最大溶胀率的影响。该聚合体系中的交联反应既可以发生在同一类大分子内部（如淀粉、聚丙烯酸），也存在于不同的分子之间。此外，MBA 在初级自由基的引发下也可以增长成短链自由基，也能强化体系中的聚合交联反应。MBA 添加量（质量分数）从 0.1% 增加到 0.2% 时，Q_m 从 48.5g/g 升至 80.0g/g；而添加量从 0.2% 增加至 0.6%

时，Q_m 从 80.0g/g 下降至 28.8g/g。随着交联剂 MBA 的添加，反应体系内聚合交联程度增大，聚丙烯酸自交联产物、丙烯酸与餐厨垃圾主成分聚合产物等物质增多，因此 FW-Hydrogel 的 Q_m 不断增大；当聚合体系中产率达到最大时，继续增大 MBA 添加量则会导致 Q_m 的下降。这种变化趋势可能与交联剂剂量过大时，MBA 自聚倾向增加有关。

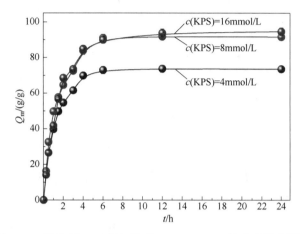

图 7-21 引发剂 KPS 添加量对 FW-Hydrogel 吸水性能的影响

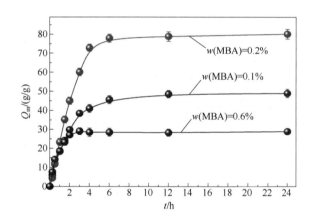

图 7-22 交联剂 N,N-亚甲基双丙烯酰胺添加量对 FW-Hydrogel 吸水性能的影响

④ 聚合反应温度对 FW-Hydrogel 吸水性能的影响。温度是 KPS 引发剂产生自由基的必要条件。KPS 在温度高于 70℃时才会热分解生成自由基，进而引发体系中的聚合反应。由图 7-23 可知在 60～80℃范围内，随反应温度升高，由于自由基生成速率加快，AA 自身或 AA 与餐厨垃圾聚合交联速度加快，反应活性点增多，但过高的温度却给空间网状结构的有序交联带来阻碍，表现为 FW-Hydrogel 吸水性能下降。此外，温度过低（T=60℃）和过高（T=80℃）时 FW-Hydrogel 都表现出较低的 Q_m 值，分别为 50.2g/g 和 45.9g/g，明显低于 70℃时的 73.5g/g。

7.4.3 复合水凝胶土壤肥力提升性能

为实现水凝胶制备过程中的 pH 调控及其施用于土壤中肥效的增强效果，添加尿素

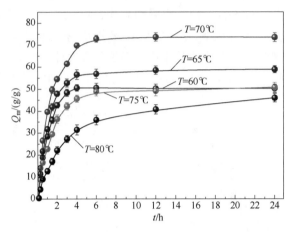

图 7-23　反应体系温度对 FW-Hydrogel 吸水性能的影响

（Urea）同步合成复合凝胶缓释肥，并考察其对土壤肥力提升的效果。

（1）氮元素浸出行为

复合水凝胶不仅是一种保水剂，同时也是氮肥缓释剂，其氮肥缓释性能如图 7-24 所示。相同氮元素含量情况下，在经过 24h 淋洗后，复合水凝胶中氮元素损失率为 19.7%，远低于纯尿素的氮元素损失率（52.3%），该现象说明制备的水凝胶缓释肥样品可以有效地控制肥料养分的淋失，具有氮元素保留和缓释的潜力。氮元素流失不仅是营养成分的损失，也是对周边水体生态环境的一种威胁。在以沙土为主的干旱、半干旱地区，常施用化肥进行营养成分补充，但后期的灌溉和雨水冲刷作用很容易将土壤中肥料淋洗出来，造成营养成分流失。因此，控制化肥养分的流失显得尤其重要。复合水凝胶类似一个微型水库和营养元素暂存库，为土壤和植物保留、提供水分和营养，相比于传统肥料，其优势显著。

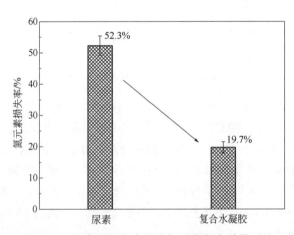

图 7-24　尿素和复合水凝胶氮元素保留效果对比

（2）土壤肥力变化

设置空白对照组（B_1）、尿素添加组（B_2）、与 B_2 等量氮元素含量的复合水凝胶组（B_3）

三组实验，与等质量土壤样品混合后，置于恒温恒湿（30℃，60%湿度）环境中养护，定期加水保持试验土壤样品的含水率。取样测试土壤基本性质指标，结果如表 7-4 所示。

表 7-4　不同氮肥施加对土壤性能的影响

指标	空白对照组（B₁）	尿素添加组（B₂）	复合水凝胶组（B₃）
pH	7.69	7.59	7.58
有机质/(g/kg)	13.7	14.1	25.9
阳离子交换量/(cmol/kg)	7.60	8.37	9.16
总氮/(g/kg)	0.639	0.899	0.975
总磷/(g/kg)	0.641	0.790	0.844
总钾/(g/kg)	12.4	12.5	14.8
可交换钾/(cmol/kg)	0.38	0.51	0.71
可交换钠/(cmol/kg)	0.34	0.35	1.59
可交换钙/(cmol/kg)	62.8	87.4	76.8
可交换镁/(cmol/kg)	4.45	4.63	4.74

添加尿素和复合水凝胶后，除 pH 基本维持不变外，其他土壤指标都有一定程度的增加。有机质在原土样中含量较低（13.7g/kg），施用复合水凝胶后，其含量增加到 25.9g/kg，表明复合水凝胶缓释剂施用后其中的有机质释放到土壤中，使得土壤颗粒中保有的有机物大幅增加。相对于空白对照组，尿素和复合水凝胶添加后，土壤总氮和总磷也有大幅提高。水解氮和有效磷作为植物生长的主要养分，其含量的增加可保证土壤的有效肥力和生产力。

7.5　餐厨垃圾制备化工产品

7.5.1　可行性分析

餐厨垃圾是功能分子的潜在储库，可被回收、浓缩并转化为高价值产品。将餐厨垃圾中的碳通过物理、化学或生物方式转换为基础化学品有助于减轻由化石燃料利用产生的经济和环境压力，因此广受关注。除此之外，也可从餐厨垃圾中直接分离提取有价值的产品。图 7-25 展现了利用餐厨垃圾获取各种产品的途径。

胶原蛋白是多细胞生物中最常见的蛋白质类型之一，可保证结缔组织和内脏器官的结构稳定性。胶原蛋白及其衍生明胶广泛用于食品、化妆品、制药、皮革工业以及医疗行业，比如生产肉制品和香肠的可食用肠衣。鱼类等动物源餐厨垃圾经乙酸和胃蛋白酶处理后，离心、冷冻干燥就可以制得胶原蛋白。壳聚糖是甲壳素（丰度仅次于纤维素）的衍生物，具有抗菌活性、生物降解性和生物相容性等性质，普遍应用于食品、制药、化学和纺织工业等行业。因具有高阳离子密度和长链结构，壳聚糖常被用作水处理用混凝剂/絮凝剂。

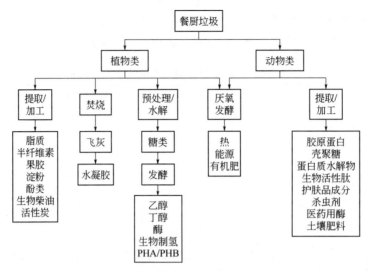

图 7-25　基于餐厨垃圾的有机产品获取

控制厌氧发酵进程,可以回收氢气、甲烷、短链脂肪酸(VFA,C2~C5)、中链脂肪酸(C6~C10)、沼气、乙醇、丁醇等多种化工产品(表 7-5),并可产出原核微生物体内的聚羟基链烷酸酯 PHA(一种响应营养限制或压力条件的能量和碳储备材料),后续可用于生物可降解塑料、涂料、黏合剂制作或药物合成等途径。基于微生物作用的餐厨垃圾制化学品,本质上是将餐厨垃圾用作微生物的碳源,因此不可避免地具有微生物处理的特征。相比前几种处理方式,餐厨垃圾不仅得到了有效处置,其价值也得以显著提升。

表 7-5　基于微生物作用的餐厨垃圾碳转化途径

化学品	餐厨垃圾组分	微生物种类或来源	产量
氢气	餐厨垃圾(熟)	厌氧活性污泥	370mL/g(以挥发分质量计)
沼气	餐厨垃圾混合物(米饭、面条、肉、蔬菜等,下同)	厌氧活性污泥	H_2:66.7L/kg(以总挥发分质量计) CH_4:0.72m^3/kg(以总挥发分质量计)
VFA	餐厨垃圾混合物	厌氧活性污泥	0.690g/g
乙醇	餐厨垃圾混合物	*S. cerevisiae*	0.31g/g(以固体质量计)
正丁醇	餐厨垃圾混合物	*C. beijerinckii* P260	12.3g/L
生物柴油	餐厨废油	*Aspergillus niger*	0.49g/g
生物柴油	餐厨垃圾混合物	*Schizochytrium mangrovei*, *Chlorella pyrenoidosa*	300mg/g
PHA	餐厨酸性废水	*Saccharophagus degradans*	23.7%~39.6%
丁二酸	水果、蔬菜	*Yarrowia lipolytica*	0.47g/g
乳酸	餐厨垃圾混合物	*Lactobacillus casei* Shirota	0.94g/g
2,3-丁二醇	水果	*Enterobacter ludwigii* FMCC 204	0.40g/g
1,3-丙二醇	废弃食用油	—	0.54g/g
腐殖酸	淀粉类	—	1.16g/g
PHB	淀粉类	*Bacillus firmus*	0.43g/g

　　除生物转化外，也可通过化学催化制得相应的有机原料。制呋喃系化合物可采用水解法或高温分解法。水解法一般以无机酸固体酸、金属离子类、离子液体为催化剂，存在废液污染环境以及腐蚀设备等问题，但呋喃系化合物收率相对较高；高温分解法存在的问题是能耗较大，而且由于产生大量的胡敏素和水，呋喃系化合物收率很难提高。以水解法为例，餐厨垃圾中淀粉和纤维素转化为 5-羟甲基糠醛（5-HMF）涉及三个主要的连续化学反应：①淀粉、纤维素等水解成葡萄糖，②葡萄糖异构化生成果糖，③果糖脱水形成 HMF。强 Bronsted 酸催化多糖水解，即质子攻击糖苷键的氧原子以分解葡萄糖单元；Lewis 酸催化葡萄糖异构化成为果糖，即电子对受体与葡萄糖配位，促进内部氢转移；弱 Bronsted 酸催化果糖羟基质子化进而脱去一分子水。基于此原理，实现向 5-HMF 的高效转化、开发绿色催化体系以及高效低耗的分离工艺具有重要意义。为了提高收率，抑制副反应，可采用汽提、溶剂萃取、超临界 CO_2 萃取等方法将生成的糠醛及时从体系中移出。

　　同样的，乙二醇、山梨醇、海藻糖、5-乙氧基甲基糠醛（5-EMF）、乙酰丙酸（LA）等也可经过淀粉、纤维素等多糖直接催化制得，利用反应体系的酸性与单一功能的还原催化剂相结合的方法，将多糖水解与水解产物（主要是葡萄糖）加氢两个反应合为一步反应，制得产物。催化氧化反应体系中催化剂的选择决定了反应和产物纯化的难易程度和效率，不同催化剂各有其优缺点：传统无机强酸难以回收利用，腐蚀设备且后处理能耗高；固体酸如离子交换树脂稳定性受温度限制（<130℃），反应需在较温和条件下进行，且通常在溶剂二甲基亚砜（DMSO）和离子液体中易于溶胀，表现出较好的催化活性；硅基催化剂载体制备较为复杂，有机硅种类有限，有机硅和表面活性剂价格昂贵；碳基固体酸催化剂高温煅烧制备条件苛刻；磺酸活性位点含量高但易于溶脱，致使产物含硫，不利于进一步衍生利用，且催化剂多孔性较差、比表面积较小，阻碍底物和产物的传质；离子液体价格昂贵；等。如何设计新型催化体系，选择合适的催化剂与助催化剂，使反应过程既不会结焦，同时又提高目标产物的收率显得至关重要。

　　综上所述，基于餐厨垃圾制化工产品的高效反应工艺，催化剂的设计与开发，化工产品的质量保证、分离与提纯等领域皆需进一步的研究。

7.5.2　生命周期评价

　　全球化石燃料供应逐渐减少，基于化石能源生产和使用的化学品同样面临着严峻的问题。因此，对广泛使用的化石燃料和化学品寻找合适替代品，保证供应稳定性与质量可控性至关重要。通过生物浸出从电子废物（如印刷电路板）中回收有价值的金属，虽然实现了二次资源回收和循环经济的目标，但是与现有工业火法冶金技术相比，表现出较差的环境性能。针对新加坡餐厨垃圾的焚烧、厌氧消化（AD）后堆肥、AD 后焚烧和 AD 后气化四种基本资源化方式进行了生命周期评价（Life Cycle Assessment，LCA），平均得分均较低，认为宜寻求更经济、高效、环保的资源化模式。相比之下，有机垃圾制化工原料研究得到了较多学者的肯定和支持。使用生命周期评价方法 LCA 量化了现有有机废物管理模式对环境的影响，从末端处理和资源回收方面考虑，认为有机垃圾堆肥制肥料优于直接填埋，但次于作为资源回收氮元素。构建 LCA 模型后发现，可再生生物质程序化光解制聚合物/低聚物材料具有可持续性和可行性，5-羟甲基糠醛（5-HMF）生产2,5-呋喃二甲酸（2,5-FDCA）的环境影响小于光触发器产生的不良影响。由以上 LCA 评价结果可知，以生物质制化工产品路线技术虽不十分成熟，市场经济竞争力不强，但可取得较高的人文、环境和生态效益，替代化石燃料的潜力巨大。长期来看，餐厨垃圾甚至有机垃圾作为具有碳氢结构的可再生能源之一，可减少对林业、农业资源的需求压力，同时增强我国能源供给保障能力和促进经济社会可持续发展。

由于工艺产量的巨大差异，实验室/中试规模的生产不能直接与工业系统进行比较，可参考图 7-26 放大工艺规模。相关学者利用 Monte Carlo 模拟和 LCA 讨论了用于生产生物基琥珀酸的不同可再生资源和化学途径工业放大的可能性。因前期尚未有相关研究，因而可充分利用 LCA 模型考察餐厨垃圾催化氧化制化学品基于技术放大的转化效率和综合效益，为工业化应用提供经验。

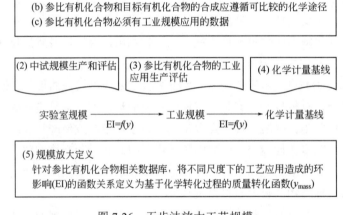

图 7-26　五步法放大工艺规模

7.6　污泥与餐厨垃圾联合厌氧发酵

7.6.1　联合厌氧发酵产氢效果

联合厌氧发酵产氢效果如图 7-27 所示。在污泥中加入适量的餐厨垃圾会使产氢浓度及产氢量得到提高，但其提高程度随着餐厨垃圾比例的增加而降低：当餐厨垃圾添加量占样品总质量的 10%时，得到的氢气浓度与累积产氢量最大，最大氢气浓度为 13.07%，最大累积产氢量达 41.88mL；当餐厨垃圾添加量占样品总质量的 20%时，仅获得 22.87mL 的累积产氢量，最大氢气浓度仅 4.2%；当餐厨垃圾比例提高到 30%～60%时，最大累积产氢量仅为 3～5mL；餐厨垃圾添加比例继续提高，体系中则无氢气产生。

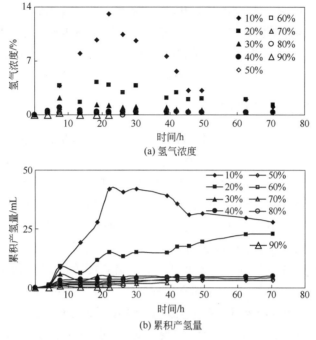

图 7-27　不同添加比例餐厨垃圾对污泥厌氧发酵产氢的影响

7.6.2　联合厌氧发酵产甲烷效果

在体系产氢过程中检测到甲烷的存在，其浓度变化情况见图 7-28。餐厨垃圾添加比例

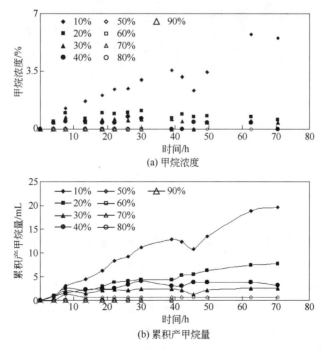

图 7-28　不同添加比例餐厨垃圾对污泥厌氧发酵产甲烷的影响

为 10%~40%的体系均不同程度地产生甲烷，且随着餐厨垃圾添加比例的增大而减小。餐厨垃圾添加比例为 10%的体系中产生的甲烷浓度最高，达 5.74%，观察期内（70.5h）最大累积产甲烷量为 19.58mL；当餐厨垃圾添加比例达 40%时，最大甲烷浓度仅 0.66%，最大累积产甲烷量仅 2.22mL；当餐厨垃圾比例继续增大，则在观察期内未检测到甲烷。

7.6.3　联合厌氧发酵机理

污泥-餐厨垃圾发酵体系并非餐厨垃圾添加量越多，产氢量就越大；也并非甲烷产量越小，对产甲烷菌的抑制作用越强，产氢量就越大。当餐厨垃圾比例较低，即污泥含量高时，污泥中的蛋白质及蛋白质水解酸化产物 NH_3-N 能对 pH 起到一定的缓冲作用；当添加的餐厨垃圾比例较高时，由于餐厨垃圾基质中主要的成分为糖类物质，水解酸化产物主要为短链脂肪酸，从而使体系 pH 快速下降，餐厨垃圾比例越高，体系酸化程度越高。图 7-29 为污泥-餐厨垃圾体系厌氧发酵前后体系 pH 的变化情况。各体系初始 pH 都在 6.0 左右，参与厌氧发酵后，体系 pH 均有不同程度的下降，下降程度随着餐厨垃圾添加比例的增加而增大：当添加比例为 10%时，发酵末端产物 pH 为 5.30，产甲烷菌受到一定的抑制，而且 pH 介于 5.0~6.0 间，因此产氢量较高；当添加比例达到 20%时，发酵末端产物 pH 为 4.57，低于 5.0，不仅产甲烷菌受到抑制，而且产氢菌也受到抑制；随着添加比例继续增大，发酵末端产物 pH 更低，当添加比例大于 40%时，发酵末端产物 pH 低于 4.00，过低的 pH 使得厌氧发酵体系受到强烈抑制，即产氢菌和产甲烷菌受到完全抑制。

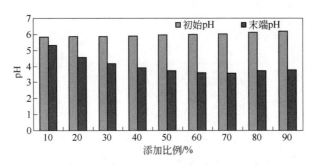

图 7-29　不同餐厨垃圾添加比例的污泥-餐厨垃圾体系厌氧发酵前后 pH 的变化

在污泥和餐厨垃圾联合厌氧发酵产氢过程中，污泥的作用是提供丰富的菌群，而餐厨垃圾的作用是提供低 pH（对耗氢菌，主要是产甲烷菌具有抑制作用）以及丰富的可溶性有机质。污泥和餐厨垃圾在基质上有很好的互补性：污泥中虽然富含有机物，但这些有机物绝大多数是不溶的；餐厨垃圾的有机物相比污泥则更加丰富，其 TOC 含量约为污泥的 6 倍，蛋白质含量与污泥相当或略高，但糖类物质含量却远远高于污泥，约为污泥的 7~14 倍；而且，餐厨垃圾中的可溶性有机物含量很高，SOC 浓度可达 40000~60000mg/L，约占 TOC 的 20%，可溶性蛋白质含量也为总蛋白质含量的 10%，可溶性糖浓度高达 30000~60000mg/L，为总糖含量的 60%。可见，餐厨垃圾不仅有机质含量很高，且含有丰富的糖类物质，而且大部分为可溶性糖；而污泥中有机质大部分为蛋白质，且多为不可溶的。餐厨垃圾与污泥混合，通过调节适当的比例，可以达到适合的 C/N，从而利于发酵产氢。

　　污泥和餐厨垃圾直接混合进行厌氧发酵，产氢量并不高。发酵产物中，乙酸和丁酸的生成是氢积累的代谢途径，但是乙醇、丙酸及乳酸等的生成都是耗氢的代谢途径。污泥中微生物种类繁多，代谢类型多样，如丁酸梭状芽孢杆菌属和拟杆菌属利于产氢，而产甲烷菌如索氏甲烷丝菌和巴氏甲烷八叠球菌、产乙酸菌和硫酸盐还原细菌等则消耗氢气。这种产氢菌与耗氢菌并存的事实，使得产氢菌产氢的同时，耗氢菌又迅速将其消耗掉。因此，对污泥进行预处理，抑制耗氢菌是获得大量氢气积累的关键。

习题与思考题

1. 简述目前城市有机废物主流处理处置技术及其优缺点。
2. 影响城市污泥好氧堆肥效果和堆肥过程的参数有哪些？如何加快污泥腐殖化？
3. 简述添加生物炭后，城市污泥堆肥过程 N_2O 的释放特征。
4. 思考如何提高有机废物处理与资源化过程中碳、氮、磷、硫营养元素的保留率。
5. 提出 2～3 种有机垃圾制备化工产品的途径，并分析其可行性。

第8章 生活垃圾渗滤液处理技术

垃圾渗滤液是垃圾在收运、处理和处置过程中产生的一种成分复杂的高浓度有机废水，不但含有大量有机污染物，而且氨氮、盐类和重金属含量均较高，生物营养比例失调，水量水质变化大，色度深且有恶臭，难以处理。垃圾渗滤液按来源主要分为填埋场渗滤液和焚烧厂渗滤液。填埋场渗滤液源于垃圾自身的水分和堆放过程中垃圾中有机物分解产生的水、进入填埋场的降水与径流，以及入渗的地下水，处理难度极大。焚烧厂渗滤液则源于垃圾自身的水分和堆放过程中垃圾中有机物分解产生的水，因膜浓缩液可以就地回炉焚烧，比较容易处理。

8.1 生活垃圾渗滤液特征

我国填埋场和焚烧厂渗滤液的典型组成如表 8-1 所示。

表 8-1 我国填埋场和焚烧厂渗滤液典型组成

项目	变化范围	项目	变化范围	项目	变化范围
颜色	黄褐色～黑色	COD/(mg/L)	3000～75000	Fe/(mg/L)	10～600
臭味	恶臭、略有氨味	BOD_5/(mg/L)	500～58000	Cu/(mg/L)	0.1～1.43
色度	500～10000 倍	TOC/(mg/L)	1500～40000	Pb/(mg/L)	0.05～12.3
pH	4.0～8.5	NH_3-N/(mg/L)	200～5000	Zn/(mg/L)	0.2～13.48
TSS/(mg/L)	2500～35000	NO_3^--N/(mg/L)	5～2240	Ca/(mg/L)	200～4500
碱度，以 $CaCO_3$ 计/(mg/L)	6000～15000	NO_2^--N/(mg/L)	5～200	Cr/(mg/L)	0.01～2.61
有机酸/(mg/L)	46～24600	TN/(mg/L)	400～6000	Hg/(mg/L)	0～0.032
氯化物/(mg/L)	2500～10000	TP/(mg/L)	0.5～30	As/(mg/L)	0.01～0.5
电导率/(μS/cm)	5000～30000	Ni/(mg/L)	0.01～6.1	Cd/(mg/L)	0～0.13

垃圾渗滤液具有较高的色度，外观多呈淡茶色、深褐色或黑色，有极重的垃圾腐败臭味。可溶性盐浓度可达 10000mg/L，Na^+、K^+、Cl^-、SO_4^{2-} 等无机盐类含量较高。垃圾渗滤液中主体有机污染物包括低分子量（<500）的挥发性脂肪酸（Volatile Fatty Acid，VFA）、中等分子量的富里酸类物质（分子量主要在 500～10000）和高分子量的胡敏酸（分子量主要在 10000～100000），后两类合称为腐殖酸。腐殖酸是大分子产物，浓度较高且难生物降解，是垃圾渗滤液中最主要的有机污染物。垃圾渗滤液中的五日生化需氧量（BOD_5）和化学需氧量（COD）浓度最高可达几万毫克/升，其中接近 500～1000mg/L 难以用生物处理的方式去除。氨氮浓度较高，可达 2000mg/L 以上，而磷元素缺乏。高氨氮、低磷源将抑制微生物的活性，增加了生化处理难度。

8.2　填埋场渗滤液基本性质变化

8.2.1　渗滤液离子综合参数变化过程

（1）碱度和 pH

渗滤液碱度和 pH 与填埋时间的关系如图 8-1 和图 8-2 所示。在后续亲疏水分离实验调节 pH=2 过程中，观察到填埋时间越短，垃圾产生的渗滤液的气泡产生量及速度较老龄渗滤液越多且快。这与常规的认识即填埋龄越长 pH 越高有偏差，主要原因可能是，一般的研究过程中，把填埋初期的酸化过程考虑在内，而且实际上在开始甲烷化后填埋场的 pH 基本变动不大，并且没有考虑到渗滤液母体垃圾的异同性的影响。

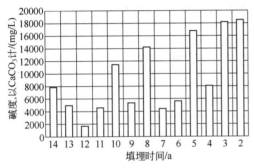

图 8-1　渗滤液碱度与填埋时间关系

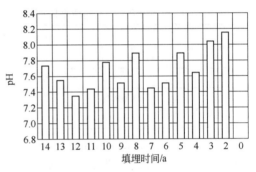

图 8-2　渗滤液 pH 与填埋时间关系

（2）电导率与 ORP

从图 8-3 可知，渗滤液的电导率随填埋时间呈下降的趋势，其中在填埋初期下降较快，从开始的 41500μS/cm（填埋 2 年）降到 17870μS/cm（填埋 12 年），其后一直维持在 10000～15000μS/cm 范围内。填埋初期渗滤液电导率下降迅速主要是填埋场中反应较为活跃的结果，经过 4 年左右的降解，渗滤液中碳酸盐等无机离子态物质相对含量较大，具有一定的缓冲作用。

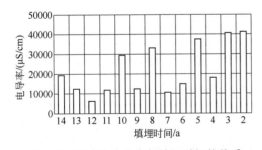

图 8-3　渗滤液电导率与填埋时间的关系

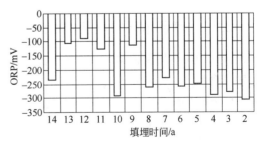

图 8-4　渗滤液 ORP 与填埋时间的关系

氧化还原电位(oxidation-reduction potential, ORP) 主要用于反映填埋场所处的氧化还原条件，从图 8-4 中可看出，渗滤液中 ORP 为负值，说明内含物质以还原态为主。填埋场经过 14 年的运行，还没有达到完全稳定化状态；而 ORP 值随填埋时间的推移逐渐增大，说明填埋场中可被利用的还原态物质含量逐渐减少。

（3）离子强度与电子不平衡状况

如表 8-2 所示，根据 MINTEQA2 软件的计算结果可知，渗滤液中电子不平衡状态随填埋时间延长有逐步升高趋势，从填埋 2 年的 38.5%上升到 12 年的 64.9%，说明随着填埋时间的增加，电子不匹配度增加，由于各填埋龄输入的正负离子参数相同，因此间接反映了老龄渗滤液中含有更多的未检出离子。离子强度可用于反映水体中电解质与周围物质的吸附过程，离子强度随填埋时间延长有逐渐下降趋势，从 0.3828mol/L（填埋时间 2 年）降低到 0.04854mol/L（填埋时间 12 年），与各年份渗滤液的电导率趋势保持一致。如果考虑渗滤液中溶解性有机质（Dissolved Organic Matter，DOM）的影响，则电子不平衡有部分增加，约增加 3%~5%左右，说明部分离子可与 DOM 等结合从而增加其不平衡度。

表 8-2　不同填埋时间渗滤液的离子强度和电子不平衡状况

填埋时间/a	不考虑 DOM		考虑 DOM	
	离子强度/(mol/L)	电子不平衡/%	离子强度/(mol/L)	电子不平衡/%
14	0.13550	41.4	0.13840	41.8
13	0.09672	43.8	0.09903	44.2
12	0.04854	64.9	0.04698	66.6
11	0.08682	50.2	0.08782	50.2
10	0.23240	46.3	0.31740	60.4
9	0.10180	52.8	0.10350	52.7
8	0.24450	32.1	0.25900	33.6
7	0.08892	50.2	0.08837	50.7
6	0.11560	36.3	0.11860	36.9
5	0.34490	42.8	0.34990	42.6
4	0.15970	44.3	0.16430	44.9
3	0.33620	36.8	0.34950	37.5
2	0.38280	38.5	0.40470	39.7

8.2.2　渗滤液碳物质及矿物油含量变化过程

渗滤液中有机物种类繁多、含量复杂，因此使用一些综合性指标（如 COD、TOC 等）反映其含量的高低，同时测试了渗滤液中矿物油的含量。

（1）碳物质

从图 8-5 中渗滤液 COD 和不可吹扫性有机物（NPOC）随填埋时间的变化情况可看出：渗滤液中的碳物质总体含量有逐步降低趋势，与 ORP 的变化具有一定的相似性；而且在填埋初期的 4 年内下降较多，填埋现场新鲜渗滤液的 COD 从 54000mg/L 降到 7135mg/L，之后基本维持在 2000mg/L 左右。因此，从渗滤液排放标准考虑，要达到渗滤液三级排放标准，在正常条件下必须要填埋约 13 年以上，前期必须对渗滤液进行有效的导排处理。

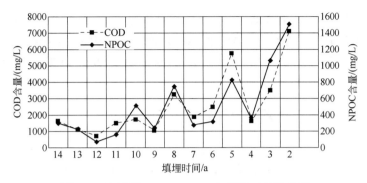

图 8-5　渗滤液 COD、NPOC 与填埋时间的关系

NPOC 和 TOC 的组成形式可以从一个方面反映渗滤液中碳物质的存在状态（可挥发性和不可挥发性物质的比例状况）。NPOC 主要反映一些无机态、难挥发物质的含量。随着填埋时间的推移，垃圾降解产物中可挥发性物质含量减少，从而使得淋溶到渗滤液的物质相对较少，而填埋场区内的一些无机态物质和垃圾的一些降解中间产物（如微生物分泌物、垃圾中的木质素等）等的比例逐渐增加，反映到 NPOC/TOC 中，其值总体趋势是逐渐增加，说明随时间推移，渗滤液中无机碳成分所占的比例有所增加，这也符合垃圾中物质的降解规律。同时可以看出，渗滤液中的 NPOC/TOC 大致呈现两个阶段：前一阶段从填埋开始到第 8 年，上升速度相对较缓和；后一阶段位于第 8～12 年，上升速度较快。渗滤液 NPOC/TOC 与填埋时间的关系如图 8-6 所示。

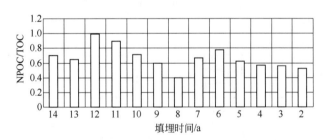

图 8-6　渗滤液 NPOC/TOC 与填埋时间的关系

（2）矿物油

渗滤液中含有大量油性物质，包括矿物油和动植物油，矿物油主要成分为烃类化合物，其中所含的芳香烃类物质具有较大的毒性。这些油性物质（部分表面活性剂）也是渗滤液处理过程中产生大量泡沫的主要原因。从图 8-7 可以看出：渗滤液中的矿物油含量在填埋

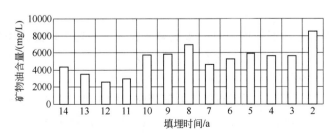

图 8-7　渗滤液矿物油含量与填埋时间的关系

初期（4 年）下降较多，之后变动不大，而到第 10 年后又下降较快。主要原因是初期的矿物油含量主要受降解作用的影响（说明部分矿物油能在开始阶段快速降解，剩余物以难降解物质为主），而后期则主要受垃圾的成分影响（填埋场 20 世纪 90 年代初垃圾中粉煤灰含量较多）。

8.2.3　渗滤液氮、磷系物含量变化过程

（1）氮系物

从图 8-8 中可以看出：初期渗滤液中氮的含量总体较高，特别是一些填埋初期渗滤液，其氨氮含量达到了 4251mg/L，与填埋作业现场产生的新鲜渗滤液的氨氮含量相当。初期渗滤液中氨氮来源于垃圾本身的一些含氨氮物质的直接溶解过程，而后随着填埋时间的延长，垃圾中其他一些可降解的氮类物质（如蛋白质等），其分解速度比碳水化合物和脂肪等慢，成为填埋时间较长的垃圾所产生渗滤液中氮的主要来源。因此在垃圾的稳定化过程中，虽然碳类物质的降解高峰可能已过，氮类物质仍会持续进入渗滤液中，并维持在一个较高的水平。渗滤液中氮类物质含量虽然随填埋时间有明显的下降趋势，但其绝对值在开始的 11 年间都在 1000mg/L 左右，相对于生物处理所需的 C：N：P=100：5：1，仍然不合适。

同时，从图 8-9 中 NH_4^+-N/TN 的比值可看出：填埋初期产生的渗滤液中，氨氮在总氮中所占比例很高，填埋 2 年为 97.3%，之后随填埋时间的延长，氨氮所占比例逐渐下降；前 8 年内，其比例都大于 80%，随后其比例下降较大，到第 12 年时，NH_4^+-N/TN 为 55.6%。这可能与填埋场内部的垃圾成分有关，20 世纪 90 年代初期填埋垃圾中含有较多的粉煤灰，对氨氮等的去除较为有效。

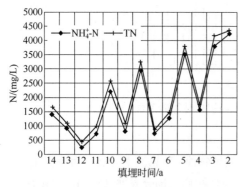

图 8-8　氨氮、总氮与填埋时间的关系

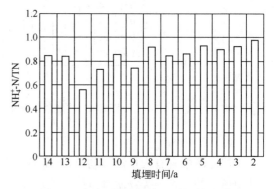

图 8-9　氨氮/总氮与填埋时间的关系

（2）磷系物

如图 8-10 所示，渗滤液中的 TP 含量总体较高，填埋初期渗滤液的 TP 含量达到 34.9mg/L，而且在 8 年左右，其值都在 10mg/L 以上，主要是垃圾中含有的大量含磷物质持续释放的结果。填埋 12 年时，渗滤液的 TP 含量接近 0mg/L，这主要是因为填埋场垃圾中磷的绝对含量降低，另一方面经过较长时间降解后的垃圾，对磷具有较强的吸附能力，可达到 1.6mg/g，由于渗滤液没有外排，使得在长期浸泡过程中渗滤液中的磷又被吸附到垃圾中。

关于 PO_4^{3-}/TP 的值,从图 8-11 中可以发现:填埋初期渗滤液中 P 主要以正磷酸盐形式存在,初期 PO_4^{3-}/TP 值达到 98.2%,而后随着填埋时间的推移,其值逐渐降低,从开始的 98.2%降到 30%左右(填埋 12 年)。渗滤液 P 含量的降低主要受两方面作用的影响:①微生物主要吸收以正磷酸盐形式存在的磷,而生物降解过程中,相对于渗滤液中的 C 和 N 含量,P 含量明显偏低,因此,大量正磷酸盐被微生物吸收,而代谢过程排放的磷可能主要以其他形式存在。②正磷酸盐易与一些含 Ca、Mg 物质结合,从而生成沉淀被去除。

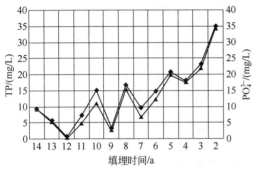

图 8-10　总磷、正磷酸盐与填埋时间关系

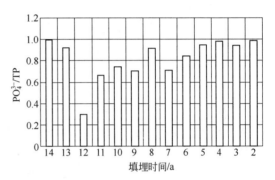

图 8-11　正磷酸盐/总磷与填埋时间关系

8.2.4　渗滤液阴离子含量变化过程

渗滤液中的阴离子主要包括卤素(Cl、Br、F 等)、硫系物、NO_x、PO_x、CO_x 等,后面三种阴离子分别在 N、P 以及碱度等指标中讨论,此处主要针对渗滤液中的卤素和硫系物进行阐述。

(1)卤素

填埋初期,填埋垃圾产生的渗滤液的卤素浓度为 Cl^- 4926mg/L、Br^- 92.8mg/L、F^- 18.47mg/L,高浓度的卤素含量主要是渗滤液的母体——垃圾中含有的大量餐厨垃圾作用的结果。填埋初期垃圾中易溶解的卤素离子被大量淋洗到渗滤液中,大约 4 年后卤素离子浓度有所降低。但由于卤素等物质很难被降解,且生物利用所需的量也较少,因此其浓度随时间总体变化不大,基本维持在一个相对稳定的水平,一般 Cl^- 浓度在 1500mg/L 左右,Br^- 浓度在 60～100mg/L,F^- 浓度一般在 15mg/L 左右(图 8-12 和图 8-13)。填埋场渗滤液中含高浓度的卤素离子,特别像垃圾中本身含量较少的 F^-、Br^- 等浓度也较高,可能还与该填埋场地理位置有关,因毗连东海,海水的渗漏是造成其卤素离子浓度较高的重要因素之一。

(2)硫系物

渗滤液中的硫系物主要包括硫酸根和 S^{2-} 等形式。硫酸根离子浓度一般在 200～400mg/L 左右,而 S^{2-} 由于易与渗滤液中的一些重金属生成沉淀,因此在渗滤液中的含量相对较低,大都在 10mg/L 左右。硫酸根浓度随填埋时间的延长变化不大,而 S^{2-} 浓度则有所下降(图 8-14),虽然硫酸根与 S^{2-} 之间在不同的氧化还原条件下可以发生相互转化,但在渗滤液中没有表现出这种趋势,所以渗滤液中 S^{2-} 主要受沉淀等作用的影响而浓度降低。

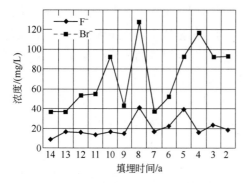

图 8-12　渗滤液中 F⁻、Br⁻与填埋时间的关系

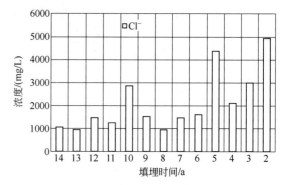

图 8-13　渗滤液中 Cl⁻与填埋时间的关系

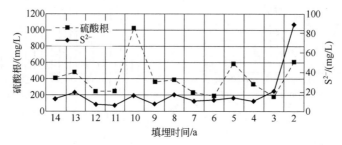

图 8-14　渗滤液硫系物与填埋时间的关系

8.2.5　渗滤液离子形态变化过程

（1）氨氮

如表 8-3 所示，渗滤液中的氨氮主要以 NH_4^+ 形式存在，约为 95.1%～98.3%，且随填埋时间的延长有上升趋势，其余主要以 NH_3（aq）形式存在，一般在 1.1%～3.6%内，有逐渐降低趋势，氨氮的存在形式主要是渗滤液本身偏碱性的结果。随填埋时间的延长，渗滤液中氨氮浓度逐渐降低，根据溶解平衡，NH_4^+（aq）$\longleftrightarrow NH_3$（aq）$+H^+$（aq），NH_4^+ 浓度较高，平衡向右移动，从而 NH_3（aq）的比例在填埋初期较低而后逐渐增加。如将渗滤液中的 DOM 包括在内，渗滤液中氨氮的组成变化不大，说明从化学角度来看，氨氮基本不与有机物结合，而以自由态离子存在为主。

表 8-3　不同填埋时间渗滤液中氨氮形态分布状况　　　　　　　单位：%

填埋时间/a	不包括 DOM			包括 DOM		
	NH_4^+	$NH_4SO_4^-$	NH_3（aq）	NH_4^+	$NH_4SO_4^-$	NH_3（aq）
14	97.3	1.2	1.5	97.3	1.2	1.5
13	97.3	1.6	1.1	97.3	1.6	1.1
12	98.2	—	1.1	98.2	1.1	—
11	98.3	—	—	98.3	—	—
10	95.9	2.4	1.6	96.0	2.4	1.6
9	97.8	—	1.2	97.8	1.2	—
8	97.1	—	2.1	97.1	—	2.1

续表

填埋时间/a	不包括 DOM			包括 DOM		
	NH_4^+	$NH_4SO_4^-$	NH_3（aq）	NH_4^+	$NH_4SO_4^-$	NH_3（aq）
7	98.4	—	—	98.4	—	—
6	98.5	—	—	98.5	—	—
5	96.8	1.2	2	96.8	1.2	2
4	97.9	—	1.2	97.9	—	1.2
3	96.8	—	2.9	96.8	—	2.9
2	95.1	1.1	3.6	95.3	1.1	3.6

（2）磷酸盐

如表 8-4 所示，考虑 DOM 情况下，磷酸盐形态主要以 HPO_4^{2-} 为主，且随填埋时间延长，从开始的 95.4%降低到填埋 12 年后的 66.7%，而 $H_2PO_4^-$ 则有上升趋势，从开始的 4.3%上升到填埋 12 年的 27.7%，部分样品还含有少量的 $MgHPO_4(aq)$、$CaHPO_4(aq)$形态，这主要是因为渗滤液 pH 处于弱碱性范围。

表 8-4　不同填埋时间渗滤液的磷酸盐形态分布状况　　　　单位：%

填埋时间/a	HPO_4^{2-}	$H_2PO_4^-$	$MgHPO_4(aq)$	$CaHPO_4(aq)$
14	86.3	11.6	2	—
13	78.1	17	4.6	—
12	66.7	27.7	2.7	2.4
11	72.4	20.8	6.3	—
10	89.9	9.5	7.3	1.5
9	91.6	7.7	—	—
8	91.6	7.7	—	—
7	75.5	21.2	3	—
6	77.5	17.8	4.4	—
5	91.9	7.5	—	—
4	84.3	13.5	2.2	—
3	94.2	5.4	—	—
2	95.4	4.3	—	—

（3）DOM

如表 8-5 所示，渗滤液中的 DOM 主要以游离态（DOM1）形式存在，并随填埋时间的延长，其含量相对降低，从填埋初期的 97.5%降低到 12 年后的 77%；同时 DOM 中的部分物质可与 Mg 和 Ca 结合。

表 8-5　不同填埋时间渗滤液的 DOM 形态分布状况　　　　单位：%

填埋时间/a	DOM1	DOM-Mg	DOM-Ca
14	96.2	3.1	—
13	89.2	8.4	—

续表

填埋时间/a	DOM1	DOM-Mg	DOM-Ca
12	77	1.7	20.4
11	87.5	10.2	1.2
10	96.1	2.9	—
9	89.2	8.9	1
8	96	3.1	—
7	89.1	5.7	3.7
6	89.7	8.4	—
5	96.4	2.8	—
4	92.8	5.8	—
3	97.1	2.2	—
2	97.5	1.9	—

8.3　渗滤液化学混凝处理技术

老龄渗滤液中的可溶性有机物多为腐殖酸类物质，由一系列多相聚合有机质组成，其中包含特殊的官能团如羧基和酚基，这两种官能团能够有效吸附金属离子并影响其性质。通过化学混凝工艺，理论上可以实现对老龄渗滤液中腐殖酸类物质的去除，即通过混凝工艺去除老龄渗滤液中的难降解有机物。

以三氯化铁（FTC）及聚合氯化铝（PAC）作为混凝剂，聚丙烯酰胺（PAM）作为助凝剂去除老龄渗滤液中的有机物。研究表明，pH=5，FTC 投加浓度为 750mg/L，PAM 投加浓度为 2mg/L 的条件下，老龄渗滤液中有机物去除效率最佳，COD、氨氮、TN、TOC 和色度去除率最高分别达到 81%、65%、62%、83% 和 91%。弱碱性条件下（pH=7.8），PAC 对有机物的混凝去除效率高于 FTC，但是对老龄渗滤液的色度去除效果较差，去除效率最高只有 65%。

FTC 水解产生带正电荷的低、中聚合形态物质，与腐殖酸分子发生吸附电中和后形成大量 Me-HA 形式的络合物（Me 为金属离子），从而混凝沉淀腐殖酸类物质；混凝后出水中的可溶性有机物多为分子量较小的物质，大分子量的有机物在混凝过程中得以去除。老龄渗滤液中苯环、酮基及醌类化合物等的去除是色度降低的主要原因，该类物质的去除也使得难降解物质得以去除。

8.4　渗滤液深井好氧预处理技术

8.4.1　深井好氧预处理工艺流程

经预处理后，污水经污水泵提升至梯度压力曝气设备进行好氧生物处理（图 8-15），该装置深度大、静水压力高、溶解氧浓度大、氧化能力强，可快速、高效、低耗地将污水中的有机物降解为 CO_2、H_2O，深井流出液进入脱气池，脱除黏附在污泥上的微气泡后进入二沉池进行固液分离，沉淀污泥用污泥泵回流入深井，多余污泥排入污泥浓缩池，浓缩脱水后外运。经处理后，可达到排放要求，最终实现污水处理净化的目的。

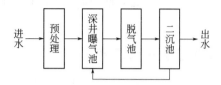

图 8-15　梯度压力高效好氧处理垃圾渗滤液工艺流程图

梯度压力高效好氧装置剖面如图 8-16 所示。主要结构如下：

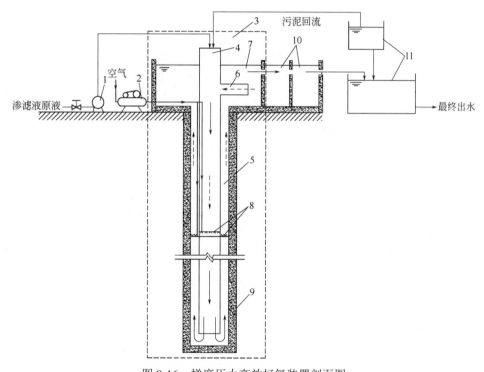

图 8-16　梯度压力高效好氧装置剖面图

1—潜污泵；2—空压机；3—深井主体；4—下降管；5—上升管；6—支管；7—头部水箱；
8—曝气管；9—防渗墙；10—脱气池；11—污泥沉淀池

① 梯度压力曝气井：为同心圆钢结构，梯度压力曝气井顶槽为矩形钢筋混凝土结构，由上升管、下降管和头部水箱三部分组成，形成供液体循环的通道。在上升管、下降管各布置一个曝气装置。由于该曝气井深度大、静水压力高、溶解氧浓度大、氧化能力强、内循环比大，因此处理废水快速高效，并取得很好的处理效果。另外，在顶槽设置加药装置，用于在处理过程中加入营养添加物或化学处理耦合剂。

② 脱气池：为矩形钢筋混凝土结构。由于该装置深度大、静水压力高、溶解氧浓度大，流出液中含有大量的过饱和溶解空气，流出深井后，会释放大量微气泡，不等量地黏附到活性污泥上，会造成污泥的上浮、沉淀或漂浮。为使用重力分离法对深井流出液进行固液

分离，本工艺采用压缩空气曝气法脱除黏附在活性污泥上的微气泡，便于在二沉池进行固液分离。

③ 污泥沉淀池：为矩形平流式沉淀池，钢筋混凝土结构。用于对深井处理液进行固液分离，内设污泥斗。

8.4.2　梯度压力好氧装置处理渗滤液

（1）梯度压力好氧装置在冬季对渗滤液中污染物的去除

老港生活垃圾填埋场位于东海边，冬季昼夜温差较大，夜晚温度可降至 0℃以下。采样时昼夜最高温度和最低温度如图 8-17 所示。此段运行期，最高温度为 15℃，最低温度为−3℃。

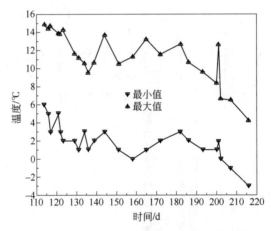

图 8-17　梯度压力装置在冬季运行时外界的温度

图 8-18 展示了冬季运行期间，进、出水中的氨氮在生物反应器中的变化情况。从第 114d 到第 136d 这段运行期，渗滤液日处理负荷为 10t。此时，进水 NH_3-N 浓度变化不大，基本维持在 1500mg/L 左右，出水 NH_3-N 浓度也较为稳定，维持在 250mg/L 左右，氨氮去

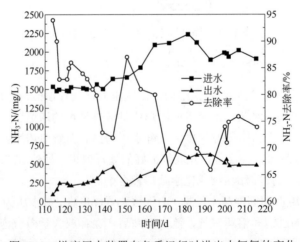

图 8-18　梯度压力装置在冬季运行时进出水氨氮的变化

除率在 80%～94%。当外界温度刚降低至 15℃时（114～116d），出水氨氮浓度由 96mg/L（第 114d）开始升高至 154mg/L（第 116d），然后持续升高到 249mg/L（第 117d），以后稳定在 250mg/L 左右，这表明外界温度的降低，对梯度压力装置中微生物的硝化反应具有一定的影响。

136d 后，为考察梯度压力装置的污染物负荷，进水负荷由 10t/d 提高到 20t/d。从第 136d 开始，139～144d 之间进水的 $NH_3\text{-}N$ 浓度仍维持在 1500mg/L 左右，但出水中 $NH_3\text{-}N$ 浓度随着水力负荷的增加而增加，在第 144d，出水中 $NH_3\text{-}N$ 浓度已升至 465mg。随后一段时间，虽然进水氨氮在持续升高，在第 151d 进水氨氮浓度升至 1658mg/L，但出水中的氨氮浓度反而降低至 222mg/L。这可能是因为反应器中微生物对污染物提高后的负荷已经开始适应，对恶劣环境的耐受性开始发挥作用，使得即使进水水力负荷提升至 20t/d，出水氨氮浓度仍降至处理量为 10t/d 时的水平。这表明，当进水氨氮浓度小于 1700mg/L，渗滤液日处理量为 20t 时，出水氨氮可长期稳定在 250mg/L 左右。

151d 后，随着四期新鲜渗滤液的调入，进水氨氮开始大幅度升高，由 1658mg/L 开始升至 2235mg/L（第 182d），随后降至 2000mg/L 左右，并维持在 1900～2000mg/L。此时，对应的出水中氨氮浓度随着进水氨氮负荷的增加而增加，在第 172d 出水氨氮浓度升至最高，为 715mg/L，随后表现出逐渐下降趋势，稳定在 480mg/L 左右。这段时间，氨氮去除率最低值出现在第 172d 和第 193d，仅为 66%，其他处理期间，氨氮去除率均在 75% 左右。

图 8-19 展示了从 114d 到 216d 运行期间最高温度低于 15℃时，进、出水中总氮的变化。在第 136d 前，渗滤液处理负荷为 10t/d，进水总氮浓度在 2000～2200mg/L 之间波动，出水总氮浓度范围为 723～978mg/L，去除率为 52%～67%。第 136d 到第 158d，随着处理负荷的增加，出水中总氮浓度升至 1200～1300mg/L，去除率降至 41%～50%。第 165d 后，进水总氮浓度升高至 2600～2938mg/L，出水总氮浓度由 1245mg/L 降至 972mg/L，再次升高至 1150mg/L，随后稳定在 1100mg/L 左右，而此运行阶段的去除率基本维持在 55%～65%。

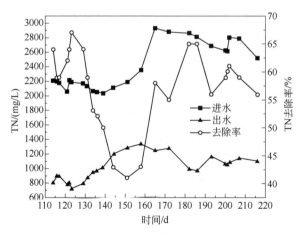

图 8-19　梯度压力装置在冬季运行时进出水总氮的变化

梯度压力装置的地下深井特殊构造以及曝气位置造成反应器中不同区域存在溶解氧溶度差异。根据溶解氧含量的不同，反应器内可分为 3 个区域：①0～50m 处为厌氧段，

②50～80m 处为好氧段，③80～110m 处为强好氧段。渗滤液由下降管进入反应器，经历这 3 段区域后，在上升管中由气提提供动力，上升至头部水箱，通过内井支管进入下降管，与新进入的渗滤液进行混合，混合液再次经历上述 3 段区域。因此，梯度好氧装置中可同时存在硝化和反硝化反应，在好氧段和强好氧段，氨氮在硝化细菌作用下转化为硝酸盐氮和亚硝酸盐氮，循环液进入厌氧段后，与新补充进的渗滤液混合（同时为循环液提供碳源），在 0～50m 处的厌氧段发生反硝化作用，使得生成的硝酸盐氮、亚硝酸盐氮转化为氮气，随着再次循环，从头部水箱中释放。因此，梯度压力装置虽然在静水压力作用下溶解氧含量巨大，但渗滤液中的总氮在硝化、反硝化作用下仍会减少，又因反应器内以好氧状态为主，故相对厌氧池来说，反应器内反硝化作用不完全，总氮的去除率仅为41%～67%。

图 8-20 展示了从第 114d 到第 208d 的出水中硝酸盐氮和亚硝酸盐氮的变化情况。在第 136d 前（渗滤液处理量 10t/d），亚硝酸盐氮浓度一直稳定维持在 50mg/L 以下，硝酸盐氮浓度从 334mg/L 降至约 170mg/L，随后稳定在此浓度约 10d 后，又降至 99mg/L。在第 136d 之后，渗滤液处理量提高至 20t/d，随着氨氮处理负荷的增加和碳氮比的降低，微生物活性受到影响，硝酸盐氮和亚硝酸盐氮开始大量积累。亚硝酸盐氮积累现象十分显著，在第 139d 浓度仅为 48mg/L，而第 144d 即上升至 480mg/L，在 5d 内，浓度积累了 10 倍，且其浓度随后持续升高，在第 151d 时反应器内浓度已积累至 806mg/L。在同时段，硝酸盐氮也发生了相似的积累现象，从 99mg/L 持续升至 393mg/L。从第 144d 到第 151d，反应器中发生了亚硝酸盐氮和硝酸盐氮的积累，主要是因为进水量的突然提高，使得反应器内水力停留时间从 48h 降至 24h，同时氨氮负荷提高一倍，反应器内稳定状态受到影响。该现象同时也与 COD 浓度下降、碳源不足有一定的相关性。

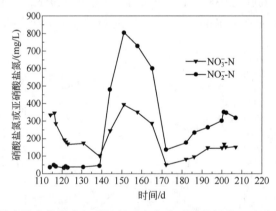

图 8-20　梯度压力装置在冬季运行时出水中硝酸盐氮和亚硝酸盐氮的变化

第 151d 后，亚硝酸盐氮和硝酸盐氮浓度开始持续降低。在第 172d，亚硝酸盐氮降至 137mg/L，而硝酸盐氮降至 50mg/L。硝酸盐氮和亚硝酸盐氮浓度降低，可能是因为在一段时间内适应了高负荷的氨氮浓度和较短的水力停留时间后，反应器内微生物对不利环境的耐受性开始发挥作用。随后，亚硝酸盐氮再次出现上升趋势，浓度由 177mg/L 缓慢升至 350mg/L 左右；同时，硝酸盐氮也由 81mg/L 逐渐缓慢升至 150mg/L 左右。在此运行阶段，反应器内仍存在亚硝酸盐氮积累的现象。这主要与进水氨氮负荷的再次提高和 C/N 的降低有关。

　　图 8-21 展示了在冬季运行时梯度压力装置进出水的 COD 变化。进水 COD 浓度波动较大，范围为 3600～9500mg/L。从第 114d 到第 136d，渗滤液处理量为 10t/d，进水 COD 浓度为 3875～6213mg/L，此时，出水中的 COD 较为稳定，浓度在 795～1080mg/L 之间，相应的平均去除率为 80%。在此运行期间，当 C/N 高于 3.6 时，COD 的去除率稳定在 85% 左右；而当 C/N 为 2.5 时，其去除率仅为 74%。COD 的去除率随着 C/N 的降低显著降低。

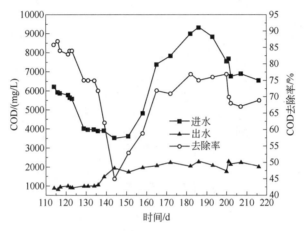

图 8-21　梯度压力装置在冬季运行时进出水 COD 的变化

　　当渗滤液处理量提高到 20t/d（第 136d），出水中的 COD 浓度升高至 1957mg/L，去除率仅为 59%。从第 158d 开始，进水 COD 浓度升高至 6545～9346mg/L，出水中的 COD 浓度也随之开始持续升高，基本保持在 2100mg/L 左右，此时，COD 的平均去除率为 71%。在第 144d，COD 去除率出现了整个处理过程中的最小值，仅为 45%。约 20d 后，COD 去除率明显升高至 70% 以上，这主要可能是由于反应器中碳源的加入（进水 COD 提高）和微生物对不利环境的适应性开始起作用。这预示着低 C/N 对渗滤液中有机物的去除非常不利。同时，出水中的 COD 浓度的最小值约为 800mg/L，基本接近渗滤液中生物预处理出水的极限。渗滤液中有一部分 COD 是由还原性物质（如 Cl⁻）和难生物降解的有机物（如异生型有机污染物、腐殖质等）贡献的，使用生物处理法无法去除。

　　然而，在 C/N 都为 3 的条件下，第 158d 后 COD 和 TOC 的平均去除率分别为 72% 和 80%，明显低于第 114d 到第 123d 这段时间的去除率（85% 和 91%），这可能是因为在后期亚硝酸盐氮积累和进水中高浓度的氨氮抑制了反应器中微生物的活性，从而导致污染物去除率降低。

　　（2）梯度压力好氧装置在春夏季对渗滤液中污染物的去除

　　图 8-22 展示了梯度压力装置在春夏季（室外温度 20～30℃）运行时对渗滤液的处理效果。从当年 5 月至 9 月中旬，经吹脱处理后，使得梯度压力装置进水 NH_3-N 稳定维持在 1500～1600mg/L，在渗滤液处理量 20t/d 的负荷下，出水 NH_3-N 稳定小于 100mg/L，最低值为 47.7mg/L。此时，氨氮的去除率为 92.8%～96.8%。

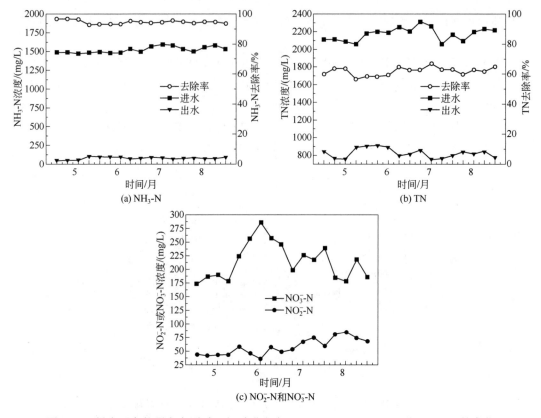

图 8-22　梯度压力装置在春夏季运行时进出水 NH_3-N、TN、 NO_2^--N 和 NO_3^--N 的变化

进水 TN 在 2000～2300mg/L 之间波动，出水 TN 750～900mg/L，去除率为 56.6%～66.9%。同时，出水 NO_3^--N 范围为 170～280mg/L， NO_2^--N 范围为 41.7～85.4mg/L。由上述可知，当进水 NH_3-N 负荷为 1.43～1.52g/(L·d)、水力停留时间为 1d 时，梯度压力装置对氨氮的去除效果稳定，去除率可保持在 93% 以上，出水 NH_3-N<100mg/L；出水 TN<900mg/L，平均去除率为 63%。

图 8-23 展示了梯度压力装置在春夏季（室外温度 20～30℃）对渗滤液的处理效果。

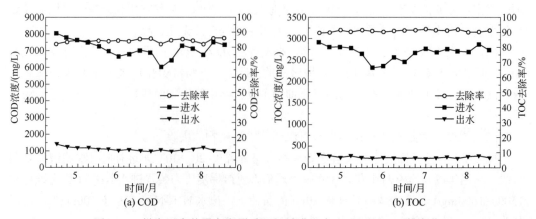

图 8-23　梯度压力装置在春夏季运行时进出水 COD 和 TOC 的变化

从 2011 年 5 月至 9 月中旬，梯度压力装置进水 COD 在 6000～8000mg/L 之间波动，在渗滤液处理量 20t/d 的负荷下，出水 COD 范围为 960～1400mg/L，其中小于或等于 1000mg/L 的时间超过总运行时间的 2/3。此时，COD 的去除率为 82.8%～86.3%。

进水 TOC 浓度在 2300～3000mg/L 之间波动，对进水 COD 的贡献率为 35%左右。出水 TOC 稳定保持在 210～300mg/L，对出水 COD 的贡献率为 24%左右。此时，TOC 的去除率稳定在 90%左右。从当年 5 月至 9 月中旬运行期间，C/N 约为 3.7～5.3，有机物负荷（以 COD 计）为 5.71～7.62g/(L·d)，水力停留时间为 1d，梯度压力装置运行稳定。

8.5　渗滤液反渗透（RO）浓缩液深度处理技术

8.5.1　浓缩液基本特征

反渗透浓缩液是渗滤液经过反渗透产生的，组成与一般渗滤液相似，包含以下 4 种污染物的水基溶液。①可溶性有机物 COD 或 TOC：包括挥发性脂肪酸和一些难降解有机物，如胡敏酸类和腐殖酸类化合物。反渗透浓缩液有机化合物浓度变化较大，按分子量大小可分成小分子醇和有机酸、中等分子量的灰磺酸类物质以及高分子腐殖质。经过 MBR+RO 处理后浓缩液可生化性差，高分子物质含量多，对 COD 的贡献率约为 50%。②无机常量成分：包括 Ca、Mg、Na、K、Fe、Mn、Cl^-、SO_4^{2-}、HCO_3^- 等常见无机元素。不同季节和气候，反渗透浓缩液无机成分和含量变化较大。一般 Na、Cl^-、NH_4^+ 含量最多，其次是 SO_4^{2-}、HCO_3^-、Ca。③重金属：包括 Cd、Cr、Cu、Pb、Ni、Zn 和 Hg 及类金属 As 等常见有毒重金属。④异生型有机物：主要来源于家庭和工业化学制品，包括芳香烃、酚类物质、苯类物质和氯代脂肪烃。同时反渗透浓缩液还含有一些微量物质，如 B、As、Se、Ba、Li、Co 等。因此，高效、低耗浓缩液处理工艺的研发，是解决反渗透膜滤浓缩液的关键。典型生活垃圾渗滤液和反渗透膜浓缩液污染特性表征见表 8-6。

表 8-6　生活垃圾渗滤液和反渗透膜浓缩液水质参数

分析项目	COD/(mg/L)	TN/(mg/L)	TP/(mg/L)	NH₃-N/(mg/L)	pH
浓度	3300～5000	336～835	2～7	15～65	6.8～7.3

典型生活垃圾渗滤液和反渗透膜浓缩液中重金属含量见表 8-7。垃圾渗滤液中，重金属含量以 Zn、Pb、Hg、Cu 和 Cr 含量最多，其次为毒性较大的 Ni、As 等，Cd 未检出。说明垃圾本身来源复杂，从而导致其成为各种重金属的重要来源。浓缩液中重金属含量相对垃圾中的含量明显减少，主要含 Zn、Ni、Cr、Cu 等。由于垃圾中富含各种无机配位体离子，如 Cl^-、SO_4^{2-}、HCO_3^-、OH^- 以及特定条件下存在的硫化物、磷酸盐、F^- 等，这些物质可通过取代水合金属离子中的配位分子，与金属离子形成稳定的螯合物或配离子，从而改变金属离子在垃圾中的生物有效性。而且垃圾中存在的各种官能团，如羟基（—OH）、羧基（—COOH）、氨基（—NH₂）、亚氨基（＝NH）、羰基（C＝O）、硫醚（R—S—R′）等，可与重金属发生螯合作用，从而形成稳定的螯合物将其固定，如 Zn、Pb、Cu 等金属易形

成螯合物。正由于其本身固有的良好固定性及吸附性，使得虽然垃圾中的重金属含量高，却只有少量的金属进入渗滤液，进而进入浓缩液中。

表 8-7　垃圾渗滤液和反渗透膜浓缩液中重金属的分布状况　　　　单位：mg/L

重金属	As	Zn	Pb	Cd	Ni	Cr	Cu	Hg
垃圾渗滤液	1.0	112.7	112.5	B.D.	8.4	25.8	66.5	12.2
反渗透膜浓缩液	0.19	12.7	0.5	B.D.	2.3	3.8	2.9	0.2

注：B.D.表示低于仪器检测限。

垃圾渗滤液中常量金属含量很大（表 8-8），特别是 Fe 和 Al，分别达 3020mg/kg 和 4963mg/kg。同时 Ca、Mg 含量也远超过垃圾中交换性钙、镁量，其中交换性钙占 20%左右，而交换性镁则只占 10%。浓缩液中的常量金属以 Na、K 等可溶性金属为主，Fe、Ca、Mg、Mn 等与较易在垃圾中存在的各种官能团形成稳定的螯合物、络合物或者难溶物质而被固定或沉淀。

表 8-8　垃圾渗滤液和反渗透膜浓缩液中常量金属的分布状况　　　　单位：mg/L

常量金属	Fe	Al	Ca	B	Na	Mg	K	Mn
垃圾渗滤液	3020.1	4963.5	6795.7	143.3	1859.7	595.2	77.8	5020.1
反渗透膜浓缩液	12.7	15.3	615.4	21.6	2873.2	300.6	908.4	7.8

反渗透膜浓缩液中主要阴离子有 Cl^-、Br^-、F^-、NO_3^-、HCO_3^-、SO_4^{2-} 等，各种离子通过 0.45μm 膜和 1kDa 膜后，变化量见表 8-9。

表 8-9　反渗透膜浓缩液阴离子物质组分分子量分布

阴离子	渗滤液原液	0.45μm 膜	去除率/%	1kDa 膜	去除率/%
Cl^-	8670	8548	1.4	8175	5.7
Br^-	585	458	21.7	407	30.4
F^-	148	95	35.8	74	50.0
NO_3^-	243	231	5.3	225	7.1
SO_4^{2-}	345	179	48.1	138	59.9

渗滤液中卤素元素随膜过滤的进行都有部分损失，其中 Cl^- 去除率小于 10%，而 Br^- 去除率为 30%左右，F^- 去除量则相对较多，去除率甚至达到 50%。对于 Cl^-，经 0.45μm 膜过滤而去除的量大约占原有浓度的 1%～2%，而经 1kDa 膜过滤降低 5.7%，去除率相对稍高。对于 Br^-，经 0.45μm 膜过滤而去除的量大约占原有浓度的 20%，经 1kDa 膜过滤而降低的量增加 10%左右。而对于 F^-，1kDa 膜过滤去除的量比 0.45μm 膜多（表 8-9）。这从 F 的形态分析可以看出：部分 F 以 MgF^+ 形式存在，同时 F 还可能与 Ca 结合，形成 CaF_2 沉淀，从而在膜滤过程中去除部分 F^-。

NO_3^- 随膜过滤的进行也出现部分损失，但去除率不大，过 1kDa 膜后的去除率与 Cl^- 相当。硫酸根随膜滤孔径的减小，其去除率相对氯离子要大，经 0.45μm 膜过滤，去除率达 50%，经过 1kDa 膜，去除率达 60%。这主要归因于硫酸根在碱性条件下容易与一些阳离子，如钙、钡、镁等，结合成较大粒径物质，1kDa 膜去除的硫酸根离子量比 0.45μm 膜要稍大。

渗滤液有机物来源复杂，COD 去除是浓缩液处理的一个重要指标，其大部分由碳物质贡献，同时含碳物质也是其他类型污染物迁移转化的载体，对于其环境行为具有重要的作用。在浓缩液处理工艺的选择过程中需要直接考虑碳物质的存在形态，如果水体中疏水性物质较多，则在采用生物处理前需对其进行前处理，通过增加其亲水性能，使之与微生物能够较好相容。

渗滤液可溶性物质主要由疏水酸性（42%～60.8%）、亲水酸性（15.3%～34.7%）和亲水碱性（7.9%～22.5%）物质组成，而疏水中性（0.7%～4.6%）、亲水中性（0%～7.4%）和疏水碱性（0.5%～7.7%）物质含量相对较少，其含量大小次序如下：疏水酸性>亲水酸性>亲水碱性>疏水碱性>亲水中性>疏水中性。

8.5.2 过硫酸钾深度氧化技术

（1）催化剂的筛选

在反应温度 50℃、水样初始 pH=3、过硫酸钾/催化剂=10∶1 的条件下，分别考察 $FeSO_4$、Fe^0、MnO_2 和 Ag_2SO_4 等催化剂对过硫酸盐深度氧化处理膜浓缩液 COD 的影响。由图 8-24 可知，催化剂种类对过硫酸盐催化氧化效率影响较大。无催化剂时，COD 去除率仅为 4.9%；添加催化剂后，COD 去除率均显著提高。当 Fe^{2+} 和 Ag^+ 作为催化剂时，由于液相扩散速度快，导致反应速率较快。但 Fe^{2+} 对 COD 的去除率仅为 17.7%，催化效率远低于其他催化剂，这主要是因为 Fe^{2+} 同时是 $SO_4^-·$ 自由基的捕捉剂，大量消耗 $SO_4^-·$，降低了其与有机物的接触量。Ag_2SO_4、MnO_2、Fe^0 催化过硫酸钾氧化降解有机物效果均较好。其中，Fe^0 作为催化剂时，处理效果最好，COD 去除率为 81.5%，出水 COD 为 250mg/L。另外，Fe^0 是一种比较稳定持续的自由基激发剂，在处理成本上与 Ag_2SO_4 和 MnO_2 相比具有明显的优势。

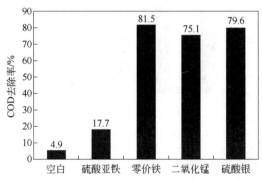

图 8-24 催化剂种类对过硫酸盐深度氧化处理膜浓缩液 COD 的影响

（2）$K_2S_2O_8/Fe^0$ 投加比对 COD 去除率的影响

在反应温度 50℃、Fe^0 为催化剂、初始 pH=3 的条件下，考察 $K_2S_2O_8/Fe^0$ 投加比（5∶1、10∶1、15∶1、20∶1、25∶1 和 30∶1）对浓缩液 COD 去除率的影响。由图 8-25 可知，

随着 $K_2S_2O_8/Fe^0$ 比值的增大，COD 去除率明显降低。当 $K_2S_2O_8$ 投加量一定时，$K_2S_2O_8/Fe^0$ 增加，意味着 Fe^0 投加量减少，即被激活的 $SO_4^- \cdot$ 自由基的量减少，从而导致 COD 去除率降低。当 $K_2S_2O_8/Fe^0 > 10$ 时，COD 去除率最高，可保持在 81% 以上，故后续实验条件均选取 $K_2S_2O_8/Fe^0$ 为 10。

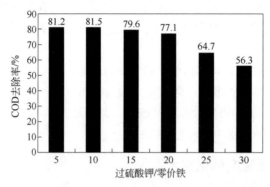

图 8-25　$K_2S_2O_8/Fe^0$ 投加比对膜浓缩液 COD 去除率的影响

（3）pH 对 COD 去除率的影响

在反应温度 50℃、过硫酸钾/零价铁=10∶1 的条件下，考察水样初始 pH 分别为 2、3、4、5 和 6 时，过硫酸盐深度氧化处理膜浓缩液 COD 的效果。由图 8-26 可知，pH 对过硫酸钾氧化有机物的影响较大。随着 pH 的降低，COD 去除率显著升高。反应初始 pH<3 时，COD 去除率达 81% 以上；而当 pH>5 时，COD 去除率仅为 15% 左右。酸性环境有利于并可以加速 $S_2O_8^- \cdot$ 自由基的产生。这表明过硫酸盐氧化反应主要依靠产生的过硫酸根和硫酸根自由基。故过硫酸钾氧化处理膜浓缩液的 pH 宜取 3 左右。

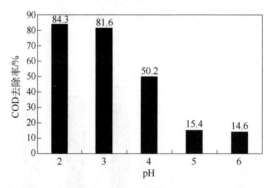

图 8-26　初始 pH 对膜浓缩液 COD 去除率的影响

（4）温度对 COD 去除率的影响

在水样初始 pH 调为 3、过硫酸钾/零价铁为 10∶1 的条件下，考察不同温度（35℃、45℃、50℃和 60℃）对过硫酸盐深度氧化处理膜浓缩液 COD 效果的影响。由图 8-27 可知，高温条件（>45℃）有利于过硫酸钾氧化反应的进行。当反应温度>50℃时，COD 去除率可达 80% 以上；当反应温度为 35℃时，COD 去除率仅为 36%。这表明高温有利于过硫酸盐激发出自由基从而氧化有机物。故过硫酸钾深度氧化处理膜浓缩液的反应温度以不低于 45℃为宜。

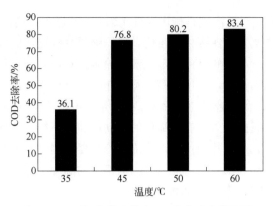

图 8-27　温度对膜浓缩液 COD 去除率的影响

　　50m³/d 反渗透浓缩液处理工艺流程及水力平衡图见图 8-28。由于反渗透浓缩液中有机物含量较高，且大部分为腐殖质，而腐殖质在蒸发过程中将首先析出，在蒸发器以及换热器内壁形成腐殖质黏液层，降低换热效率和蒸发能效比，增加蒸发装置的清洗次数。因此，在反渗透浓缩液进蒸发装置前采用中压纳滤对其进行有机物脱除，中压纳滤处理反渗透浓缩液的清液得率大于 65%，经过中压纳滤处理后，纳滤清液中的有机物即 COD 含量可由5000mg/L 降至 1000mg/L 以下。中压纳滤产生的清液进入后续的蒸发装置进行处理，可采用的蒸发装置为低能耗机械压缩蒸发装置。

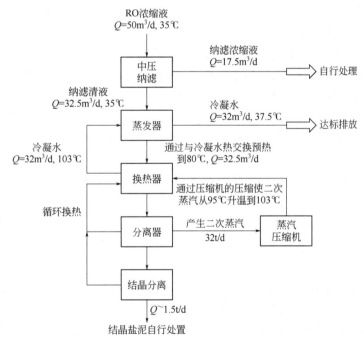

图 8-28　50m³/d 反渗透浓缩液处理工艺流程及水力平衡图

8.5.3　低能耗蒸发技术

　　低能耗蒸发技术采用目前蒸发工艺中能耗效率最高的机械压缩蒸发工艺，该蒸发工艺主要是利用蒸汽的特性，当蒸汽被机械压缩机压缩时，其压力升高，同时温度也得到提升，为重新将再生蒸汽用作蒸发热源提供了可能。经压缩提高温度后的蒸汽以较高温度进入蒸发器的换热管内，而温度相对较低的待蒸发液体喷淋在换热管外并形成薄膜，吸收管内蒸汽冷凝时释放的热量从而蒸发，温度较高的蒸汽在换热管内冷凝形成冷凝水，此时蒸汽的热焓传给管外的喷淋水，如此连续进行蒸发。极少量未冷凝的蒸汽和不凝性气体排出管外。

在整个系统中，能量的输入只有压缩机的发动机和功率很小的保持系统稳定操作的浸入式加热器。进水被泵入2个热交换器，即浓液冷却器和蒸馏水冷却器，之后被蒸馏水预热，预热后的进水几近达到沸点，与此同时，蒸馏水的温度也得到降低，根据设计可控制在比进水的温度高3~5℃，尽量节省能量。

进水在进入循环系统喷淋在管外前还被一个排气冷凝器预热，该排气冷凝器通过冷却不可冷凝的气体和蒸发器换热管中少量未来得及冷凝的蒸汽，以达到无蒸汽损失和热损最小化。循环泵将蒸发器热井的液体泵至一套喷嘴，该喷嘴可驱走循环液中可能存在的结垢。在热井中设置有滤网以避免喷淋系统中的结垢阻塞问题。液体被喷淋到热交换管的外面形成薄膜，蒸发发生在管外，形成二次蒸汽，二次蒸汽以中速进入蒸汽压缩机，在此，蒸汽的压力和温度得到提升，以满足蒸发的连续进行。管外产生的二次蒸汽经过压缩以后进入热交换管内时，已经变成作为蒸发热源的饱和蒸汽，该饱和蒸汽在管内冷凝，将热能传递给管外的薄膜以形成蒸发。冷凝水在管内形成并且被收集到水腔，然后闪蒸到脱气塔，闪蒸可以有效地消除可能重新冷凝到蒸馏水中的有机气体，除气器可以提高蒸馏水的品质。为解决蒸发系统可能的结垢问题，设计了针对换热管、管道、换热器的清洗装置。

该系统的心脏为中速机械蒸汽压缩机，该压缩机经发动机由皮带传动，压缩机的转速低于3000r/min，噪声小，维修少。采用浸入式加热器作为蒸发器以补充蒸汽的供应，其功能为提供蒸发器的快速起动和低的能量消耗，保持正常运行时的操作平稳。该蒸发器的效率较高，一旦压缩机起动，浸入式加热器自动保持蒸发器的压力稳定。每小时的运行时间约10min，启动时采用全电热方式，从冷机到正常操作一般在60min以内。

蒸发器换热管结垢分为有机垢和无机垢。有机垢采用喷淋适当浓度的NaOH溶液将其溶解，而无机垢则采用适当浓度的酸液进行清洗，为保证清洗效果，同时防止清洗时腐蚀设备，通常采用氨基磺酸清洗、溶解附在管外壁的无机盐结垢。酸液和碱液通常采用固体的酸、碱由适当比例的水配制而成。

8.6　联合工艺处理垃圾渗滤液

设计处理量为100t/d，采用工艺为：老龄水调节池→原位生物池→A/O+MBR→矿化床→NF/RO→出水，工艺流程如图8-29。

A/O+MBR膜生物系统在A池设有射流搅拌，O池设有射流曝气，超滤膜分离采用陶瓷膜进行固液分离；同时工艺旁路配备消泡剂、pH调节系统，其中对DO、pH和ORP进行在线监测。矿化垃圾反应床（简称矿化床），结构从上到下按照布水层、填料层、集水层、防渗层的顺序进行布置。防渗层由下往上依次为厚度20mm左右的黏土层、400g/m²的土工布、1mm厚的HDPE膜。集水系统由厚度20mm左右的碎石或卵石平铺而成，中间设有集水盲管。填料层厚度设为 3000mm，采用直径为 16mm 的漫渗管在矿化床上部进行漫渗布水，在渗透管上加盖保护膜，布水均匀且不易堵塞。MBR 出水喷淋到垃圾矿化床进行吸附、硝化，矿化床的停留时间约 10d。在线监测运行参数，定期取样化验，得到运行参数与实验结果的关系。

　　采用蠕动泵进行进水量调整，保证进水连续并与出水尽量同步；通过调整给液泵的转速、出水侧转子流量计的针形调节阀，共同设定出水量。O 段分为三个部位进行射流曝气，设置三个转子流量计分别控制各个射流曝气器的风量，利用在线溶解氧仪进行溶解氧调整。

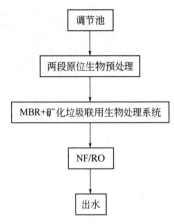

图 8-29　某填埋场渗滤液 100t/d 中试示范工程工艺流程图

　　O 段进行 pH 调整。回流分为三部分。①硝化液回流：部分浓液回流至 A 池进行反硝化；②好氧系统均衡回流：为造成完全混合的好氧系统，部分浓液回流至 O 池前端；③膜分离循环：部分清液回流至 O 段末端进行超滤膜的表面冲洗。

习题与思考题

1．简述填埋场渗滤液和焚烧厂渗滤液的差别。
2．判断随着填埋年龄的增长，NPOC/TOC 的变化规律及其原因。
3．画出梯度压力高效好氧处理垃圾渗滤液工艺流程图。
4．简述如何处理蒸发器换热管的有机垢和无机垢。

第9章 生活垃圾恶臭控制技术

恶臭污染是指一切刺激嗅觉器官引起人们不愉快感觉及损害生活环境的异味气体污染，恶臭污染影响人民的正常生活，属于典型的扰民污染，是当前需要重点解决的环境问题之一。一般情况下，当人们暴露在持久性的刺激之下，嗅觉反应能力会下降，随后重新暴露在新鲜的空气中时，其嗅觉的反应灵敏度又会恢复到原来的水平。当长期暴露于持久性的刺激条件下，随着时间的延续，嗅觉也会逐渐感觉到疲惫，此时，嗅觉和感应能力都会有一段时间的下降。有时，人们也能感受到气味的存在，但是往往找不到合适的词汇来描述该气味。与化学感受性或者物理感受性不同，人的感受不能用数字或其他方式量化，而只能通过某些判断或者描述性的语句来表达。恶臭的危害主要体现在对人体的影响，主要是对人体带来不愉快的感受。常见的症状有恶心、腹痛、食欲不振、嗅觉失常、情绪不稳定、失眠、哮喘等。高强度的恶臭还可能引发重要的生理机能障碍和病变，使人产生慢性病并缩短寿命，甚至使受污染的人群产生急性病并引起死亡，如含硫化氢的恶臭在浓度达到一定程度时，可造成人体短暂的神志不清乃至呼吸停止而死亡。

9.1 恶臭的相关概念

恶臭污染属于一种特殊的大气污染，主要通过感官分析和心理感受来描述，一般通过以下几个方面对恶臭进行描述。

（1）嗅阈值

能引起人嗅觉的恶臭物质浓度称为嗅阈值。嗅阈值分为两种：第一种为检知阈值，即嗅觉可以勉强感受到恶臭物质的存在，但又很难辨别出是什么气味；第二种为确认阈值，是指嗅觉不仅能够感受到恶臭物质的存在，而且可以准确辨别出是什么气味。由于受试个体嗅觉灵敏度不同，一般来说对于同一种恶臭物质其嗅阈值也不同，但总的来说会在一定的区间范围内波动。

测试某种恶臭物质的嗅阈值，其标准为：在特定的化学浓度下，50%的受试个体能够闻出气味，另外50%不能闻出气味，称此浓度为恶臭物质的嗅阈值。国内应用较多的"三点比较式臭袋法"所寻找的浓度值，就是通常所说的检知阈值。此外还有半数阈值、全数阈值和个人阈值等。

（2）臭气浓度与臭气强度

臭气浓度与臭气强度是两种用来表征恶臭污染对人的嗅觉刺激程度的指标。恶臭强度的值和恶臭气体的物质浓度成正比，经大量研究表明，二者符合韦伯定律：

$$Y = K \lg(22.4X/M_r) + \alpha \tag{9-1}$$

式中　Y——臭气强度（平均值）；

　　　X——恶臭的质量浓度，mg/m^3；

　K、α——常数；

　　　M_r——恶臭污染物的分子量。

（3）发臭团

恶臭污染物成分复杂，产生恶臭污染的行业众多，畜禽养殖、生物制药、石油化工、污水处理、垃圾填埋产生的恶臭污染物多达几万种，产生的恶臭具有组分多、浓度低、沸点低等特点。恶臭物质发臭机理和其分子结构有密切关系，各种化合物分子结构中的硫（＝S）、巯基（—SH）和硫氰基（—SCN）是形成恶臭的原子团，通称为"发臭团"。另有一些有机物如苯酚（C_6H_5OH）、甲醛（HCHO）、丙酮（$C_2H_6C＝O$）和酪酸（$C_3H_7—COOH$）等，其分子结构中含有羟基、醛基、羰基和羧基，也散发各种臭味，起"发臭团"的作用。表 9-1 列出了常见恶臭的种类和气味属性。

表 9-1　常见恶臭的种类和气味属性

类型	种类	气味属性
芳香型臭气	芳香臭	芳香的臭味
	药味臭	中草药味
	黄瓜臭	烂黄瓜味、熟透的黄瓜味
	韭菜臭	韭菜花味
	蒜臭	蒜臭味
植物型臭味	藻臭	藻类腐烂时的臭味
	青草臭	蒸煮青草的味
	木材臭	锯末的味
	海藻臭	干燥海藻时发出的气味
土臭及霉臭	土臭	土壤中的臭味（腐殖质味）
	沼泽臭	湿地中的臭味
	霉臭	物质发霉时的臭味
鱼臭	鱼臭	鱼市中的腥臭味
	肝油臭	鱼肝油的腥臭味
	蛤蚧臭	动物性的腥臭味
药品及试剂型臭气	苯酚臭	苯酚、甲苯的臭味
	焦油臭	炼焦油、沥青、焦炭的臭味
	油臭	石油系列物质的臭味
	油脂臭	动物油脂及其他油脂臭
	石蜡臭	蜡烛熄灭时的臭味
	硫化氢臭	臭鸡蛋的气味
	氯臭	氯气臭味
	碘臭	碘仿的臭味
	药房臭	医院药房的臭味
	试剂臭	各种化工厂的气味

续表

类型	种类	气味属性
金属型臭	铁锈臭	以铁为主的各种钢铁的臭味
	金属臭	以铝、锌为主的各种有色金属臭味
	黄铜臭	铜锈味
腐败型臭气	芥臭	厨房垃圾堆发出的臭味
	污水臭	下水道中发出的臭味
	猪圈臭	猪圈及动物园的臭味
	腐败臭	有机物腐败时发出的臭味

9.2　恶臭的类型划分

按照来源，恶臭可分为自然发生源恶臭和人工发生源恶臭。在自然界发展过程中伴随的生物体的新陈代谢以及地壳活动等都会产生恶臭物质，但由于环境的自净能力，自然发生源产生的恶臭物质都会被消除，因此大多恶臭污染物为人工发生源恶臭，直接或间接地来源于人们的生活、生产以及经济活动。人工发生源又可分为三类：一是农畜牧业污染源，即畜禽养殖场、屠宰厂、农产品加工厂等；二是工业恶臭源，主要包括石油化工厂、制药厂、涂料厂等排放有害化学物质的工厂；三是城市公共设施污染源，主要包括城市垃圾处理厂、污水处理厂、公共厕所等。在这些常见污染源中，一些污染源由于排放恶臭物质种类多、浓度大、排放物质嗅阈值低等特点，被公认为典型的恶臭污染源，例如污水处理厂、石油化工厂、涂料厂等。

按照组成，恶臭物质大致可分成以下 5 类：
① 含硫化合物，如硫化氢、硫醇类、硫醚类等；
② 含氮化合物，如氨、胺类、酰胺、吲哚类等；
③ 卤素及其衍生物，如氯气、卤代烃等；
④ 含氧有机物，如酚、醇、醛、酮、有机酸等；
⑤ 烃类，如烷烃、烯烃、炔烃、芳香烃等。

9.3　生活垃圾填埋场中恶臭气体

9.3.1　常见恶臭污染物及其特征

常见垃圾填埋场恶臭污染物及其嗅觉特征如表 9-2 所示。

垃圾填埋场恶臭污染通常不会对人体造成急性危害，但长时间、高浓度的接触依然对人体有严重的损害。一方面，可能对人体呼吸系统、神经系统、循环系统和内分泌系统产生强烈的不良影响，损伤中枢神经，导致失眠、记忆力下降，甚至引起慢性病、急性病和死亡。另一方面，恶臭污染物刺激人的嗅觉系统，造成极大的心理抵触，严重影响垃圾填埋场工作人员的日常作业和周边居民的日常生活。

表 9-2　常见垃圾填埋场恶臭污染物及其嗅觉特征

分类		主要恶臭物质	嗅觉特征
无机物	硫化物	H_2S，SO_2，CS_2	臭鸡蛋味
	氮化物	NO_2，NH_3，$(NH_4)_2S$	尿素臭
	卤素及卤化物	Cl_2，HCl，Br_2	刺激臭
有机物	烃	$Ph-CH=CH_2$，C_6H_6，$Ph-CH_3$	电石臭
	硫醇	CH_3SH，CH_3CH_2SH	烂洋葱味
	硫醚	$(CH_3)_2S$，$(CH_3)_2S_2$	大蒜臭
	胺	$(CH_3)_2NH$，$(CH_3)_3N$	烂鱼臭
	醇和酚	CH_3OH，C_2H_5OH，C_6H_5OH	刺激臭
	卤代烃	CH_3Cl，C_2H_3Cl，$C_2H_2Cl_2$	刺激臭

9.3.2　恶臭污染物的产生过程

垃圾填埋场中，最主要的恶臭释放源是填埋作业面，其排放无组织、产生量大、成分复杂、持续时间长、影响范围广，且无法加密封盖以收集恶臭气体。大量的恶臭气体是在垃圾填埋后的厌氧发酵过程中产生的，根本原因是微生物分解有机物过程中发生了厌氧反应，造成有机物分解不完全而形成了中间产物。因而垃圾填埋场的恶臭气体产生与垃圾降解过程密切相关。

填埋垃圾的厌氧降解过程大体上可划分为初始化调整阶段、过渡阶段、酸化阶段、甲烷发酵阶段和成熟阶段，各阶段主要产气特征如表 9-3 所示。在厌氧降解开始的初始阶段，填埋垃圾中易降解有机物较多，初始生化需氧量/化学需氧量（BOD/COD）比值较高，大量蛋白质和脂肪等物质在缺氧条件下降解产生挥发性脂肪酸和有机酸，使填埋垃圾整体 pH 下降。随着厌氧降解过程的进行，降解产生的有机物逐渐向小分子转化，BOD 和 COD 开始下降，BOD/COD 比值也开始降低，直到填埋垃圾中营养物质逐渐消耗殆尽。

表 9-3　填埋垃圾厌氧降解过程各阶段及主要产气特征

阶段	主要产气特征
初始化调整阶段	好氧呼吸，释放较多能量，温度升高 10～15℃；开始产生 CO_2，O_2 量明显降低；部分蛋白质和脂肪在好氧细菌的作用下生成有刺激性气味的气体，如 NH_3 等
过渡阶段	以 CO_2 为主，存在少量 H_2、N_2 和高分子有机气体，基本不含 CH_4；pH 呈下降趋势，COD 浓度呈升高趋势；含有高浓度的脂肪酸、钙、铁、重金属和氨；垃圾中硫酸盐被还原为硫化氢（H_2S）等
酸化阶段	CO_2 浓度在前半段呈上升趋势，后半段上升速度变慢或逐渐减少，还产生少量 H_2；pH 很低（可能小于 5），BOD/COD 比值快速下降；渗滤液中含大量可产气的有机物和营养物质；蛋白质和脂肪分解为不饱和氧化产物，包括含硫化合物，如 H_2S、SO_2、硫醇类等，和含氮化合物，如胺类、酰胺
甲烷发酵阶段	甲烷气体产生率稳定，其体积分数保持在 50%～65%；脂肪酸浓度降低，COD、BOD 逐渐降低，pH 逐渐升高（最后保持在 6.8～8 之间）；重金属离子浓度降低
成熟阶段	几乎没有气体产生；渗滤液及垃圾的性质稳定

垃圾填埋恶臭气体通常是一些挥发性的小分子化合物，其产生需要经过一系列复杂的生化反应，主要涉及大分子有机物水解、蛋白质降解和无机盐降解等。

（1）大分子有机物水解

生活垃圾填埋初期，通常含有许多脂肪和糖类物质，在厌氧环境下，微生物通过释放胞外的酶将这些有机物催化水解成脂肪酸、有机酸、醇类、醛类和烯烃等小分子有机物。

（2）蛋白质降解

生活垃圾中含有一定量的厨余有机垃圾，其蛋白质含量很高，而蛋白质包含大量的 N、S 元素。在蛋白质降解的过程中，形成大量短肽和氨基酸，这些物质一部分溶于水相后被微生物吸收利用，另一部分被直接降解变为铵盐或是通过转氨、脱氨作用产生尿素，而这些铵盐和脱掉的氨经过一系列反应最终以 NH_3 和 N_2O 等形式被释放。蛋白质中存在含硫基团和二硫键等，在蛋白质降解后一部分以有机硫和离子态被微生物所利用，另一部分以硫化氢、甲硫醚、二甲基硫醚等挥发性硫系物的形式被释放。

（3）无机盐降解

在生活填埋垃圾中，H_2 和部分还原性有机物会和无机盐发生反应，产生 CO_2、H_2O 和其他还原态物质。如在硫酸盐降解过程中，高价态的硫组分（SO_4^{2-}）会被还原成低价态的硫组分（S^{2-}、HS^-），而这些还原态的硫组分可能以挥发性组分的形式被释放。

9.3.3　H_2S 气体产生原因

不同填埋深度的气体组成，主要差异表现在硫化氢的含量以及烃和芳香族化合物的含量上，浅层的气体含有 50%左右的硫化氢，而深层气体往往没有硫化氢。由于垃圾填埋气产生的阶段性，硫化氢的产生主要发生在垃圾降解过程中厌氧阶段的水解和酸化过程，之后持续时间最长的产甲烷过程会提高 pH 而抑制硫化氢的释放。因此浅层多硫化氢，而深层没有，且深层烃含量较高。

垃圾中包含的各种可降解含硫有机物在微生物的作用下分解为可溶性硫酸盐，我国城市垃圾填埋场垃圾中的硫酸盐含量变化范围为 6～2904mg/L，水解作用为硫酸盐的生成提供了良好场所，之后硫酸盐作为电子受体被硫酸盐厌氧菌降解成硫化物。H_2S 的产生与硫化物在水体中的浓度密切相关。

在新鲜垃圾降解过程中，pH 先降低，显示弱酸性，之后进一步酸化（pH≤5），再升高（pH 上升到 7～8），而水解发酵阶段和酸化阶段良好的水溶性和酸性条件为硫化氢气体生成创造了条件，主要反应方程式为：

$$HS^- + H^+ \Longrightarrow H_2S \uparrow \qquad (9-2)$$

陈垃圾堆体内部 pH 介于 7.8～8.4，硫化物主要以 HS^- 形式存在。填埋区内良好的厌氧环境、质量分数为 34%～53%的水分含量以及垃圾自身的营养成分，为厌氧微生物的生长提供了合适的碳源、水分和载体，微生物频繁的活动释放出热量，填埋区垃圾堆体温度从 27.8℃（表面）逐渐升高至 42.3℃（堆体表面以下 6m）之后缓慢下降到 41.5℃（堆体表面以下 10m），平均温度可达 38℃。堆体温度升高，H_2S 气体在水中的溶解度进一步降低，亨利常数增大，使得气体分压减小，H_2S 解吸释放。因此，垃圾降解过程的 pH 和堆体内部温度对 H_2S 产生有决定性作用。

9.4　生活垃圾填埋场恶臭污染特征

在对某些填埋气组成的单独测定与混合测定中，发现某些填埋场恶臭气体在单独存在时并不存在臭味，混合后才出现臭味，说明一些填埋气体可能有合成作用。通过嗅觉分析法和 GC/MS 分析法测得的恶臭数据相关性较小，这可能是因为 GC/MS 测得的恶臭总浓度是单组分恶臭物质浓度的简单加和的结果，而未考虑恶臭物质间的协同或抑制作用。所以，直接由垃圾降解产生的恶臭物质，也会造成垃圾填埋场恶臭污染。填埋场的臭气不是单个恶臭物质浓度值的线性累加，而是填埋气体经过复杂的合成、分解、协同、抑制等作用的结果，因此对填埋场的恶臭控制不是针对单一组分的处理。

季节的变化会影响恶臭气体的组分和浓度，环境暴露浓度则与温度呈现直接相关的关系。分析夏季垃圾填埋场的填埋气体，发现较高的温度和较高的湿度是填埋垃圾中的有机物快速降解、生物产气量较大的原因。其中，芳香族化合物受季节的影响尤其大，其浓度随着温度的升高而增加，而氯代物受季节的影响较小。采用嗅觉分析法研究时发现，夏季恶臭物质浓度多高于春季样品，其原因除了夏季的高温高湿使得垃圾降解较快之外，还有夏季垃圾成分中多蔬果垃圾，使得有机物含量比例增大，造成生物降解过程活跃，产气较多。因此，夏季等高温季节是填埋场恶臭污染控制的重点时段。

根据某垃圾场不同季节气象条件恶臭浓度影响监测结果，得出两个结论：一是气压较高的情况下恶臭浓度反而较低；二是恶臭物质在风向不稳定及弱风条件下不易扩散，这类不稳定的气象条件会加重垃圾填埋场的恶臭污染。垃圾填埋库区下风向的山坳中的浓度常常高于其他位置，填埋区的恶臭浓度也明显高于其周边环境，近低洼处浓度明显高于高地开阔处。对于山谷型的填埋场，对硫化氢和氨的浓度与环境因素如气温、气压、相对湿度等的相关性进行分析，发现二者浓度受气温和气压的影响均较大，气压越低，填埋库区的硫化氢和氨的浓度越高。

9.5　恶臭释放规律

9.5.1　概化分子式模型与恶臭释放总量

填埋气体产量计算中，常用的模型有 MxGraw-Hill 模型、概化分子式平衡估算模型、生物降解理论最大产量模型、有机碳估算模型、COD 估算模型和质量平衡估算模型。其中，概化分子式平衡估算模型为通过生活垃圾的元素组成分析其典型分子式，根据典型分子式写出其典型降解化学方程式，以此作为计算产气量的依据，由于其计算较为精确，在现实计算中应用较为广泛。

假设生活垃圾中 C、H、O、N、S 五种元素的原子个数比为 $a:b:c:d:e$，则其典型分子式可写作 $C_aH_bO_cN_dS_e$，并假设垃圾完全降解，产物分别为 CH_4、CO_2、NH_3、H_2S 四种气体，经配平后得到以下化学反应方程式：

$$C_aH_bO_cN_dS_e+MH_2O \Longrightarrow XCH_4+YCO_2+ZNH_3+PH_2S \qquad (9\text{-}3)$$

通过化学方程式配平，得出式中的系数分别为：

$$M = \frac{4a - b - 2c + 3d + 2e}{4}$$

$$X = \frac{4a + b - 2c - 3d - 2e}{8}$$

$$Y = \frac{4a - b + 2c + 3d + 2e}{8}$$

$$Z = d$$

$$P = e$$

（1）生活垃圾概化分子式

假设生活垃圾概化分子式为 $C_{n_C} H_{n_H} O_{n_O} N_{n_N} S_{n_S}$，以硫分子 S 为标准分子，折算系数的计算过程为：

$$GZ = 100 - C_w \qquad (9\text{-}4)$$

$$m_i = GZ C_i \qquad (9\text{-}5)$$

$$\alpha_S = \frac{1}{m_S} \qquad (9\text{-}6)$$

$$\alpha_i = \frac{a_S M_S}{M_i} \qquad (9\text{-}7)$$

$$n_i = m_i \alpha_i \qquad (9\text{-}8)$$

式中　GZ——单位质量垃圾的干重，g；

C_w——垃圾中水分的含量，%；

m_i——第 i 种元素的质量，g；

C_i——第 i 种元素的含量，%；

α_i——第 i 种元素的折算系数；

M_i——第 i 种元素的原子质量，g/mol；

n_i——第 i 种元素的原子个数。

根据生活垃圾的基本性质，将垃圾组成、含水率和元素含量的测定结果分别代入式（9-4）～式（9-8）计算，可得出生活垃圾的概化分子式约为 $C_{67}H_{142}O_{49}N_4S$。

（2）反应分子式配平与恶臭气体产量计算

生活垃圾概化分子 $C_{67}H_{142}O_{49}N_4S$ 的分子量为 $M_{MSW} = 1818$，其降解过程的化学反应方程式为：

$$C_{67}H_{142}O_{49}N_4S + 14H_2O \Longrightarrow 35.5CH_4\uparrow + 31.5CO_2\uparrow + 4NH_3\uparrow + H_2S\uparrow \qquad (9\text{-}9)$$

按照典型概化分子降解反应方程式计算，每千克生活垃圾所产生的填埋气体量如下：

$$Q_{CH_4} = \frac{1000}{M_{MSW}} \times X \times 22.4 \times \frac{GZ}{100} = 101.86L$$

$$Q_{CO_2} = \frac{1000}{M_{MSW}} \times Y \times 22.4 \times \frac{GZ}{100} = 78.93L$$

$$Q_{NH_3} = \frac{1000}{M_{MSW}} \times Z \times 22.4 \times \frac{GZ}{100} = 10.79L$$

$$Q_{H_2S} = \frac{1000}{M_{MSW}} \times P \times 22.4 \times \frac{GZ}{100} = 2.70L$$

换算成质量,每千克生活垃圾所产生的 CH_4、CO_2、NH_3、H_2S 四种气体量分别为 72.76g、155.04g、8.19g、4.10g。按此推算,我国每年产生的生活垃圾就能产生 1228.5t NH_3 和 615t H_2S,由此造成的恶臭污染可见一斑。

通过概化分子式模型计算所得的 NH_3 和 H_2S 产量比实际填埋场中的恶臭气体释放量偏大,偏差分别为 26.7%和 26.8%,这是因为概化分子式模型中假设垃圾中有机质全部降解转化为 NH_3 和 H_2S,而在实际填埋垃圾降解过程中,受垃圾降解率、降解途径和恶臭物质降解等因素影响,恶臭气体产量比计算值低。

9.5.2　生活垃圾恶臭气体释放速率

动力学模型多用于预测填埋气的产生状况,其中比较经典的模型主要有一阶段理论的 Scholl Canyon 模型和两阶段理论的 Palos Verdes 模型。Scholl Canyon 模型认为填埋气的产气速率与时间的关系符合一级动力学反应规律;Palos Verdes 模型认为填埋气的产生分为两个阶段,第一阶段为产气速率逐渐增大的过程,第二阶段为产气速率减小的过程。目前,在填埋场设计中,使用最为广泛的产气速率模型是 Scholl Canyon 一级动力学模型。该模型假设填埋场建立厌氧条件,微生物积累并稳定化造成的产气滞后阶段是可以忽略的,即从计算起点开始产气速率就已经达到最大值,在整个计算过程中产气速率随着填埋场废弃物中有机组分(用产甲烷潜能 L 表示)的减少而递减。该模型简单,需要参数少,但是需要注意到该模型忽略了垃圾自填埋开始至产气速率达到最大值这段时间及这段时间的产气量,只能大体反映产气速率变化趋势。不过在实际中,该模型能为项目的经济评价、气体收集工艺设计和设备选型提供支持。该模型主要的表达公式为:

$$L_t = kL_0 e^{-kt} \tag{9-10}$$

式中　L_t——填埋场气体产生量,m^3;

　　　k——产气速率常数,1/a;

　　　L_0——垃圾厌氧降解最大产气量,m^3;

　　　t——垃圾填埋时间,a。

对于运行期为 n 年的城市垃圾填埋场,产气速率表达式如下:

$$Q = \sum_{i=1}^{n} R_i k_i L_{0i} e^{-k_i t_i} \tag{9-11}$$

式中　Q——填埋场产气速率,m^3/a;

　　　n——垃圾填埋场的运营年限,a;

　　　R_i——填埋场封场前第 i 年填埋处置的垃圾量,t;

　　　L_{0i}——第 i 年填埋垃圾的潜在产气量,m^3;

　　　k_i——第 i 年填埋垃圾的产气速率常数,1/a;

　　　t_i——第 i 年填埋的垃圾从填埋至计算时经过的时间,$t_i \geq 0$。

恶臭组分是填埋气中的微量组分，本节采用一级动力学模型对恶臭污染物质的产生规律进行拟合分析。

将恶臭污染物质累积产生量写成一级动力学公式：

$$\frac{dQ}{dt} = k(Q_0 - Q) \tag{9-12}$$

$$\frac{dQ}{Q_0 - Q} = kdt \tag{9-13}$$

对式（9-13）两边同时取积分：

$$\int_0^Q \frac{dQ}{Q_0 - Q} = \int_0^t kdt \tag{9-14}$$

$$\ln |Q_0 - Q|_0^Q = -kt|_0^t \tag{9-15}$$

$$\ln \frac{Q_0 - Q}{Q_0 - 0} = -kt \tag{9-16}$$

经化简整理后得到恶臭污染物质产生的一级动力学模型公式：

$$Q = Q_0 \times (1 - e^{-kt}) \tag{9-17}$$

式中　Q——恶臭物质的累积产生量，μg；

　　　Q_0——恶臭物质的释放潜值，μg；

　　　k——恶臭物质释放速率常数，1/a；

　　　t——时间，a。

该公式由于同时采用一级反应动力学的思想，其结果和 Scholl Canyon 的一阶段产气模型具有殊途同归的效果，经计算后的产气模型完全相同。用此模型对生活垃圾 NH_3 和 H_2S 累积产生量数据进行拟合分析，见图 9-1 与图 9-2。通过数据拟合得到 NH_3 和 H_2S 的累积产生量分别为：$Q=5852.3896 \times (1-e^{-0.02945t})$ 和 $Q=158.07315 \times (1-e^{-0.81445t})$，$R^2$ 分别为 0.97 和 0.94，拟合效果较好，说明生活垃圾中 NH_3 和 H_2S 的产生规律符合一级反应动力学模型。

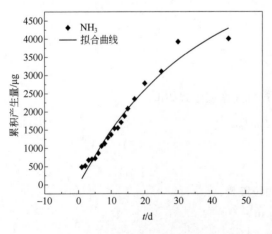

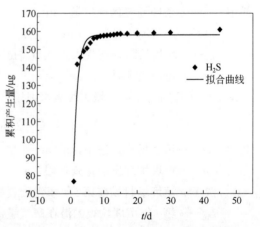

图 9-1　NH_3 累积产生量动力学拟合曲线　　　图 9-2　H_2S 累积产生量动力学拟合曲线

9.6　恶臭污染控制技术

9.6.1　恶臭污染控制方法

现阶段，恶臭污染控制方法主要有除臭剂除臭法、物理除臭法、化学除臭法、生物除臭法等。在填埋场得到广泛使用的主要是喷洒除臭剂、燃烧法、氧化法和生物滤料覆盖层除臭。

（1）除臭剂除臭法

喷洒除臭剂是卫生填埋场作业过程中必不可少的环节，以最大限度地控制填埋场的恶臭污染。除臭剂通常有气味屏蔽中和剂、植物提取液、化学酶制剂除臭液和微生物除臭剂等。

植物提取液是从植物的花、叶、茎、根等器官中提取出来的，其所含的共轭双键活性基团可与多种恶臭组分发生酸碱中和、催化氧化、氧化还原等化学反应，从而达到去除恶臭的效果。茶叶提取液中富含茶皂素，对于有机垃圾降解产生的硫醇等恶臭气体去除效果较好。在垃圾压缩站等市政设施的实际应用表明，改良植物提取液可以去除 70%的恶臭气体，效果良好。

（2）物理除臭法

物理除臭法主要包括掩蔽中和、吸收吸附、稀释等方法。物理除臭法只是将恶臭物质从一种形态转化为另一种形态，或将其浓度降低，并未从根本上改变其臭味污染特性，处理效果持续时间较短。此外，填埋场臭味隔离也属于物理除臭法，主要是在填埋库区与办公生活区之间构筑植物防护带，用以隔离和阻挡恶臭气体扩散。

（3）化学除臭法

化学除臭法主要是利用恶臭污染物质的化学反应特性将其转化为无臭物质，主要包括燃烧法、氧化法、等离子体分解等技术。

填埋场沼气火炬焚烧的目的是减少沼气中温室气体、恶臭气体和有毒有害气体的排放。焚烧分为热力焚烧和催化焚烧两种，热力焚烧的温度控制在 760℃以上，催化焚烧则在较低的温度下加入催化剂即可实现恶臭气体的焚烧去除。

等离子体分解技术，是利用高压脉冲电晕放电原理，获得大量高能电子和活性粒子，与恶臭分子相互作用，促进恶臭分子发生氧化、分解等化学反应，从而达到除臭的目的。等离子体分解除臭法分为干法、半湿法和湿法三种。其中，湿法等离子体技术对室内甲醛等恶臭污染物的去除率最高，接近 100%。

（4）生物除臭法

生物除臭法的原理是利用微生物的代谢活动将恶臭组分转变为简单的无臭物质或微生物细胞，主要有生物吸收、生物过滤和生物滴滤三种除臭方式，研究较多的是生物过滤和生物滴滤两种。生物除臭法工艺的关键是微生物附着滤料的选择和微生物种群，通常滤料可以采用填料、堆肥产物或人工合成材料，其中堆肥产物中微生物种类丰富，用作滤料时对恶臭的去除效果较好。

此外卫生填埋场的覆土层对垃圾恶臭的迁移转化发挥着重要作用，成为垃圾填埋场恶臭污染原位控制的重要措施。覆土层中大量的好氧、厌氧微生物将恶臭组分拦截并降解掉，大大减少了其释放量。可作为恶臭污染原位控制覆土层的覆盖材料主要有污泥、改性污泥、炉渣固化污泥、垃圾堆肥产物、蚯蚓粪、活性炭、木屑等。

常规的物理、化学、生物法恶臭污染控制方法的实现是以恶臭气体的高效收集为前提的。在生活垃圾卫生填埋场广阔的作业空间中，恶臭气体的释放表现出面源污染的特征，填埋作业过程中垃圾直接暴露在大气中，恶臭物质肆意散发，恶臭污染物浓度最高，是填埋场垃圾稳定过程中最容易导致恶臭浓度超标的阶段，即使填埋结束封场后，填埋气的收集效率通常也不高，仍将有大量的恶臭物质释放到大气中。为此，生活垃圾填埋作业过程中的恶臭污染控制技术是解决我国填埋场恶臭污染的重要发展方向。

9.6.2　生活垃圾填埋场恶臭污染控制措施

（1）填埋作业面控制

垃圾填埋作业区是主要的恶臭污染源，对周边环境的恶臭污染贡献率最高。由达西定律可知，垃圾填埋作业面的恶臭污染物释放源强与作业面的面积成正比。我国许多垃圾填埋场管理较为粗放，作业单元划分过大，作业面和垃圾推铺面面积都较大，作业机械的运程较远，导致垃圾填埋作业过程中恶臭污染物排放量增加。

因此，每日最小作业暴露面的工艺控制和填埋作业的连贯紧凑是控制填埋作业区恶臭污染的关键。首先，应根据填埋垃圾处置量的大小，合理规划垃圾填埋作业单元的大小及形状，最大限度地减少作业暴露面面积。其次，对卸料、推铺及压实等作业过程应进行优化设计，做到紧凑有序，并尽可能减小作业机械的运程，避免大范围反复扰动垃圾堆体；垃圾的推铺压实密度在合理范围内应尽可能增大，以减小单位垃圾处置量的暴露面积。

（2）覆盖措施

完成垃圾填埋作业后须采取覆盖措施，有效的覆盖可显著抑制垃圾产生的恶臭污染物向空气中释放，同时也可防止雨水下渗入垃圾堆体，从而减少垃圾渗滤液的产生。完整的覆盖措施包括三个层面：日覆盖、中间覆盖及封场覆盖。日覆盖主要是填埋作业区完成当天的填埋作业后，随即对垃圾裸露的作业面进行覆盖，每日实施一次，次日作业前揭开；中间覆盖是指垃圾填埋标高达到阶段性设计标高后，对该堆体进行覆盖；封场覆盖是指填埋场的填埋容量使用完毕后，需对整个填埋场或填埋单元进行最终覆盖，目的是将垃圾与环境隔离，控制填埋气的迁移扩散并使地表水的渗入量最小化，从而减少渗滤液的产生。封场覆盖系统的结构由垃圾堆体表面至顶表面顺序应为：排气层、防渗层、排水层、植被层。

（3）污染物收集

填埋场设置石笼导气管，中间覆盖和封场覆盖后，对填埋场产生的填埋气进行导排、收集、处理和资源化利用，保证填埋气最大限度无逸散。对填埋堆体产生的渗滤液，通过渗滤液收集系统导出处理，达标排放。

9.6.3　生活垃圾填埋场恶臭治理技术

恶臭污染治理相对于一般的空气污染治理，难度更大。恶臭气体的浓度较低，很多恶臭气体的嗅阈值也较低，这就要求处理后的恶臭气体浓度更低。目前我国处理生活垃圾填埋场恶臭气体比较成熟的技术有燃烧法、活性炭吸附法、生物分解法、药剂喷洒法、等离子体净化法、膜技术分离法、紫外光解法和氧化法等。

（1）燃烧法

燃烧法是利用 1000～1200℃ 的高温，在充足的氧气条件下对有机高分子、恶臭气体分子进行燃烧氧化，最后生成简单的小分子氧化物，如 CO_2、SO_2、NO、NO_2 等。此方法对有机废气净化处理得比较彻底，但投资成本大，运行和维护费用高，产生的尾气要进行碱吸收、吸附除尘、洗涤等一系列处理，比较适合具有现成焚烧系统的企业进行废气处理。

（2）活性炭吸附法

活性炭是一种很细小的碳粒，有很大的表面积，而且碳粒中还有更细小的孔，即毛细管，毛细管有很强的吸附能力。由于碳粒的表面积很大，能与气体充分接触，当这些气体接触到毛细管则被吸附，可起到净化作用。此法比较适合低浓度有机气体（如甲苯）的治理，对于高浓度的恶臭废气，活性炭很快会达到饱和而失去活性。

（3）生物分解法

生物分解法是利用微生物将臭味中的污染物氧化、降解为无害或低害物质的过程。将收集到的废气在适宜的条件下通过生长有微生物的填料，恶臭污染物先被填料吸收，然后被填料上的微生物氧化分解，从而完成废气的净化过程。要使微生物保持较高的活性，必须有适宜的湿度、酸度（pH）、温度和营养成分等生存条件。该方法的适用对象主要是可被微生物分解氧化的挥发性有机化合物（VOCs）。世界卫生组织对总挥发性有机化合物（TVOC）的定义为：熔点低于室温而沸点在 50～260℃ 的挥发性有机化合物的总称。在我国，总挥发性有机化合物是指常温下饱和蒸气压大于 70Pa、常压下沸点在 260℃ 以下的有机化合物，或在 20℃ 条件下饱和蒸气压不小于 10Pa 的具有相应挥发性的全部有机化合物。

（4）药剂喷洒法

所用药剂包括合成的和以天然植物提取液为有效成分的除臭剂。通过垃圾房除臭装置，将除臭剂充分雾化后喷洒在产生臭气的物体上，使除臭剂均匀分布在整个空间。经过雾化，在微小的液滴表面形成较大的表面能。该表面能可使液滴吸附空气中的臭气分子，并使臭气分子的结构变得不稳定。此时，溶液中的有效分子可向臭气分子提供电子，与臭气分子发生反应；同时，吸附在雾滴表面的臭气分子也能与空气中的氧气发生反应。这些反应包括聚合、取代、置换等化学反应，可以改变原有臭气分子的结构，使其变成无味无毒的分子，以达到除臭的目的。

（5）等离子体净化法

等离子体由电子、离子、自由基和中性粒子等组成，比常规分子小。等离子体净化法是利用高频高压的电场，将空气中的氧分子和其他分子电离，使其产生电子、离子、自由基和中性粒子等微粒，这些等离子轰击臭气分子，进入需分解的臭气分子内部，打开分子链，破坏分子结构，从而发生氧化等一系列复杂的化学反应，将有害物质转化成无害物质。

（6）膜技术分离法

膜技术分离法的原理是利用高分子膜材料对有机气体分子和空气分子的选择透过性来实现两者的物理分离。有机气体与空气的混合物在膜两侧压差推动下，遵循溶解扩散机理，混合气中的有机气体优先透过膜并被富集，而空气则被选择性地截留，从而在膜的截留侧得到脱除有机气体的洁净空气，在膜的透过侧得到富集的有机气体，达到有机气体与空气分离的目的。

（7）紫外光解法

利用紫外光裂解恶臭物质分子及空气中的氧气分子，产生游离氧，即活性氧，活性氧与氧分子结合产生臭氧，通过高能紫外线及臭氧对恶臭气体进行协同光解氧化作用，使恶臭气体物质降解转化成低分子化合物、水和二氧化碳等，再通过排风管道排出。紫外光解法能处理氨、硫化氢、甲硫醇、甲硫醛、苯、苯乙烯、二硫化碳、三甲胺、二甲基二硫醚等混合气体及大多数成分复杂的有机废气。

（8）氧化法

氧化法分为化学氧化法和光催化氧化法。化学氧化法是采用臭氧、高锰酸钾、次氯酸盐、氯气、二氧化氯、过氧化氢等强氧化剂氧化恶臭物质，将其转变成无臭或弱臭物质的方法。氧化过程通常是在液相中进行，也可在气相中进行，如臭气氧化过程中的气-气氧化过程。光催化氧化法用超微粒状（纳米材料）二氧化钛、氧化锌吸收紫外光后产生光生电子和空穴，使吸附的水氧化为羟基自由基（·OH），空气中的氧气被还原为·O_2^-，再进一步生成 H_2O_2，H_2O_2 在紫外光照射下同样生成活性自由基·OH，·OH 具有极强的氧化活性，对作用物无选择性，可以彻底氧化恶臭气体。

9.7　氢氧化铁喷洒削减恶臭

9.7.1　氢氧化铁对填埋气中硫化氢浓度的影响

不同剂量氢氧化铁对生活垃圾填埋气中硫化氢浓度和累积释放量的影响如图 9-3 所示，图中 LR1、LR2 和 LR3 分别代表反应器 1、2 和 3。前 27d 内反应器 1（对比）、反应器 2 [喷洒 0.05% Fe(OH)$_3$] 和反应器 3 [喷洒 0.10% Fe(OH)$_3$] 中，硫化氢的浓度分别为 272.5~783.0μg/L、1.0~157.4μg/L 和 0.1~40.0μg/L [图 9-3（a）]。反应器 1 的硫化氢浓度随时间波动较大，这与生活垃圾不同含硫有机组分的可降解性有关，也与渗滤液体系中硫酸根浓度和硫酸盐还原细菌（SRB）的活性等有关。总体而言，填埋气中硫化氢浓度随时间推移而降低，可部分归因于硫酸根以及易腐蛋白质的消耗。填埋反应器 1、2 和 3 在前 27d 内硫化氢累积释放量分别为 14860μg、830μg 和 170μg [图 9-3（b）]，即添加 0.05% 和 0.10% 的氢氧化铁使得生活垃圾中硫化氢平均去除率达到 94.4% 和 98.8%。根据热电联产等填埋气发电设备对硫化氢浓度的要求，未经任何处理的填埋反应器显然不能满足该标准，需要配备额外的脱硫设施或工艺。而经过 0.05%或者 0.10% Fe(OH)$_3$ 的作用，生活垃圾填埋气中硫化氢浓度远小于填埋气能源利用的标准。在该情况下，可以考虑进一步减少 Fe(OH)$_3$ 的添加量以降低操作成本。

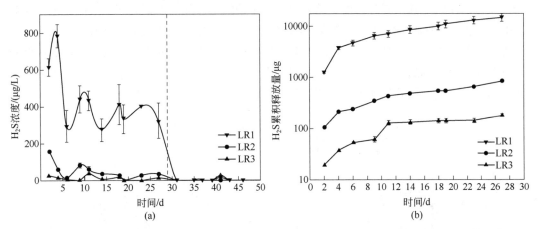

(a)　　　　　　　　　　　　　(b)

图 9-3　不同剂量氢氧化铁对生活垃圾填埋气中硫化氢浓度（a）和累积释放量（b）的影响

9.7.2　氢氧化铁对填埋气中氨气浓度的影响

如图 9-4 所示，氢氧化铁的加入并未提高生活垃圾的氨气释放浓度。在前 11d 内，反应器 1、2 和 3 中氨气初始浓度分别从 1388μg/L、608μg/L 和 500μg/L 下降至 66μg/L、44μg/L 和 32μg/L。根据不同生活垃圾组分的恶臭组分特性，氨气浓度随着时间推移而下降可能与生活垃圾中餐厨和果皮垃圾等有机组分的降解有关。反应器 1、2 和 3 的氨气初始浓度差异可能主要是由生活垃圾组分的不均匀性导致。此段时间之后，各个模拟生活垃圾填埋场的填埋反应器中氨气浓度开始保持稳定，该结果可能表明氢氧化铁的加入不会对生活垃圾的氨气释放产生影响。

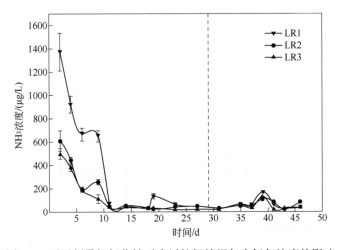

图 9-4　不同剂量氢氧化铁对生活垃圾填埋气中氨气浓度的影响

9.7.3　氢氧化铁对填埋气中甲烷浓度的影响

反应器 1 的填埋气中甲烷浓度从开始的 11.6%逐渐上升到 56.8%（图 9-5）。这是因为产甲烷菌活性的增强，同时也由于填埋反应器中顶空部分氧气的消耗和氮气的排出。在第 27d 后，填埋反应器 1 被打开以喷洒 0.1%氢氧化铁，其原先的厌氧体系被破坏，从而导致填埋气中的甲烷浓度下降。但是，随着时间的推移，填埋反应器 1 填埋气中甲烷的浓度开始恢复（从 2.74%到 55.3%）到原先的同一水平，而且甲烷的产生速率也与之前无显著差异。这表明，喷洒氢氧化铁不会对填埋反应器的甲烷释放速率产生影响。

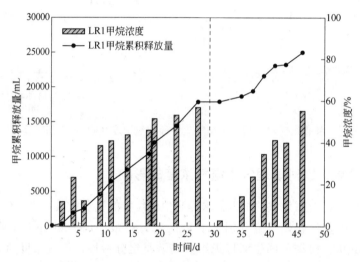

图 9-5　氢氧化铁对填埋反应器 1 填埋气中甲烷浓度和累积释放量的影响

9.7.4　氢氧化铁对填埋气恶臭指数的影响

如图 9-6（a）所示，不同剂量氢氧化铁对生活垃圾恶臭具有显著的削减效果，即氢氧化铁可以显著降低生活垃圾的恶臭释放。反应器 1 中填埋气的恶臭指数一般趋势为：前 11d

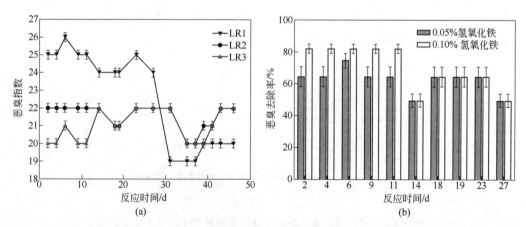

图 9-6　喷洒不同剂量氢氧化铁对填埋反应器中填埋气恶臭指数（a）和恶臭去除率（b）的影响

基本保持在 25，然后下降至 24 并保持稳定。在前 27d 内，喷洒 0.05%和 0.10%氢氧化铁悬浊液，分别使得生活垃圾的恶臭浓度下降 50.0%～75.0%和 50.0%～82.3%，平均恶臭去除率为 62.7%和 70.6%［图 9-6（b）］。

填埋反应器渗滤液的硫形态分析如表 9-4 所示。在对渗滤液的硫形态分析中，发现反应器 2 和 3 的渗滤液中没有检测到 $FeS_2(CRS)$ 和 $S^0(ES)$ 等反应产物。其中填埋反应器 1、2 和 3 中 0.45μm 膜过滤酸挥发性硫（d-AVS）和未过滤酸挥发性硫（AVS）的浓度分别为 0.27mg/L 和 4.57mg/L、0.12mg/L 和 0.14mg/L、0.13mg/L 和 0.15mg/L（表 9-4）。该结果表明，填埋反应器 2 和 3 中的硫化物主要为可溶态，而填埋反应器 1 中的硫化物主要为有机物结合态。喷洒 0.05%（LR2）、0.10%（LR3）氢氧化铁，使生活垃圾模拟填埋场渗滤液中 d-AVS 和 AVS 分别降低 54.0%和 97.0%、50.6%和 96.7%，这反映了氢氧化铁的加入对生活垃圾硫化氢释放的削减作用。

表 9-4 填埋反应器渗滤液的硫形态分析

项目	LR1/(mg/L)	LR2/(mg/L)	LR3/(mg/L)
d-SO_4^{2-}	713.2	909.8	695.4
d-AVS	0.27（0.13[①]）	0.12（0.06）	0.17（0.13）
AVS	4.57（1.53）	0.14（0.04）	0.15（0.05）
CRS	—	—	—
ES	—	—	—

① 括号中数据为对应方差。

9.7.5 氢氧化铁用于集装化生活垃圾中转站的恶臭原位控制

集装化生活垃圾中转站恶臭削减的试验流程为：在运输车辆生活垃圾卸载槽中喷洒氢氧化铁悬浊液（工业级），而后将喷洒有氢氧化铁的生活垃圾装载入标准转运集装箱，如图 9-7 所示。将集装箱拖运至附近空地上，放置 96h，以模拟氢氧化铁对生活垃圾在集装箱转运过程中的恶臭削减效果。定期采用吸收法和电子鼻分析法测定生活垃圾集装箱中顶空位置的硫化氢浓度、氨气浓度以及恶臭浓度，装置如图 9-8 所示。实验所处的环境温度约为 25～35℃。

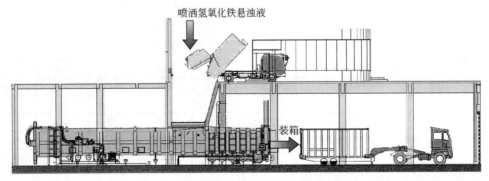

图 9-7 生活垃圾中转站恶臭削减试验流程

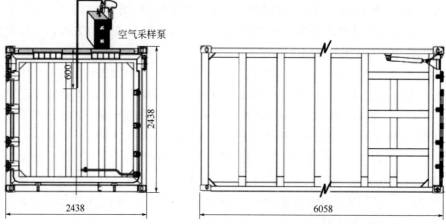

图 9-8　生活垃圾集装箱恶臭削减分析装置图（单位：mm）

　　表 9-5 展示了添加氢氧化铁对生活垃圾集装箱顶空气体成分和恶臭浓度的影响。分析发现，生活垃圾集装箱顶空的硫化氢浓度远低于填埋反应器中的浓度，浓度范围为 18.43～

表 9-5　氢氧化铁对生活垃圾集装箱顶空气体成分和恶臭的削减效果

测试序号	气体成分及恶臭						
	硫化氢						
	空白/(μg/m³)	18.43	816.6	377.4	91.89	348.2	504.4
	0.01%氢氧化铁/(μg/m³)	49.41	0	112.6	1.319	74.78	43.79
	去除率/%	−168.1	100	70.16	98.56	78.52	91.32
	氨气						
测试1	空白/(μg/m³)	321.57	591.87	846.70	743.5	754.9	703.3
	0.01%氢氧化铁/(μg/m³)	459.82	447.44	994.24	974.69	570.2	645.5
	去除率/%	−42.99	24.40	−17.42	−31.08	24.46	8.21
	恶臭浓度						
	空白/(×30)①	882.7	1351	1166	1315	1109	1157
	0.01%氢氧化铁/(×30)	876.7	794.7	973	1252	993.3	1021
	去除率②/%	2.21	87.42	51.35	20.83	34.94	39.76
	硫化氢						
	空白/(μg/m³)	21.51	123.9	1134	112.0	660.8	230.5
	0.01%氢氧化铁/(μg/m³)	17.60	65.46	81.49	44.67	80.63	182.85
	去除率/%	18.13	47.18	92.82	60.12	87.80	20.67
	氨气						
测试2	空白/(μg/m³)	1746	1660	2638	5870	2436	3597
	0.01%氢氧化铁/(μg/m³)	916.9	1340	2919	5245	2192	3772
	去除率/%	47.50	19.27	−10.66	10.63	10.01	−4.87
	恶臭浓度						
	空白/(×30)	850.3	1046	1130	1200	1115	1060
	0.01%氢氧化铁/(×30)	805.7	938.3	963.0	1047	970.3	941.3
	去除率/%	15.34	33.22	46.40	43.53	41.67	35.90

① 顶空气体经稀释 30 倍后进行电子鼻测试。
② 基于恶臭气体稀释倍数和电子鼻响应值标准曲线计算。

$1134\mu g/m^3$。总体而言，氢氧化铁的加入降低了集装箱生活垃圾的硫化氢释放量，降低幅度为 18%～100%。部分点出现的硫化氢、氨气浓度的升高应该是由生活垃圾物料的差异性引起的。

对氢氧化铁在填埋反应器和集装化转运系统的恶臭去除率进行对比，发现氢氧化铁用于填埋场的原位固硫和恶臭削减具有较好的效果，而在垃圾转运系统中效果不佳。这主要可归因于两个方面：①在垃圾转运系统中，由于体系外部氧气的进入以及内部氧气的消耗速率有限，使得生活垃圾中转过程中厌氧环境尚未形成，SRB 活性较生活垃圾填埋场要低；②含硫易腐有机组分降解程度较低。正是这两方面的作用，使得生活垃圾填埋反应器和垃圾中转系统中的硫化氢位置与作用不同，从而造成氢氧化铁在不同体系中的恶臭去除效果不同。

图 9-9 描述一个氢氧化铁污泥用于生活垃圾填埋场原位固硫和恶臭控制的技术应用方案。当采用喷洒工艺时，氢氧化铁污泥需要进行预处理以破碎过程中可能形成的碳酸钙或者其他大颗粒杂质。悬浊液的喷洒可采用文丘里喷管和空压机相结合的形式，每隔几个生活垃圾填埋作业层或者每个作业层进行喷洒。作业层的喷洒仅在作业面形成后进行，按 $50\sim200g/m^2$ 剂量向生活垃圾表面喷洒，后渗入生活垃圾内层。

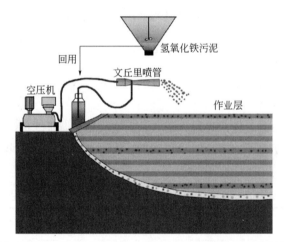

图 9-9　氢氧化铁污泥用于生活垃圾填埋场原位固硫和恶臭控制的技术方案

9.8　填埋作业面积最小化

9.8.1　达西定律与填埋场恶臭迁移规律

按照多孔介质流体力学理论，流体在多孔介质中的流动可以用达西定律（Darcy's law）描述 [公式（9-18）、公式（9-19）]。根据达西定律，填埋场垃圾堆体中的气体迁移规律也符合多孔介质流理论，即恶臭污染物质释放量与垃圾暴露面积成正比，因此，减少垃圾与空气的接触面积是控制填埋场恶臭污染的有力措施之一。

$$q=kiA \tag{9-18}$$

$$Q=qt=kiAt \tag{9-19}$$

式中　Q——气体释放量，m^3；

　　　q——气体迁移速率，m^3/d；

　　　k——迁移渗透系数，m/d；

　　　i——浓度梯度，m/m；

　　　A——垃圾暴露面积，m^2；

　　　t——暴露时间，d。

根据多孔介质中的流体流动规律，垃圾堆体中恶臭释放量与四个因素有关，即迁移渗透系数、浓度梯度、暴露面积和暴露时间。其中迁移渗透系数和浓度梯度与垃圾堆体的作业参数（压实密度、填埋高度等）有关；而恶臭释放量与垃圾的暴露面积成正比。因此，可以通过优化填埋场垃圾堆体形状和每日作业面形状来实现暴露面积的最小化控制。

9.8.2　利于恶臭控制的面积最小化垃圾堆体形状

一般情况下，垃圾堆体边坡坡度不大于 1∶3，且顶层垃圾填埋作业需要一定的作业空间，所以，垃圾堆体外观上一般都为锥台状。锥台的通用体积公式为：

$$V = 1/3 \times h \times (S_{底} + S_{顶} + \sqrt{S_{底} \times S_{顶}})　　　　　　　　（9-20）$$

式中　V——堆体体积，m^3；

　　　h——堆体高度，m；

　　　$S_{底}$——堆体底面积，m^2；

　　　$S_{顶}$——堆体顶面积，m^2。

按照边数多少，分别设定垃圾堆体形状为正三棱锥台、正四棱锥台（亦称四方台）、矩形锥台、正五棱锥台、正六棱锥台、圆锥台等六种，其体积和垃圾暴露面积的计算公式见表 9-6。

表 9-6　不同垃圾堆体形状体积及暴露面积计算公式

名称	示意图	体积公式	暴露面积公式	底面积公式
正三棱锥台		$V = \dfrac{1}{3}h\left[\dfrac{\sqrt{3}}{4}a^2 + \dfrac{\sqrt{3}}{4}(a-6\sqrt{3}h)^2 + \dfrac{\sqrt{3}}{4}a(a-6\sqrt{3}h)\right]$	$S = \dfrac{\sqrt{3}}{4}(a-6\sqrt{3}h)^2 + 3\sqrt{10}(a-3\sqrt{3}h)h$	$S_v = \dfrac{\sqrt{3}}{4}a^2$
正四棱锥台		$V = \dfrac{1}{3}h[a^2 + (a-6h)^2 + a(a-6h)]$	$S = (a-6h)^2 + 4\sqrt{10}h(a-3h)$	$S_v = a^2$
矩形锥台		$V = \dfrac{1}{3}h[ab + (a-6h)(b-6h) + \sqrt{ab(a-6h)(b-6h)}]$	$S = (a-6h)(b-6h) + 2\sqrt{10}h(a+b-6h)$	$S_v = ab$
正五棱锥台		$V = \dfrac{1}{3}h\left\{\dfrac{5}{4}a^2\tan(54°) + \dfrac{5}{4}[a-6h\cot(54°)]^2\tan(54°) + \dfrac{5}{4}a[a-6h\cot(54°)]\tan(54°)\right\}$	$S = \dfrac{5}{4}[a-6h\cot(54°)]^2\tan(54°) + 5\sqrt{10}h[a-3h\cot(54°)]$	$S_v = \dfrac{5}{4}a^2\tan(54°)$

续表

名称	示意图	体积公式	暴露面积公式	底面积公式
正六棱锥台		$V=\dfrac{1}{3}h\left[\dfrac{3\sqrt{3}}{2}a^2+\dfrac{3\sqrt{3}}{2}(a-6\sqrt{3}h)^2+\dfrac{3\sqrt{3}}{2}a(a-6\sqrt{3}h)\right]$	$S=\dfrac{3\sqrt{3}}{2}(a-6\sqrt{3}h)^2+3\sqrt{10}h(2a-6\sqrt{3}h)$	$S_v=\dfrac{3\sqrt{3}}{2}a^2$
圆锥台		$V=\dfrac{1}{3}h[\pi r^2+\pi(r-3h)^2+\pi r(r-3h)]$	$S=\pi(r-3h)^2+\sqrt{10}\pi h(2r-3h)$	$S_v=\pi r^2$

注：1. 各正棱台底边长为 a，高为 h。

2. 圆锥台底部半径为 r。

3. 边坡坡度全部按 1：3 进行计算。

以底面积 S_v=5000m^2、i=1：3、ρ=0.85t/m^3 为例进行说明，不同形状垃圾堆体的填埋容量、空间利用率与单位垃圾量的暴露面积随填埋高度的变化如图 9-10～图 9-12 所示。由图

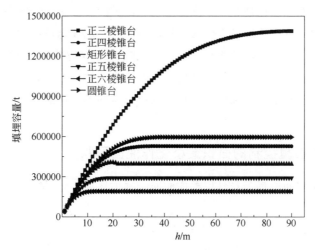

图 9-10　垃圾堆体填埋容量随高度的变化

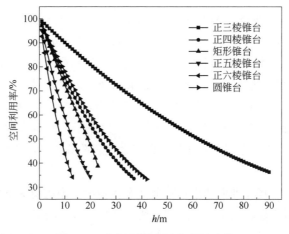

图 9-11　空间利用率随高度的变化

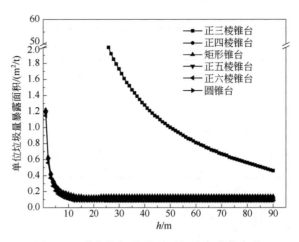

图 9-12　单位垃圾量暴露面积随高度的变化

可知，正三棱锥台形状的垃圾堆体可填高度最高，填埋容量最大，空间利用率最大，但其单位垃圾量的暴露面积同样是各垃圾堆体形状中最大的，故恶臭物质产生量最大，填埋作业过程中不宜采用。其余的垃圾堆体形状按可填高度、填埋容量和空间利用率由大到小排序依次为圆锥台>正四棱锥台>矩形锥台>正五棱锥台>正六棱锥台，而单位垃圾量暴露面积则相差不大。因此，垃圾堆体形状宜采用圆锥台、正四棱锥台或矩形锥台，而不宜采用边数较多的正五棱锥台和正六棱锥台，但具体堆体形状的选择仍需结合填埋场规划和填埋作业机械综合考虑。

9.8.3　利于恶臭控制的面积最小化作业面形状

常见的典型作业面形状主要有矩形作业面、扇形作业面、半圆形作业面、圆形作业面等几种。

① 矩形作业面，即长方形的作业平面，以该种作业面作业时，作业单元为一规则的矩形，作业单元与规划单元之间有一条平直的边界，作业时，以此边界为卸料带，将作业面平行向前不断推移。

② 扇形作业面，是在矩形作业面的基础上发展来的，当卸料带延伸较远的距离时，推土机以卸料点为中心斜向前推铺，形成具有一定弧度的弧状边界，几个作业点共同构筑成扇形作业面。一般扇形作业面适用于垃圾比较集中、卸料带较宽的情况下。

③ 半圆形作业面，通常有正 C 形和倒 C 形两种：正 C 形是以半圆弧边界为卸料带，由边界向圆心处推铺；倒 C 形则是以圆心处为卸料点，推铺、压实过程以卸料点为圆心，180°范围内斜向推铺。

④ 圆形作业面，卸料点通过延伸的平台基础设置在圆心处，以此为中心，推铺、压实操作分别向四周进行。

如表 9-7 所示，矩形作业面和扇形作业面在作业面很小的情况下转弯半径较小，作业机械转弯困难，扇形填埋场适用于要求卸料快、卸料带较宽的情况。倒 C 形和圆形作业面的卸料点只能在圆心处设置一个，影响了卸料速度，因此不适应填埋场车流密度较大的情况，且由于受到作业面积和作业效率的影响，其作业面的恶臭污染较为严重。而正 C 形作业面具有卸料灵活、作业面可通过边界较容易控制、车辆转弯可充分利用弧度、作业延续性好等优点，且在背风布置作业面时，可减轻风力扰动和干扰，减轻垃圾飘扬和恶臭飘散，建议在实际填埋场的操作过程中逐渐推广应用和升级改进。

表 9-7　不同形状的作业面对比

项目	矩形作业面	扇形作业面	半圆形作业面		圆形作业面
			正 C 形	倒 C 形	
工作原理	以边界为卸料带，机械平行向前推移，整体作业面呈长方形	多点卸料，沿扇形边界向前推铺，推土机推移边界保持为扇形	以弧状边界为卸料带或设置卸料点，由边界向圆心推铺	圆心处设置卸料点，以卸料点为圆心，向前方180°斜向推铺	延伸卸料平台至圆心处，以圆心为卸料点，机械向四周定向运动
卸料点	1 个或多个	多个	1 个或多个	1 个	1 个
推运方向	平行前推	扇面前推	四周向圆心	圆心向周边	圆心向四周
面积控制	边界控制	不易控制	边界控制	不易控制	不易控制
恶臭污染	中等	较重	较轻	较重	较重
车辆转弯	面积小时转弯困难	弧度小时转弯困难	较容易	较容易	较容易
作业效率	中等	较高	较高	较高	中等
作业延续性	较好	较好	中等	较差	较差
美观程度	中等	中等	美观	美观	美观
适用情况	适用于多数填埋场	适用于卸料带延伸较长的情况	适用于多数填埋场	适用于单点卸料的填埋场	不适应多数情况

根据作业机械的组合方式不同，填埋作业工艺可分为一体化推压工艺和挖推压组合工艺两种。

（1）一体化推压工艺

传统的填埋作业采用一体化推压工艺，在垃圾卸料后由推土机直接从卸料点推向作业面，并在作业面推铺开，用压实机或推土机反复碾压形成压实的垃圾层。在这种作业方式中，推土机的作用是推运、推铺物料，挖掘机一般用于整修边坡。

（2）挖推压组合工艺

在该工艺中，首先充分利用挖掘机臂长的特点，将物料搬离卸料点，放在作业面内，然后推土机将物料按照一定的厚度在作业面上进行推铺，采用专用压实机械进行压实。

在物料搬离过程中，传统工艺中的推土机推运作业方式，一方面速度较慢，另一方面需要时刻注意卸料平台上的车辆倾卸的物料，在车流密度较大时，推土机可能有被掉落的垃圾掩埋的危险。挖推压组合工艺相比于传统的作业工艺，其特点是利用了挖掘机臂长和转向灵活的特点，实现了物料从卸料点的快速搬离，将推土机解放出来专门进行推铺，提高了物料转移速度和填埋作业速度。

9.9　除臭剂喷洒

9.9.1　EM 菌除臭剂

垃圾填埋场或中转站中常采用的微生物除臭剂主要是 EM 菌除臭剂。EM 菌是一种由酵母菌、放线菌、光合菌、藻类等多种有益微生物经培养而成的混合微生物制剂。EM 菌群中既含有降解性细菌，又有合成性细菌，种类有厌氧菌、兼氧菌，以及好氧菌。EM 菌除臭剂中各类微生物都发挥着重要作用，核心作用以光合细菌和嗜酸性乳杆菌为主导，其合成能力支撑着其他微生物的活动，同时也利用其他微生物产生的物质，形成共生关系，保证 EM 菌群状态稳定，功能正常。

从生化角度而言，EM 菌除臭剂喷洒到生活垃圾中后，发生的变化过程也是一种有机垃圾堆肥化的过程。但与传统的堆肥化存在本质区别：传统的堆肥处理技术，只是把垃圾中的可堆肥的有机质进行堆肥化，属于氧化分解体系，是利用自然存在的微生物对有机物进行氧化分解，其分解速度慢，并且产生各种恶臭气体；EM 菌除臭剂处理垃圾是发酵分解过程，有机物分解过程中所产生的氨气、硫化氢、甲烷、三甲胺气体等物质对人类有害，但却是 EM 菌除臭剂中有效微生物群的营养物质，微生物群通过新陈代谢作用化害为利，生成有益的有机营养，消除恶臭产生的物质基础。

EM 菌液对硫化氢的去除效果较好，而且持续性较好，使用 EM 菌液后可以将硫化氢长时间保持在较低浓度，至少可维持 8h，其除臭效果如表 9-8 所示。

表 9-8　使用 EM 菌液除臭结果

采样时间	小时平均浓度/(mg/m^3)		
	氨气	硫化氢	三甲胺
密闭室内初始浓度	0.28	0.004	<0.0025
EM 菌液作用 1h 后浓度	0.25	0.002	<0.0025
EM 菌液作用 2h 后浓度	0.21	0.001	<0.0025
EM 菌液作用 4h 后浓度	0.24	0.001	<0.0025
EM 菌液作用 8h 后浓度	0.24	<0.001	<0.0025

9.9.2　木醋液除臭效果

木醋液是具有烟熏味的赤褐色油状液体，是木材干馏过程中产生的气体冷凝的产物，主要成分为有机酸及酚类物质。木醋液在控制鸡粪臭气的应用可推广至污泥臭气的控制，因为鸡粪臭气与污泥臭气的产生均是微生物活动的结果，而木醋液可能通过抑制微生物的活性达到除臭的目的。

木醋液原液呈酸性，浓度对木醋液 pH 的影响如图 9-13 所示，随着稀释比例的增大，木醋液浓度下降，木醋液趋于中性。当木醋液浓度由 5% 降至 0.1% 时，pH 的变化范围较大，从 4.16 升高至 6.44；而木醋酸浓度从 100% 降至 5% 时，pH 仅升高 0.56。当木醋液浓度低于 5% 时，pH 随浓度的变化呈指数递减规律。

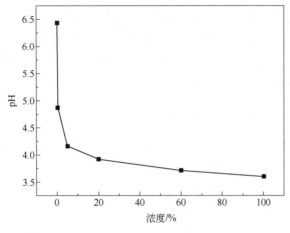

图 9-13　浓度对木醋液 pH 的影响

以污泥制备干化固体燃料塑料大棚为应用案例进行分析。由于改性污泥自然干化过程中，有机物迅速降解产生的 NH_3 等导致大棚内臭气浓度较高，因此选择 30%作为木醋液的稀释浓度进行除臭剂配制。另外，现场试验尝试按 0.5%的喷洒量将除臭剂喷洒在污泥贮坑表面，以研究除臭剂对原生污泥的除臭效果。

塑料大棚内部经过除臭剂喷洒后，除臭效果持续 5～6h，而如果将除臭剂喷洒在贮坑的原生污泥表面，除臭效果可持续 2～3d。大棚内的改性污泥中的有机物降解迅速，臭气产生速率较原生污泥快，故除臭剂对大棚内改性污泥的除臭持续时间小于原生污泥。

另外，木醋液可以应用于垃圾除臭方面，代替传统的 EM 菌作为价格低廉、应用广泛的新型除臭剂。相对于原生污泥，生活垃圾较疏松，喷洒的除臭剂可以与生活垃圾充分接触，故木醋液浓度可以较污泥除臭剂低，除臭剂喷洒量（以生活垃圾质量计）为 5L/t。

9.10　高空喷洒设备

9.10.1　高空喷洒方法

对于高空喷洒，目前使用较多的有飞行器喷洒、热气球喷洒和风炮喷洒。飞行器喷洒方式中较多为无人机喷洒。无人机喷洒的优点是无需专用机场，喷洒均匀，可以在较广阔的范围内进行喷洒作业。但是无人机喷洒作业主要在白天进行，目前无人机的载重量有限，一般载重量为 10～20kg，由于垃圾填埋场占地面积较大，若在整个范围内使用无人机喷洒，则需要工人频繁为无人机添加药剂，劳动强度较大。热气球喷洒由于受气候影响较大，无法保证对垃圾填埋场持续进行除臭作业。风炮喷洒方式是目前采用较多的一种方式，高压喷雾风炮的俯仰角度和水平转角度可调，可以保证风炮喷洒的均匀性，同时喷雾风炮的送风风速较大，可以抵御一定的外界风的干扰，保证喷洒的可靠性。

9.10.2　高压喷雾风炮的工作原理

高压喷雾风炮的工作原理是：将喷雾剂经过专业净化处理后，运用高压设备在高压单元内部形成强大的工作压力，通过专用的喷嘴形成 50～150μm 左右的水雾微粒，微小的雾粒大量聚集并飘浮于空气中，形成白色云雾状的雾气效果，而不产生水滴，微粒极其细小，表面张力基本为零，且通过高速风机加速后大面积扩散；喷雾剂中的药物分子随雾粒的扩散与空气中的臭气分子充分接触并发生反应，有效清除臭气分子。

9.10.3　高压喷雾风炮的喷雾分析

从喷嘴中喷出的雾滴颗粒简化处理为离散的拉氏实体（discrete Lagrangian entity），其尺寸、速度和位置等初始输入值均采用平均值。雾滴颗粒射入气相流场后和流场进行质量和动量的交换，不考虑能量的交换。

（1）雾滴颗粒的初始平均速度和平均尺寸

雾滴运动初速度与液膜破碎情况有关，为简化计算，假设液膜破碎后产生的不同粒径雾滴初速度 u_{p0} 相同，均等于液膜破碎速度 v_s。假设风炮使用的喷嘴为圆锥型喷嘴，具体几何形状参考图 9-14，其中 d_1、d_2 分别为喷嘴内、外直径。

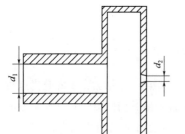

图 9-14　喷嘴的几何形状

对于连续射流，在喷嘴出口截面内外两点间应用伯努利方程，假设忽略两点间的高度差，可以得到下列关系式：

$$\frac{P_1}{\rho_1}+\frac{v_1^2}{2}=\frac{P_2}{\rho_2}+\frac{v_2^2}{2} \tag{9-21}$$

式中　P_1、P_2——分别为喷嘴内、外压力，MPa；
　　　v_1、v_2——分别为喷嘴内、外流体平均流速，m/s；
　　　ρ_1、ρ_2——分别为喷嘴内、外液体密度，kg/m³。

在两点间应用连续性方程可得：

$$\rho_1 v_1 A_1 = \rho_2 v_2 A_2 \tag{9-22}$$

式中　A_1、A_2——喷嘴内、外两点的截面积，m²。

因为喷嘴流道一般为圆管型结构，即 $A=\pi d^2/4$，并假设 $\rho_1=\rho_2=\rho$，可得喷嘴出口处液膜破碎速度 v_s：

$$v_s=v_2=\sqrt{\frac{2(P_1-P_2)}{\rho\left[1-\left(\dfrac{d_2}{d_1}\right)^4\right]}} \tag{9-23}$$

式中　d_1、d_2——为两点圆截面的直径，mm。

本节采用的喷嘴内压力 P_1=0.3MPa，喷嘴外压力 P_2=0.1013MPa，d_1=10mm，d_2=2mm，ρ=1000kg/m³，则根据上式可计算出雾滴的初速度为 v_2=10m/s。

水介质开始破碎成为水滴时的韦伯数，称为临界韦伯数。由临界韦伯数可以估算出水滴的直径，即：

$$d_1 = \frac{\sigma_1 We_c}{(u_1 - u_2)^2 \rho} \tag{9-24}$$

式中，We_c 为临界韦伯数，对于大气中的水射流，临界韦伯数取 $10 \sim 20$；σ_1 为水的表面张力系数，按温度为 25℃ 取值为 7.21；ρ 为水的密度，1000kg/m³。

实证过程中测量得到风炮喷嘴出口处的气体速度 $u_2 = 24$m/s，则根据上式计算得到水滴的直径为 $D_1 = 552$μm。

（2）雾滴受力模型

气体作用在雾滴上的力取决于相对速度（或称滑移速度）$u - u_p$，其中 u 为气体的速度，u_p 为雾滴的速度，这个力称为黏性阻力。设雾滴形状呈球形，直径为 D，密度为 ρ_p，则雾滴受到的力主要为气体给雾滴的黏性阻力和自身的重力，其他因素暂不考虑。

在水平方向上应用牛顿运动定律有：

$$\frac{1}{6}\pi D^3 \rho_p \frac{du_{pH}}{dt} = C_D \times \frac{1}{2}\rho(u_H - u_{pH})|u_H - u_{pH}| \times \frac{1}{4}\pi D^2 \tag{9-25}$$

式中，ρ 为气体的密度，kg/m³；C_D 为阻力系数，无量纲；u_H 和 u_{pH} 分别为气体和雾滴的水平速度，m/s。

在竖直方向上，雾滴受到重力和空气阻力，运用牛顿运动定律有：

$$\frac{1}{6}\pi D^3 \rho_p \frac{du_{pV}}{dt} = C_D \times \frac{1}{2}\rho(u_V - u_{pV})|u_V - u_{pV}| \times \frac{1}{4}\pi D^2 - \frac{1}{6}\pi D^3 \rho_p g \tag{9-26}$$

对于阻力系数 C_D，考虑到雷诺数 Re 的值比较大时（一般认为大于 1），斯托克斯阻力与实际值偏差较大，故采用一种与标准阻力系数曲线吻合得很好的一种关系，即

$$C_D = \left(\frac{24}{Re}\right)\left(1 + \frac{1}{6}Re^{2/3}\right) \tag{9-27}$$

$$Re = \frac{\rho D |u - u_p|}{\mu} = \frac{\rho D}{\mu}\sqrt{(u_H - u_{pH})^2 + (u_V - u_{pV})^2} \tag{9-28}$$

式中，μ 为气体的动力黏性系数，N·s/m² 或 Pa·s；u_V 和 u_{pV} 分别为气体和雾滴的竖直速度，m/s。

（3）离散相和连续相之间的耦合

雾滴颗粒为离散相，喷射气流为连续相。风炮喷雾气液两相流动过程中始终在进行动量的交换，不考虑质量和能量的交换。即在整个喷雾过程中，可以认为雾滴的质量不变，不发生碰撞、蒸发等现象，最后的结果是沉降。整个喷雾作业在常温、无风条件下进行。因此在计算时要考虑液相（离散相）和气相（连续相）间的耦合，计算中交替求解连续相与离散相的控制方程，直到两相的解均收敛为止。

（4）高压喷雾风炮气液两相流动数值模拟

将离散相添加到连续相流场中，采用 Eulerian-Lagrangian 模型计算两相流动。将气体视为连续相，采用 Eulerian 方法，通过求解质量守恒方程和动量守恒方程得到流场中参数的分布；对雾滴离散相，可通过 Lagrangian 框架内的离散方式进行离散。当粒子的质量流量较小时，粒子相可以通过大量有限数目的粒子表示，粒子的运动用 Lagrangian 方法进行计算。

设定雾滴颗粒从喷口处以均匀的速度垂直于喷口射出，在 Fluent 中的离散相模型中选择面射流元，设定初始速度，雾滴形状为球形，直径分布选择 Rosin-RammLer 分布。通过计算得到雾滴的轨迹如图 9-15 所示。

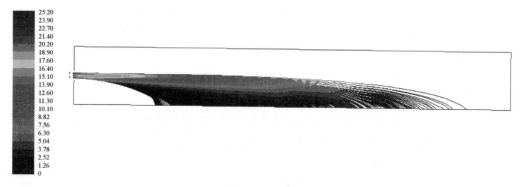

图 9-15　雾滴的轨迹

设定左边界、上边界和右边界的边界条件为"escape"，下边界的边界条件为"trap"。运用 Fluent 中 report 里的离散相结果后处理可以得到雾滴在下边界的分布直方图，如图 9-16所示。

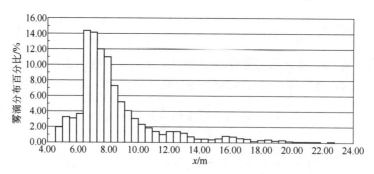

图 9-16　雾滴在下边界的分布直方图

9.10.4　高压喷雾风炮气液两相流动实验

（1）实验目的和设备

为验证理论模拟的准确性，针对高压喷雾风炮的工作情况进行实证，并采集相关数据。需要采集及验证的实验数据包括风炮气流速度场轴心线上的速度分布、垂直于轴线的截面上的速度分布和地面上沿轴线方向上的雾滴沉积量分布。

实证过程中使用的仪器设备有：AZ-8901 风速计，风速测量范围为 0.4～35m/s，分辨率为 0.1m/s，准确度为±2%；米尺；天平；计时器；喷水量收集容器。工作介质为清水。

因为自然风对风送式喷雾机的风速实验结果影响较大，而且温度对雾滴沉积量的影响较大，故在室内进行实验。

（2）方案与方法

风炮气流速度场数据采集方案为：将风炮水平放置，以风炮轴心线为 x 轴，水平方向为 y 轴，竖直方向为 z 轴，原点为风炮出口截面处中心点。只开启风炮中的风机，对风炮形成的气流速度场进行数据采集。对风炮轴心线上的风速进行测量，测量间距为 1m。另外在 x=8m、z=0m 处对 y 方向的气流速度数据进行采集，具体如图 9-17 所示。

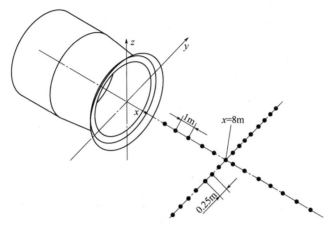

图 9-17　气流速度场速度数据采集方案示意图

同时开启风炮、喷嘴，使机器进行风送式喷雾作业，测量雾滴的沉积量。主要采集 y=0 的竖直截面上，一段时间内实际落到地面的雾滴沉积量的分布情况。在地面上沿 x 方向每隔 3m 放置一个喷水量收集容器，喷射时间为 9min，具体如图 9-18 所示。

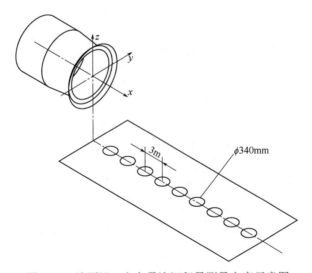

图 9-18　地面沿 x 方向雾滴沉积量测量方案示意图

（3）结果分析

测量得到气场轴心线上的速度分布如图 9-19 所示。图 9-20 为 x=8m、z=0m 处 y 方向的气流速度。

图 9-19 和图 9-20 将气场速度的理论模拟值和实验值进行了对比，从两张图中可以看出理论值和实验值分布趋势相同，考虑到实验值与理论值之间在一定程度上存在误差，所

以理论值可以近似代替实验值进行定性分析。x 方向的雾滴沉积量分布如图 9-21 中的折线所示，其中 q 为沉积量，以单位面积沉积的雾滴质量表示。

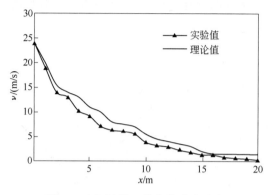

图 9-19　气场轴心线上的速度分布

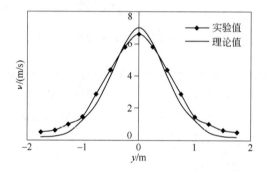

图 9-20　$x=8m$、$z=0m$ 处 y 方向的气流速度

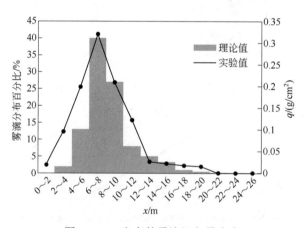

图 9-21　x 方向的雾滴沉积量分布

从图 9-21 中可以看出雾滴沉积主要集中在 4～13m 范围内，在其他区域沉积量较少。而通过 Fluent 计算得到的结果（图 9-21 中直方图）显示，雾滴沉积区域在 5～12m 所占比例较大，在一定程度上反映了雾滴沉积趋势。另外实验测得的雾滴射程约为 2～23m，理论模拟的雾滴射程为 4～20m，考虑到理论模型的简化，射程范围较为相近，可以用理论

值来预测实际的雾滴射程范围。

9.10.5　雾滴轨迹影响因素分析

雾滴轨迹的指标主要包括雾滴覆盖率（射程）、分布均匀性，而影响雾滴轨迹的因素主要包括风速、俯仰角。通过分析这些因素对雾滴轨迹指标的影响，可以对风炮喷雾工作有一个定性的认识，对实际喷雾也具有一定的指导意义。

（1）风速变化对雾滴轨迹的影响

风筒进风口的风速是影响沉积范围的一个重要因素，也是关系到雾滴分布均匀性的重要因素。利用 Fluent 进行理论模拟，以风速为自变量，得到结果如图 9-22 所示（图中标记点代表在其两端最近横坐标区间内的分布百分比，图 9-23 和图 9-24 同理）。

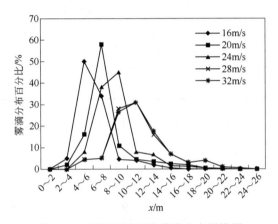

图 9-22　不同风速下的雾滴分布折线图

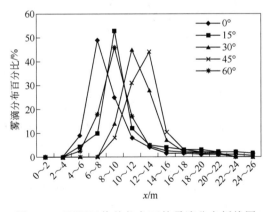

图 9-23　不同风炮俯仰角下的雾滴分布折线图

从图 9-22 中可以看出，风速越大，雾滴集中区域也会变大，但风速增大到一定程度时，对雾滴的影响不是很明显。另外风速增大会改善雾滴的分布均匀性。

（2）俯仰角变化对雾滴轨迹的影响

喷雾风炮的俯仰角可以在一定范围内变化，俯仰角不同，雾滴的运行轨迹也会发生变化。了解风炮俯仰角对雾滴轨迹的影响，有助于实际喷雾工作的优化。图 9-23 为风炮俯仰角对雾滴轨迹的影响曲线。

从图 9-23 中可以看出，随着俯仰角增大，雾滴分布集中区域先增大后减小，在 45°左右达到最大值。另外最大有效射程（有一定雾滴聚集度的区间右端点的最大值）随俯仰角的增大也是先增大后减小。

（3）风炮俯仰角控制优化

填埋场除臭喷雾风炮在实际工作过程中主要通过不断改变俯仰角来实现除臭药液喷洒，俯仰角变化的角速度一般不变，这样会造成药液喷洒的不均匀性，下面通过对间断变化俯仰角的控制加以说明。假设风炮俯仰角在一定范围内间断变化，每个俯仰角驻留时间不同，如表 9-9 所示。

表 9-9　俯仰角及其驻留时间

俯仰角/(°)	时间
0	t_1
15	t_2
30	t_3
45	t_4

并假设各个俯仰角的雾滴频率分布曲线及相关参数如图 9-24 所示。

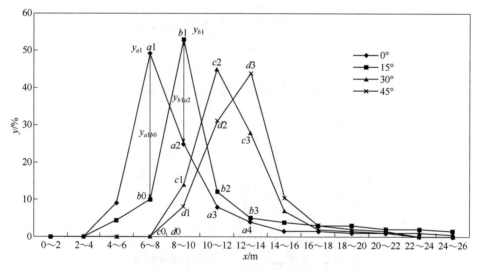

图 9-24　各个俯仰角的雾滴分布曲线及相关参数

注：y_{a1} 为点 $a1$ 的值，其他点类似（未画），y_{a1b0} 为 $a1$、$b0$ 两点之间的距离，其他点间距类似（未画）

则各俯仰角的停留时间可按下列等式进行初步粗略计算，即保证每个区间具有足够的雾滴沉积量。

$$y_{a1}t_1 + y_{b0}t_2 + y_{c0}t_3 + y_{d0}t_4 = \frac{2L}{R_m}$$

$$y_{a2}t_1 + y_{b1}t_2 + y_{c1}t_3 + y_{d1}t_4 = \frac{2L}{R_m}$$

$$y_{a3}t_1 + y_{b2}t_2 + y_{c2}t_3 + y_{d2}t_4 = \frac{2L}{R_m}$$

$$y_{a4}t_1 + y_{b3}t_2 + y_{c3}t_3 + y_{d3}t_4 = \frac{2L}{R_m}$$

式中，L 为每米所需的雾滴沉积量，R_m 为喷嘴的质量流率。

若取 $L=0.5\text{kg/m}$，$R_m=0.01\text{kg/s}$，则计算出的时间为：$t_1=192\text{s}$，$t_2=58\text{s}$，$t_3=58\text{s}$，$t_4=166\text{s}$。

由此可以看出，若每个俯仰角的停留时间相同，会造成资源和时间的浪费，进一步的停留时间确定可以将雾滴频率分布曲线细化，或者细化风炮俯仰角，使累积的雾滴分布更加符合实际工作需求。

习题与思考题

1．恶臭有什么危害？请从生理和心理两方面回答。

2．恶臭污染物成分复杂，引起恶臭的原因是什么？

3．恶臭有哪几种分类方法？请详述。

4．论述各种恶臭的控制方法。

5．垃圾填埋场的恶臭污染特征有哪些？针对垃圾填埋场的恶臭，请提出几种控制方法。

6．有一个底边长为 5m 的正四棱锥台形的垃圾堆体，高为 2m，边坡坡度为 1：3，请计算此堆体的体积及暴露面积。

第10章　危险废物碱介质处理技术

碱介质处理技术即利用碱性流体（包括氢氧化钠、碳酸钠、氨水等）为基本体系，通过物理化学作用进行危险废物处理和资源回收的技术。由于碱性介质具有独特的溶解和破坏性能，在特定危险废物处理过程中具有独特的优势。如碱性溶液可以溶解两性金属，从而使铅、锌等金属从无机矿物和废渣中分离出来；碱性熔融盐可以作为特殊的反应介质，破坏和去除有机物，减少酸性气体的排放。碱介质处理技术主要分为低温下的碱介质湿法冶金技术和高温下的碱性熔体热处理技术。

10.1　碱介质湿法冶金技术

碱介质湿法冶金就是在碱性溶液（包括氢氧化钠溶液、碳酸钠溶液、氨水等）中通过化学或物理化学作用进行的化学冶金过程。主要用于从两性金属氧化矿或冶金中间产品中浸出有色金属，分解含氧酸盐矿（如黑钨精矿、独居石）以及从精矿或冶金中间产品中除去酸性或两性物质。氢氧化钠、碳酸钠、氨水、硫化钠、氰化钠是碱性浸出常用的试剂。在冶金过程中，碱性试剂一般比酸性试剂反应能力弱，但浸出选择性比酸性浸出高，浸出液中杂质少，对设备腐蚀少，因此常用于重金属尾矿、粉尘和废催化剂等危险废物的湿法冶金过程。

在碱介质湿法冶金生产过程中，先将一定粒度的矿石或废渣等原料经过浸出，使欲提取的金属组分由原料充分地转入水溶液，而后再从水溶液中完全分离出来（图10-1）。

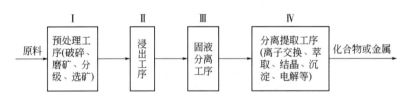

图 10-1　碱介质湿法冶金的基本流程

湿法冶金一般包括以下主要阶段：

（1）预处理

其目的主要是改变原料的物理化学性质，为后续的浸出过程创造良好的热力学和动力学条件，或预先除去某些有害杂质。预处理主要包括：

① 粉碎。经过粉碎后，原料粒度变细，具有较大的比表面积，可以提高浸出反应的速率。

② 预活化。利用机械活化、热活化等手段，提高待浸物料的活性，例如白钨精矿经行

星式离心磨机活化 15min 后，在 Na_2CO_3 溶液中的浸出反应表观活化能由 52.7kJ/mol 降为 16.7kJ/mol。

③ 矿物的预分解。原料中的有价金属有时呈稳定的化合物形态，难以直接被浸出剂浸出。预分解就是通过某些化学反应破坏原料的稳定结构，从而使其变为易浸出的形态。预分解可在高温下进行，例如某些硫化矿预先在高温下氧化焙烧为易浸出的氧化物；亦可在水溶液中进行，例如白钨矿预先用盐酸分解，使 $CaWO_4$ 形态变为易溶于氨水的 H_2WO_4 形态。

（2）浸出

在水溶液中，利用碱性浸出剂（氢氧化钠、碳酸钠、氨等）与原料作用，使其中有价元素变为可溶性化合物进入水相，并与进入渣相的伴生元素初步分离。

（3）净化

该过程是按照后续工序的要求，利用化学沉淀、离子交换、萃取等方法除去溶液中的有害杂质。

（4）金属提取

从溶液中析出具有一定化学成分和物理形态的化合物或金属，这些化合物或金属可以是冶金的中间产品，也可以是材料工业的半成品，如锌粉、铅粉等。

10.2　碱性熔体热处理技术

碱性熔体热处理技术，也叫熔盐处理技术，是洛克韦尔国际公司于 1965 年开发的一种热处理方法，该方法使用高温热稳定的熔盐流体作为反应介质，可使反应物在盐浴内得到裂解和部分氧化，从而实现减量化或资源化。利用熔盐流体对有机物的降解处置控制在碱性熔融体系中，物料和载气共同被送入高温熔盐浴内，物料的有机组分在反应器中发生热反应，可分为熔盐热解气化法和熔盐氧化法。熔盐热解气化即在无氧条件下通过熔盐介质的作用分解有机组分，产生小分子有机物，从而将其回收为油和合成气等资源产品。而熔盐氧化则是利用熔盐的破坏性实现有机物的完全矿化，生成二氧化碳，从而实现无害化处理。总体而言，碱性熔体热处理技术主要具有以下优点：①形成熔盐的流体由阳离子和阴离子组成，离子迁移速度快，电导率比电解质高一个数量级，可用于电解过程。②热容量大。大量的高温熔盐是稳定且高效的热交换介质，可抵抗热激增和确保温度的均匀性。③具有广泛的使用温度范围。不同种类和组合的熔盐使用温度在 300～1400℃之间。④较低的蒸气压和黏度。⑤对物质有较高的溶解能力。以上特征使得熔盐被广泛用作热载体、催化剂和分散剂。

早期，熔盐主要应用于冶金领域，如金属及其合金的电解生产与精炼，具有工艺流程简单、金属回收率高、产品质量高、机械化和自动化程度高等优点。随后，熔盐在核工业中用作核燃料溶剂及废料处理。近些年来，与熔盐有关的文献逐渐增多，内容涉及在能源领域用于电池的生产，在化工领域用于催化、合成、无烟燃烧等，应用领域日益广泛。

10.3　烧碱溶液浸取和资源转化两性重金属危险废物

10.3.1　锌碱溶性废物和尾矿的浸出

含锌废物及尾矿中锌主要以氧化锌（ZnO）、碳酸锌（菱锌矿，$ZnCO_3$）、硅酸锌［异极矿，Zn_2SiO_4 或 $Zn_4Si_2O_7(OH)_2 \cdot H_2O$］及硫化锌（闪锌矿，ZnS）形态存在，结合含锌废物及尾矿的特点，锌在强碱性溶液中的存在形式及溶解平衡模型见图 10-2 和图 10-3。

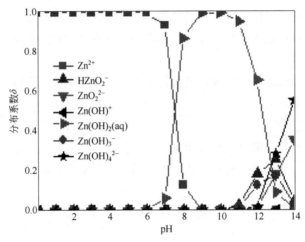

图 10-2　$Zn(\,II\,)$-H_2O 体系中锌的分布曲线

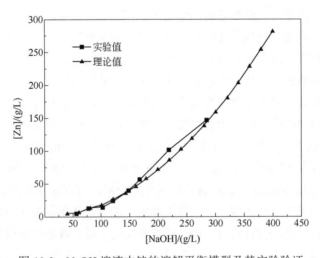

图 10-3　NaOH 溶液中锌的溶解平衡模型及其实验验证

在 $Zn(\,II\,)$-H_2O 体系中，可能生成的配合物有 $Zn(OH)^+$、$Zn(OH)_2(aq)$、$Zn(OH)_3^-$、$Zn(OH)_4^{2-}$，在强碱性溶液中锌主要以 $Zn(OH)_4^{2-}$ 形式存在；锌在 NaOH 溶液中的溶解平衡模型为 $[Zn]_T = 0.04347[OH^-]^2$，其中 $[Zn]_T$ 为溶液中 Zn 的总物质的量浓度，$[OH^-]$ 为溶液中 OH^- 的物质的量浓度；氧化型锌包括 ZnO、$ZnCO_3$、Zn_2SiO_4，均可在 NaOH 溶液中浸出，

而锌的硫化物硫化锌（ZnS）及复杂化合物铁酸锌（ZnFe₂O₄）则难溶于 NaOH 溶液。

氧化锌物料在碱溶液中的浸出过程符合关系式 $1-(1-\eta)^{1/3}=kt$，其中 k 为平衡表观反应速率常数，η 为浸出率，t 为浸出时间，浸出过程受化学控制。碳酸锌和硅酸锌物料的浸出过程可分为两段，在开始时间段内，$1-(2/3)\eta-(1-\eta)^{2/3}$ 与浸出时间呈线性关系，活化能分别为 19.95kJ/mol 和 19.32kJ/mol；而 5～6min 以后则是 $1-(1-\eta)^{1/3}$ 与浸出时间呈线性关系，活化能分别为 46.54kJ/mol 和 32.64kJ/mol。增加碱浓度、提高浸出温度、提高液固比和延长浸出时间均可提高锌的浸出率（图 10-4～图 10-7）。

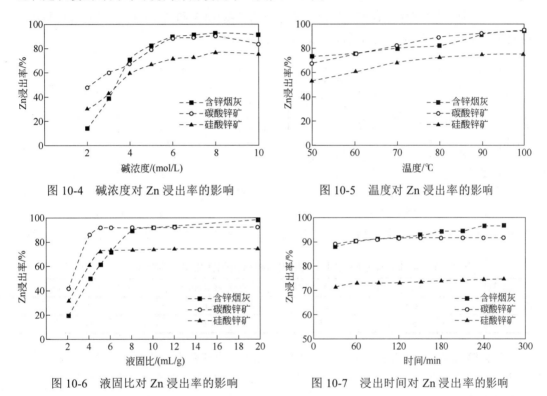

图 10-4　碱浓度对 Zn 浸出率的影响　　　　图 10-5　温度对 Zn 浸出率的影响

图 10-6　液固比对 Zn 浸出率的影响　　　　图 10-7　浸出时间对 Zn 浸出率的影响

氧化锌物料浸出的最佳工艺参数为：NaOH 6mol/L、温度 90℃、液固比（体积质量比，mL/g）10∶1、浸出时间 90min，浸出率可达 99%以上；碳酸锌物料浸出的最佳工艺参数为：NaOH 6mol/L、温度 90℃、液固比（mL/g）5∶1、浸出时间 60min、粒径过 100 目筛，浸出率可达 98.5%以上；硅酸锌物料浸出的最佳工艺参数为：NaOH 8mol/L、温度 90℃、液固比（mL/g）5∶1、浸出时间 60min、粒径过 100 目筛，浸出率可达 98%以上。

10.3.2　硫化锌的机械活化转化浸出

传统处理硫化锌矿的方法是通过高温焙烧（750℃）将硫化锌氧化为氧化锌后进行酸浸，焙烧过程中生成大量 SO₂ 气体，环境污染严重。而以 H₂SO₄、HCl、HNO₃、HClO₄ 及氨水等作为浸出剂的硫化锌浸出工艺，需在高温高压或强酸性条件下进行，对设备要求高，操作危险、成本大。

针对硫化锌在碱溶液中难以浸出的问题，以不锈钢球为活化介质，在 PbCO₃ 的存在下，将 ZnS 直接转化为 PbS 和 Na₂Zn(OH)₄，PbS 通过 Na₂CO₃ 溶液转化为 PbCO₃，以此循环使用，从而实现 ZnS 在碱溶液中的浸出。硫化锌转换成可溶的氧化型锌的原理如下：

$$PbCO_3(s) + 3OH^- \Longleftrightarrow Pb(OH)_3^- + CO_3^{2-} \tag{10-1}$$

$$Pb(OH)_3^- + ZnS(s) + OH^- \Longleftrightarrow Zn(OH)_4^{2-} + PbS(s) \tag{10-2}$$

$$PbS(s) + Na_2CO_3(aq) + 2O_2(g) \Longleftrightarrow PbCO_3(s) + Na_2SO_4(aq) \tag{10-3}$$

在搅拌磨中采用直径 5mm 的不锈钢球为活化介质，球/料质量比 30:1，温度 90℃，Pb/ZnS 物质的量比 0.9:1，搅拌速度 700r/min，硫化锌的转化浸出率可达 98%以上。不同 Pb/ZnS 物质的量比及搅拌速度对锌浸出率的影响见图 10-8 和图 10-9。含硫化锌原料的直接烧碱浸出与机械活化转化后的浸出效果对比见表 10-1。

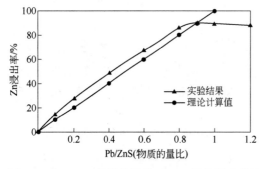
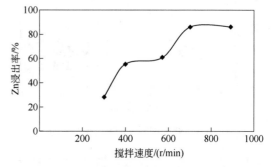

图 10-8　Pb/ZnS 物质的量比对 ZnS 转化浸出的影响　　图 10-9　搅拌速度对 ZnS 转化浸出的影响

表 10-1　含硫化锌原料直接烧碱浸出与机械活化转化浸出实验结果对比　　单位：%

原料	锌品位	硫化锌所占比例	直接烧碱浸出率	机械活化转化浸出率
锌尾矿 1#	9.1	50	50.1	98.5
锌尾矿 2#	5.2	35	63.2	99.1

硫化锌机械活化转化技术拓宽了强碱浸出适用的原料范围，使碱浸技术不仅适合氧化型含锌废料的处理，还适用于硫化型含锌废料或两者伴生的复杂型含锌废料的处理。该工艺还实现了硫化型含锌物料（如闪锌矿等）的全湿法冶炼，避免二氧化硫的排放，减少环境污染。

10.3.3　铁酸锌水解-熔融-浸出

含锌废料中的锌若主要以铁酸锌形态存在（如炼钢厂电弧炉粉尘）时，传统的火法、酸浸及现有的碱浸工艺均无法有效提取。碱法直接浸出时，锌浸出率随 Fe/Zn 质量比的提高而降低（表 10-2）。

表 10-2　采用 NaOH 溶液直接浸出时锌浸出率与粉尘中锌铁含量的关系

编号	1	2	3
电弧炉粉尘成分/%	Zn 21.2 Fe 21.8	Zn 24.8 Fe 33.0	Zn 16.8 Fe 39.9
粉尘中 Fe/Zn 质量比	1.07	1.33	2.38
碱法直接浸出时锌浸出率/%	80.3	53.5	33.7

将粉尘水解处理 4h 以上，并用清水洗涤后与 NaOH 固体混合，固体 NaOH/粉尘质量比高于 1，在 350℃下熔融 1h，然后用 5mol/L NaOH 溶液浸取，粉尘中锌的总浸出率可超过 95%（图 10-10 和图 10-11）。残渣中的锌含量低于 0.1%，铅含量低于 0.2%，铁含量高达 39%，可用作炼钢原料。

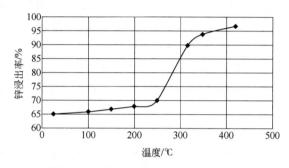

图 10-10 熔融温度对锌浸出率的影响

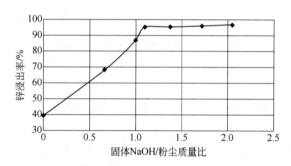

图 10-11 固体 NaOH/粉尘质量比对锌浸出率的影响

$ZnFe_2O_4$ 物料碱熔融的原理如下：

$$ZnFe_2O_4(s) + 2NaOH(s) + 4H_2O \Longrightarrow Na_2Zn(OH)_4(aq) + 2Fe(OH)_3 \qquad (10-4)$$

选取了云南、贵州、浙江、新疆、辽宁、福建、台湾等地的各类碱溶性金属废物和尾矿样品进行碱法浸取研究，典型含锌废物及尾矿的元素含量见表 10-3，各类含锌废物碱法浸出结果见表 10-4，浸出率均高达 98%以上。

表 10-3 典型含锌废物及尾矿的元素含量

原料名称	原料元素含量/%								
	Zn	Pb	Cd	Fe	Mn	Cr	Mg	Cu	Al
含锌烟灰	10.194	7.474	0.104	15.670	0.071	0.024	0.157	2.472	0.447
锌尾矿	4.525	2.320	0.063	18.169	0.266	0.007	1.649	0.070	2.807

表 10-4 不同含锌废物碱法浸出结果

原料名称	氧化锌灰	含锌铜冶炼渣	含锌烟尘	含锌污泥	锌渣
锌浸出率/%	98.02	99.26	99.15	99.71	98.67

10.3.4　铅碱溶性废物和尾矿的浸出

含铅废物和尾矿中铅的主要形态为 PbO、$PbCO_3$、$PbSO_4$ 和 PbS，针对含铅废物和尾矿的特点，系统研究了铅在强碱性溶液中的存在形态及溶解平衡模型。

在强碱性溶液中，铅主要以 $Pb(OH)_3^-$ 的形态存在；铅在强碱性溶液中的溶解平衡模型为 $[Pb]_T = 0.0455[OH^-]$，当 NaOH 浓度为 5mol/L 时，铅的溶解度为 25.56g/L；PbO、$PbSO_4$ 和 $PbCO_3$ 均可自发溶于强碱性溶液中，PbS 则不溶。

针对 PbS 不溶于强碱性溶液的问题，提出在充氧条件下通过 Na_2CO_3 溶液将 PbS 转化为 $PbCO_3$ 的转化工艺，95%以上的铅可以被转化为 $PbCO_3$，从而实现了 PbS 在碱溶液中的溶解。其工艺参数见表 10-5。

表 10-5　PbS 转化的工艺参数

Na_2CO_3/Pb 物质的量比	液固比（体积质量比）/(mL/g)	温度/℃	空气流量/(L/min)	时间/h	铜离子浓度/(mol/L)	铅转化率/%
1～3	4～5	60～80	0.5	3～5	0.001～0.01	95.0～99.0

含铅烟尘（元素组成见表 10-6）在强碱性溶液中浸出的最佳工艺参数为：浸出温度 70℃，浸出时间 30min，NaOH 浓度 5mol/L，液固比（体积质量比，mL/g）11∶1，浸出率可达 90%以上（图 10-12）。氧化铅尾矿（元素组成见表 10-6）浸出的最佳工艺参数为：浸出温度 70℃，浸出时间 2h，NaOH 浓度 5mol/L，液固比（mL/g）25∶1，矿粉粒径<0.15mm，浸出率可达 98%以上（图 10-13）。当温度和 NaOH 浓度较高，粒径较小时，铅的浸出率在很短的时间内即能达到较高值。氧化铅尾矿在强碱性溶液中浸出反应的表观活化能为 57.44kJ/mol，对 NaOH 的表观反应级数为 0.745。

表 10-6　典型含铅废物及铅尾矿的元素组成

原料名称	原料元素含量/%									
	Pb	Zn	Fe	Cu	Al	Sn	Ca	Si	As	Sb
含铅烟灰	9.76	5.66	10.29	0.57	0.14	1.39	0.52	0.14	0.014	0.019
氧化铅尾矿	5.61	2.65	8.42	0.88	0.47	0.33	2.27	0.27	0.34	1.12

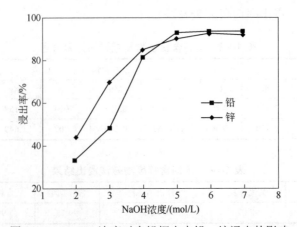

图 10-12　NaOH 浓度对含铅烟尘中铅、锌浸出的影响

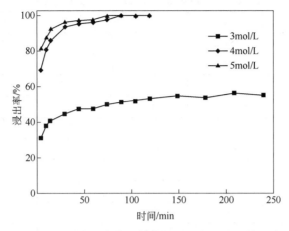

图 10-13　NaOH 浓度对氧化铅尾矿中铅浸出的影响

10.3.5　电解废液苛化处理与再生

氢氧化钠浸取-电解法炼锌工艺中，生产溶液在整个流程中不断循环，使得电解废液中碳酸盐、硅酸盐等杂质浓度不断增加。为此提出了电解废液苛化处理工艺，以解决杂质在循环过程中的积累问题，实现物料中碳酸盐和硅酸盐的苛化回碱。

在电解废液中加入碱，使碱浓度（以 NaOH 的量计）达到 350g/L，通过提高碱浓度使碳酸钠、硅酸钠和一些杂质结晶生成沉淀；再向沉淀中加入洗渣废水等，控制苛化液的碱浓度在 80～100g/L 范围内，碳酸钠的浓度在 30g/L 以上，氧化钙与碳酸钠质量比为1，温度为 90℃（图 10-14，其中电解废液为 150mL），此时 1m³ 的电解废液可苛化出约28kg 碱。电解废液经苛化处理后，铁、铜、镁、锰、镉、铬等重金属的去除率在 10%～60%，砷的去除率达到 62%，具有较好的再生效果（表 10-7），确保了工艺中碱溶液的正常循环要求。

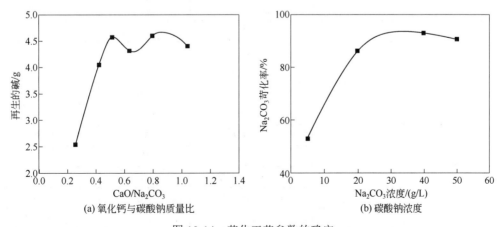

图 10-14　苛化工艺参数的确定

表 10-7　电解废液苛化处理工艺的再生效果

杂质	Al	As	Ca	Cd	Cr
电解废液/(mg/L)	1531.2	563.2	93.60	33.46	1.680
再生碱液/(mg/L)	279.0	144.6	127.2[①]	19.28	0.7400
杂质去除率/%	15.82	62.08	−14.25	63.50	25.60
杂质	Cu	Fe	Mg	Mn	Pb
电解废液/(mg/L)	3.500	8.100	13.22	1.680	43.40
再生碱液/(mg/L)	2.200	3.640	9.920	0.4000	32.00
杂质去除率/%	18.16	25.71	23.38	47.17	5.970
杂质	Sb	Sn	W		
电解废液/(mg/L)	62.38	77.18	3254		
再生碱液/(mg/L)	13.14	34.22	808.4		
杂质去除率/%	12.58	12.73	14.02		

①再生后 Ca 的浓度升高是由于工艺中添加了大量 CaO。

10.3.6　碱溶性金属废物碱介质提取技术集成

整个流程包括原料预处理、浸取、二次浸取、浸出液的净化、过滤、电解、金属产品洗涤、真空干燥、电解贫液再生与循环使用等。以含锌废物及尾矿碱介质提取高纯金属锌粉为例，其生产流程、设备连接和各工段技术参数见图 10-15、图 10-16 和表 10-8。

表 10-8　碱浸-电解法生产锌粉工艺主要操作技术条件

生产工段	序号	技术参数	单位	数值
一、浸出	1	浸出温度	℃	80~90
	2	浸出时间	h	1~2
	3	浸出液固比	mL/g	1∶5~1∶15
	4	浸出初始碱浓度	g/L	220~240
	5	浸出终点碱浓度	g/L	185~190
二、净化	1	净化温度	℃	70~80
	2	净化时间	h	2~3
	3	陈化时间	h	48~72
三、电解	1	电流密度	A/m²	800~1000
	2	槽电压	V	2.7~2.9
	3	电解温度	℃	30~50
	4	电解初始碱浓度	g/L	185~195
	5	电解初始锌浓度	g/L	30~40
	6	电解终点锌浓度	g/L	8~10
	7	电流效率	%	95.8~99.5
	8	直流电耗（以 Zn 质量计）	(kW·h)/t	2100~2400

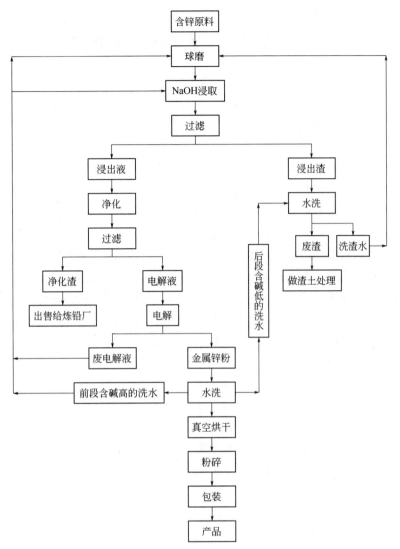

图 10-15　锌粉冶炼厂生产流程图

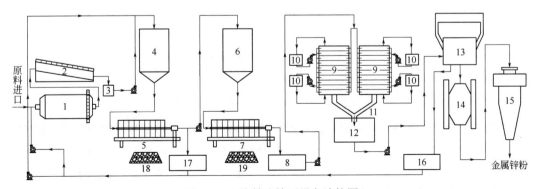

图 10-16　锌粉冶炼厂设备连接图

1—球磨机；2—分级机；3—料浆贮槽；4—浸出釜；5—浸出压滤机；6—净化釜；7—净化压滤机；
8—陈化池；9—电解槽；10—电解液循环池；11—锌粉及废电解液溜槽；12—锌粉清洗过滤池；
13—离心机；14—干燥机；15—气磨机；16—废电解液池；17—洗渣水池；18—浸出渣；19—净化渣

10.4 锌粉生产工艺的生命周期评价

生命周期评价（Life Cycle Assessment，LCA）是一种用于评估产品在其整个生命周期中，即从原材料的获取、产品的生产直至产品使用后的处置，对环境影响的技术和方法。国际标准化组织定义："生命周期评价是对一个产品系统的生命周期中输入、输出及其潜在环境影响的汇编和评价。"

作为新的环境管理工具和预防性的环境保护手段，生命周期评价主要应用于通过确定和定量化研究能量和物质利用及废弃物的环境排放来评估一种产品、工序和生产活动造成的环境负荷，评价能源材料利用和废弃物排放的影响以及评价环境改善的方法。

生命周期评价的过程是：首先辨识和量化整个生命周期中能量和物质的消耗以及环境释放，然后评价这些消耗和释放对环境的影响，最后辨识和评价减少这些影响的机会。生命周期评价注重研究系统在生态健康、人类健康和资源消耗领域的环境影响。

生命周期评价的总目标是比较一个产品在生产过程前后的变化或比较不同产品的设计，为此它应满足以下原则：①运用于产品的比较；②包括产品的整个生命周期；③考虑所有的环境因素；④环境因素尽可能定量化。

ISO 14040 标准将生命周期评价的实施步骤分为目标和范围定义、清单分析、影响评价和结果解释 4 个部分，技术框架如图 10-17 所示。

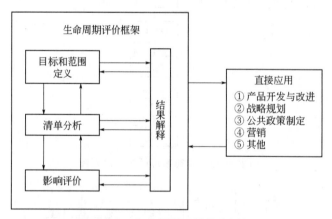

图 10-17　生命周期评价技术框架

10.4.1 碱浸-电解法生产锌粉工艺的生命周期评价

碱浸-电解法生产锌粉工艺是一种全新的湿法炼锌工艺，其电解析出物为粉状金属锌，可直接用于生产高纯度锌粉。相对于传统酸法和火法工艺，该新工艺具有流程简单、金属回收率高、原料适应性强、能耗低、污染小等优越性。本节采用生命周期评价法对碱浸-电解法生产锌粉新工艺的环境影响进行分析，评价其环境负荷，并与传统的酸法和火法锌冶炼工艺进行对比，对推行锌工业清洁生产提供指导。

研究目标是以碱法炼锌新工艺为对象，以传统酸法和火法炼锌工艺为参比，结合我国锌生产的实际情况，用生命周期评价方法（LCA）定量评价分析碱法炼锌新工艺锌粉生产过程中的环境负荷。

锌粉生产 LCA 研究对象包括碱法工艺、酸法工艺和火法工艺（ISP）系统的所有主辅工序。碱法工艺系统包括浸出、净化、电解、锌粉烘干加工等主体工序，以及系统内的原材料及产品运输等辅助工序，并把碱生产的环境负荷也归入辅助工序；酸法工艺系统包括酸化焙烧、浸出、净化、浸出渣处理（威尔兹还原挥发处理）、电解、熔铸、锌粉加工（空气雾化法）等主体工序，以及系统内的原材料及产品运输、废水处理等辅助工序；火法工艺（ISP）系统包括熔炼、精馏、锌粉加工（蒸馏法）等主体工序，以及碳化硅生产、热电生产、原材料和产品运输、废水处理等辅助工序。各工艺系统 LCA 边界分别如图10-18～图 10-20 所示。

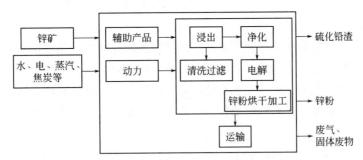

图 10-18　碱法工艺生产锌粉系统 LCA 边界

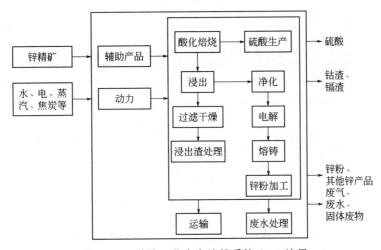

图 10-19　酸法工艺生产锌粉系统 LCA 边界

实例分析数据主要来源：①碱法工艺数据来源于已建成投产的实际生产统计数据；②酸法及火法工艺的能耗数据来源于有色金属行业标准《铅、锌冶炼企业产品能耗　第二部分：锌冶炼企业　产品能耗》(YS/T 102.2—2003)中的一级指标；③酸法及火法工艺中的污染物排放量数据及辅助工序能耗来源于某冶炼厂的能源平衡表、环境监测年报与工业企业"三废"排放与处理利用情况报表；④其他数据来源于《中国统计年鉴》《有色金属工业年鉴》，同时参考相关文献资料确定。

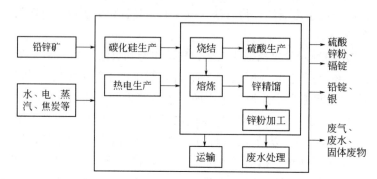

图 10-20　火法工艺（ISP）生产锌粉系统 LCA 边界

　　系统的功能单位定义为吨锌粉（一级锌粉含金属锌 96%），酸法及火法工艺中的锌粉回收率以 95%计算。

　　对于共产品，环境影响分配采用系统扩展和替换法，即锌产品承担共生产过程及废弃物处理过程的环境影响。具体为：碱法工艺系统，除硫化铅生产工序外的其他主辅工序的环境影响都由锌产品承担；酸法工艺系统，除硫酸生产工序外的其他主辅工序的环境影响都由锌产品承担；火法工艺系统，除粗铅生产及硫酸生产工序外的其他主辅工序的环境影响都由锌产品承担。

　　碱法锌粉生产工艺以及传统酸法和火法工艺生产过程各工序的能耗数据清单见表 10-9～表 10-11，生产过程污染物排放清单见表 10-12～表 10-14，其中能耗及污染物排放量均以生产单位质量的 Zn 所对应的量计。

表 10-9　碱法工艺金属锌粉生产过程各工序的能耗数据清单

工序	浸出净化	电解	锌粉烘干加工	辅助工序	合计
能耗/(GJ/t)	8.46	36.10	1.52	9.28	55.36

表 10-10　酸法工艺金属锌粉生产过程各工序的能耗数据清单

工序	酸化焙烧	浸出净化	浸出渣处理	电解	熔铸	锌粉加工	辅助工序	合计
能耗/(GJ/t)	−4.27	3.44	11.58	39.46	1.60	1.38	9.89	63.08

表 10-11　火法（ISP）工艺金属锌粉生产过程各工序的能耗数据清单

工序	熔炼	精馏	锌粉加工	辅助工序	合计
能耗/(GJ/t)	44.40	8.88	0.38	5.27	58.93

表 10-12　碱法工艺金属锌粉生产过程的污染物排放清单

污染物	废气		废水/(kg/t)	固体废物/(t/t)
	CO_2/(t/t)	SO_2/(kg/t)		
排放量	1.021	0.015	—	0.75

表 10-13　酸法工艺金属锌粉生产过程的污染物排放清单

污染物	废气				废水/(kg/t)					固体废物/(t/t)
	CO_2/(t/t)	SO_2/(kg/t)	As/(kg/t)	Pb/(kg/t)	Pb	Cd	Cu	As	Hg	
排放量	2.136	19.308	0.016	0.098	0.018	0.0026	0.005	0.001	4.34×10^{-5}	0.326

表 10-14　火法（ISP）工艺金属锌粉生产过程的污染物排放清单

污染物	废气			废水/(kg/t)				固体废物/(t/t)
	CO_2/(t/t)	SO_2/(kg/t)	Hg/(kg/t)	Pb	Cd	As	Hg	
排放量	11.035	11.104	0.035	0.139	0.008	0.0019	0.0007	0.588

由于碱法工艺中氢氧化钠浸出液可以循环重复利用，浸出渣及锌粉清洗的废水可以回用作为浸出液，整个工艺的水量可以平衡，所以没有废水产生；碱法工艺中的废气排放主要来自蒸汽锅炉的燃煤排放。

LCA 中的影响评价是将清单分析结果与具体环境影响联系起来，并评价现在发生的和潜在的重大环境影响，具体包括分类、特征化、规范化及评价。国际标准化组织（International Standard Organization，ISO）和国际环境毒理学和化学学会（Society of Environmental Toxicology and Chemistry，SETAC）制定了 LCA 影响评价的相关标准体系。本节主要考虑能源消耗、温室气体排放、酸雨、重金属污染以及固体废物等 5 类环境影响，并分别用能源总需求指数（GER）、温室效应指数（GWP）、酸化指数（AP）、重金属当量（HME）及固体废物负担（SWB）等 5 个环境指数表征其影响大小。采用目前广泛使用的生态指数体系（Eco-Indicator 95）中的特征化指数计算方法进行量化，具体计算方法如下：

（1）能源总需求指数（GER）

$$GER = \sum E_i \tag{10-5}$$

式中　E_i——第 i 道工序的能源需求，GJ。

（2）温室效应指数（GWP）

温室效应指数以吨 CO_2 当量表示，计算公式为：

$$GWP = \sum G_i \times g_i \tag{10-6}$$

式中　G_i——烟气中第 i 种组元的排放量，t；
　　　g_i——第 i 种组元的温室效应指数特征化系数。

（3）酸化指数（AP）

酸化指数以吨 SO_2 当量表示，计算公式为：

$$AP = \sum C_i \times \sigma_i \tag{10-7}$$

式中　C_i——烟气中第 i 种组元的排放量，t；
　　　σ_i——第 i 种组元的酸化指数特征化系数。

（4）重金属当量（HME）

锌冶炼过程中排放的烟气、废水中含有铅、砷、镉等重金属，其对环境的影响用重金属当量表示，以千克 Pb 当量表示，重金属当量特征化系数见表 10-15，重金属当量计算公式为：

$$HME = \sum M_i \times h_i \qquad (10\text{-}8)$$

式中　M_i——烟气和废水中第 i 种重金属的排放量，kg；

　　　h_i——第 i 种重金属的重金属当量特征化系数。

表 10-15　重金属当量特征化系数

元素	Pb	Cd	Cu	As	Hg
h_i（烟气中）	1	50	—	1	1
h_i（废水中）	1	3	0.005	1	10

（5）固体废物负担（SWB）

固体废物负担以固体废物产生量表示，单位为 t。

碱法工艺生产锌粉的 GER、GWP 和 AP 等比传统的酸法和火法工艺都低，其值分别是酸法的 87.76%、47.80% 和 0.08%，是火法的 93.94%、9.25% 和 0.14%。因碱法工艺无废水和含重金属废气排放，所以其 HME 为 0；由于碱法工艺以 20% 左右的低品位氧化锌矿为原料，浸取渣量比较大，但碱法浸取渣经清洗后浸出毒性低于《危险废物鉴别标准　浸出毒性鉴别》（GB 5085.3—2007）中的浸出毒性鉴别标准值，可以填埋或作建筑材料，并且对低品位矿石的利用本身就是对废弃资源的有效利用。

碱法生产锌粉作为新工艺在国外还未见工业化报道。碱法工艺的 GWP、AP 与发达国家的酸法和火法炼锌工艺对比，也明显要低（表 10-16）。这是因为发达国家的酸法和火法炼锌工艺虽然在能耗及烟气污染治理方面作了较大改进，但由于碱法生产锌粉为全湿法工艺，不需要焙烧、熔炼等工序，因此，碱法工艺排放的 CO_2 和 SO_2 仍比发达国家的酸法和火法炼锌工艺少。

表 10-16　金属锌粉生产过程 LCA 的环境影响指数

工艺	GER/(GJ/t)	GWP（以 CO_2 当量计）/(t/t)	AP（以 SO_2 当量计）/(t/t)	HME（以 Pb 当量计）/(kg/t)	SWB/(t/t)
碱法	55.36	1.021	0.015	0	0.75
酸法	63.08	2.136	19.308	0.138	0.326
火法	58.93	11.035	11.104	0.204	0.588
酸法（美国）	—	4.6	0.055	—	—
火法（澳大利亚）	—	3.3	0.036	—	—

10.4.2　含锌危险废物碱浸-电解法再生锌粉生产工艺的生命周期评价

由于含锌危险废物中含有氯、氟等杂质，传统酸法难以使用，所以对于含锌危险废物的再生利用目前主要工艺是火法工艺。因此，在对含锌危险废物碱浸-电解法再生锌粉生产工艺进行生命周期评价时，主要是和火法工艺进行对比，评价过程和上节相似，评价结果见表 10-17。

表 10-17　再生金属锌粉生产过程 LCA 的环境影响指数

原料	工艺	GER/(GJ/t)	GWP（以 CO_2 当量计）/(t/t)	AP（以 SO_2 当量计）/(t/t)	HME（以 Pb 当量计）/(kg/t)	SWB/(t/t)
含锌危险废物	碱法	54.96	0.980	0.015	0	0.88
	火法（ISP）	58.93	11.035	1.766	0.204	0.9
原矿	碱法	58.32	1.021	0.015	0	3.89

对表 10-17 进行比较分析可以看出，碱法工艺再生锌粉的 GER、GWP、AP 比传统的火法工艺都低，分别是火法的 93.26%、8.88%、0.85%；因碱法工艺无废水和含重金属废气排放，所以 HME 为 0；碱法浸取渣经清洗后浸出毒性低于浸出毒性鉴别标准值（GB 5085.3—2007），可以作为一般废渣处置，在回收金属锌的同时实现含锌危险废物的无害化处理。

10.5　碱性熔盐体系氧化处理含氯有机危险废物

含氯有机废物（COWs）是指有机废物中含有有机氯复杂成分，难以降解和处理的一类化合物，不包括无机氯和重金属组分。由于 COWs 一般具有毒性，因此大部分为危险废物。COWs 来源广泛，根据 2020 年生态环境部发布的《国家危险废物名录（2021 年版）》，医疗废物（HW01）、医药废物（HW02）、废药物/药品（HW03）、农药废物（HW04）、木材防腐剂废物（HW05）、废有机溶剂与含有机溶剂废物（HW06）、多氯（溴）联苯类废物（HW10）、精（蒸）馏残渣（HW11）、有机树脂类废物（HW13）、含酚废物（HW39）、含有机卤化物废物（HW45）、废电路板和废活性炭等其他废物（HW49）等均含有大量的 COWs。

碱性熔盐的选择应充分考虑熔化温度、热稳定性、成本以及反应效果等各方面的因素，所选的碱性熔盐既要保证反应系统的稳定，又要利于促进 COWs 脱氯分解。另外，考虑到实际应用，价格低廉、便于推广也是应考虑的因素。

10.5.1　碱性熔盐熔化温度

几种常见低温熔盐的（共）熔点如表 10-18 所示。单一组分熔盐的熔点较高，而多元熔盐的共熔点低于单一组分，说明多元熔盐可在加热过程中形成共熔点。如 NaOH、KOH 或 Na_3PO_4 的熔点为 300～400℃，单一组分 Na_2CO_3 的熔点为 851℃，而 49%NaOH-51%KOH 混合盐的熔点在 180℃左右，90%NaOH-10%Na_2CO_3 的熔点在 286℃左右。

表 10-18　几种常见熔盐混合物的熔点

组分	物质的量组成/%	（共）熔点/℃
NaOH	100	318
KOH	100	380
Na_3PO_4	100	340
Na_2CO_3	100	851

组分	物质的量组成/%	（共）熔点/℃
Na_2SO_4	100	884
NaOH-KOH	49-51	180
NaOH-LiOH	73-27	218
KNO_3-$NaNO_3$	50-50	220
NaOH-$NaNO_3$	50-50	272
NaOH-Na_2CO_3	90-10	286
KNO_3-$NaNO_3$-$NaNO_2$	44-7-49	142
Na_2CO_3-K_2CO_3-Li_2CO_3	31.5-25.0-43.5	397

由于单一碳酸盐、硫酸盐熔点太高，且硫酸盐容易在尾气中引入硫元素，硝酸盐易高温分解，不应用于热处理过程，所以常使用多种盐组成的多元熔盐体系。低温熔盐一般使用碱与碳酸盐的混合物，如 NaOH-Na_2CO_3、KOH-Na_2CO_3 等，其使用温度在 300～500℃之间。

10.5.2　碱性熔盐的蓄热性

表 10-19 列举了几种碱性氢氧化物和碳酸盐的比热容。由于熔化流体状态下的比热容难以测定，目前几种物质的比热容尚缺乏有效数据，但是由现有数据可知，其比热容均比水的比热容要大，说明碱性熔盐的蓄热性比水更好，可以满足反应对热稳定性的要求。

表 10-19　MOH 和 M_2CO_3 的比热容

组分	物质的量组成/%	比热容/[J/(mol·K)]
Na_2CO_3	100	189
K_2CO_3	100	205
Li_2CO_3	100	185
NaOH-KOH	49-51	406
Na_2CO_3-K_2CO_3-Li_2CO_3	31.5-25.0-43.5	192
H_2O	100	170

通过以上分析和比较可知，碳酸盐和氢氧化物是较为理想的选择，但是考虑到碳酸盐较高的熔点，且实际使用中碳酸盐成本比氢氧化物要高，因此可采用低熔点的 49%NaOH-51%KOH 作为熔盐组合。

10.5.3　熔融 NaOH-KOH 的热力学性质

如图 10-21 所示，二元熔盐 NaOH-KOH 能形成共晶，存在最低共熔点，当 NaOH 物质的量分数在 0.4～0.6 之间，其共熔点低于 210℃。图 10-22 是将物质的量比为 1∶1 的 NaOH 和 KOH 均匀混合后放入坩埚，在马弗炉中逐渐加热后拍摄的图像。混合熔融 NaOH-KOH 为墨绿色液体，具有相当好的流动性。

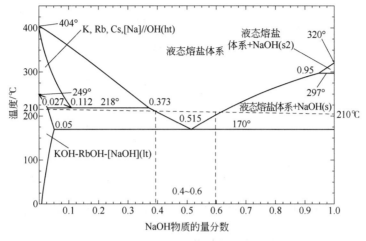

图 10-21   熔融 NaOH-KOH 体系相图

(a) 100℃   (b) 200℃   (c) 250℃

图 10-22   NaOH-KOH 熔融图

10.6   烧碱熔盐脱氯解毒含氯危险废物

NaOH-KOH 由于具有低熔点、碱性强等特点，适用于含氯有机物的脱氯处置。热裂解-气相色谱/质谱联用仪（Py-GC/MS，Pyrolysis-Gas Chromatography/Mass Spectrometry）可在快速升温条件下测定有机物的热裂解反应。通过对比分析有无 NaOH-KOH 存在时的三氯苯（TCB）热裂解产物，可初步判定低温熔融 NaOH-KOH 对有机物热裂解的影响。如图 10-23 所示是快速加热到 400℃时的总离子流色谱图（TIC）。当没有 NaOH-KOH 存在时，裂解产物是 TCB 本身，因为 TCB 的沸点较低，在加热过程中直接挥发，单独加热条件下不会发生分解。当在 TCB 中添加 NaOH-KOH 时（质量比 1∶1），由于熔融物的影响，TCB 的裂解产物包括少量 CO、CO_2 和其他长链有机物。说明熔体反应介质促进了 TCB 的分解，同时也可能发生分子链的重组，实现链的延长。在整个反应产物中，除了剩余少量的 TCB 之外，未检测到其他含氯有机物，可能是因为此分析方法加热较快，且温度较高，反应极为迅速，因此未检测到 TCB 脱氯分解的其他中间产物。

NaOH 与 KOH 的混合比影响混合物的熔点和黏度等特性，从而对脱氯效能产生影响。NaOH-KOH 混合物的（共）熔点及黏度如表 10-20 所示。NaOH 的熔点为 318℃，随着混合组分中 KOH 含量的增加，混合物的共熔点逐渐降低。当二者物质的量比为 1∶1 时，共熔点在 180℃左右。熔融盐的黏度与使用温度有关，熔体的黏度与原油属于同一量级，可减缓物质的扩散，尤其是延长气体的停留时间。

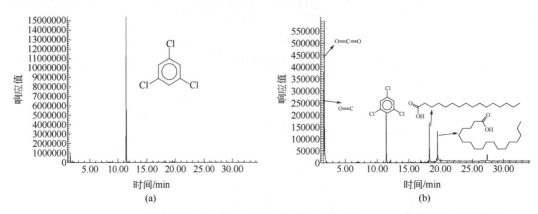

图 10-23　Py-GC/MS 测试中三氯苯（a）和三氯苯+NaOH-KOH（b）的总离子流色谱图

为有效抑制有机物的挥发，熔点较低的混合体系可作为反应的碱性介质。不同混合比的 NaOH-KOH 混合物作为反应介质时，由于介质处于完全熔融状态，低熔点的熔体可以有效参与反应，不同混合比熔体的脱氯效果如表 10-20 所示。碱性物质和 TCB 在 300℃条件下反应 180min 后，熔点较低、混合比为 0.5 的 NaOH-KOH 体系脱氯效率最高，达到78.38%，证明了低温碱性熔体体系的有效性。而混合比较高或较低的其他混合盐，在此温度下脱氯效率较低，是由于混合固体未全部形成熔体，导致接触效率低，从而降低了反应效果。由于温度越高，熔体的黏度越低，黏度 μ 与温度 T 的关系如式（10-9）所示，因此混合比为 0.3 和 0.7 的熔体脱氯效果较差。混合比为 0.5 的熔体黏度较小，流动性强，加强了传质效果，因此可选择混合比为 0.5 的 NaOH-KOH 混合物作为反应的介质。

$$\mu = 164.771 - 6148.33T + 78034T^2 - 3.3 \times 10^9 T^3 \tag{10-9}$$

表 10-20　不同混合比 NaOH-KOH 混合物的（共）熔点、黏度和脱氯效率

NaOH 物质的量分数（空气、水、原油除外）	共熔点/℃	黏度/(mPa·s)	脱氯效率[①]/%
0	318±5	4.000	0.23
0.1	308±12	—	0.45
0.3	256±18	—	35.67
0.5	182±8	2.300～4.000	78.38
0.7	240±11	—	40.12
0.9	300±9	—	15.64
1.0	380±10	2.300	0.12
空气	—	0.018	—
水	—	0.102	—
原油	—	8.000	—

① 脱氯反应条件如下：T=300℃，t=180min，熔体/TCB 质量比 S=20。

在容器大小固定的条件下，熔体质量影响了熔体层的厚度，因此直接影响熔体与 TCB 的接触时间和反应效率。熔体的质量变化（MLR）和氯保留率（CRE）变化如表 10-21 所示。在未添加熔盐的情况下，由于 TCB 的挥发性，200℃时已挥发殆尽并保留在尾气淋洗

液中。随着熔盐的加入，相同反应时间内，其体系的总质量逐渐减小，尾气中的 TCB 也逐渐消失，说明 TCB 可以被熔体有效保留在体系中并被破坏，具有充分反应的可能性。同时，熔渣中的氯保留率相继增大，说明有机物在熔体介质上逐渐分解脱氯，且熔体质量越大，氯保留率越高。在熔体/TCB 质量比为 30∶1 时，TCB 的挥发量减小到 13.19%，氯保留率增加到 71.56%。

表 10-21　不同熔体质量对 TCB 脱氯的影响

混合盐质量/g	MLR/%	CRE/%
0	100	0
5	82.53	9.64
10	70.16	29.90
15	50.34	41.32
20	23.83	67.30
30	13.19	71.56

注：1. 脱氯反应条件如下：T=300℃，t=120min。
　　2. 混合盐中 NaOH 与 KOH 的混合比为 0.5。

10.7　烧碱熔盐处理工业废盐

废盐渣（hazardous waste salt，HWS）是工业生产中产生的副产结晶盐类，来源于工业化学制备和精制、化工产品生产和高盐废水处理。在我国有许多涉及废盐产生的行业，如农药合成行业、氯碱工业、煤化工行业和环保行业，其产生的废盐种类包括单一废盐、混盐和杂盐（含杂质），由于工艺过程复杂，产生的废盐常常伴生有机、无机杂质，属于危险废物。

10.7.1　烧碱熔盐处理工业废盐排气浓度

基于工业废盐的基本性质和热处理特性，利用熔盐在不同温度和过量空气系数下进行有机废盐的熔融氧化，所用熔盐为 NaOH-KOH，反应温度为 600℃。分析了瞬时给料条件下氧化排气中的 CO、SO_2、NO、C_xH_y（以 CH_4 计）浓度变化，结果如图 10-24 所示。从图中可以看出，单纯的工业废盐热处理时，随着废渣的加入，排气中气体浓度显著上升，峰值出现的时间在实验开始后第 60~80s，随着给料结束，排气中的气体浓度迅速下降。有机废盐燃烧过程中，有机物发生分解，产生小分子气体，CO 气体的最高浓度可达 20000×10^{-6}，SO_2 的最高浓度为 295×10^{-6}，NO 的最高浓度为 605×10^{-6}，C_xH_y（以 CH_4 计）的最高浓度为 12000×10^{-6} 左右。当有机废盐在熔融 NaOH-KOH 中反应时，各瞬时气体浓度皆有一定程度的降低，如图 10-24 所示。其中 CO 的浓度降低到 2200×10^{-6}，说明熔盐对有机废盐的氧化较为迅速。C_xH_y（以 CH_4 计）的浓度也发生一定程度的降低，进一步说明熔盐反应较单独热解进行得更完全。SO_2 的浓度降低到 52×10^{-6}，说明碱性熔体可有效捕捉酸性气体，降低酸性气体的产量。NO 的气体排放也发生相应的降低，但是其峰值的时间滞后，可能是由于反应过程中 NO 先被氧化为 NO_2，随后 NO_2 气体与载气中的 N_2 发生反应，又生成了 NO。

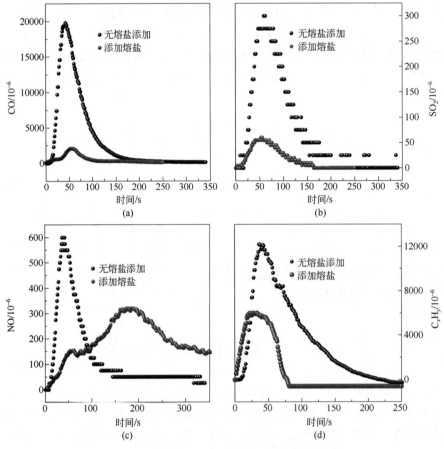

图 10-24 瞬时给料条件下工业废盐熔盐氧化排气中 CO、SO$_2$、
NO、C$_x$H$_y$ 的浓度变化曲线

图 10-25 为利用熔融 NaOH-KOH，反应温度为 550℃条件下，排气特性随过量空气系数的变化关系。由图可以看出，随着过量空气系数的增大，尾气中的 CO 和小分子有机气

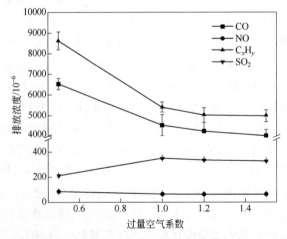

图 10-25 不同过量空气系数下工业废盐熔盐氧化排气中 CO、SO$_2$、NO、
C$_x$H$_y$（以 CH$_4$ 计）的浓度变化曲线

体含量降低。与燃烧类似，过量空气系数的增大提高了熔盐氧化效率。当过量空气系数为 0.5 时，由于氧气不足，有机物反应不完全，小分子有机气体和 CO 的含量较高。增大过量空气系数使尾气中这些气体含量迅速降低。但是，继续增大过量空气系数，气体含量的变化不大，说明只要满足基本的气体量要求，过量空气系数对熔盐氧化效率的影响较小。

　　在对不同工况下工业废盐的熔盐氧化处置特性进行比较后，选定在温度为 550℃、过量空气系数为 1.2 的条件下进行较长时间（40min）的废盐熔盐氧化处置连续运行实验，采用烟气分析仪分析检测烟气中污染气体的浓度，计算得到熔盐氧化过程中的氧化效果，其结果如图 10-26 所示。工业废盐熔盐氧化处置连续运行实验中，排气状况较为稳定，出现的波动较小，且有缓慢升高的趋势，排气中 CO、SO_2、NO 的浓度同样较为稳定，没有出现大的波动。说明该工况条件下的熔盐反应可以维持稳定运行。由于实验过程中给料量较少，氧化反应过程中的放热可以忽略不计。

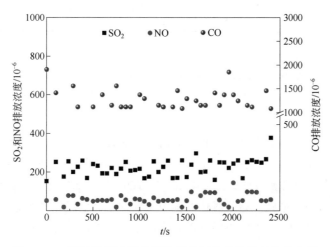

图 10-26　连续运行下工业废盐熔盐氧化处置排气特性分析

　　表 10-22 显示了反应温度为 550℃、采用 NaOH-KOH 熔融盐、过量空气系数为 1.2 时有机废盐熔盐氧化处置过程中的二噁英排放量及相应的毒性当量。由数据可以看出，选定工况下的 PCDD/Fs 排放总量为 2.87ng/kg。此数值相对于焚烧来说较低，可满足气体排放标准。

表 10-22　有机废盐熔盐氧化处置的 PCDD/Fs 排放特性

	同系物	浓度/(ng/kg)	I-TEF	TEQ 浓度/(ng/kg)
PCDDs	$2,3,7,8\text{-}T_4CDD$	0.51	×1	0.510
	$1,2,3,7,8\text{-}P_5CDD$	0.32	×0.5	0.160
	$1,2,3,4,7,8\text{-}H_6CDD$	0.44	×0.1	0.044
	$1,2,3,6,7,8\text{-}H_6CDD$	0.58	×0.1	0.058
	$1,2,3,7,8,9\text{-}H_6CDD$	0.08	×0.1	0.008
	$1,2,3,4,6,7,8\text{-}H_7CDD$	0.05	×0.01	0.005
	O_8CDD	0.90	×0.001	0.009

续表

同系物		浓度/(ng/kg)	I-TEF	TEQ 浓度/(ng/kg)
PCDFs	2,3,7,8-T$_4$CDF	2.02	×0.1	0.20
	1,2,3,7,8-P$_5$CDF	0.34	×0.05	0.017
	2,3,4,7,8-P$_5$CDF	1.36	×0.5	0.69
	1,2,3,4,7,8-H$_6$CDF	2.45	×0.1	0.24
	1,2,3,6,7,8-H$_6$CDF	3.67	×0.1	0.37
	1,2,3,7,8,9-H$_6$CDF	2.42	×0.1	0.24
	2,3,4,6,7,8-H$_6$CDF	2.71	×0.1	0.27
	1,2,3,4,6,7,8-H$_7$CDF	3.90	×0.01	0.039
	1,2,3,4,7,8,9-H$_7$CDF	1.52	×0.01	0.015
	O$_8$CDF	2.81	×0.001	0.0028
TEQ 浓度合计/(ng/kg)				4.36

注：1. I-TEF：国际毒性当量因子。

2. PCDDs：多氯代二苯并-*p*-二噁英；T$_4$CDDs：四氯代二苯并-*p*-二噁英；P$_5$CDDs：五氯代二苯并-*p*-二噁英；H$_6$CDDs：六氯代二苯并-*p*-二噁英；H$_7$CDDs：七氯代二苯并-*p*-二噁英；O$_8$CDD：八氯代二苯并-*p*-二噁英；PCDFs：多氯代二苯并呋喃；T$_4$CDFs：四氯代二苯并呋喃；P$_5$CDFs：五氯代二苯并呋喃；H$_6$CDFs：六氯代二苯并呋喃；H$_7$CDFs：七氯代二苯并呋喃；O$_8$CDF：八氯代二苯并呋喃。

　　在熔盐反应系统中，工业废盐中的有机物被大量破坏形成气体，其中 N、S 和 Cl 等元素回收在熔盐残渣系统中。图 10-27 为反应残渣中水溶液的 TOC 浓度，可以看出经熔盐处理后，排渣中的有机物含量较低。反应 40min 后 TOC 为 8mg/L，说明工业废盐进入熔盐浴后发生的氧化分解较为彻底，熔盐氧化过程中主要的不完全氧化产物是排气中的 CO 和小分子有机气体。从图 10-27 中的小图可以看出，工业废盐由反应前的黑棕色变为反应后的白色，总体白度较高。

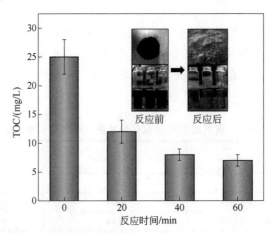

图 10-27　不同反应时间下反应残渣水溶液的 TOC 浓度

10.7.2　烧碱熔盐处理工业废盐残渣

　　熔盐反应残渣中主要含有氯盐、硝酸盐、硫酸盐等混合物。该残渣经常规的盐分离后，资源化产品可再用于两碱、食用、畜牧、道路、日化、印染、建筑、冶金、皮革、药用、保健等几十种行业，如经适当处理后可回收用于氯碱工业和融雪剂等，对于硫酸钠型废盐，可处理后用作元明粉或硫化钠。

熔盐氧化相对于常规的热处理过程，不仅可实现有机物的无毒去除，同时尽可能地回收物质。根据以上分析结果，换算出低温熔盐处置工业废盐渣的烟气排放值（标准状况下）如表 10-23 所示。由于碱性熔盐完全保留了热处理过程中产生的 HCl，因此此工艺基本不产生 HCl 气体。而根据以上稳定运行的 SO_x、NO_x 和 CO 的排放值可知，SO_x 和 NO_x 排放可达到《生活垃圾焚烧污染物控制标准》（GB 18485—2001）的排放标准，甚至是欧盟的排放标准。但是，CO 的排放值较高，可能是因为空气在熔盐体系中分布不均匀，容易产生局部不完全氧化，从而产生 CO 气体。后续可通过优化进气管的气体分布，改善空气的分布形式，从而提高含氧量，减少 CO 气体的产生。

表 10-23　无机熔盐处置工业废盐渣的烟气排放值

标准	HCl /(mg/m³)	SO_x /(mg/m³)	NO_x[①] /(mg/m³)	CO /(mg/m³)	二噁英类（以 TEQ 计）/(ng/m³)
GB 18485—2001	75（小时浓度）	260（小时浓度）	400（小时浓度）	150（小时浓度）	1.0（测定均值）
欧盟 1992	50	300	—[②]	100	0.1
欧盟 2000/76/EC	10	50	200	50	0.1
本工艺	ND[③]	200±50	178±48	600±59	0.02±0.01

① 按 NO_2 含量为 5%计。
② 未有此项。
③ 未检出。

10.7.3　烧碱熔盐反应器材质对农药蒸馏残渣的氧化

碱性熔体是一种特殊的反应介质，由于反应是在高温和强碱腐蚀条件下进行，反应器主体材料的选择影响到技术的可操作性、稳定性及数据可靠性。强碱氧化性条件下，氧化铝陶瓷（Al_2O_3）和石英（SiO_2）将与碱性物质反应，而石墨材料易被氧化，故此处选择三种主要的不锈钢材料（304、316 和 310S）和蒙乃尔合金材料（Monel）研究反应器的腐蚀影响，其基本情况如表 10-24 所示。

表 10-24　四种耐高温材料的基本情况

材料	主要成分	软化温度 /℃	性能	价格[①]/(万元/t)
304 不锈钢	铬 18%、镍 8%	650	耐蚀性、抗氧化性和加工性较好，耐强氧化性酸	1.4～1.6
316 不锈钢	铬 16%、镍 10%、钼 2%	800	对盐水卤素溶液的耐蚀性较好	2.1～2.2
310S 不锈钢	铬 25%、镍 20%	800	耐高温，耐一般酸碱腐蚀	3.7～4.2
蒙乃尔合金	镍 68%、铜 28%、铁 2%	600	对热浓碱液有优良的耐蚀性	20.0～24.0

① 数据来源为上海有色金属网。

　　分别向四种反应器中通入反应物料，温度为 400℃，流量为 3.0L/min，所得结果如图 10-28 所示。蒸馏残渣在几种反应器中的脱氯和氧化效果差别不大，其中 Monel 合金反应器中的反应效果稍好，可能是因为该合金中 Cu、Fe 含量较高，Cu 和 Fe 对反应有一定催化作用，可能提高氯保留率和氧化效率。

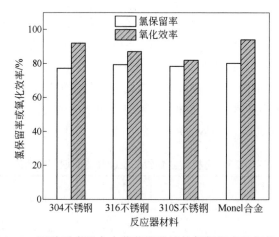

图 10-28　四种反应器中农药蒸馏残渣的氯保留率和氧化效率

　　反应排盐中重金属含量对排盐方式的选择具有重要的影响。在不同的反应器中 400℃ 反应 3h 后，取排盐废物测定其中的 Cr、Ni、Cu 和 Fe 含量，其结果如图 10-29 所示。熔融 NaOH-KOH 对四种重金属的腐蚀比较微弱，对 Cr 的腐蚀析出在 0.1～0.4mg/kg 之间，Ni 在 0.1～0.2mg/kg 之间，Fe 在 0.3～0.5mg/kg 之间。不同材料的腐蚀效果略有差异，总体上，Monel 合金的腐蚀程度较小，其次是 310S 不锈钢和 316 不锈钢，304 不锈钢的腐蚀程度较高。由于 Monel 合金中的 Cu 含量较高，故排渣中的 Cu 含量比其余材料要高。相比于飞灰，四种材料排盐中的重金属含量都比较低，可满足实际生产需求。

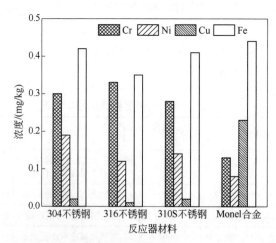

图 10-29　几种反应器排盐废物中的 Cr、Ni、Cu、Fe 元素含量

10.8　熔盐氧化系统工艺设计

工业规模熔盐氧化处理危险废料应包含给料系统、通风系统、熔盐反应系统、尾气处理系统和排盐处理系统等几个组成部分，流程如图 10-30 所示。由于熔盐反应一般需要氧气参与，在实际应用中反应气体通常是空气，因此涉及气体的分配。与常规热解和焚烧工艺不同的是，熔盐氧化需要采用连续性给料装置，反应物料经破碎后，可通过螺旋给料器加入上料斗中，并通过管道导入熔盐浴中。熔盐氧化反应罐是系统的主体装置，具有防腐蚀、防结渣结焦的特点，且需要排渣系统。由于反应温度较低（400～500℃），反应器热源可以是天然气。反应启动时采用天然气燃烧器加热，稳定运行后反应自身产生的热量可维持熔融状态，但需进行适当调控，以防止过热。尾气中由于酸性气体含量低，主要成分为 CO 和小分子气体，故采用常规的蓄热式燃烧处理即可。

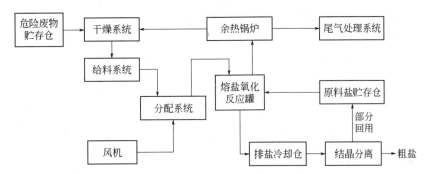

图 10-30　熔盐氧化处理危险废料流程图

熔盐反应的基本反应流程可确定为：

① 熔盐反应器的启动。将熔盐准备好加入罐体中，使用天然气缓慢加热到指定温度。

② 给料。将原料和空气通过分配装置，通入熔盐底部。分配装置可合理安排给料和布风，使废渣在熔盐浴中不至于过分集中而影响反应效率，同时提高熔盐反应罐中的气含率，促进氧气的溶解，提高氧化反应效率。

③ 尾气处理。反应过程中，物料中有机物大部分转化为 CO、CO_2、SO_2、N_2、NO、HCl 和水蒸气等，其中 SO_2、HCl 和少量 NO 等酸性气体保留在熔盐浴中生成相应的硫酸盐、氯盐和硝酸盐。尾气的主要成分为 CO、N_2 和少量 NO、VOCs，可引至企业的锅炉中二次燃烧，同时进行余热利用。

④ 排盐处理。反应过程中，盐逐步在熔盐浴中积累，且因密度较大沉积在底部。当反应器内熔盐液面达到一定高度后，开启反应器底部的排盐装置，通过高温排出多余的废盐，使液面回到初始水平或补充新的盐体。熔盐的反应残渣中含有大量的碱金属卤代物（NaCl、NaBr 等）和过量的碱，可采用结晶方法回收卤代盐类。氯化钠的溶解度随温度变化不大（表 10-25），而氢氧化钠的溶解度随温度变化很大，因此在较高温度时使氢氧化钠溶液达到饱和，然后对饱和的氢氧化钠溶液进行降温，则可析出氢氧化钠，从而分离氢氧化钠和氯化钠。

表 10-25　杂质离子相应钠盐的溶解度

相应钠盐	溶解度/(g/100mL)		相应钠盐	溶解度/(g/100mL)	
	10℃	50℃		10℃	50℃
NaOH	51.0	145.0	Na₂SO₄	9.1	49.3
NaCl	35.8	37.0	NaNO₃	80.0	114.0
NaF	3.6	4.5	Na₂SiO₃·9H₂O	48.0	—
NaBr	90.5	11.5			

以建设一条处理规模约 3t/d 的工业废盐处理线为例，采用一条生产线，选定参数如表 10-26 所示。熔融反应器可设置为直径 1.5m 的圆柱体，高度为 3m，熔盐层填充高度为 1m，则初始熔盐用量为 3.7t。

表 10-26　工艺基本参数

序号	参数	数量	单位
1	处理量	3	t/d
2	过量空气系数	1.5	—
3	温度	500	℃
4	表观气速	0.4	m/s
5	熔盐层填充高度	1	m
6	给料速率	350	kg/h

在此条件下，熔盐氧化反应器运行过程中主要的输入热量为废渣含有的热量，根据其热值计算为：

$$Q_{物料}=5.65×350=1977.5MJ/h$$

主要的热损失有排烟热损失（$Q_{烟气}$），可燃气体不完全氧化热损失（$Q_{不完全氧化}$），反应器自身散热（$Q_{反应器散热}$）等。根据前述研究，其氧化效率为 92%左右，主要不完全氧化产物集中在气相中，故不完全氧化热损失按照废渣热值的 8%计算。排烟热损失计算中，根据典型烟气比热值进行计算。反应器散热量计算取反应器内、外温度分别为 500℃、40℃，保温隔热材料选用硅藻土耐火砖，厚度为 0.5m，热导率为 0.05W/(m·K)，则计算出散热量约为 40.5 MJ/h。因此，熔盐中可吸收的热量为：

$$Q_{吸收}=Q_{物料}-Q_{不完全氧化}-Q_{烟气}-Q_{反应器散热}=1977.5-158.3-392.5-40.5=1386.2MJ/h$$

由计算结果可知，熔盐氧化释放的热量高于热损失，多余的热量将被熔盐吸收，导致熔盐的温度持续升高。为避免温度过高影响反应系统，应在反应器内部布置相关换热管道吸收多余热量（表 10-27）。

表 10-27　熔盐反应器热平衡计算　　　　　　　　　单位：MJ/h

输入热量	废渣热值	1977.5（以废渣热值的 100%计）
热损失	废渣不完全氧化热损失	158.3（以废渣热值的 8%计）
	排烟热损失	392.5
	反应器散热热损失	40.5
可利用热量	熔盐中可吸收热量	1386.2

　　工业废盐的处置规模为 3t/d，参考废盐中的 N、S、Cl 等元素含量，取熔盐对 S、Cl 的吸收效率为 100%，N 元素有 5%转化为硝酸盐形态存留在熔盐浴中。基于以上假设，理论上每处理 1t 工业废盐可产生硫酸钠约 0.0298t，氯化钠约 0.2068t，硝酸钠约 0.00179t，需要消耗 NaOH-KOH 约 0.268t。同时，原料本身含有一定的无机盐成分。因此，随着反应的进行，NaOH-KOH 不断消耗，同时熔盐浴中的盐增多，需要经过旁路管道排出累积的盐，同时补充新的氢氧化物。

习题与思考题

　　1．请简述碱介质湿法冶金的基本原理和流程。

　　2．计算锌溶解度与 NaOH 浓度的定量关系，并与实际溶解度对比，解释其差异性。

　　3．描述硫化锌的机械活化转化浸出原理。

　　4．相比传统热处理技术，碱性熔盐热处理技术具有哪些主要优点？

　　5．设计熔盐氧化处理危险废料的流程。

　　6．以建设一条处理规模约 3t/d 的工业废盐处理线为例，简要计算熔盐反应器的热平衡。

第11章 医疗废物收运与焚烧技术

《医疗废弃物焚烧设备技术要求》中，医疗废弃物是指"城市、乡镇中各类医院、卫生防疫、病员休养、医学研究及生物制品等单位产生的废弃物"。具体指医疗、预防保健、医学科研、医学教育等卫生机构在医疗、预防、保健、检验、采供血、生物制品生产、科研活动中产生的对环境和人体造成危害的废弃物。包括《国家危险废物名录》所列的HW01医疗废物，如手术、包扎残余物，生物培养、动物试验残余物，化验检查残余物，感染性废物，废水处理污泥等；HW03废药物、药品，如积压或失效的药品（物）；HW16感光材料废物，如医疗院所的X光和CT检查中产生的废显（定）影液及胶片。医疗废物应毁形和焚烧，不得直接循环利用。发生严重传染病等公共卫生事件时，病人产生的生活垃圾，应尽可能按照医疗废物进行管理和焚烧处理；若与生活垃圾混合焚烧，应在设计焚烧厂时给予安排，留用专门适合密闭包装的医疗废物入口，实现全程密闭运输和末端焚烧。

11.1 医疗废物的分类

医疗废物不同于医院废物。医院大部分废物（80%～85%）是没有危害的普通废物，属于一般性固体废物，如锅炉房的煤灰煤渣、清扫院落的渣土、建筑拆建废料等，普通生活垃圾、厨房食堂的废弃物、剩饭剩菜、果皮果核、废纸废塑料等，医药包装材料等，枯草落叶、干枝朽木等。这类垃圾不属于医疗废物，不需要特别处理，一般应及时清运或委托处理。但是，一旦这些没有危害性的垃圾与其他具有危害性或传染性的污物混合在一起，其混合垃圾就需要作为有害的传染性垃圾处理，需要特别的搬运和处置措施。因此对垃圾污物进行分类是对其进行有效处理的前提。

按照来源和特性，医疗废物通常可分为下列6种形式，其中不包括放射性废物（在放射治疗诊断中使用过的容器、器皿、针管，沾染放射性物质的纱布、药棉等，应单独收集、清洗或贮存）。

（1）Ⅰ类一次性医疗用品

包括注射器、输液器、扩阴器、各种导管、药杯、尿杯、换药器具等。

（2）Ⅱ类传染性废物

带有传染性及潜在传染性的废物（不包括锐器），主要包括：

① 来自传染病区的污物，包括医疗废物及患者的活检物质、粪尿、血、剩余饭菜、果皮等生活垃圾。

② 与血和伤口接触的各种污染手套、手术巾、床垫、衣物、棉球、棉签、纱布、石膏、绷带等，及用以清洁身体的洗涤废液或血液的物品。

③ 病理性废物，包括手术切除物、肢体、胎盘、胚胎、死婴、实验动物尸体组织等。

④ 实验室产生的废物，包括病理性的、血液的、微生物的、组织的废物，如血尿、粪、痰、培养基等。

⑤ 太平间的废物以及其他废物。

（3）Ⅲ类锐器

主要是用过废弃的或一次性的注射器、针头、玻璃、解剖锯片、手术刀及其他可引起切伤或刺伤的锐利器械。

（4）Ⅳ类药物废物

包括过期的药品、疫苗、血清、从病房退回的药物和淘汰的药物等。

（5）Ⅴ类细胞毒废物

包括过期的细胞毒药物，以及被细胞毒药物污染的拭子、管子、手术巾、锐器等相关物体。细胞毒药物最常用于治疗癌症病人的肿瘤或放射治疗病房，在其他病房的应用也有增加趋势。细胞毒药物大多为静脉注射或输液给药，有些为口服片、胶囊、混悬液。

（6）Ⅵ类废显（定）影液及胶片

包括废显影液、定影液、正负胶片、像纸、感光原料及药品。

对于突发性大规模公共卫生传染事件产生的具有传染性的废物，如口罩、手套、衣物、粪便，因过于分散，一般可按照生活垃圾收运渠道单独收集，快速送入生活垃圾焚烧发电厂焚烧。必要时，原位消毒后再收运。

医疗废物不得循环资源化利用，也不得与生活垃圾混合填埋，不支持消毒后进入卫生填埋场填埋，而是必须毁形、焚烧。焚烧残渣和飞灰，应按照危险废物属性处理。

11.2　医疗废物产生量

一般情况下，国内外对医疗废物产生量进行经验估算，大中城市医院的医疗废物产生量一般是按住院部产生量和门诊产生量之和计算，住院部为 0.5～1.0kg/(床·d)，门诊部为每 20～30 人次产生 1kg。

11.3　医疗废物收运、贮存和灭菌消毒

医疗废物属于传染性废物，其中的污染物质是附着在其上的病原微生物，因此杀灭病原微生物并防止其与人群的接触是医疗废物污染控制的主要目的。医疗废物处理的目的是使排出的垃圾废物稳定化（有机垃圾无机化）、无害化（有毒有害物质分解去除，细菌病毒杀灭消毒）和减量化。实现医疗废物妥善处理处置的前提是合理的收运、贮存和灭菌消毒。

11.3.1　医疗废物收运和贮存

在医疗废物的收集、辨别、净化、贮存和运输方面，美国、法国、加拿大等国都推荐将废物按有传染性的解剖废物（人体、动物）和非解剖废物、无传染性的其他废物进行分类，分别用有颜色标志的防漏塑料袋包装，选择坚硬容器来盛放和运输这些塑料袋，从而

使医疗废物危害公众的潜在可能性降至最小。在美国，医疗废物通常冷藏在冷库中，而其他种类的废物通常储藏在室内或室外的容器中。日本将医疗废物按其传染性和可燃性分为四类，分别是可燃性传染性废物、非可燃性传染性废物、可燃性非传染性废物和非可燃性非传染性废物，用不同颜色的塑料袋封装。根据我国医院垃圾污物处理的现状和有关医院垃圾污物处理的实践，对医院垃圾首先应分类收集，严格将各种医疗废物、放射性废物和普通垃圾分开，回收利用有价值的物质，做到减量化和无害化。

医疗单位对医疗废物要实行专人管理、袋装收集、封闭容器存放和定期消毒。医疗废物要与普通废物分开，并按类收集。消毒处理后应存贮在牢固、防渗、防潮并具有足够抗拉强度的密封容器中。另外，必须将尖锐物品、带有液体或残渣的玻璃器皿等包装在耐戳、耐磨的容器中，必须把废流体包装在坚固密闭的容器中，以防止容器被锋利物品刺破和液体渗漏。

医疗废物在发生场所进行规范的分类收集是减少污染危害和有效进行下一步处理的重要环节。分类收集的依据主要是废物的性质及下一步所要采用的处置方法。收集废物所使用的容器主要是塑料袋、锐器容器和废物箱等。

（1）塑料袋

塑料袋是常用的垃圾污物收集容器。废物塑料袋的选择可根据污物量的多少和污物的性质确定。最大的废物袋容积可为 $0.1m^3$ 或 $0.075m^3$，小塑料袋可用在污物产生量较少的场所。低密度塑料厚度应大于 $55\mu m$，高密度塑料可为 $25\mu m$。塑料袋放在相应的污物桶内。塑料袋应有清晰的颜色标志并注明用途，如黄色（表示要焚烧），标志如"生物危险品"等。如果废物需运送到院外处理，要有医院标志。需高压灭菌的（或需其他消毒处理的）废物袋应采用适当的材料制造，并作颜色标记，也可加有标志以表明是否经过所规定的处理程序（如高压消毒指示带），袋子上应有清晰的文字标志，如"需消毒废物"或"生物危害标志"。高压灭菌后，废物袋、小容器应放入另一种颜色标志的袋子或容器中，以便下一步处置。

（2）锐器容器

锐器容器是另一种重要的垃圾收集器。锐器不应与其他废物混放，用后应稳妥安全地置入锐物容器中，锐物容器应有大小不同的型号。如采用纸盒，应避免被浸湿，或衬以不透水材料（如塑料）等。容器规格有 2.5L、6L、12L、20L 等。锐器容器进口处要便于投入锐器。锐物容器应具有如下特点：防漏防刺，质地坚固耐用；便于运输，不易倒出或泄漏；有手柄，手柄不能影响使用；有进物孔缝，进物容易，且不会外移；有盖；在装入 3/4 容量处应有"注意，请勿超过此线"的水平标志；当采用焚烧处理时应可焚化；标以适当的颜色；用文字清晰标明专用，如"只能用于锐物"；清晰地标以国际标志符号如"生物危险品"。

（3）废物箱

高危区（如传染病或隔离区）的医疗废物建议使用双层废物袋，如产房的胎盘、手术室的人体组织等废物。可以用密封的废物桶（如聚乙烯或聚丙烯塑料桶，容量 30～60L），装满之后立即封闭，此法特别适用于手术室、产房、急诊室与重症加强护理病房（ICU）。存放医疗废物的容器上应标有"医疗废物"字样，严禁闲杂人员接触，防止各类动物接触，严禁将医疗废物混入居民生活垃圾、建筑垃圾等其他废物中，医院垃圾的收集也应由专业人员操作，实现垃圾收集的容器化、封闭化、运输机械化。每个未处理的医疗废物包装容器都必须贴上或印上防水标签，标签上注明"医疗废物"字样或者生物危害识别标志，也可采用红色塑料袋包装标示，包装容器上应注明医疗废物产生者和清运者的名字。

医疗废物分类收集后需及时清运，具体步骤如下。

（1）废物运输

医疗垃圾应由具有资质的单位运输到指定地点。医疗垃圾的收集运输需进行小试，以便确定更经济有效的收集方式和器具，需采取相应的防护措施和装备以减少清运工与垃圾的直接接触，从而减少疾病传播的可能性。医疗废物需在防渗漏、全封闭、无挤压、安全卫生条件下清运，使用专门用于收集医疗废物的车辆。为抑制运输过程中细菌的生长，可考虑使用带有冷藏箱的车辆。

（2）废物卸料

厂区门口处需设有地衡，医疗废物转运车进出都需经过计量称重。需配置称重管理控制系统、相应的软件、道闸、信号灯等配件。医疗废物周转箱卸入医疗废物卸料和暂存区，该暂存区可临时堆放需要处置的医疗废物，并及时焚烧处置。

（3）废物贮存

医疗废物贮存系统分为清洗消毒区、空周转箱存放区、冷藏仓库三个部分。送入焚烧炉焚烧后空置的医疗废物周转箱运至清洗消毒区进行冲洗和消毒，之后再转至周转箱存放区存放。来不及焚烧处置的医疗废物可就近卸入冷藏仓库，冷藏仓库具有双向功能，一是可用于冷藏，二是未启用制冷设备时，可作为暂存贮存处。

11.3.2　医疗废物灭菌消毒

医疗废物的消毒方式目前主要采用高压蒸汽灭菌法。如果采用高压灭菌法对医疗废物进行消毒，医院必须购置较大的专用高压釜，而在高压蒸汽消毒过程中还会产生挥发性有毒化学物质。也可以采用化学药剂消毒灭菌的方法，该方法常用于传染性液体废物的消毒，用于处理大量的固体废物还有一定难度。从理论上讲，医疗废物经过消毒灭菌处理后就可以进行回收和综合利用或与生活垃圾一同填埋处理。但是由于很难保证灭菌的彻底性且管理上有一定难度，所以一般不提倡医疗废物的回收利用，也不应容许将消毒处理后的医疗废物与生活垃圾一同填埋处理。灭菌可以作为医疗废物预处理，而不是末端处理。对于高度传染性、已经完全封闭的医疗废物，不应该进行灭菌处理，而是应收运至焚烧厂焚烧，整个过程中密闭包装不得打开。

常用的高压蒸汽灭菌法，适用于受污染的敷料、工作服、培养基、注射器等，蒸汽在高压下具有温度高、穿透力强的优点，在 130kPa，121℃维持 20min 能杀灭一切微生物，是一种简便、可靠、经济、快速的灭菌方法。其原理是在压力下蒸汽穿透到物体内部，使微生物的蛋白质凝固变性而将其杀灭。压力蒸汽灭菌器的形式有立式压力蒸汽灭菌器和卧式压力蒸汽灭菌器等。大部分医疗单位使用的是卧式压力灭菌器，这种灭菌器的容积比较大，有单门式和双门式，前者污物进锅和灭菌后的物品取出经同一道门；后者的污物是从后门放入，灭菌后的物品从前门取出，可防止交叉污染。

11.4　不同临床废物及其处置方式比较

　　临床废物是医疗废物的主要组成部分，也是医疗废物控制和管理的重点，表 11-1 对国际上通行的多种临床废物的处理技术进行了比较。可以看出，焚烧处理是我国目前较为可靠、可行的医疗废物处理方法，可有效地防止交叉感染和二次污染。焚烧炉需要配备先进的烟气净化装置，采用适宜的炉型。焚烧处理只有实行区域性医疗废物集中处置才有可能做到，也是国际上通用的医疗废物处理方式。

表 11-1　医院临床废物常用处理技术比较

处理技术	医疗废物	容积缩小率/%	设备操作费用/[美元/(磅·时)]	设备操作费用/[美元/(千克·时)]
蒸汽高压消毒	无毒性废物灭菌	0	0.05～0.07	0.11～0.15
压实高压消毒	无毒性废物灭菌	60～80	0.03～0.10	0.07～0.22
机械-化学消毒法	所有废物	60～90	0.06	0.13
微波法（带粉碎机）	无毒性废物灭菌	60～90	0.07～0.10	0.15～0.22
焚烧法	所有废物	85～95	0.07～0.5	0.15～1.10

　　注：1 磅=0.454 千克。

　　医疗垃圾就地焚化作为最安全的处理方法，其优点是不仅可以彻底杀灭所有微生物，而且使大部分有机物焚化燃烧，转变成无机灰分，焚烧后固体废物体积可减少 85%～95%，从而大大减少运输和最终处置费用，也消除了运输过程中可能造成的污染。表 11-2 对临床废物的集中处理和分散处理进行了简单的分析比较，可以看出集中化有利于减少污染和控制风险，同时也可大幅度地降低废物产生单位的经济负担。因此，医疗废物的处理处置应逐步向集中化、专业化过渡。

表 11-2　临床废物集中处理和分散处理的综合分析

项目	分散处理（现状）	集中处理（预期）
焚烧设备	小型医用焚烧炉	大型专用危险废物焚烧炉
焚烧温度	800℃	1100℃
停留时间	无数据	大于 2s
焚毁率	无数据	大于 99.99%
尾气净化	无设施	二级净化（含碱喷淋）
二噁英控制	无措施	急冷装置和管理措施
环境污染	污染总量大	污染总量小
工程投资	小	大
单位运行成本	高	低
操作人员	缺乏专业知识，无培训	具有专门资质，经常培训
运输风险	无	有
贮存风险	缺乏管理，风险大	严格管理，风险小
安全性	较不安全，但事故影响范围小	较安全，但事故影响范围大
环境管理	不便于管理	可实施各项管理制度，对集中处理可实施严格的管理

11.5 医疗废物回转窑焚烧工艺与设计

回转窑焚烧技术具有以下优点：可同时焚烧固体、液体、气体，对焚烧物形状、含水率要求不高，适应性较强；焚烧物料翻腾前进，三种传热方式并存于一炉，热利用率较高；高温物料接触耐火材料，炉衬更换方便，费用低；传动机理简单，传动机构在窑壳外，设备维修简单；回转窑内焚烧废渣停留时间长，在 600～900℃的高温下，废物得以充分燃烧；二燃室强烈的气体混合使烟气中未完全燃烧物完全燃烧，达到有害成分分解所需的高温区（1100℃左右），高温区烟气停留时间为 2s，不但使废物焚尽烧透，还从源头分解二噁英；良好的密封措施和炉膛负压，保证有害气体不外泄；设备运转率较高，操作维护方便；回转窑内增设强化换热及防止结渣装置，在提高焚烧效率的同时增强焚烧炉对废物的适应性；设置二燃室提高灰渣的燃尽率，提高回转窑的焚烧效率；具有常温出渣、密闭锁风等综合功能。标准的医疗废物焚烧处理工艺流程如图 11-1 所示。

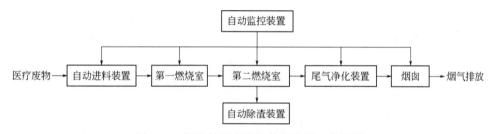

图 11-1 标准的医疗废物焚烧处理工艺流程

具体设计要点如下：

① 焚烧炉应具备连续焚烧能力，并配备自动进料装置、自动监控装置、自动除渣装置和尾气净化装置，以确保焚烧炉密闭、无泄漏。

② 燃烧形式为二次燃烧。焚烧炉型可为普通二段式、流化床式或回转窑式。第一燃烧室燃烧氧化的烟气进入第二燃烧室，第二燃烧室设置一个喷燃口，用辅助燃料将炉气再加热氧化并补充一部分空气，起到净化烟气、消除臭气的作用。在第二燃烧室必须使气体保持一定的停留时间和较低的速度，气流速度一般小于 3m/s，恶臭分解所需温度和停留时间如表 11-3。

表 11-3 恶臭分解条件

分解温度/℃	停留时间/s	分解率/%
540～650	0.3～0.5	50～90
580～700	0.3～0.5	90～99
650～820	0.3～0.5	>90

③ 炉温必须足够高，主炉膛炉温在工作期间不得低于 850℃，第二炉膛温度不得低于1000℃，以便有害气体得到分解。烟气从最后的燃烧器到换热器间的停留时间应大于等于2s，排气中氧气含量应大于等于 6%（体积分数，标准状况）。

④ 设备的燃烧效率应大于等于 99.9%，焚毁去除率大于等于 99.99%。

⑤ 排放尾气中颗粒物、酸性气体、重金属、有机物以及二噁英类和呋喃类物质含量应达到国家《危险废物焚烧污染控制标准》的要求。

⑥ 焚烧残渣的热灼减率应小于等于 5%。

⑦ 应有完善的炉渣和烟道灰及除尘器灰的收集、处置方案。

⑧ 需配套烟气热能回收装置，热回收效率应高于 70%。

⑨ 焚烧设施的水耗指标和工作噪声应符合国家现行规定。

⑩ 焚烧炉烟囱高度应高于当地地平线 20m 以上。

⑪ 炉外温度应小于 40℃。

⑫ 排放的废水、设备噪声应符合环境标准规定，不产生二次污染。

⑬ 煤耗低，单位焚烧室面积处理能力大。

11.6　大型现代化医疗废物焚烧工艺

11.6.1　进料

进料系统主要作用是把周转箱沿着导轨送入进料斗上方，将周转箱内的医疗废物翻入进料斗内，空箱再原路返回至地面。周转箱卡入提升机后，整个提升过程由程序自动控制完成。

进料方式为可调节恒流量进料，通过变频调节医疗废物进料量，从源头控制医疗废物的热值和污染物浓度的波动，可减少由医疗废物热值和 HCl 浓度变化带来的烟气量和 HCl 浓度大幅波动，使烟气量和 HCl 浓度始终处于一个相对平衡的范围内，从而使整个系统处于稳定、可靠的运行状态，提高设备使用寿命。

11.6.2　焚烧炉

焚烧炉系统主要由回转窑、二燃室等设备组成。根据医疗废物热值高等特性，回转窑采用合理的长径比和热容量参数，以确保医疗废物在窑内有足够的停留时间，物料能完全燃烧。可在窑内砌抗渣性和抗剥落性优良、使用寿命较长的耐火材料，以降低清渣频率，提高设备的运转率。

二燃室采用 1100℃停留时间大于 2s 的设计，以确保烟气特别是二噁英的排放达标。针对医疗废物的特性，对供风进料频率等工况进行调节和优化，可保证二燃室在 1100℃以上运行（烘炉期间除外），基本不消耗柴油，有效节约运营成本。

11.6.3　烟气净化

焚烧烟气中所含有害气体成分必须经过净化处置，达到国家要求的排放限值才允许排放，因此烟气净化系统也是医疗废物焚烧处置工艺的关键环节。烟气净化系统主要由急冷塔、旋风除尘器、干式脱酸塔、袋式除尘器等组成，净化后烟气排放标准为《危险废物焚烧污染控制标准》（GB 18484—2001）。急冷塔主要作用是将烟气迅速降温，有效避开二噁英合成温度区间，并保护后续的袋式除尘器。旋风除尘器可去除烟尘中粒径 50μm 以上的较大颗粒物质，还可有效去除火星，从而保护袋式除尘器。由于医疗废物烟气中 HCl 含量高，采用干法+湿法的两级脱酸技术，组合工艺脱酸效率高达 99%。袋式除尘器主要用于去除烟气中的烟尘、重金属等污染物。

整条焚烧生产线工艺流程简洁、顺畅，平面布置紧凑合理。二噁英、粉尘等污染物排放指标均达到国家标准 GB 18484—2001 相应要求。主要工艺流程如图 11-2 所示。

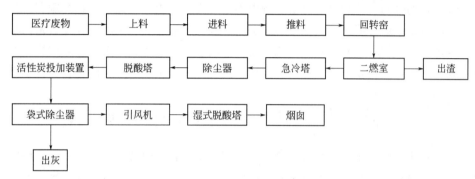

图 11-2 医疗废物焚烧主要工艺流程图

11.6.4 含高浓度氯化氢尾气处理

采用两级脱酸工艺设计：干式脱酸塔+湿式洗涤塔。该工艺通过实时检测进、出口 HCl 浓度和烟气流量，对烟气成分、烟气流量能进行快速响应，迅速调整脱酸剂投加量、补水量等工况参数，确保在氯含量波动和浓度极高情况下能够长期稳定达标排放。采用该技术 HCl 脱除效率能达到 99.9%以上，HCl 排放浓度（标准状况）可低于 10mg/m³，低于欧盟 2000 标准中的 HCl 排放标准。根据干式脱酸塔进口、烟囱处的 HCl 含量以及湿式洗涤塔中的 pH 可自动变频调节碱液的投加量，采用最佳配比，最大限度地提高脱酸剂的利用率。

11.6.5 焚烧生产线日常管理

（1）管理工作标准

在日常运营中，需注意以下焚烧炉参数：生产线的最大处置能力；二燃室出口温度；热灼减率；窑出口氧含量；焚烧废物 Cl 含量；焚烧废物 S 含量；焚烧废物 P 含量；焚烧废物 F 含量。

此外，烟气排放时需严格执行以下标准：烟气黑度；粉尘浓度；HCl 浓度；SO_2 浓度；CO 浓度；NO_x 浓度；O_2 浓度；二噁英浓度。

（2）作业要求

第一，启炉。对整个焚烧系统进行检查确认，各项维修验收完毕，各种异动消除，设备试运行正常方可进入启炉程序。各项需预先做好的工作应提早进行，一旦检查试验完毕即可进入点火程序。点火后及时观察火焰情况，发现异常应及时查明原因并进行调整。严格控制升温速率，热态时升温速率可加快。观察窑尾温度，当低于一定温度时，不得连续运转。当窑尾及除尘器出口达到一定温度时，可以开始投料。控制初始投料量，如果焚烧工况正常，可继续增加报料量。

第二，正常运行。焚烧系统温度的变化会引起各焚烧段长度的变化，因此应时刻观察焚烧系统温度的稳定度。需提供足够的助燃空气，保证废物充分燃烧，但切忌过量。需注意二燃室温度的控制。根据废物的性状确定燃烧时间。

第三，停炉。停炉时需控制降温速度，保证降温、降压速度同时得到满足。注意烟气处理系统停止的时间。停炉后应对窑系统内部进行详细检查，确保下次运行顺利进行。

第四，焚烧线运行情况。医疗废物焚烧生产线运营后，焚烧生产线各工艺系统基本达到设计要求。在状态检测的基础上实施周期维修制度，尚未达到一个运行周期的设备通过改造达到一个运行周期以上，运行周期内设备的故障率大幅下降，窑的运转率得以提高。

11.7　可调节医疗废物恒流量进料系统

目前医疗废物焚烧炉中进料系统多为液压或电动推板进料装置，为批次进料模式，每小时倒料 10～20 次，每间隔 3～6min 需推料一次。由于医疗废物热值高、燃点低，在窑头会快速发生燃烧反应，经高温氧化反应释放出大量 HCl、SO_2，因此在推料后 2～3min 会出现下列现象：由于快速燃烧反应，HCl 浓度、窑头温度等参数进入最高值波峰，而接下来的 3～5min HCl 浓度、窑头温度等参数会随着物料中氯的消耗和物料含量的降低而逐渐到达最低值波谷，并随着下一批次的推料会循环形成烟气成分浓度和温度的反复波动。

针对医疗废物特性，开发了可调节医疗废物恒流量进料系统，以确保系统的高温稳定焚烧。医疗废物由自动倒料装置送入进料斗内，通过溜槽靠重力作用溜入双螺旋进料斗，依靠双螺旋输送机内部两根分别焊有旋转叶片的旋转轴将物料输送至出料口，在双螺旋输送机出料口通过电动拨料器将医疗废物均匀、平稳送入出料溜槽，再通过电动闸板卸入无轴单螺旋输送机，由无轴螺旋叶片旋转从而将医疗废物连续输送至回转窑内（图 11-3）。

图 11-3　可调节医疗废物恒流量进料系统工艺流程图

11.8　不同进料方式的稳定焚烧

回转窑进料方式包括以下两种形式。①连续进料：进料斗始终保持充满状态，料斗下双螺旋+单螺旋将医疗废物连续送入回转窑内。②间歇进料：进料斗始终保持空斗状态，依靠推杆完成医疗废物的序批式进料。分两种情况进行批次进料：每一批次进料量为85～100kg，每小时共需要进料 23～24 批次，完成 2.3t/h 的进料量；每一批次进料量为 100～150kg，每小时进料 10～12 批次，完成 1.5t/h 的进料量。

根据已确定的最佳工况研究连续进料、间歇进料两种回转窑进料方式对焚烧效果的影响。工况参数包括：①回转窑转动模式为连续反转；②回转窑转速为 0.09r/min；③窑头温度为 850℃±30℃；④医疗废物进料量为 2.3t/h，75%负荷；⑤总供风量为 7000m³/h，其中二次风 1200m³/h。判断稳定焚烧的指标内容包括：①气相指标有窑头温度，CO 排放浓度，二燃室氧含量和炉膛负压，烟气中 HCl、SO₂ 排放浓度；②固相指标为炉渣热灼减率。

11.8.1　进料方式对窑头、窑尾温度的影响

如图 11-4、图 11-5 所示为恒流量连续进料与推板批次进料时的窑头、窑尾温度，发现恒流量连续进料系统在用于焚烧医疗废物时有如下现象：窑头温度每隔 2～4min 就会出现一次波峰和波谷，温度平均波动周期 3min 左右，窑头温度波动范围在±50℃，波动幅度相对较为稳定；窑尾温度由于物料在窑内燃烧时间的长短不一，波动周期基本稳定在 5～6min，窑尾温度的波动范围基本也稳定在±50℃。

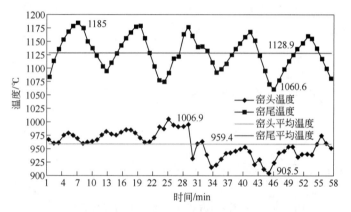

图 11-4　恒流量连续进料窑头、窑尾温度波动范围

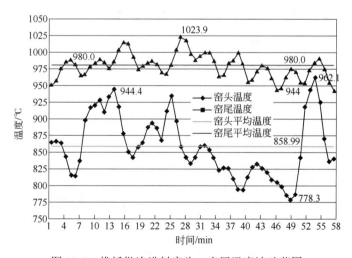

图 11-5　推板批次进料窑头、窑尾温度波动范围

推板进料系统相对于恒流量进料系统，约每隔 6min 完成医疗废物物料的一次燃烧过程，窑头、窑尾温度波动范围为±100℃，温度的波动范围明显大于恒流量连续进料系统，

波动周期也较长，窑头温度波动周期基本在 6min，燃烧时间较长。

研究同时发现，不论采取哪种进料方式，进料系统对窑头温度的影响远大于窑尾温度。相对于推板进料系统，应用恒流量连续进料系统，通过变频调节医疗废物进料量，从源头上可以较好地控制医疗废物燃烧温度特别是窑头温度的波动，从而保证回转窑内燃烧区温度分布均匀，缩小窑头和窑尾温差波动范围，更有利于保证燃烧混合效果，提高燃烧效率，更好地实现医疗废物的高温稳定焚烧。

11.8.2 进料方式对二燃室氧含量的影响

由图 11-6 可以看出，两种进料方式的二燃室出口氧含量基本稳定，但间歇进料时（推板进料系统）受窑头漏风的影响，二燃室出口氧含量略高于连续进料（恒流量进料系统）。

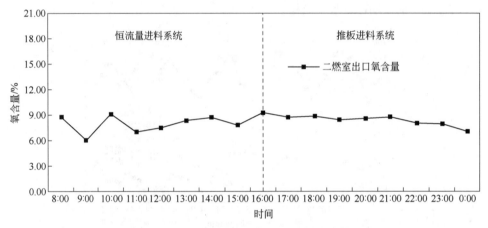

图 11-6　不同进料方式对二燃室出口氧含量的影响

11.8.3 进料方式对窑头负压和 CO 浓度的影响

由图 11-7 可以看出，不同进料方式对窑头负压的影响不大，推板进料系统负压的波动幅度稍大于恒流量进料系统，这主要是由于推板进料系统在每批次进料时会有少量漏风，

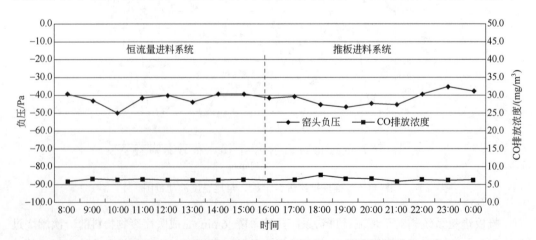

图 11-7　不同进料方式对窑头负压和 CO 浓度的影响

从而造成负压的变化，但由于该系统自动化控制水平较高，总体两种进料方式对负压影响较小。CO 排放浓度变化趋势区别不大，均能达到欧盟 2000 标准（低于 10mg/m³），表明气相污染物能够充分燃烧分解。

11.8.4　进料方式对炉渣热灼减率的影响

两种进料方式的炉渣热灼减率接近，连续进料略低于间歇进料（表 11-4）。

表 11-4　不同进料方式下热灼减率的指标汇总

转动模式	连续进料	间歇进料
炉渣热灼减率 1/%	2.85	3.85
炉渣热灼减率 2/%	3.04	2.67
炉渣热灼减率 3/%	0.98	3.26
炉渣热灼减率平均值/%	2.3	3.3

11.8.5　进料方式对 HCl、SO_2 排放浓度的影响

根据工况边界条件：回转窑转动模式为连续反转；助燃风量为 1200m³/h（电机以最低频率 5Hz 运行）；医疗废物进料量 2.3～2.5t/h；进料方式为恒流量连续进料（双螺旋+单螺旋）和推板批次进料；批次进料间隔时间为 6min，每批次进料 230～250kg，每小时进料 10 批次。

如图 11-8、图 11-9 显示，推板批次进料和恒流量连续进料在 45min 内，产生的 HCl 浓度基本波动周期都在 4～6min，SO_2 的波动周期基本也维持在 5～7min。推板批次进料后医疗废物中 HCl、SO_2 浓度的波动范围较大，HCl 浓度（标准状况下，下同）一般波动范围在 1800～3200mg/m³，SO_2 浓度一般波动范围在 59～181mg/m³；HCl 平均浓度 2510mg/m³，基本在 ±700mg/m³ 的幅度上下波动；SO_2 平均浓度 84.7mg/m³，波动幅度为 −30～100mg/m³。

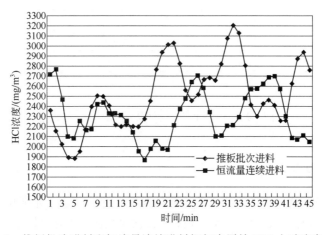

图 11-8　推板批次进料和恒流量连续进料烟气中原始 HCl 小时浓度情况

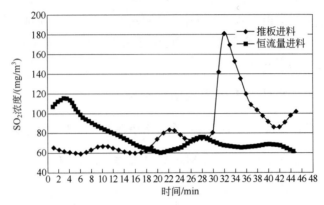

图 11-9　推板批次进料和恒流量连续进料烟气中原始 SO_2 小时浓度情况

通过可调节医疗废物恒流量进料系统，HCl、SO_2 浓度变化范围相对较小，HCl 浓度基本可稳定在 1868～2700mg/m³ 之间，SO_2 浓度一般可稳定在 59～116mg/m³；HCl 平均浓度 2306mg/m³，基本在 ±400mg/m³ 的幅度上下波动；SO_2 平均浓度 75.4mg/m³，波动幅度为 -10～40mg/m³。

11.8.6　进料方式对脱酸药剂的影响

HCl 浓度的波动使得目前对干法、半干法脱酸去除效果的考察必须要考虑浓度最不利状态即最大排放浓度，因此对脱酸药剂的使用存在较大差别。根据表 11-5 得出，推板进料系统和恒流量进料系统在 HCl 小时最大排放浓度分别为 3200mg/m³ 和 2700mg/m³，Ca/Cl 为 1.3 的情况下，推板进料系统消石灰进料流量为 126.5kg/h，恒流量进料系统消石灰进料流量为 106.7kg/h，推板进料系统的消石灰用量明显高于恒流量进料系统。

表 11-5　自动控制条件下推板进料和恒流量进料对脱酸药剂的影响

序号	项目	单位	进料方式	
			推板进料	恒流量进料
1	烟气小时平均工况流量	m³/h	30000	30000
2	Ca/Cl	—	1.3	1.3
3	HCl 小时最大排放浓度（标准状况）	mg/m³	3200	2700
4	消石灰消耗量	kg/h	126.5	106.7

11.9　医疗废物焚烧影响因素

11.9.1　常规影响因素

影响医疗废物焚烧效果的因素很多，包括医疗废物进料量、进料方式、窑头温度、窑尾温度、二燃室出口温度、供风过量系数、一二次风配比、回转窑转速、回转窑倾斜角度、回转窑转动模式等，上述影响因素可归纳为以下四类。

① 负荷类：包括医疗废物进料量，按照需要设定焚烧能力，如 3t/h。

② 温度类：包括窑头温度、窑尾温度、二燃室出口温度。窑头温度的高低直接决定了回转窑内燃烧段的长度，对燃烧效果至关重要。窑尾温度控制在 1000～1150℃，二燃室出口温度控制在 950～1100℃。

③ 停留时间类：包括回转窑转速、倾斜角度。

④ 湍流类：供风过量系数、一二次风配比。回转窑的充足供风对焚烧效果（尤其是炉渣热灼减率）非常关键。

11.9.2　回转窑转动模式的影响

回转窑转动模式包括以下三种：

① 正转是指从窑尾向窑头看，回转窑顺时针旋转。

② 反转是指从窑尾向窑头看，回转窑逆时针旋转。

③ 摇摆是指回转窑先正转一定角度，然后再反转相同角度，完成一个周期，并依次类推。

选取进料方式为连续进料（双螺旋+单螺旋）。选取原因是本方式为医疗废物进料的常规方式，且进料量可稳定控制。此外，设定回转窑转速为 0.09r/min；窑头温度为 850℃±30℃；医疗废物进料量为 2.3t/h，即 75%负荷；总供风量为 7000m³/h，其中二次风 1200m³/h。判断焚烧效果的指标包括：固相为炉渣热灼减率，气相为 CO 排放浓度。

每种回转窑转动模式维持 8h，以确保达到各工况最佳焚烧效果，因此本部分测试时间共计 24h，具体时间分配：反转为 8:00—16:00；摇摆为 16:00—24:00；正转为 0:00—8:00。测试时间内，窑头温度、窑尾温度、二燃室出口温度、二燃室出口氧含量数据如图 11-10 所示；窑头负压、CO 排放浓度数据如图 11-11 和表 11-6 所示。

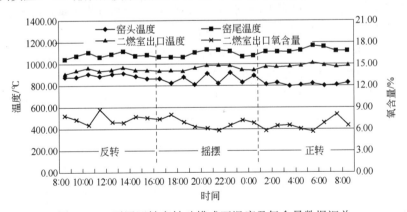

图 11-10　不同回转窑转动模式下温度及氧含量数据汇总

医疗废物连续进料装置安装在窑头的左侧（从窑尾向窑头看）。因此，反转模式下，进到回转窑内的医疗废物随着回转窑的转动，被带到窑头右侧不断翻滚、搅拌、烘干、燃烧；在正转模式下，进到回转窑内的医疗废物堆积在进料口位置，造成一定程度的积料，对医疗废物的翻动、烘干、燃烧有一定影响，因此窑头温度相对较低；在摇摆模式下，交替出现上述两种情形，故窑头温度的波动范围相对较大。

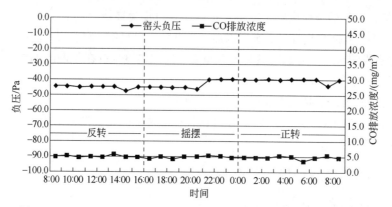

图 11-11　不同回转窑转动模式下窑头负压及 CO 排放浓度数据汇总

表 11-6　不同回转窑转动模式下焚烧效果判断指标汇总

转动模式	反转	摇摆	正转
CO 排放浓度平均值/(mg/m³)	4.9	4.84	4.7
炉渣热灼减率 1/%	2.85	3.85	4.85
炉渣热灼减率 2/%	3.04	2.67	5.39
炉渣热灼减率 3/%	1.98	3.26	3.89
炉渣热灼减率平均值/%	2.6	3.3	4.7

① 窑头温度：摇摆模式下窑头温度的波动范围明显大于反转、正转模式；单向转模式下窑头温度的波动范围相对较小，而且反转时窑头温度明显高于正转模式。

② 窑尾温度、二燃室温度：三种模式下，变化趋势区别不大。

③ CO 排放浓度：三种模式下，变化趋势区别不大。表明气相污染物已充分燃烧分解。

④ 二燃室出口氧含量：基本稳定，三种模式下，变化趋势区别不大。

⑤ 炉渣热灼减率：三种模式下均能实现达标。反转模式与摇摆模式的数据接近，且能稳定达标，正转模式下偶尔会出现超标现象。

物料在窑内停留时间与窑的长径比成正比，与窑水平倾斜角度、转速成反比，其经验计算式如下：

$$T_r = \frac{AL/D}{Sn} \qquad (11-1)$$

式中　T_r——物料在窑内的停留时间，min；

　　　L/D——窑的长径比；

　　　S——窑的倾斜率，m/m；

　　　n——窑的转速，r/min；

　　　A——经验常数，此处为物料在窑内的充填系数（物料在窑内占有容积比），有害废物的经验常数推荐值为 0.19。

物料在窑内运转时，随着窑的旋转，在物料与耐火砖之间的摩擦阻力作用下，物料将被带起到一定高度后又在其本身重力作用下滑下或落下，因窑有一定的倾斜角度，每次滑下或落下都前进一段距离，从上述计算式可以看出，相同的物料（即物料与耐火砖之间的摩擦阻力相同）在相同的窑转速下，正转和反转模式下物料前进的速度是一样的，不同的是摇摆运转时在正转和反转之间有一个停窑时间和一个停窑、启窑的滞后时间，因此，在相同的条件下，摇摆运转比非摇摆运转情况下物料在窑内的停留时间要长。

　　不同转动模式对窑头温度的影响，导致医疗废物在燃烧段停留时间有所差异，从而导致固相焚烧效果（即炉渣热灼减率）的差异。反转、摇摆、正转三种模式下，虽然都能实现炉渣热灼减率、CO 排放浓度的达标，但窑头温度会受到不同的影响，从而导致炉渣热灼减率有一定差异，而且这种差异随着负荷的提高可能会更加明显。相比较而言，连续反转是最有利于保证焚烧效果的转动模式，摇摆模式次之，正转模式超标风险最大。

11.10　二噁英控制技术

　　二噁英是一种剧毒致癌物质。废物在焚烧过程中，如果产生未燃尽的物质，且有适量的催化剂（铜等重金属）和 300～500℃ 的温度环境就会产生二噁英，世界各国专业人士和民众对二噁英的排放均十分关注。减少废物处理厂烟气中二噁英浓度的主要方法是控制其生成。

11.10.1　抑制剂对二噁英的控制

　　当添加抑制剂硫化钠时，相对于不添加硫化钠，袋式除尘器入口处二噁英毒性当量浓度（标准状况，下同）由 $23.24ng/m^3$ 降为 $15.09ng/m^3$，当同时添加硫化钠和尿素时，袋式除尘器入口处二噁英毒性当量浓度进一步降为 $11.36ng/m^3$，说明硫化钠和尿素对二噁英的形成有很好的抑制作用。但当添加硫化钠时，反应塔入口处 SO_2 的浓度为 $1000\sim$$1500mg/m^3$，$SO_2$ 也属于须控制污染物，故完全通过添加硫化钠来抑制二噁英的生成并非最佳方式。可采取调节医疗废物和待焚烧废弃物的配比，使其达到一定含硫量，从而抑制二噁英的生成（图 11-12）。

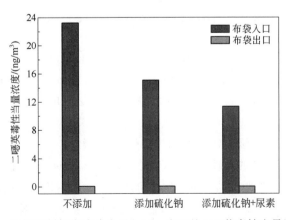

图 11-12　添加抑制剂袋式除尘器入口、出口处二噁英毒性当量浓度变化

11.10.2　活性炭投加方式对二噁英的净化效果比较

燃烧工况条件：医疗废物焚烧量 2400kg/h，回转窑窑头温度为 870℃，窑尾温度为 1050℃，二燃室出口温度为 1050℃，急冷塔、袋式除尘器入口和出口处温度均分别为 185℃ 和 170℃。活性炭投加情况分别为：投加专用活性炭 $0.1g/m^3$，投加国产普通活性炭 $0.1g/m^3$ 和投加国产普通活性炭 $1.0g/m^3$。净化效果如图 11-13 所示。

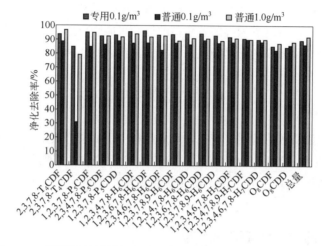

图 11-13　不同活性炭投加方式下的二噁英各组分净化去除率比较

如图 11-13 所示，活性炭对烟气中 17 种二噁英组分都有较好的去除效果，特别对 1,2,3,7,8-P_5CDF、2,3,4,7,8-P_5CDF、1,2,3,4,7,8-H_6CDF、1,2,3,6,7,8-H_6CDF、2,3,4,6,7,8-H_6CDF、1,2,3,7,8,9-H_6CDF、1,2,3,4,7,8-H_6CDD、1,2,3,6,7,8-H_6CDD、1,2,3,4,6,7,8-H_7CDF 这几种组分的去除效果比较明显。与不投加活性炭相比，投加专用活性炭 $0.1g/m^3$，投加普通活性炭 $0.1g/m^3$ 和投加普通活性炭 $1.0g/m^3$ 这三种情况下，对二噁英的净化去除率分别为 90.8%、86.6%和92.1%。相同投加剂量条件下，专用活性炭对二噁英的去除效果明显好于普通活性炭，排放量可减少 30%以上。

11.10.3　不同专用活性炭投加剂量下的净化效果比较

医疗废物焚烧量 2400～2500kg/h，回转窑窑头温度为 870～890℃，窑尾温度为 1020～1050℃，二燃室出口温度为 1050℃，急冷塔、袋式过滤器入口和出口处温度均分别为 185℃ 和 170～176℃。不同专用活性炭投加剂量下的二噁英各组分净化效果如图 11-14 所示。

如图 11-14，由于医疗废物焚烧烟气中二噁英浓度较高，$100mg/m^3$ 投加剂量条件下，180℃烟气温度时对二噁英的总体净化去除率约为 90.8%，对 O_8CDF、O_8CDD 的净化去除率平均仅为 88%左右，说明此条件下活性炭可能已接近吸附饱和。由于医疗废物焚烧炉的烟气量与大型生活垃圾焚烧炉相比很小，因此将投加剂量一次性增加到 $800mg/m^3$，此时总体净化去除率升高到 96%。

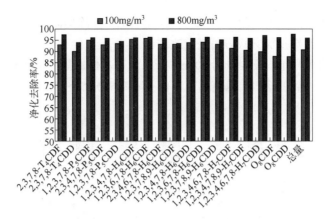

图 11-14　不同专用活性炭投加剂量下的二噁英各组分净化去除率比较

11.10.4　不同气相接触时间的影响

由于烟气中二噁英的浓度在 ng/m³ 的水平，气相向固相的传质推动力较小，因而传质速率相对较小，为提高传质总量，合理增加注射进入烟道中的活性炭与烟气的接触时间就成为提高吸附率的主要影响因素。初始的活性炭注入口位于袋式除尘器入口，活性炭在到达布袋表面前的烟道中的停留时间平均小于 2s，总体净化去除率不是很高。后将注射位置由袋式除尘器入口向上游前移至干式流化床，该工况下活性炭在到达布袋表面前的烟道中的停留时间平均达到 8s 以上。两种条件下，注射量和焚烧条件基本相近时净化效率对比情况如图 11-15 所示，其他条件基本相近的条件下，净化去除率由 96% 提高到 97.7%，可减少排放量 40% 以上。

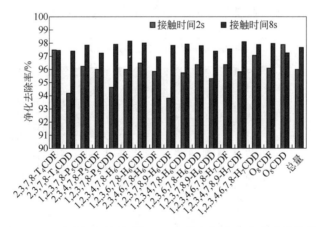

图 11-15　不同气相接触时间下二噁英各组分净化去除率比较

11.10.5　投加活性炭喷射方式的调整

投加活性炭是控制烟气中二噁英和重金属含量的重要手段，但由于活性炭吸附过程是在较高的烟气温度和湿度条件下进行的，且二噁英在烟气中的浓度处于几到几十 ng/m³ 的范围，从热力学的角度出发，其平衡吸附容量比较有限。同时喷射入系统内的活性炭与烟

气的接触时间有限，因此为实现 99%以上的净化去除率，除提高活性炭投加量和接触时间外，还需从改变活性炭投加方式方面进行改进。

常规持续投炭条件下，投炭量为 800mg/m³，消石灰投加量约 1000mg/m³，注射投加位置在反应器前时，得到的烟气二噁英总体净化去除率情况如图 11-16 所示。

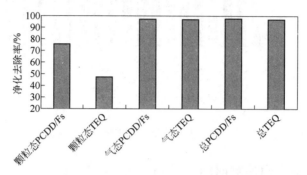

图 11-16　常规持续投炭条件下的二噁英总体净化去除率

如图 11-16，活性炭对烟气中气态的二噁英具有较好的去除效果，气态 PCDD/Fs 的净化去除率 97.1%，气态 TEQ 净化去除率为 96.4%。而对于颗粒态二噁英，净化去除率则较低，颗粒态 PCDD/Fs 为 75.5%，颗粒态 TEQ 为 48%。

图 11-17 为常规持续投炭条件下吸附过程中二噁英各组分的分净化去除率，气相中 PCDDs 的平均净化去除率为 96.1%，而 PCDFs 的平均净化去除率为 96.23%。颗粒态二噁英中，分子量较大的 PCDD/Fs 净化去除率较高，分子量较小的 PCDD/Fs 净化去除率则较低，烟气中部分小分子 PCDD/Fs 处于纳米级的气溶胶状态，布袋除尘过程对这类污染物的净化效率不高。从二噁英物质在焚烧烟气中的分配比例来看，气态二噁英占总二噁英总量的比例在 98%以上。控制气态二噁英浓度仍是二噁英排放控制的重点。

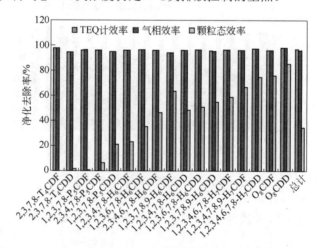

图 11-17　常规持续投炭条件下的二噁英各组分的分净化去除率

完成 3 次持续投炭和 4 次脉冲投炭二噁英性能测试，在 800mg/m³ 投炭量条件下，二噁英 TEQ 净化去除率平均在 97.5%左右，如图 11-18 所示。当焚烧烟气中二噁英 TEQ 发生浓度超过 5ng/m³ 时，无法确保排气二噁英 TEQ 浓度小于 0.1ng/m³。

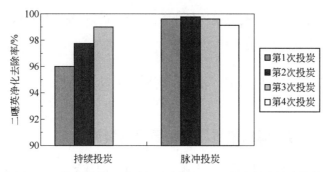

图 11-18　持续投炭和脉冲投炭条件下二噁英净化去除率比较

考虑到持续投炭吸附过程中，二噁英与活性炭在气相中基本保持相同的流速进行接触，由于气固间相对运动较少，活性炭表面的气膜较厚，此情景下传质过程主要依靠分子扩散进行，因此气相中污染物的吸附速率较低，活性炭的利用率也较低。吸附了污染物的活性炭聚集于布袋表面，有因局部存在温度过热点、气固平衡而进一步释放回烟气的可能。

11.10.6　二噁英控制原则

目前的废物焚烧系统，在已充分实现二噁英的高温分解和急冷防止二噁英的再次形成的条件下，活性炭吸附对二噁英的去除性能和除尘效果就成为二噁英能否达标排放的关键。废物焚烧过程中二噁英的控制主要应遵循以下原则。

（1）良好的焚烧设计和运转系统，从源头减少二噁英排放浓度

3T 技术（也称"3T"控制法，3T 即温度、停留时间、湍流度）的要点包括：①控制二燃室烟气温度；②烟气在二燃室内停留时间≥2s；③合理布置炉膛结构和供风位置，使焚烧炉内供氧充足，加强炉内烟气的扰动，以增强气流的湍流度。

（2）优选烟气净化工艺，避免二噁英的二次合成，提高二噁英的去除效率

急冷工艺：焚烧炉出口烟气进入急冷塔，温度骤降，可以缩短烟气在处理和排放过程中处于 300～500℃温度区间的时间，避开二噁英产生的温度区间。

控温技术：采用控温技术，在实现精确降温控制的同时能有效控制喷雾颗粒大小，避免出现湿底、湿壁等现象。根据烟气温度的变化，自动调节喷嘴的出水量，保证急冷塔出口温度维持在设定范围内。

二噁英吸附装置：在进入袋式除尘器前的烟道上设置活性炭喷入装置，利用活性炭进一步吸附二噁英。

（3）采用先进的控制系统，确保二噁英控制措施的有效实现

采用先进、完善和可靠的控制系统，使焚烧和净化工艺流程得以良好执行。应用 PLC 控制系统，在工况变化和医疗废物种类变化时，不需重新调整控制参数也能维持稳定的闭路循环控制；可确保系统在运行过程中的自动控制和手动控制；实现现场监控和异地监控，实现对整个焚烧系统各物理参数的监视、报警、记录、图表绘制、查询、打印、网络连接等功能，提高系统控制的可靠性。此外，该控制系统具有对多变量、多过程、多目标值的控制算法，保证对不同医疗废物在不同燃烧过程中的优化控制，从而保证医疗废物的充分

燃烧和烟气排放达标。对于焚烧系统的优化控制还可降低系统的原材料和动力消耗，使运行成本大幅降低。

11.11　高温熔渣控渣技术

11.11.1　回转窑玻璃结渣过程及主要控制措施

回转窑处理的医疗垃圾玻璃主要来源于医疗机构的载玻片、输液瓶、药瓶、注射管等玻璃制品。医疗废物玻璃制品含量一般为 10%～15%，有的城市甚至高达 30%，且玻璃的成分组分基本都为钠钙硅型玻璃，在 700℃以上开始软化，1000℃即达到成型始点温度。因此在回转窑的高温焚烧过程中，特别是 700～1000℃的温度区间，玻璃极易结成大块熔渣，通常在连续运行一段时间后会发生结渣现象，造成窑尾至二燃室底部的有效内径不断缩小从而堵塞出渣口，最终导致出渣不顺畅、处理量减弱，必须完全停炉人工清渣。因此玻璃结渣影响了焚烧厂的正常生产，有效解决玻璃结渣问题，将是确保正常运营的关键。目前采取的回转窑玻璃结渣控制措施主要有以下三种。

① 从源头分类入手，通过源头分拣减少医疗废物中的玻璃含量。现在，国内部分中小城市采取在医院里分类收集的方式减少进入回转窑焚烧炉的玻璃含量。鉴于国内现状，彻底分类收集尚无法实现，难以在各大中型城市得到有效推广，因此不可避免出现结渣现象。

② 优化焚烧工艺。许多焚烧厂用热解气化焚烧炉或高温熔融炉替代传统的高温焚烧炉解决玻璃结渣问题。热解气化炉在一定程度上能改善玻璃结渣问题，但由于热解气化炉焚烧炉温低，存在的问题是灰渣残留量高，灰渣焚烧不彻底，炉渣产量大且炉渣热灼减率可能会超标，因此并不是最佳的玻璃熔渣焚烧炉型。

③ 优选抗结渣、防挂壁的耐火材料。国内也有选择防挂壁耐火砖材料的，但由于成本、费用等多方面原因，优选的耐火材料基本以提高 Al_2O_3 的含量为主导，例如 Al_2O_3 的含量由 65%提高到 75%，以优选高铝砖为主，尽管耐酸性增强了，但抗玻璃结渣的效果并不明显。

综上，目前采取的结渣控制措施效果并不明显，需要开发新技术对结渣进行控制。

11.11.2　回转窑内部高温熔渣控制关键技术

（1）温度条件对熔渣的影响

医疗废物中存在大量钠钙硅玻璃，其各组分含量及特性如表 11-7 和表 11-8 所示。玻璃在燃烧时，其灰分熔融特性温度（灰熔点）用变形温度、软化温度（又称软化点）和熔化温度表示，其中软化温度是判断是否结渣的标准，灰熔点越低，越容易结渣。退火点是指均匀的玻璃纤维（直径 0.65mm）在一定重力作用下，炉内以 4℃/min 的速度降温，玻璃纤维伸长速度达到 0.14mm/min 时的温度。应变点是指退火点外推，玻璃纤维伸长速度为退火点伸长速度的 0.0316 倍的温度。

表 11-7 医疗废物中玻璃各组分含量及特性

氧化物名称	SiO$_2$	Na$_2$O	CaO	Al$_2$O$_3$	Fe$_2$O$_3$	MgO	K$_2$O	PbO
含量/%	73	15	10	1	0.05	微量	微量	微量
单一氧化物熔点/℃	1716	800～1000	2521	2043	1566	2799	800～1000	888

表 11-8 钠钙硅玻璃的温度特性

项目	应变点	退火点	软化点	成型始点
温度/℃	470	510	696	1000

要保证炉内不结渣，需要将窑尾出口温度控制在玻璃成型温度以上，窑内平均温度高于 1250℃才能基本不产生结渣现象。窑内温度低于 1200℃，都有一定程度的结渣现象，窑内温度在 800～1200℃之间都会产生结渣，温度越低，窑尾结渣越厚，结渣现象越严重。由此可知，窑尾温度对结渣影响很大。因此采用高温成像仪对窑炉温度进行实时监控。高温成像仪是一个窑炉监测系统，远程监视器可以显示 1800℃的窑炉内部的物料运行状况，可显示指定区域的平均环境温度，进行数据记录，实现控制功能。该系统包括四个组成部分：摄像头，进退装置，控制系统和温度测量系统。温度测量系统是用户可选的、需要热图像监控的温度测量系统。

（2）转速、转动模式、摇摆角度对熔渣的影响

回转窑转速基本控制在 75～85r/min，且窑为正反转，此种工况条件下窑内结渣现象不明显；转速过快，熔渣效果不明显；转速过慢，容易来不及进行熔渣处理，会导致结渣更为严重。回转窑采取单一正转或反转模式时，容易形成结渣，并且随着时间的推移，渣会越来越厚。如果改为正反转操作，结渣情况会大为改善。

回转窑配置变频电机，通过控制变频电机的转速使回转窑能够通过正、反转达到一定的摇摆角度，既能使废物在摇摆作用下被均匀分散以达到完全燃烧，又能定期将窑尾处的熔渣清除，降低焚烧残渣的热灼减率，确保炉内稳定的燃烧工况（图 11-19）。

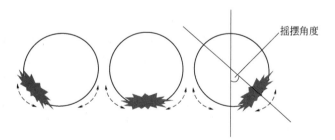

图 11-19 回转窑摇摆角度对熔渣的影响示意图

11.11.3 防结渣关键技术

针对医疗废物焚烧过程中的玻璃结渣问题，采取在窑内易结渣处使用防结渣专用耐火材料（特种刚玉砖）的措施，并结合摇摆防渣及高温熔渣控制技术，取得较好的防结渣效果。防结渣的关键技术在于：

（1）回转窑采用熔渣专用摇摆技术

回转窑配置可正反转的变频电机，通过回转窑的正转、反转达到摇摆功能，炉内医疗废物经由回转窑炉床翻动燃烧较为均匀，废弃物焚烧停留时间延长，使回转窑轴向窑尾剖面形成较大的温度差，高温区使熔渣流动性加强，尤其是极易黏附在耐火材料上的玻璃熔渣，在正反转的摇摆过程中，最终排出出渣口。同时控制回转窑的摇摆角度，既能使废物在摇摆作用下均匀分散达到完全燃烧，又能定期将窑尾处的熔渣清除，降低焚烧残渣的热灼减率，确保炉内稳定的燃烧工况和二噁英的达标排放。

（2）抗渣性耐火材料

在最易发生玻璃结渣的回转窑内部砌以耐腐蚀、耐高温、耐压强度高、抗热震性好、高耐磨、高抗渣、抗剥落性优良和使用寿命长的特种刚玉材料。特种刚玉砖的主要成分是Al_2O_3和合金成分，抗化学侵蚀性非常好，耐磨，耐高温达1400℃，使用寿命长达8000～12000 h，是优良的抗渣性耐火材料。

（3）高温稳定焚烧熔渣技术

根据钠钙硅玻璃结渣的温度特性，温度达到1000℃以上玻璃熔渣就开始熔化。根据窑尾已经结焦的玻璃熔渣结渣情况，提高窑尾温度至玻璃熔渣熔点以上（一般高达1300℃左右），采用高温熔化，依靠回转窑摇摆技术，将窑尾各处的大块熔渣熔化至流态，使其连续流入底部出渣口，达到清除熔渣的目的。

通过以上高温熔渣除渣技术，既能解决熔渣堵塞出渣口的问题，又能保证焚烧系统连续、可靠的运行工况。

11.12　医疗废物焚烧余热发电利用

利用医疗废物焚烧系统产生的烟气温度（二燃室出口处烟气温度）设计余热发电系统，实施"并网不上网"，设余热锅炉一台以产生蒸汽，产生的蒸汽用于驱动汽轮机、发电机发电，既降低尾气温度，提高重金属在灰尘颗粒上的凝结效率，又实现焚烧热能的充分利用。余热锅炉设计压力为2.45MPa、温度为350℃的过热蒸汽，蒸汽量约为17.5t/h。

根据图11-20可以看出，设定进入汽轮机的蒸汽温度稳定在330℃左右，进入汽轮机的蒸汽流量稳定在5t/h，考虑到汽轮机的运行状况，当进入汽轮机的蒸汽压力在1.6～1.9MPa之间变化时，汽轮机发电量基本稳定在850kW·h左右。这是由于在一定温度下（330℃），当蒸汽压力从1.6MPa变化到1.9MPa时，蒸汽焓值仅从3100kJ/kg下降到3094kJ/kg，而汽轮机排汽温度和压力基本不变。所以汽轮机的发电量基本不变，汽轮机的热效率基本不变。

根据医疗废物实际焚烧状况、汽轮机自身调试要求和全厂用电负荷控制情况，调节进入汽轮机的蒸汽温度和流量，在汽轮机全凝工况下运行时，设定工况边界条件为进入汽轮机的蒸汽压力为1.9MPa，蒸汽流

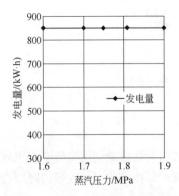

图11-20　蒸汽压力对发电量的影响

量稳定在 5t/h。

根据图 11-21，蒸汽压力稳定在 1.9MPa，进入汽轮机的蒸汽流量稳定在 5t/h，考虑到对汽轮机末级叶片干度的要求，汽轮机进汽温度不能下浮太多，当蒸汽温度在 310～340℃之间变化时，汽轮机发电量在 840～865kW·h 之间波动。这主要是由于在一定压力下（1.9MPa），当蒸汽温度从 310℃变化到 340℃时，蒸汽的焓值从 3048kJ/kg 增加到 3116kJ/kg，而汽轮机排汽温度和压力基本不变。所以汽轮机的发电量变化很小，而汽轮机的热效率基本不变。

设定工况边界条件为：①进入汽轮机的蒸汽压力稳定在 1.9MPa；②进入汽轮机的蒸汽温度稳定在 340℃。从图 11-22 可以看出：当汽轮机稳定在一定的压力和温度时，蒸汽流量越大，发电量越大，且汽轮机的发电量和蒸汽流量成显著的线性关系，通过线性关系公式计算，机组在全凝工况下的汽耗率在 5.83kg/(kW·h)，蒸汽流量变化范围不是很大时，汽轮机热效率基本不变。

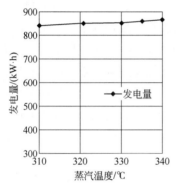

图 11-21 蒸汽温度对发电量的影响

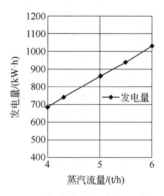

图 11-22 蒸汽流量对发电量的影响

通过变频调节医疗废物进料系统，确保医疗废物恒流量连续进料，从源头上可以控制医疗废物燃烧温度特别是窑头温度的波动，从而保证回转窑内燃烧区温度分布均匀，缩小窑头和窑尾温差波动范围，更有利于保证燃烧混合效果，提高燃烧效率，更好地实现医疗废物的高温稳定焚烧。窑头温度是对焚烧效果（尤其是炉渣热灼减率）影响最为显著的因素，其次是回转窑转速（即停留时间）。医疗废物焚烧温度基本要保证在 1000℃以上才能保证窑尾不结渣，在 750～900℃燃烧温度区间，温度越低，结渣效果越明显。回转窑单一正转或反转都会产生结渣现象，采用正反转的摇摆出渣技术并结合高温熔渣技术，可大大降低结渣频率，提高设备运转率。同时还能对已经结渣的部位，通过调整摇摆角度达到清除熔渣的效果。

习题与思考题

1. 描述医疗废物的来源和分类。
2. 设计医疗废物焚烧处理工艺流程图。
3. 简述如何解决回转窑处理医疗垃圾过程中玻璃结渣的问题。
4. 二噁英的生成温度区间是多少？在实际医疗废物焚烧系统中，常用的控制技术有哪些？
5. 简述医疗废物焚烧系统与生活垃圾焚烧系统的区别。

第12章 污染工业建筑废物处理与利用

目前我国对建筑垃圾没有明确的定义，简而言之，建筑垃圾就是建设施工过程中产生的垃圾。按照来源，建筑垃圾可分为土地开挖垃圾、道路开挖垃圾、旧建筑物拆除垃圾、建筑工地垃圾和建材生产垃圾五类，主要由渣土、砂石块、废砂浆、砖瓦碎块、混凝土块、沥青块、废塑料、废金属料、废竹木等组成。与其他城市垃圾相比，建筑垃圾具有量大、一般无毒无害和可资源化率高的特点。绝大多数建筑垃圾是可以作为再生资源重新利用的，如：废金属料可重新回炉加工制成各种规格的钢材；废竹木、木屑等可用于制造各种人造板材；碎砖、混凝土块等废料经破碎后可代替砂直接在施工现场利用，如用于砌筑砂浆、抹灰砂浆、浇捣混凝土等，也可用以制作砌块等建材产品。在建筑垃圾综合利用方面，近年来国内外有很多突破性的成果，孔内深层强夯桩技术就是一种综合利用碎砖瓦和混凝土块的途径。除了无毒无害的一般建筑废物外，还存在着大量属于危险废物的工业企业建筑废物，其无害化处置和资源化利用长期被忽视。这些污染建筑废物产生的主要原因包括化工、冶金、轻工、加工等典型工业企业的拆迁改建，地震，火灾爆炸等，主要可被分为重金属建筑废物、难降解有毒有害有机污染建筑废物两大类。

12.1 工业建筑废物污染特征

12.1.1 建筑废物中汞的污染特征

五种不同来源建筑废物样品的情况见表 12-1，具体包含化工（10 个样点）、冶金（38 个样点）、轻工（6 个样点）、生活区（5 个样点）、再生品（4 个样点）。最终样品均冷冻干燥后粉碎至小于 0.15mm（100 目），并贮存于干燥器中。

表 12-1 不同来源建筑废物样品的采样地点与环境

类别	名称	采样地点	采样环境	样点数/个
化工	无锡某化工厂	无锡	车间墙体、涂层	6
	深圳某电镀厂	深圳	电镀车间	4
冶金	云南某冶锌厂	昆明	电解、清洗车间	2
	南京某废弃钢铁厂	南京	锅炉车间	11
	上海某废弃钢铁厂	上海	车间墙体	14
	上海某钢铁集团	上海	改造锅炉车间	11
轻工	云南某橡胶厂	昆明	工厂车间	3
	上海某轻工基地	上海	车间墙体	3

续表

类别	名称	采样地点	采样环境	样点数/个
生活区	某建筑废物堆放点	上海杨浦	砖块、墙体	3
	某大学食堂改建	上海杨浦	砖块、墙体	2
再生	某新型再生建材公司	上海浦东	混凝土、砂石	2
	地震建筑废物	都江堰	粗、细骨料	2

（1）不同来源建筑废物中汞的分布特征

五种不同来源（化工、冶金、轻工、生活区和再生）建筑废物中汞含量分布特征见图
12-1，样品编号中 CI 为化工，MI 为冶金，LI 为轻工，RS 为生活区，RC 为再生；水平Ⅰ、
Ⅱ、Ⅲ 分别代表土壤环境质量一级、二级、三级标准阈值，下同。汞含量整体变化较大，
最大值 1542.83μg/kg 是最小值 6.46μg/kg 的 238.8 倍；平均值为 164.97μg/kg，是土壤自然
背景限制值 150μg/kg 的 1.1 倍[因尚无关于建筑废物等固体废物的汞含量标准，故参照《土
壤环境质量标准》（GB 15618—1995）]。由于不同来源的建筑废物其利用方式不同，从而
导致这种分布不均的格局（图 12-1）。

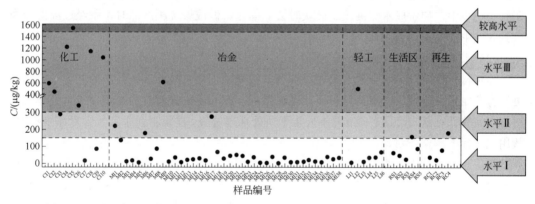

图 12-1　不同来源（化工、冶金、轻工、生活区和再生品）建筑废物中汞的分布特征

从图 12-1 可以看出，化工行业建筑废物汞平均含量是五种来源中最高的，其汞含量偏
高主要是人为化工活动造成的。唐蔚对我国典型汞污染行业——煤矿行业、石化行业、化
工行业和电子废弃物拆解回收行业汞含量进行了分析，结果表明化工行业是重要的汞污染
源。化工行业汞含量较高的样品分别是：无锡某化工厂吊车处墙体（1215.47μg/kg）、加工
车间墙体混凝土块（1542.83μg/kg）；深圳某电镀厂镀铜车间混凝土块(1141.69μg/kg)、镀镍
车间砖块（1028.43μg/kg）。冶金行业建筑废物汞含量平均值为 61.37μg/kg，样点平均值大
小顺序为云南某冶锌厂（180.84μg/kg）>南京某钢铁厂（93.69μg/kg）>上海某钢铁厂
（50.37μg/kg）>某耐火砖（21.34μg/kg），整体含量不高，除云南某冶锌厂以外，其他样点
汞含量均在土壤一级标准阈值（150μg/kg）以下。

冶金行业建筑废物汞含量最大值为 620.52μg/kg，为南京某钢铁厂烟囱内壁刮落物，其
烟囱外壁刮落物汞含量（178.04μg/kg）也远远高于其他取样点（<80μg/kg）。各钢铁厂汞污
染主要出现在烟囱中，可能与燃煤汞含量高有关。

化工行业和冶金行业汞含量高。分析原因，主要是化工行业如电镀厂，在生产工艺中会用到含汞原料，工人在操作过程中滴洒到地板或墙体上，从而造成建筑材料汞污染。冶金行业，如冶锌厂受污染原因主要分为两种：①管道老化，腐蚀性液体泄漏，损坏墙面和地面，产生吸附汞的建筑废物，其特征为建筑废物形成过程中即伴随汞的吸附和夹带；②存料车间、装料车间、产渣车间拆除检修等造成大量含汞废渣与一般建筑废物混合堆积，其特征为建筑废物产生前已含有难以清理的重金属固体废物。另外冶金行业中钢铁产业需燃烧大量煤炭，汞随着煤炭燃烧逸散到烟气中，建筑材料长期暴露在含汞环境中而被污染。

轻工行业建筑废物汞含量平均值为 112.16μg/kg，主要因为墙体橡胶保温夹层汞含量较高，为 506.44μg/kg，若将其作为异常值去除，则平均值为 33.29μg/kg。生活区（75.97μg/kg）和再生品(78.90μg/kg)建筑废物汞含量较低。生活区建筑废物主要取自上海杨浦区某建筑废物临时堆放点和某大学暑期食堂改建现场。大学食堂改建和居民生活区产生的建筑废物汞含量有一定差异，大学食堂改建废物平均汞含量（46.67μg/kg）相比某建筑废物临时堆放点(120μg/kg)要低。再生品主要是混凝土砂石、粗骨料、细骨料，采集再生品是为了解当前再生产品的环境安全性，即是否存在汞污染。一般再生砂石、骨料等汞含量变化不大，且在利用过程中，如做成水泥混凝土砖块时会被固化。做成煅烧类产品时，汞经过高温会逸散到大气中，其汞含量降低。

（2）汞污染单因子评价

建筑材料行业尚无重金属含量相关标准，故采用土壤二级标准阈值作为环境安全阈值进行参考比较。云南、上海等地虽所处地域不同，但利用的建筑材料类别一致，且建筑材料如水泥等往往购自全国各地，并不局限于所处地理位置，建筑材料汞背景含量差别不大，故用统一标准阈值作对比。

采用汞污染单因子指数评价法对五种不同来源的建筑废物污染程度进行分析，其计算公式为：$P = C/S$。公式中，P 为建筑废物汞污染指数；C 为各行业建筑废物汞实测平均浓度，μg/kg；S 为土壤汞评价标准二级标准阈值，μg/kg。二级标准是保障农业生产、维护人体健康的限制值，参照《土壤环境质量标准》（GB 15168—1995）中的二级标准，取 $S = 300$μg/kg。当 $P<1$ 时为非污染；$1 \leq P < 2$ 为轻度污染；$2 \leq P < 3$ 为中度污染；$P>3$ 时为重度污染。

参照《土壤环境质量标准》，一级标准为 150μg/kg，二级标准为 300μg/kg，三级标准为 1500μg/kg。单因子评价结果表明：化工行业建筑废物汞污染较其他行业严重，汞平均含量高达 669.27μg/kg，7 个样品超过土壤汞二级标准阈值，1 个样品超过土壤汞三级标准阈值，汞污染指数为 2.23，为中度污染，而其他 4 种来源建筑废物汞污染指数均<1。冶金行业和轻工行业各有 1 个样品超过土壤二级标准阈值，生活区和再生行业所有样品汞含量均低于土壤二级标准。

12.1.2 建筑废物中砷的污染特征

与重金属总含量相比，化学形态能够更确切地反映不同环境下重金属的迁移能力和环境风险，用其评估建筑废物重金属环境风险有重要意义。该法广泛应用于污水污泥、飞灰、土壤和沉积物重金属研究，本节研究将该法用于建筑废物砷污染风险评估。

选取五种不同来源的样品，包括化工、冶金、轻工、以及生活区和再生骨料，对砷总含量与土壤环境质量标准阈值进行了比较，并用元素相关性分析、化学形态分析和风险评估辅助说明其环境风险。

（1）不同来源建筑废物砷的分布特征

五种不同来源（化工、冶金、轻工、生活区和再生骨料）建筑废物各元素含量统计特征见表 12-2。砷含量整体变化较大，最大值 232.31mg/kg，最小值未检出，平均值 47.63mg/kg 是土壤自然背景限制值 40mg/kg 的 1.2 倍［因尚无建筑废物等固体废物砷含量标准，故参照《土壤环境质量标准》（GB 15168—1995）］。

表 12-2　不同来源（化工、冶金、轻工、生活区和再生骨料）建筑废物各元素含量

样品	元素含量/(mg/kg)				
	As	Fe	Mn	S	P
CI	41.69±51.35[①] (123%)[②]	16175.41±14409.05 (89%)	396.16±359.82 (91%)	29848.68±22153.88 (74%)	1600.65±2071.54 (129%)
MI	48.82±57.61 (118%)	28373.88±25039.43 (88%)	765.52±822.10 (107%)	11790.00±17311.21 (147%)	1622.00±4151.03 (256%)
LI	32.85±18.45 (56%)	22992.85±16145.96 (70%)	250.61±44.88 (18%)	3063.10±1311.24 (43%)	332.80±425.37 (128%)
RS	52.33±32.02 (61%)	12131.84±7032.18 (58%)	575.67±228.81 (40%)	4564.73±1261.67 (28%)	688.77±3516.75 (511%)
RC	64.12±11.13 (17%)	17348.36±1800.12 (10%)	463.42±22.62 (5%)	2693.15±632.79 (23%)	685.30±543.27 (79%)
平均值	47.63±50.33	24042.3±21712.17	626.19±684.72	11822.5±17204.46	1455.55±3522.77
最大值	232.31	105739.22	4765.23	60795.5	22399.90
最小值	ND[③]	666.97	32.23	109.5	ND
De/An[④]	53/62	62/62	59/62	62/62	61/62
TVHM[⑤]	15	—	—	—	—
TVHM[⑥]	25	—	—	—	—
TVHM[⑦]	40	—	—	—	—

① 结果表示为平均值±标准偏差。
② 变异系数。
③ 未检出。
④ 检出个数/样品个数。
⑤ 土壤环境质量一级标准阈值。
⑥ 土壤环境质量二级标准阈值。
⑦ 土壤环境质量三级标准阈值。

注：CI：化工；MI：冶金；LI：轻工；RS：生活区；RC：再生骨料；TVHM：土壤环境质量标准阈值（依据为 GB 15618—1995）。

由表 12-2 可以看出，五种不同来源建筑废物砷平均含量差别不大，除轻工外，化工、冶金、生活区和再生骨料砷平均含量均略高于土壤环境质量三级标准阈值，其中砷平均含量最高为再生骨料 (64.12mg/kg)，最低含量来自轻工(32.85mg/kg)，再生骨料砷平均含量是

轻工的 2 倍。生活区建筑废物砷含量为 52.33mg/kg，可能由于居民建筑内墙使用了含砷涂料。冶金和化工砷平均含量分别为 48.82mg/kg 和 41.69mg/kg。

　　化工行业砷含量最高的样品为深圳某电镀厂镀铜车间砖块（132.5mg/kg），其余样品含量均低于土壤环境质量三级标准阈值，可能是镀铜车间加工过程使用了含砷原料，工人操作过程中会使其溅射、滴落到车间地板或者墙体上。冶金行业建筑废物主要包括一个冶锌厂和三个钢铁厂，其平均含量为：云南某冶锌厂（193.7mg/kg）>南京某钢铁厂（71.93mg/kg）>某耐火砖（30.23mg/kg）>上海某钢铁厂（24.58mg/kg），云南冶锌厂和南京某钢铁厂平均含量远高于土壤环境质量三级标准阈值。冶金行业建筑废物砷含量最大值为 232.31mg/kg（冶锌厂清洗车间），紧接着为南京某钢铁厂一号锅炉车间烟囱外壁刮落物（217.83mg/kg）、烟囱墙体（201.93mg/kg）和烟囱外刮落物（116.41mg/kg），其含量也远高于土壤环境质量三级标准阈值；上海某钢铁厂砷含量较低，大部分样品砷含量均低于土壤环境质量三级标准阈值，仅成品车间外墙表层涂层（57.08mg/kg）和内墙表层涂层（52.20mg/kg）超标；某耐火砖砷含量也较低，仅烧焦耐火砖（67.93mg/kg）和某野外堆场湿砖（40.37mg/kg）高于土壤环境质量三级标准阈值。由图 12-2 可见冶锌厂清洗车间和电解车间砷污染严重（样品编号中 RC 为再生骨料，水平Ⅰ、Ⅱ、Ⅲ为一级、二级、三级标准阈值，其余如前文所述），各钢铁厂砷污染主要出现在烟囱墙体和烧焦的耐火砖，可能与使用含砷铁矿石或燃煤有关。

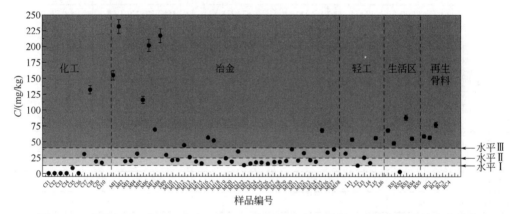

图 12-2　不同来源（化工、冶金、轻工、生活区和再生骨料）建筑废物砷的分布特征
水平Ⅰ—土壤环境质量一级标准阈值；水平Ⅱ—土壤环境质量二级标准阈值；水平Ⅲ—土壤环境质量三级标准阈值。

　　轻工类建筑废物砷含量最低，仅某轻工业基地墙体橡胶保温夹层和某橡胶厂砖块含量超标，分别为 53.78mg/kg 和 55.9mg/kg，其余含量很低，可能由于轻工业接触含砷物质较少。再生骨料和生活区建筑废物砷含量偏高，但波动不大，均在 90mg/kg 以下，可能原因为建筑原材料含砷或生活环境接触了含砷物质，其来源复杂多样，易受到砷污染。含砷废物作黏土替代材料添入砖坯烧制成砖，砷环境风险显著增加。由于含砷废物中砷主要以难溶砷酸盐（如砷酸铁）等存在，故难以浸出，环境风险较低；而砖坯经焙烧后，五价砷在砖窑高温弱还原性条件下被还原为三价砷，使难溶砷酸盐转化为溶解度较高的 As_2O_3 或亚砷酸盐，导致其呈现较高的环境风险。

（2）建筑废物砷污染单因子评价

采用单因子指数评价法对五种不同来源建筑废物砷污染程度进行分析,其计算公式为: $P=C/S$。公式中, P 为建筑废物砷污染指数; C 为不同来源建筑废物砷实测平均浓度,mg/kg; S 为土壤中砷评价标准二级标准阈值,mg/kg。二级标准是保障农业生产、维护人体健康的限制值,参照《土壤环境质量标准》（GB 15168—1995）中的二级标准,取 $S=25$mg/kg。当 $P<1$ 时为非污染; $1 \leqslant P<2$ 为轻度污染; $2 \leqslant P<3$ 为中度污染; $P>3$ 时为重度污染。建筑废物砷污染程度单因子评价结果见表 12-3。参照《土壤环境质量标准》（GB 15168—1995）,一级标准为 15mg/kg,二级标准为 25mg/kg,三级标准为 40mg/kg。

表 12-3 不同来源（化工、冶金、轻工、生活区和再生）建筑废物中砷统计特征

行业	样点数/个	最大值/(mg/kg)	最小值/(mg/kg)	平均值/(mg/kg)	标准偏差	污染指数
化工	10	132.50	ND①	41.69	51.35	1.67
冶金	38	232.31	13.17	48.82	57.61	1.95
轻工	6	55.90	12.40	32.85	18.45	1.31
生活区	5	88.13	2.08	52.33	32.02	2.09
再生骨料	3	76.93	56.80	64.12	11.33	2.56
全部	62	232.31	ND	47.63	50.33	1.91

① 未检出。

单因子评价结果表明:生活区和再生骨料砷污染较其他行业严重,生活区 80%的样品和全部再生骨料样品超过土壤砷三级标准阈值,污染指数分别为 2.09 和 2.56,为中度污染;而化工、冶金、轻工建筑废物砷污染指数均为 $1 \leqslant P<2$,为轻度污染。化工、冶金、轻工平均砷含量虽不高,但砷含量最大值出现在冶金行业冶锌厂,最小值未检出出现在化工行业,可见其含量分布极度不均。

12.1.3 建筑废物中多环芳烃、挥发性有机物污染特征

对某农药厂车间内外地面、墙体和部分设备管道表面刮取建筑废物,包括混凝土、砖、石块、灰浆、渣土、隔板、木板、保温层等各类材质。该农药厂于 2004 年左右即完全停产,运营期间以有机磷（甲拌磷 3911 等）和菊酯类农药为主要产品,这些产品现大部分已为明令禁止生产的药物,其毒性强、环境风险大。即使大部分废弃车间废物已经暴露于自然环境长达 10 多年,农药厂内部仍弥漫着强烈的农药气味,可见大气污染严重。因此,在建筑废物取样的基础上,还取了部分水样和大气样品,以进行辅助分析。

（1）建筑废物中多环芳烃的污染特征

有机物以石油、多环芳烃、农药及其中间体为主要特征污染物,多集中于颗粒、碎屑状建筑废物,其分布在农药厂区内部差异显著。农药污染以原药中间体最为常见,特征成品只可在特定取样点检出,而包装车间、成品仓库以大气污染为主。重污染点处于农药厂大型贮料罐内部,潜在的风险为罐体氧化开裂造成内部污染物泄漏导致的二次污染。管理和处置措施方面,应针对其生产工艺快速排查,确立高污染风险污染点,开展原位削减或源头分离。

多环芳烃，人为源主要来自工业工艺过程，包括有机物加工、废弃、燃烧或使用。许多化工厂以煤为生产原料，而含有多环芳烃的煤焦油及其下游产品，以及作为农药等化工生产重要原料的多环芳烃化合物，会造成工业企业建筑物及场地土壤的污染。迄今已发现有 200 多种多环芳烃污染物，其中有相当部分具有致癌性，如苯并[a]芘、苯并[a]蒽等。同时，农药车间运行过程中因散落、溅射或挥发而逸出的农药，也会作为污染物在工业企业建筑物及场地土壤中停留较长时间。

样品为某农药厂各处墙面、地面表层刮取粉末、车间地面混凝土、砖块、管道表面涂料等。所取样品均在现场进行避光、密闭塑封，带回实验室第一时间进行预处理及上机测定。

多环芳烃在农药厂建筑废物中的含量分布见表 12-4。由表可见，在 16 种优先控制的多环芳烃中，有 13 种可被检出，普遍含量不高，存在较为明显的峰值。其中多环芳烃和农药在建筑表面残留较少，更多集中在颗粒、碎屑状建筑废物表面；多环芳烃的分布在厂区内部差异显著，推断为点污染。农药污染以原药中间体最为常见，某些特征成品只在特定取样点检出。

表 12-4　农药厂建筑废物中多环芳烃含量分布　　单位：mg/kg

多环芳烃	样品 1	样品 2	样品 3	样品 4	样品 5	样品 6
萘	0.08	0.07	—	0.71	0.01	0
苊烯	0.04	0.13	0.02	—	0.03	0.14
苊	—	—	—	—	—	0.04
芴	0.08	0.18	0.13	—	0.05	0.53
菲	0.82	2.38	1.26	13.29	0.91	5.25
蒽	0.08	0.25	—	12.76	0.10	0.74
荧蒽	0.68	3.08	0.74	3.55	0.70	10.26
芘	—	1.91				7.57
苯并[a]蒽	0.36	0.863	0.36	0.34	0.43	3.72
䓛	3.25	1.67	0.32	0.14	0.41	5.43
苯并[j]荧蒽	1.34	1.43	1.20	—	1.17	2.35
苯并[e]芘	2.09	0.59	0.54	0.56	0.62	4.74
苯并[b]荧蒽	0.68	0.52	0.52	0.98	0.58	4.70

工业企业有机污染物可能广泛存在于厂区车间建筑废物。较为开敞、通风、日照条件良好的建筑废物表面，受有机污染物污染程度往往较轻，环境风险较低，包括大型开敞车间、仓库表面，或是车间外围墙面、地面；原料、工业溶剂、成品输送管道表面板材、涂层，以及管道附近地面有一定的污染，其环境风险受管道腐蚀程度、气候条件及具体工艺影响；封闭的车间、仓库内壁和地面是中度污染区域，具有一定的环境风险，这类区域往往同时存在气态、液态、固态三相污染物，污染系统复杂，污染行为包括吸附、渗透、扩散等多重作用；更为严重的污染段出现于废旧容器、罐体表面建筑包裹材料、周边地面墙面，项目组取样时发现，在废旧厂区内部，各种盛放工业试剂的贮罐往往随意丢弃，或堆

放杂乱，或已严重腐蚀，通过雨水等介质携带，地面已出现一道道污染白斑；最为严重的污染区域为贮存化学试剂的罐体内部，这一部分废物类型，目前我国尚没有明确的划分，厂区拆建、废弃后，管理部门或拆迁部门往往未将其与厂区建筑废物进行源头分离，而是混堆其中，潜在的风险为由于年久失修，罐体氧化开裂造成内部污染物泄漏导致的二次污染，可以说废旧罐体是重要的建筑废物污染源。因此，有机污染建筑废物的处置应针对其生产工艺，快速排查确立高污染风险污染点，进行原位削减。

（2）建筑废物中挥发性有机物存在特征

对农药厂建筑废物中挥发性有机物（不包含多环芳烃和农药）进行检测，结果如表 12-5 所示，由于检测项目过多，其结果仅列出超标部分。

表 12-5　挥发性有机物存在特征

分析指标	单位	检出限	建筑废物 1	建筑废物 2	建筑废物 3	建筑废物 4
总石油烃类						
$C_6 \sim C_9$	mg/kg	0.5	—	—	85.2	—
$C_{10} \sim C_{14}$		10	16	—	44	15
$C_{15} \sim C_{28}$		20	276	53	477	451
$C_{29} \sim C_{36}$		20	130	55	451	513
代用品						
甲苯-d8	mg/kg	—	97	98	98	96
4-溴氟苯		—	96	99	88	98
二氯一氟甲烷		—	116	113	111	118
对三联苯-d14		—	120	92	100	73
单环芳烃						
苯	mg/kg	0.05	—	—	0.39	—
甲苯		0.05	—	—	0.07	—
间二甲苯、对二甲苯		0.05	0.13			
邻二甲苯		0.05	0.08			
卤代脂肪烃						
1,1-二氯乙烷	mg/kg	0.05	—	—	0.34	—
1,2-二氯乙烷		0.05	—	0.13	64.2	0.08
1,1,2-三氯乙烷		0.05	—	—	0.39	—
卤代芳烃						
氯苯	mg/kg	0.05	—	—	3.06	—
2-氯甲苯		0.05	—	—	0.23	—

从表 12-5 可以看出，共检出 17 种挥发性有机污染物，但浓度普遍不高，其中总石油烃最高达 513mg/kg，而 1,2-二氯乙烷最高达 64.2mg/kg，为两种主要污染物。除去多环芳烃以及农药污染物，该农药厂建筑废物中挥发性有机污染物风险较低，可不进行专项处置。

12.2　建筑废物取样与预处理

12.2.1　拆毁前建筑废物取样技术

简要取样流程如图 12-3 所示。进行建筑废物样品采集工作前，应调查建筑车间的年限和生产工艺，并进行现场勘察，调查内容包括：建筑车间周围建筑物分布情况；建筑车间的所属单位、年限、管理方式；建筑车间生产工艺流程、特性、设备布置、数量；建筑车间环境污染、监测分析的历史资料。

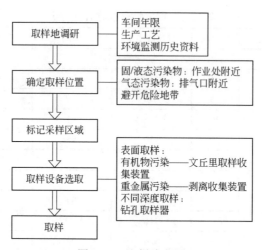

图 12-3　取样流程图

在取样背景勘察获得足够信息的基础上，应用统计技术合理地布设采样点，并标记。采样点位的布设应按照如下原则进行：①取样位置应优先选择作业设备和排放管道附近的地面和墙面。在通风条件良好的开放环境（大型车间），取样位置不宜位于距离作业区域 10m 以外。②取样位置应避开对测试人员操作有危险的地方。③取样位置应避开对厂房、车间建筑结构稳定性可能造成破坏的地方。④采样点的分布要尽量均匀，一般采用"对角线布点法"或"梅花形布点法"，一面墙体或地面布设 3～5 个点，采集的样品混合均匀。地面及墙表面的取样面应根据具体污染情况分布进行划分。若为点污染源，取样面应至少覆盖半径为 1.5m 的圆形区域；若为线污染源，取样面应至少覆盖以线污染源为中心、左右各 1.5m 的矩形范围。在选定的测定位置上开设采样孔，采样孔内径应不小于 1cm，采样孔深度不小于 3cm。⑤ 对于气态污染物，由于其混合比较均匀，取样位置可不受上述条件限制。若设有烟气排放管道，取样位置则优先选择管道焊口及末端附近地面和墙面。

取样前应分拣出木屑、玻璃、土块、塑料等杂质。对呈堆体状态的建筑垃圾（包括碎石、碎砖、粉末等），取样方法可参照《生活垃圾采样和分析方法》（CJ 313—2009）。对非堆体状态的建筑垃圾（扁平、细长状），应先将其敲碎至堆体后使用上述方法取样。

由于建筑废物取样的特殊性，工作人员应佩戴安全帽和口罩并开启除尘设备。

具体取样流程如下：

① 调查和研究建筑车间的内部结构，以及工作设备分布情况；

② 确定取样区域并进行划分；

③ 使用刮取设备沿着取样面边际线进行切割；

④ 使刮取和敲打切割后的部分较为均匀地掉落在承接设备上；

⑤ 收集承接设备上的样品并放置于收集容器中；

⑥ 对建筑亚表面进行取样，确定钻孔取样区域，使用钻孔取样器进行钻孔取样；

⑦ 所得的柱状样品按不同深度分类收集；

⑧ 每次取样，至少采取三个样品；

⑨ 记录采样人、采样地点、采样时间、天气，以及周围地质条件。

12.2.2　拆毁后建筑废物取样技术

拆毁后建筑废物采样，原则上可参照《工业固体废物采样制样技术规范》（HJ/T 20—1998）进行，对于特定行业及类型的工业企业建筑废物，可根据背景勘探及生产工艺、废弃现状进行修正。根据全国部分工业企业实地采样经验及污染物监测数据，在《工业固体废物采样制样技术规范》基础上，对拆毁后建筑废物取样技术进行了补充和完善。

方案设计参照《工业固体废物采样制样技术规范》进行。采样法：简单随机采样法、系统采样法、分层采样法和两段采样法均参照《工业固体废物采样制样技术规范》进行；权威采样法完全凭采样者经验而不考虑样品随机性，对于污染特征分布明显的建筑废物可适用。采样量和采样数：参照《工业固体废物采样制样技术规范》设计。

冶金、电镀企业拆毁建筑废物，其污染特征与建筑废物材质、环境关系较小，可将同一区域建筑废物集中收集后采用随机采样法或分层采样法进行取样。

农药、化工企业拆毁建筑废物，由于有机物的多样性，其衰减时间和亲水性差异巨大。如建筑废物混合堆置，取样时首先应在小范围内对建筑废物进行分类收集，建议将半径0.5～1m 范围内同种建筑废物集中收集，如砖块、混凝土、灰浆、木板、碎石等。在能够获得建筑废物污染源信息的情况下，将污染源分为持久性有机污染源、半挥发性有机污染源和挥发性有机污染源。

持久性有机污染源，其污染特征为亲水性较差，残留时间长，污染特征以不同工段建筑废物影响最大，而受地形、外部气候条件影响较小。建议按照原生产工艺段划分为不同取样区域，每一区域采用随机采样法进行取样。

半挥发性有机污染源，其污染特征为亲水性相对较差，残留时间差异范围大，污染特征同时受不同工段建筑废物、地形、外部气候等多种条件影响，取样方案往往较为复杂，代表性不如前者。建议将取样区域按照工艺段细分为原单一工艺段建筑废物、不同工艺段混置建筑废物以及其他建筑废物，按照地理环境分为堆置中心区、边缘区、远离水源区和近水源区。每一区域，按照取样深度进行分层取样，每一取样面采用随机采样法取样。

挥发性有机污染源，其污染特征受环境影响巨大，建议采用深层钻孔取样，收集不同深度圆柱体钻孔样品。对于后两种有机污染源，如条件允许，可以取气体和液体样品作为指导，辅助建筑废物取样工作。

在无法获得建筑废物污染源信息的情况下，取样方法参照《工业固体废物采样制样技术规范》。

12.2.3　建筑废物取样工具及设备

建筑废物常规取样设备和工具见表 12-6。

表 12-6　常规取样设备和工具

设备和工具	说　明
取样区域划分工具	标记取样范围，便于刮取
刮取设备	切割、刮取取样面，包括刮刀、盘刀、凿子等
钻孔取样器	建筑亚表面钻取一定深度的圆孔样品，包括打孔取样器、钻孔取芯器等
刮落物承接设备	承接取样过程掉落的样品
除尘系统	收集和去除作业过程产生的飘尘和颗粒物
其他工具	锤子、电钻、剪刀、架子等
辅助设备	照明设备、供电设备、安全帽、口罩、取样平台、皮尺等

12.2.4　建筑废物浸出方法

建筑材料浸出液具有强碱性，有关浸出方法的选用常引起争议。以下对几种浸出方法进行比选。

固体废物毒性浸出实验（Toxicity Characteristic Leaching Procedure，TCLP）浸出程序中，将 20g 样品加入 400mL 冰醋酸提取液（pH=2.88）中，液固比为 20∶1，一并置于零顶空提取器（Zero Headspace Extractor，ZHE）中并保持密封。在 23℃±2℃下振荡 18h±2h 后，立即转入顶空瓶内 4℃下保存。合成沉淀浸出实验（Synthetic Precipitation Leaching Procedure，SPLP）浸出程序中，将 20g 样品加入 400mL 溶剂水中，液固比为 20∶1，一并置于零顶空提取器中并保持密封，23℃±2℃下振荡 18h±2h 后，立即转入顶空瓶内 4℃下保存。

美国环保署（USEPA）方法 1320，即多级提取程序（Multiple Extraction Procedure，MEP）被用于在实验室模拟固体废物填埋场在多次酸雨影响中的淋出作用，其核心是一套多级的淋滤浸出程序，通常需要重复 9 次以获得最大淋出率。具体操作为：第一级采用 TCLP 浸出程序，其余浸出采用 SPLP 步骤进行。

不同浸出体系和方法对甲拌磷、甲拌磷砜、对硫磷、磷酸三乙酯、磷酸二乙酯浸出结果见图 12-4。可以看出，浸出量随不同污染物变化较大。总体上，对有机物浸出效果，冰醋酸-氢氧化钠体系≥水体系≥冰醋酸＞硫酸-硝酸体系，浸出量提高约 10%～25%。中间体浸出较为稳定，基本不随浸提剂变化。

而针对挥发性有机物，其特征浸出装置零顶空提取器（ZHE）并未体现出对 VOCs 的适用特性，对于沸点约 200℃的有机磷农药（OPPs），聚四氟乙烯（PTFE）提取瓶浸出量反而稍高。不同污染物浸出量差别显著。对于甲拌磷污染物，砂土-砖块混合体系的甲拌磷浸出量较高。干燥砖块体系，即使污染物全量浓度很高，浸出量也仅为其他体系的 10%，灰浆块和石块体系浸出量相似，均大于同全量浓度砖块体系。

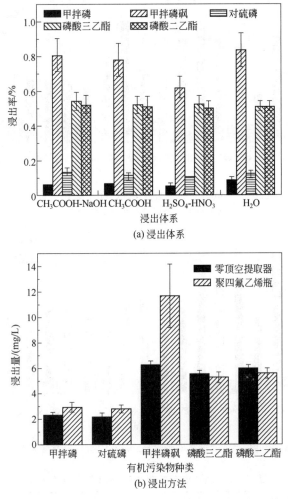

图 12-4　不同浸出体系和方法有机污染建筑废物浸出情况

农药厂有机污染建筑废物，尽管其重金属含量可达 50～1000mg/kg，但是通过以上浸出方法均未浸出，其浸出率相对较低。

对农药厂污染建筑废物有机物全量浓度和浸出浓度（TCLP 方法）进行对比，可以初步得出有机污染物浸出毒性和全量浓度的关系。由于浸出浓度较低，仅为全量浓度的 0.1% 左右，因此对两者进行 lg 变换，以缩小数量级差距造成的不便，如图 12-5 和图 12-6 所示。样品编号中 WS 为墙体，BK 为砖，DS 为地面建筑废物，WD 为木板，GT 为石块。

由图可看出，全量浓度和浸出浓度之间规律性并不明显，总体来看，以石块、渣土为主的地面建筑废物（DS）浸出浓度较高，而墙体（WS）、砖（BK）等建筑废物浸出浓度较低。因此，在雨水作用下，散落于地面的建筑废物中污染物迁移量更大，是需要重点关注的污染风险源。

向浸出液中加入泡沫混凝土建筑废物粉末，于摇床内加热振荡吸附 120min 后，有机物得到有效去除，前后浓度对比列于表 12-7。

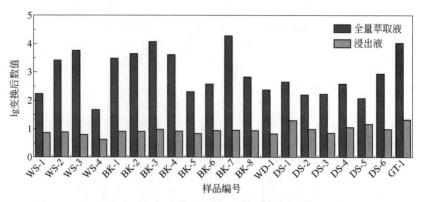

图 12-5　浸出液（mg/L）与全量萃取液（mg/kg）中有机物含量对比
（以中间体二硫代磷酸二乙酯为例）

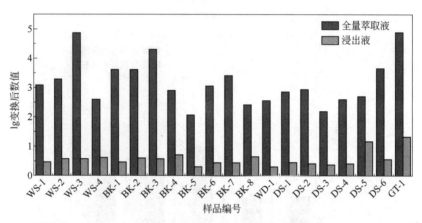

图 12-6　浸出液（mg/L）与全量萃取液（mg/kg）中有机物含量对比（以甲拌磷为例）

表 12-7　加热振荡吸附去除浸出液中有机污染物　　　　　　　单位：mg/L

建筑废物	二硫代磷酸二乙酯	三乙基硫代磷酸酯	甲拌磷	甲拌磷砜	对硫磷
WS-1	5.9/3.0[①]	0.6/0	6.2/3.7	—	—
WS-3	5.6/2.7	—	11.3/4.1	5.2/1.1	1.0/0.7
BK-1	6.2/2.9	0.7/0	1.7/1.0	—	1.5/1.2
BK-2	6.3/2.4	—	4.7/4.4	—	1.5/1.4
DS-1	13.3/7.0	1.3/0.1	1.2/0.3	—	2.2/1.4

① "/" 前后分别为加热振荡吸附前后有机污染物浓度。

12.3　污染建筑废物浸出毒性及污染控制

12.3.1　重金属污染建筑废物再生混凝土试块浸出毒性特征

通过对五种不同来源建筑废物重金属含量测试，挑选出每种重金属含量最高，污染最严重的样品(Cu-CI8-镀铜车间；Zn-MI1-锌电解车间；Pb-MI29-黄色耐火砖；Cr-CI9-镀铬车间；Cd-MI2-锌清洗车间；Ni-CI10-镀镍车间），用其做原材料制成再生混凝土标准试块，揭示重金属污染物的浸出特性，以评价其环境安全性。

选取六个样品，各重金属最高含量分别为：Cu(59434.02mg/kg)、Zn(49280mg/kg)、Pb(1054.34mg/kg)、Cr(7511.03mg/kg)、Cd(15.40mg/kg)和Ni(2867.77mg/kg)。

再生混凝土标准试块的配合比设计以《普通混凝土配合比设计规程》为基准。用受污染建筑废物再生骨料全部取代基准配合比中的天然骨料（碎石），即以取代率（建筑废物再生骨料占总骨料百分比）为100%进行试验。

按照《固体废物　浸出毒性浸出方法　硫酸硝酸法》(HJ/T 299—2007)进行浸出实验，检测污染最严重样品制成再生混凝土块前后重金属浸出率。

Cu污染最严重样品取自化工行业电镀厂镀铜车间，Cu含量高达59434.02mg/kg，其浸出浓度为4.19mg/L，此浓度高于《污水综合排放标准》限值（2.0mg/L），但低于《危险废物填埋污染控制标准》限值（75mg/L），故不能随意堆置，但可进入危险废物填埋场进行填埋。制作成再生混凝土块后，浸出浓度为0.75mg/L，此浓度低于《生活饮用水卫生标准》限值和《地表水环境质量标准》Ⅲ类标准限值。其他样品初始浸出浓度仅冶金行业冶锌厂电解车间Cu含量（1.19mg/L），超过《生活饮用水卫生标准》限值和《地表水环境质量标准》Ⅲ类标准限值（1mg/L）。其他浸出液浓度均低于《生活饮用水卫生标准》限值和《地表水环境质量标准》Ⅲ类标准限值。

Zn污染最严重的样品取自冶金行业冶锌厂电解车间，Zn含量高达49280mg/kg，初始浸出浓度为4.29mg/L。6个样品初始浸出浓度最高为5.17mg/L，其浓度高于《污水综合排放标准》限值（5mg/L），该样品取自电镀厂镀铜车间，其次为4.82mg/L，取自冶锌厂清洗车间，均高于《地表水环境质量标准》Ⅲ类标准限值（1mg/L），其余样品初始浸出浓度均低于此限值。再生利用后浸出液浓度最高为1.19mg/L，样品取自冶金行业冶锌厂电解车间，清洗车间样品再生后浸出浓度为1.09mg/L，均略高于《地表水环境质量标准》Ⅲ类标准限值，对地表水有环境风险。其余样品再生浸出液Zn均未检出。

Pb污染最严重样品为冶金行业某黄色耐火砖，Pb含量高达1054.34mg/kg，初始浸出浓度为0.04mg/L，此浓度高于《生活饮用水卫生标准》限值（0.01mg/L），低于《地表水环境质量标准》Ⅲ类标准限值（0.05mg/L）。Pb初始浸出浓度最高为2.13mg/L，样品取自冶锌厂清洗车间，此浓度高于《污水综合排放标准》限值（1.0mg/L），低于《危险废物填埋污染控制标准》限值（5mg/L）。若随意堆置，会造成水体污染，但可进入危险废物填埋场填埋处置。再生利用后浸出浓度均低于仪器检出限，说明制作成再生混凝土块后可降低其环境危害性。

Cr污染最严重样品取自电镀厂镀铬车间，含量高达7511.03mg/kg，初始浸出浓度为450.10mg/L，高达《危险废物鉴别标准　浸出毒性鉴别》限值的30倍和《危险废物填埋污染控制标准》限值的38倍，具有极高的环境风险，填埋前需先进行无害化处理。取自电镀厂镀镍车间的样品，其浸出浓度为5.32mg/L，高于《污水综合排放标准》限值（1.5mg/L），但低于《危险废物填埋污染控制标准》限值（12mg/L）。其余样品初始浸出Cr均未检出。六个样品再生利用后浸出液均有检出，电镀厂镀铬车间样品再生利用后重金属Cr浸出浓度为154.31mg/L，为《危险废物鉴别标准　浸出毒性鉴别》限值的10倍，浸出率下降66%，再生利用前，必须先进行无害化处理。镀镍车间样品再生后浸出浓度为 1.75mg/L，高于《污水综合排放标准》限值，低于《危险废物填埋污染控制标准》限值。另外四个样品原始样品浸出液 Cr 浓度均低于检出限，但再生后浸出率反而上升。镀铜车间、镀锌车间和某耐火砖再生后浸出液虽有检出，但低于《污水综合排放标准》限值（1.5mg/L）。冶锌厂清洗车间样品再生后浸出液浓度为 2.23mg/L，高于《污水综合排放标准》限值，再生利用过程中会造成水体污染。

Cd 污染最严重的样品取自冶金行业某冶锌厂清洗车间，Cd 含量为 15.4mg/kg，高达《土壤环境质量标准》三级标准阈值的 15 倍，但六个污染最严重样品再生前后浸出液 Cd 均未检出。可见建筑废物中 Cd 较难浸出，环境风险较小。

Ni 污染最严重样品取自电镀厂镀镍车间，含量高达 2867.77mg/kg，为《土壤环境质量标准》三级标准阈值的 14 倍；其次为电镀厂镀铜车间样品，其 Ni 含量为 591.11mg/kg。初始浸出液仅镀铜车间检出，浓度为 1.80mg/L，此浓度高于《污水综合排放标准》限值，低于《危险废物填埋污染控制标准》限值；其余样品再生前后浸出液 Ni 均未检出，再生混凝土块 Ni 环境风险较小。

As 污染最严重样品为冶锌厂清洗车间样品，含量高达 232.31mg/kg，为《土壤环境质量标准》三级标准阈值的 6 倍；其次为电解车间样品，含量为 155.09mg/kg。初始浸出浓度仅这两个车间样品检出，其含量分别为 3.09mg/L 和 0.93mg/L，均低于《危险废物鉴别标准　浸出毒性鉴别》限值；再生利用后浸出浓度有所增大，浸出浓度分别为 6.0mg/L 和 2.71mg/L。清洗车间样品再生利用后，浸出液浓度高于《危险废物鉴别标准　浸出毒性鉴别》限值（5mg/L）；电解车间样品再生利用后，浸出液浓度高于《危险废物填埋污染控制标准》限值，但低于《危险废物鉴别标准　浸出毒性鉴别》限值。建筑废物再生利用过程中，As 可能存在较大环境风险，需要先对其无害化处理。

综上所述，受污染建筑废物再生利用过程中，Cr 和 As 具有较大的环境风险。

12.3.2　六种不同建筑材料制备再生混凝土块浸出毒性特征

六种不同建筑材料（水泥砖、某耐火砖、泡沫混凝土、红砖、都江堰再生骨料和浦东再生砂石）经污染后制作成再生混凝土块，再生混凝土标准试块的配合比设计同样以《普通混凝土配合比设计规程》为基准。

用六种不同建筑材料再生骨料取代基准配合比中的天然骨料，以取代率为 100%进行试验。

掺加椰壳纤维以固定混凝土块中重金属。椰壳纤维通过 2% NaOH 溶液处理后，表面角质层被除去，在表层形成孔隙和凹坑，可提高椰壳纤维与水泥混凝土界面的黏合性。故常掺加椰壳纤维制备水泥混凝土，其对重金属固定、耐热性、抗弯强度和抗压强度等力学性能的增强效果最为明显。因此将椰壳纤维用于水泥混凝土复合材料有非常好的前景。

制备了普通再生混凝土块、普通椰壳纤维再生混凝土块和碱处理椰壳纤维再生混凝土块三种试件。通过分析其浸出毒性考察受污染建筑材料再生利用的环境风险以及椰壳纤维对重金属的固定效果。

重金属浸出毒性实验：分别对六种不同建筑材料污染前制备的混凝土块以及污染后制备的标准再生混凝土块、普通椰壳纤维再生混凝土块、碱处理椰壳纤维再生混凝土块进行重金属浸出实验。浸出毒性实验根据国标《固体废物浸出毒性浸出方法　硫酸硝酸法》（HJ/T 299—2007）进行。

总体而言，某耐火砖制备的再生混凝土块重金属浸出毒性相对偏高，其次为水泥砖制备的再生混凝土块，但泡沫混凝土、红砖、都江堰再生骨料和浦东再生砂石制备的再生混凝土块浸出率均较低。不同重金属的浸出潜能明显不同：Cd 浸出液浓度最高，其次是 Zn，而 Cr 虽检出样品达 16 个，但浓度整体较低，Cu、Ni 和 As 几乎未检出。

浸出液环境风险可以参照不同标准进行对比分析：

① 重金属 Cu，浸出液浓度均低于国家《生活饮用水卫生标准》限值（1mg/L），且仅有四个样品检出，分别是 A2（水泥砖-标准再生混凝土块）、A3（水泥砖-椰壳再生混凝土块）、F2（某耐火砖-标准再生混凝土块）、F4（某耐火砖-碱处理椰壳再生混凝土块）。受污染泡沫混凝土、红砖、都江堰再生骨料、浦东再生砂石浸出液中 Cu 均低于检出限。表明受 Cu 污染不同建筑材料再生利用后，重金属 Cu 的环境风险很小。

② 重金属 Zn，浸出液浓度与国家《生活饮用水卫生标准》限值和《地表水环境质量标准》Ⅲ类标准限值（1mg/L）相比，有 2 个样品超标，分别为 F2（某耐火砖-标准再生混凝土块）和 F4（某耐火砖-碱处理椰壳再生混凝土块），其含量分别为 31.017mg/L 和 41.823mg/L，该浓度高于《污水综合排放标准》限值（5.0mg/L），但低于《危险废物填埋污染控制标准》限值（75mg/L）。受 Zn 污染水泥砖、泡沫混凝土、红砖、都江堰再生骨料和浦东再生砂石这几类材料制备的再生混凝土块环境风险很小，但受 Zn 污染耐火砖制备的再生混凝土块具有较大的环境风险，在实际利用中可能会污染水体和土壤，甚至影响人体健康。

③ 重金属 Pb，浸出液绝大部分样品未检出，仅 F2（某耐火砖-标准再生混凝土块）和 F4（某耐火砖-碱处理椰壳再生混凝土块）检出，含量分别为 0.524mg/L 和 0.632mg/L，该浓度高于《地表水环境质量标准》Ⅲ类标准限值（0.05mg/L），但低于《污水综合排放标准》限值（1.0mg/L）。表明受 Pb 污染建筑材料制备再生混凝土块环境风险较小，但耐火砖制备的再生产品会污染水体。

④ 重金属 Cr，浸出液有 16 个样品检出，其浓度与国家《生活饮用水卫生标准》限值和《地表水环境质量标准》Ⅲ类标准限值（0.05mg/L）相比，有 13 个样品超标，但均远低于《污水综合排放标准》限值（1.5mg/L）。表明受 Cr 污染建筑材料再生混凝土在使用过程中，可能会对生活饮用水和地表水产生环境风险。

⑤ 重金属 Cd，有 4 个样品检出，分别为 C4（红砖-碱处理椰壳再生混凝土块）、F2（某耐火砖-标准再生混凝土块）、F3（耐火砖-椰壳再生混凝土块）和 F4（耐火砖-碱处理椰壳再生混凝土块）。其中 C4 浓度为 0.019mg/L，高于国家《生活饮用水卫生标准》限值和《地表水环境质量标准》Ⅲ类标准限值（0.005mg/L），但低于《污水综合排放标准》限值（0.1mg/L），而 F2、F3 和 F4 含量分别为 58.925mg/L、32.672mg/L 和 68.642mg/L，远远超出《危险废物填埋污染控制标准》限值（0.5mg/L）和《危险废物鉴别标准　浸出毒性鉴别》限值（1.0mg/L）。表明受 Cd 污染的耐火砖制备再生混凝土块，在实际使用过程中具有极大的环境风险。

⑥ 重金属 Ni 和重金属 As，其浸出液均未检出。受 Ni 和 As 污染建筑材料在再生利用过程中环境风险较小。

由上述分析可以看出，添加椰壳和碱处理椰壳纤维后，水泥砖、泡沫混凝土、红砖、都江堰再生骨料和浦东再生砂石这五种材料制备的再生混凝土块，重金属浸出浓度均降低，固定效果较好；某耐火砖制备的再生混凝土块重金属固定效果较差。不同建筑材料再生混凝土试样的浸出毒性差异较大，其浸出毒性与《危险废物鉴别标准　浸出毒性鉴别》（GB 5085.3—2007）规定的阈值相比（Zn：100mg/L；Pb：5mg/L；Cd：1mg/L；Ni：5mg/L；Cr：15mg/L；Cu：100mg/L），其中耐火砖制备的再生混凝土块重金属 Cd 远远超过了此标准，具有很大的环境危害性。

12.4　建筑废物无害化处理技术

12.4.1　重金属污染建筑废物处理修复技术

为节约土地，提高建筑废物再生利用率，国家鼓励针对建筑废物进行再生骨料和细粉的利用。然而，来源于化工和冶金行业的建筑废物受到 Zn、Cu、Cr、Pb、Cd 和 As 等重金属的严重污染，这些受重金属污染的建筑废物若不经处理直接利用，将会带来极大的环境危害，甚至影响人体健康。目前对于重金属污染的修复技术主要为洗脱技术和固定稳定化技术。

（1）柠檬酸洗脱

众多有机酸和无机酸均可用于重金属洗脱。然而，重金属被洗脱的同时其他物质也可能浸出，建筑废物中含有大量碱性物质，这些碱性物质在洗脱过程中与浸取剂相互作用，导致无机酸的大量消耗，此外，经无机酸处理后的建筑废物可能发生较大的特性变化，不利于后续利用及处置。有机酸中乙二胺四乙酸（EDTA）、乙二胺二琥珀酸（EDDS）、草酸（OA）、柠檬酸（CA）等可与重金属螯合，常被用于处理重金属废物，综合考虑各药剂对重金属的去除效果、经济成本和环境影响三方面因素，柠檬酸可达到较好的平衡与兼顾。选取浓度为 0.05mol/L 和 0.1mol/L 的柠檬酸作为洗脱剂，按照固液比 1∶10（L/kg），以 120r/min 速度水平振荡 24h，洗脱建筑废物中的重金属。洗脱参数及洗脱后溶液的 pH 见表 12-8。

表 12-8　柠檬酸洗脱建筑废物重金属工艺参数及洗脱后溶液 pH

编号	柠檬酸浓度/(mol/L)	废物粒径/mm	固液比/(L/kg)	转速/(r/min)	接触时间/h	洗脱后溶液 pH
1	0.05	<20				5.34±0.8
2	0.05	<0.2	1∶10	120	24	5.66±0.5
3	0.1	<20				3.72±0.3
4	0.1	<0.2				5.13±0.9

建筑废物粒径相同时，柠檬酸（Citric Acid，CA）浓度越高，洗脱后溶液的 pH 越低，高浓度柠檬酸对建筑废物中碱性物质溶出的缓冲能力更强。柠檬酸浓度相同时，建筑废物粒径越大，洗脱后溶液的 pH 越低，原因是建筑废物粒径减小，其中碱性物质的溶出随之增强。

　　柠檬酸对建筑废物重金属的洗脱效果如图 12-7 所示。由图可看出，0.1mol/L 柠檬酸对重金属污染建筑废物中 Zn、Cu、Pb、Cr、Cd 的去除效果在相同废物粒径条件下优于

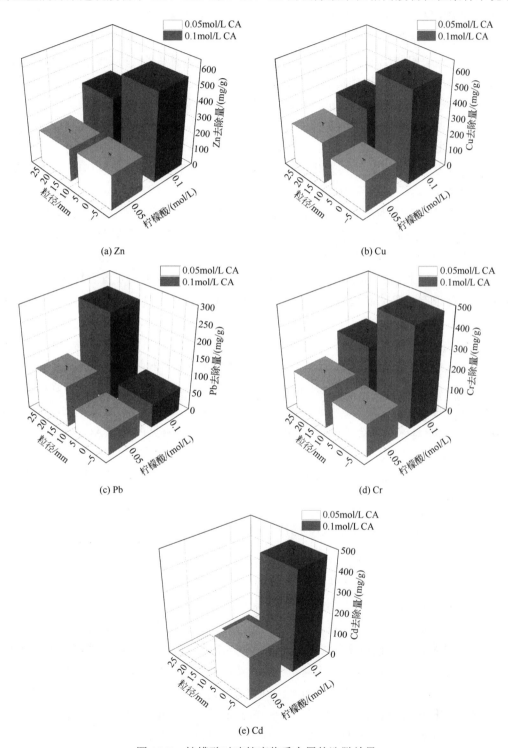

图 12-7　柠檬酸对建筑废物重金属的洗脱效果

0.05mol/L 柠檬酸。利用 Microsoft Excel 进行可重复双因素方差分析，柠檬酸浓度对 Zn、Cu、Pb、Cr、Cd 去除效果的显著性检验 F 值分别为 4319.3、4693.9、830.1、1362.2、526.2，均大于临界值 F_{crit}=5.3，该结果表明，柠檬酸浓度对重金属去除效果的影响显著。

（2）草甘膦洗脱

重金属与有机物配位体的螯合/络合反应能够减少重金属在矿物表面的吸附量。有机物和螯合剂/络合剂常被用作重金属洗脱修复剂。有报道指出草甘膦与金属有较强的络合能力，如 Fe、Al、Cu、Ca、Co、Mg、Pb、Cd 和 Zn 等均可与其络合，由于草甘膦分子的氨基、羧基和磷酸基能与金属离子发生络合反应，络合能力按照由大到小顺序排列为 Fe^{3+}>Cu^{2+}>Zn^{2+}>Mn^{2+}>Mg^{2+}≈Ca^{2+}。草甘膦的存在能够显著降低 Cu 对蚯蚓的急性毒性，主要原因是草甘膦和 Cu 的螯合作用能够改变 Cu 的溶解度和生物可利用性。Cu^{2+}和草甘膦具有特定、强大的亲和力，可利用这种特性来修饰荧光探针以进行 Cu^{2+}的测定。草甘膦由于其络合行为，常被用来作为敏感的土壤健康指示器。总之，草甘膦能够与金属阳离子形成络合物，这与其他螯合剂/络合剂类似，如乙二胺四乙酸（EDTA）、乙二胺琥珀酸（EDDS）、甲基甘氨酸二乙酸（MGDA）、二亚乙基三胺五乙酸（DTPA）、氨三乙酸（NTA）、柠檬酸和腐殖酸等。目前没有文献报道草甘膦用于重金属污染的修复，它将是一种很有前景的新型重金属洗脱剂，其作用类似于 KH_2PO_4、石灰、纳米铁粉和腐殖酸等。

（3）固定稳定化

固定稳定化主要使用磷酸盐化合物、石灰材料和金属材料等阻止废物中污染物的自由迁移。KH_2PO_4能够通过升高 pH 和表面电荷有效地增强离子固定性能并降低其生物可利用性，通常用来修复 Cd、Cu、Pb、Ni 和 Zn 污染的土壤。石灰能够降低金属的溶解度并通过升高 pH 来增强金属化合物的吸附和/或沉淀，如常见的 Cr、As、Zn、Pb、Ni、Cd、Cu 和 Co 等重金属化合物。纳米铁粉由于其自身较大的比表面积，是一种合适的重金属原位修复材料，对受重金属 Zn(Ⅱ)、Cu(Ⅱ)、Cd(Ⅱ)、Cr(Ⅵ)和 Pb(Ⅱ)等污染的土壤均有较好的修复效果。

12.4.2　有机物污染建筑废物热处理修复技术

目前，对于受有机物污染建筑废物的修复尚缺乏研究，参照土壤修复，有机物的去除方法主要有生物法、化学氧化法、化学淋洗法和热处理方法。

生物法主要是指利用微生物的代谢过程将有机污染物转化成为二氧化碳、水、脂肪酸和生物体等无毒物质的修复过程。此方法处理周期较长，且对环境要求较为严格，不易控制，一些难生物降解有机物及一些对微生物有毒害作用的有机物很难用生物方法进行处理。此外，微生物的生产需要碳源，而建筑废物主要由无机物构成，无法提供微生物生长所需的营养物质。综上，生物法对于有机物污染建筑废物处理的适用性不是很好。

化学氧化法是通过投加化学氧化剂——Fenton 试剂、高锰酸钾、过硫酸盐氧化剂等，使其与有机污染物质发生氧化反应从而实现去除有机物的目的；化学淋洗法指将含有助溶剂的溶液直接引入被污染建筑层，从而将有机污染物从建筑中洗脱。这两种方法都需消耗大量的化学试剂，且存在由化学试剂添加造成的二次污染问题。

　　热处理方法主要是通过加热使有机污染物在高温条件下变成气体挥发出来，并在高温条件下被氧气氧化分解。图 12-8 表示在升温程序最终温度为 340℃（菲的沸点）条件下处理 30min，不同粒径菲污染建筑废物的去除效果。由图 12-8 可以看出菲的去除率（挥发量和氧化分解量之和占原含量的比例）和净去除率（氧化分解量占原含量的比例）不受粒径的影响，受有机物污染的建筑废物经简单颚式破碎，便可直接进行热处理。在温度为 340℃条件下菲的去除率高达 95%，但净去除率较低，不足 40%。由图 12-9 可以看出，提高处理温度，菲的净去除率随之提高，温度为 600℃时能达到较为满意的净去除效果。为防止二次污染，建议尾气经活性炭吸收处理后再排放。

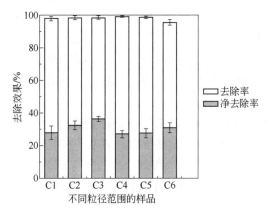

图 12-8　最终温度 340℃时不同粒径菲污染建筑废物去除效果

C1—粒径<0.2mm；C2—粒径 0.2～0.45mm；C3—粒径 0.45～1.25mm；C4—粒径 1.25～2.5mm；
C5—粒径 2.5～5mm；C6—粒径 5～10mm

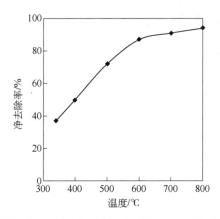

图 12-9　不同温度条件下菲污染建筑废物净去除率

　　受有机物污染建筑废物的热处理工艺流程如图 12-10 所示。受污染建筑废物经简单颚式破碎后，直接送入高温炉进行高温热处理，炉温设定一般约为有机污染物沸点的两倍，处理时间 20～40min，处理后的建筑废物送入带有除尘装置的通风设备中冷却至室温，尾气经活性炭吸收处理后排放。

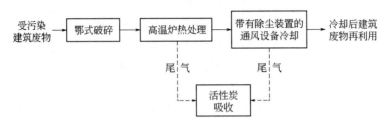

图 12-10　受有机物污染建筑废物热处理工艺流程图

12.4.3　超高压液压压制高密度污染建筑废物

建筑废物拆除、运输过程将产生大量扬尘，而填埋处置过程的输运、装卸等环节同样对周边环境影响较大，扬尘也被认为是雾霾的重要组成因素。将洁净或受污染的建筑废物（主要状态为颗粒、粉末状）装填至液压模具中，控制液压机压强范围为 10～21MPa，保压时间数分钟，脱模后即得建筑废物压制模块，压制成块的建筑废物在运输、填埋过程中产生粉尘量显著减少，此外其密度和体积分别得到增大和减小，更有利于规范化运输和处置管理。

对污染建筑废物压制前和压制后浸出毒性进行了测试，压制后的模块破碎后进行浸出毒性测试，测试方法为美国环保署规定的 TCLP 方法。压制后，污染物浸出浓度均得到降低，相比于重金属-有机物复合污染建筑废物，单一污染源浸出浓度削减率更高，说明压制过程中污染物可能存在的耦合/固定等作用之间存在竞争效应。

12.5　建筑废物涂料制备技术

12.5.1　建筑废物水性涂料制备流程

水性涂料的组成主要可以分为三大类：颜填料、乳液和助剂。颜填料作为固相组分调配进涂料体系中，不仅可以改变涂料的颜色，提高其装饰效果，还可有效增强涂层的性能，如附着力、机械拉伸、耐洗刷、耐磨、防腐、耐老化等性能。对混凝土、砖和陶瓷浆料的稳定性研究发现，三种浆料系统的贮存效果为：混凝土>砖>陶瓷。贮存效果越好，调制的涂料稳定性越高，但是混凝土浆料的黏度很大，不利于后期的涂装作业；陶瓷浆料的黏度过小，在涂料中容易出现沉积现象；因此应选择砖粉作为建筑废物水性涂料制备过程的填料。

涂料制备流程如下。

（1）浆料

按质量计，取 50%的废弃红砖微粉与相应百分比的乳液，加入 3%的去离子水与适量分散剂，搅拌均匀后置于尼龙罐中，球磨珠为氧化锆研磨球，球料比为 6∶1。将尼龙罐置于行星式球磨机中，转速 400r/min，球磨 300min 后得到涂料浆料。

（2）浆液

将增稠剂与 5%的去离子水混合均匀得到浆液 1，将相应比例的醇酯十二、丙二醇、消泡剂与剩余的去离子水混合均匀得到浆液 2。

（3）调漆

将浆料与浆液 2 混合，加入适量消泡剂后剪切搅拌 10min，转速 200r/min，然后加入浆液 1 剪切搅拌 5min，转速 150r/min，最终即得水性涂料。

砖粉水性涂料的附着力和硬度主要与乳液种类和含量有关，低温稳定性和表干时间主要与成膜助剂和丙二醇有关，而黏度基本上仅受增稠剂的影响；当选择苯丙乳液，乳液、醇酯十二、丙二醇和增稠剂含量分别为 25%～30%、0.4%～1.2%、3%～3.75% 和 0.15%～0.2% 时，砖粉水性涂料具有最佳性能，但耐水性和涂层外观较差。

二步法添加消泡剂可提高消泡效果，减少制备过程中的气泡量；聚醚类消泡剂对砖粉水性涂料相容性较好，不易出现缩孔和气泡等问题，但添加量较多；有机硅类消泡剂相容性次之，涂层缺欠现象适中；矿物油类消泡剂虽然消泡效果好，但相容性差，涂层缩孔和气泡较多。

硅烷偶联剂、水玻璃、二甲基硅油和液体石蜡均可降低砖粉涂料耐水测试前后涂层色差值。硅烷偶联剂改性效果最好，基本无变色；水玻璃和二甲基硅油效果一般，介于"很轻微变色"和"轻微变色"之间；液体石蜡效果较差，属于"轻微变色"；色差值范围分别为 1.05～1.61、1.87～3.16、2.83～4.07 和 3.59～4.11。

12.5.2　高耐洗刷砖粉水性涂料性能分析与制备工艺

高耐洗刷砖粉水性涂料的配方如表 12-9 所示，各助剂的添加比为所对应砖粉和功能填料总质量的百分比。

表 12-9　高耐洗刷砖粉水性涂料基本配方

原料	添加比/%	原料	添加比/%
乳液	20～46	消泡剂	0.1～0.3
砖粉	20～45	流平剂	0.1～0.2
分散剂	0.4～2	增稠剂	0.1～0.2
醇酯十二	0.4～1.2	去离子水	23～34
丙二醇	3～4	功能填料	0～5.4

高耐洗刷砖粉水性涂料的制备工艺如图 12-11 所示，试验中除增稠剂外，其他助剂均分两次添加，每次添加一半，有利于提高助剂与填料-乳液体系的相容性，改善涂料性能。

表 12-10 为砖粉水性涂料与传统填料水性涂料的性能对比，其中传统填料水性涂料为市场成品乳胶漆，传统填料包括高岭土、硅灰石粉、云母粉等。由表易知，砖粉水性涂料的耐洗刷次数明显高于市场上一般成品乳胶漆，是成品乳胶漆的 2～16 倍，表明砖粉水性涂料具有突出的耐洗刷性能。砖粉水性涂料的附着力为 5～7，略低于成品乳胶漆的 7，但是涂层硬度和吸水率分别高于和低于市售成品乳胶漆性能，砖粉水性涂料的硬度和吸水率分别为 85～103 次和 14.4%，优于成品乳胶漆的 75～90 次和 25.2%～32.0%。硬度越高，则弹性越差，越有利于涂层抵抗擦洗过程；而水分则促进洗刷过程，降低耐洗刷次数。因此砖粉水性涂料的高耐洗刷性能可能是由于所形成涂层的硬度较高而吸水率较低。

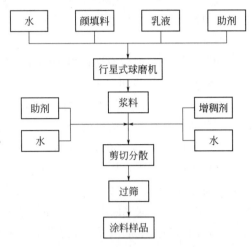

图 12-11　高耐洗刷砖粉水性涂料制备工艺

表 12-10　砖粉水性涂料与传统填料水性涂料性能对比

类别	硬度/次	附着力	吸水率/%	耐洗刷次数/次
砖粉水性涂料	85～103	5～7	14.4	1200～8000
成品乳胶漆 1	75～84	7	32.0	300～500
成品乳胶漆 2	82～90	7	25.2	600～800

12.5.3　保温隔热涂料的配方与制备工艺

实验选择空心玻璃微珠、粉煤灰漂珠、膨胀珍珠岩、木质纤维、海泡石和硅酸铝纤维作为功能型隔热填料。膨胀珍珠岩、木质纤维、海泡石和硅酸铝纤维属于阻隔型填料，在涂料干燥过程中形成硬质微孔或网状中空管束，降低涂层干密度，提高涂层抗开裂能力；空心玻璃微珠和粉煤灰漂珠属于阻隔-反射型填料，内部为空腔，外壁包含硅酸盐系金属氧化物的球体，中空结构可提供静态空气，而外壁材料具有高光折射系数与反射率，因此热导率小。

六种隔热填料的基本物理性质如表 12-11 所示，除粉煤灰漂珠的热导率为 0.122W/(m·K) 外，其他填料的热导率基本在 0.07～0.08W/(m·K)，虽然都属于中空球体，但空心玻璃微珠的热导率约为粉煤灰漂珠的一半。空心玻璃微珠和粉煤灰漂珠的真密度明显小于其他填料，这可能是因为球壁的完整性使得空气完全被隔绝，而此部分空气在测试过程中仍贡献体积，从而表现出低真密度的特性。

表 12-11　隔热填料基本物理性质

种类	自然堆积密度/(kg/m³)	振实密度/(kg/m³)	真密度/(g/cm³)	热导率/[W/(m·K)]
空心玻璃微珠	0.235	0.266	0.4225	0.068
粉煤灰漂珠	0.447	0.505	0.8929	0.122
膨胀珍珠岩	0.513	0.794	1.6417	0.080
木质纤维	0.106	0.166	1.5929	0.084
海泡石纤维	0.145	0.233	1.8113	0.072
硅酸铝纤维	0.322	0.546	2.7362	0.139

表 12-12 分别为功能填料的典型粒径。六种功能填料中，除空心玻璃微珠与硅酸铝纤维的粒径分布相对集中外，其他填料的粒径分布较为广泛。木质纤维粒径是所有填料中最大的，虽然与海泡石同属纤维类物质，但木质纤维的 $D90$ 和 $D(4,3)$ 分别为 398μm 和 205μm，约为海泡石的 3 倍。而粉煤灰漂珠是工业副产物，其粒径无法有效控制，粒径也大于人工合成的空心玻璃微珠。

表 12-12　功能填料典型粒径　　　　　　　　　　单位：μm

种类	$D10$	$D50$	$D90$	$D(4,3)$
空心玻璃微珠	16.2	37.0	67.6	39.6
粉煤灰漂珠	11.3	69.1	212	92.8
膨胀珍珠岩	14.8	63.8	172	81.2
木质纤维	74.9	166	398	205
海泡石	13.7	41.7	137.5	67.7
硅酸铝纤维	3.54	9.48	26.7	13.3

保温隔热涂料基本配方见表 12-13。保温隔热涂料基本配方基本与表 12-9 相同，仅将功能填料对砖粉填料进行部分替代，但不参与球磨过程。制备工艺如图 12-12 所示。

表 12-13　保温隔热砖粉水性涂料配方

原料	添加量/%	原料	添加量/%
乳液	20～46	消泡剂	0.2～0.4
砖粉	20～45	流平剂	0.1～0.2
分散剂	0.4～2	增稠剂	0.05～0.2
醇酯十二	0.4～1.2	去离子水	23～34
丙二醇	3～4	功能填料	0～5.4

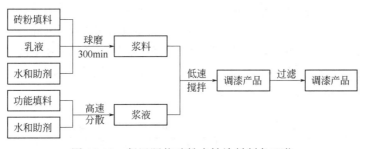

图 12-12　保温隔热砖粉水性涂料制备工艺

12.6　建筑废物污染防治管理建议

12.6.1　污染防护设计与施工

建筑废物产生于建筑产品的新建、改扩建和拆除等过程。建筑产品的生命周期可以概括为"构思设计阶段—施工验收阶段—投入使用阶段—寿命终结阶段—再生处理阶段"。本节以建筑产品的全生命周期为主线，提出重金属建筑废物的管理对策，首先从建筑物与构筑物的设计与施工阶段开始考虑污染控制问题。

重金属建筑废物主要产生于工业厂房改扩建、拆除，其污染源自建筑物或构筑物与含有重金属的介质间相互接触作用，因此，重金属建筑废物的源头减量化与污染预防密不可分。通过在构（建）筑物的设计和施工阶段配套精良的防污染防腐蚀工程，从源头避免构（建）筑物直接接触重金属，减少重金属暴露的可能性，预防构（建）筑物受重金属污染，有效减少重金属建筑废物的产生。

源头污染预防措施可于工业建筑物和构筑物的防腐工程中配套实施。20 世纪建成的一批工业厂房，规范化程度低，欠缺配套防腐蚀工程，改造后增添的防腐蚀措施经历数十年的运行后，建筑防腐工程的功能失效，导致了污染物的渗透。重金属污染在电镀和冶金行业表现尤为明显。在以往的设计和建设中，建筑防腐以保证工程使用效果为主要目的，往往忽略了污染物的预防作用。

我国工业防腐工作的开展始于 20 世纪六七十年代，1962 年首次批准了关于工业建筑物和构筑物防腐工程的设计规范。随着新材料和新型施工工艺的发展，相关规范不断修订。设计方面，1995 年正式颁布实施国家标准《工业建筑防腐蚀设计规范》（GB 50046—95），该规范经过全面修订于 2018 年批准实施新版《工业建筑防腐蚀设计标准》（GB/T 50046—2018），主要内容包括总则、术语、基本规定、结构和构件、建筑防护、构筑物、材料等。建筑防腐施工及验收方面，国家标准《建筑防腐蚀工程施工规范》（GB 50212—2014）于2015 年 1 月开始施行。该规范针对建筑物防腐施工，提出了基层处理及要求，明确了块材防腐蚀工程、水玻璃类防腐蚀工程、树脂类防腐蚀工程、沥青类防腐蚀工程、聚合物水泥砂浆防腐蚀工程、涂料类防腐蚀工程、塑料类防腐蚀工程施工要求，以及安全技术要求、环境保护技术要求、工程交接要求等。

（1）防护等级

为预防重金属污染，在工业建筑材料选择时，应考虑工业中常用的含重金属的液态介质及固体盐类对建筑材料的腐蚀作用。根据《工业建筑防腐蚀设计标准》（GB/T 50046—2018）中对腐蚀性等级的规定，电镀、冶金等涉及重金属污染的工业中液态介质及固态介质对建筑材料的腐蚀性分别如表 12-14、表 12-15 所示，腐蚀性分为强、中、弱、微共四个等级，防护材料的选择与腐蚀性强度等级有关。

表 12-14　液态介质对建筑材料的腐蚀性等级

介质名称		pH 或浓度（以质量分数计）	钢筋混凝土、预应力混凝土	水泥砂浆、素混凝土	烧结砖砌体
无机酸	硫酸、盐酸、硝酸、铬酸、磷酸、各类酸洗液、电镀液、电解液、酸性水（pH 值）	<4.0	强	强	强
		4.0～5.0	中	中	中
		5.0～6.5	弱	弱	弱
碱	氢氧化钠/%	≥15	中	中	强
		8～15	弱	弱	强
	氨水/%	≥10	弱	微	弱
盐	钠、钾、铵、镁、铜、镉、铁的硫酸盐/%	≥1	强	强	强

表 12-15　固态介质对建筑材料的腐蚀性等级

溶解性	吸湿性	介质名称	环境相对湿度/%	钢筋混凝土、预应力混凝土	水泥砂浆、素混凝土	普通碳钢	烧结砖砌体	木
难溶	—	钡、铅的碳酸盐和硫酸盐，铬的氢氧化物和氧化物	>75	弱	微	弱	微	弱
			60～75	微	微	弱	微	微
			<60	微	微	弱	微	微
易溶	难吸湿	钡、铅的硝酸盐	>75	弱	弱	中	弱	弱
			60～75	弱	弱	中	弱	弱
			<60	微	微	弱	微	微
易溶	易吸湿	镉、镍、锰、铜的硫酸盐	>75	中	中	强	中	中
			60～75	中	中	中	中	弱
			<60	弱	弱	中	弱	微

其中，微腐蚀性强度环境可按正常环境进行设计，强、中、弱腐蚀性强度下根据现场条件按照《工业建筑防腐蚀设计标准》中相关要求进行设计。

（2）材料选择

在工业厂房设计时，涉及含重金属介质的相关区域应加强污染防护，选择适宜的地面层。例如，冶炼厂的电解槽周围地板、墙壁，电镀厂电镀车间槽体及附近地面、墙面等区域，推荐使用耐酸砖、耐酸石材作为面层材料，不适于使用如沥青砂浆、防腐蚀耐磨涂料、树脂自流平涂料、聚合物水泥砂浆、密实混凝土等建筑材料。严重污染区域，如电解、电镀废液处理池的建筑材料选择更加严格，块材宜采用厚度不小于 30 mm 的耐酸砖和耐酸石材，砌筑材料可采用树脂类材料、水玻璃类材料，同时应设置较厚的防护涂层。

（3）表面防护涂层

根据介质的腐蚀性、构筑物使用年限等因素综合确定工业厂房中混凝土结构和砌体结构的表面涂层，包括底层、中间层、面层或底层、面层。涂层材料包括醇酸底涂料、环氧铁红底涂料、聚氯乙烯萤丹底涂料、富锌底涂料等，可根据不同防护位置的需求选用。

① 混凝土结构的表面防护。当腐蚀性强度为强，根据防护层使用年限 2～5a、5～10a、10～15a 依次设置防护涂层厚度不低于 120μm、160μm、200μm。当腐蚀性强度为中，防护层使用年限 2～5a 时，防腐蚀涂层厚度≥80μm，或聚合物水泥砂浆两遍处理，或普通内外墙涂料两遍处理；使用年限 5～10a 和 10～15a 的防护涂层厚度分别不低于 120μm 和 160μm。当腐蚀性强度为弱，防护层使用年限 2～5a，可不做表面防护，或选择普通外墙涂料进行两遍涂抹；防护层使用年限 5～10a 时，设置防腐蚀涂层厚度大于或等于 80μm，或聚合物水泥砂浆两遍处理，也可采用普通内外墙涂料两遍涂抹；10～15a 使用年限应设置防护涂层厚度≥120μm。

② 砌体结构的表面防护。当腐蚀性强度为强，根据防护层使用年限 2～5a、5～10a、10～15a 依次设置防护涂层厚度不低于 80μm、120μm、160μm。当腐蚀性强度为中，防护层使用年限 2～5a 时，表面防护方法为采用聚合物水泥砂浆两遍处理，或普通内外墙涂料

两遍处理；使用年限 5～10a 和 10～15a 的防护涂层厚度分别不低于 80μm 和 120μm。当腐蚀性强度为弱，防护层使用年限 2～5a，可不做表面防护，或选择普通外墙涂料进行两遍涂抹；防护层使用年限 5～10a 时，表面防护方法为采用聚合物水泥砂浆两遍处理，或普通内外墙涂料两遍处理；使用年限 10～15a，设置防腐蚀涂层厚度≥80μm。

12.6.2　污染防护措施的运营与维护

构（建）筑物服役期的重金属暴露情况决定了其最终成为建筑废物时的污染物含量，即建筑废物受重金属污染的程度。在合理设计、保质施工的基础上，工业生产运营中安全文明生产、无漏管理、定期保养无疑成为污染防护的重要环节。

重视构（建）筑物服役期的污染控制，生产管理人员负责污染防护措施的运营和维护，生产操作人员具有发现问题及时汇报的义务，以使污染防护措施发挥其合理功效。工业生产过程中，将含重金属的相关工序设置于封闭系统内运行，严格避免出现污染物的飞溅、泄漏、滴洒等现象。

日常生产中产生的损坏应及时修缮，防微杜渐。若发生紧急情况应及时去除污染物，隔离污染物，避免污染扩散。如发生建筑材料腐蚀、污染物渗透，应将受腐蚀残余物清除，采用稀碱水进行刷洗、清水冲洗后修复补强。剥离的受污染腐蚀的建筑废物应妥善处理，尤其是含重金属工艺段产生的局部修缮建筑废物，应经过无害化处理方可填埋。

（1）尽快制定建筑废物污染防治管理的法律法规及相关标准

尽快制定以一般建筑废物和工业企业受污染建筑废物分类管理为原则的《建筑废物分类与污染防治管理法》，明确一般建筑废物和工业企业受污染建筑废物的界限，同时专门针对工业企业建筑废物制定并颁布《工业企业建筑废物管理规定》。明确一般建筑废物的管理以各级生态环境行政管理部门的固体废物管理中心为责任主体，增加建筑垃圾处理处置市场管理等职权内容。

针对我国缺乏建筑废物污染监测标准及污染控制技术规范的现状，应尽快制定《建筑废物取样技术与方法规范》《建筑废物污染鉴别标准》等相关规范、标准，统筹考虑全国不同地区的经济发展程度及污染水平的适应性，并在实施过程中逐步修订和完善。适时修订《国家危险废物名录》，依据《建筑废物污染鉴别标准》和《危险废物鉴别标准》对危险建筑废物进行监管。

（2）明确建筑废物污染防治的监管权责，理顺监管模式

建立由住房和城乡建设行政管理部门及生态环境行政管理部门协作的建筑废物污染防治监管模式。由生态环境行政管理部门指定具有相关资质的单位组织开展建筑废物污染鉴别，受污染的有害建筑废物由生态环境行政管理部门进行监管，一般建筑废物由住房和城乡建设行政管理部门进行再生利用等。对于所有化工冶金等车间的拆迁改建，拆迁改建之前，生态环境部门进行现场勘查、取样、鉴别，提出受污染的容器、设备、地板、墙壁等清理范围，住房和城乡建设部门清理完毕后，生态环境部门进一步现场勘查、取样、鉴别，直至确认所有危险废物全部清除，再拆迁和利用。清除出来的危险废物，按照国家危险废物管理办法处理处置。

拆迁过程依照相关程序和技术方法执行，增设工程环境监理，拆毁的建筑废物进行分类处置。现有废弃无主的工厂车间由地方相应监管部门接管进行统一处置，明确地方生态环境部门在建筑废物污染防治中的监督权力及管理责任，环境执法部门全权负责受污染建筑废物全过程管理，实现建筑废物从污染程度鉴别到落实污染控制措施的完整监管措施。明确地方住房和城乡建设部门按照城镇建设要求对一般建筑废物倾倒、运输、中转、回填、消纳、利用等过程中的监督权力及管理责任。严格执行并逐渐完善建筑废物污染防治监管模式。

（3）积极推广应用信息化技术，促进建筑废物信息化管理

充分利用现代化信息技术，试点并逐步推广物联网技术，实现管理的信息化。将建筑废物产生单位、运输单位、处置单位纳入建筑废物物联网监管系统，通过物联网实现申报登记、网上审批、电子联单管理等功能。同时配合使用摄像头监控、定位系统、网络数据传输，监管部门可实时掌握动态数据，为建筑废物的全过程监管打下坚实基础。

12.6.3 工业企业火灾、爆炸建筑废物污染防治问题及对策建议

（1）火灾、爆炸污染特征

① 建筑废物组分复杂，特别是来源于化工、冶金、轻工、化肥、农药等污染企业的建筑含有大量重金属及有机污染物，污染极其严重，其中达到危险废物标准的污染建筑废物量占这五类企业建筑废物的 1%～2%，约 1.0×10^6～2.0×10^6 t/a，目前污染防治措施有待加强，尤其是发生火灾、爆炸等突发事故后，这些建筑废物大量产生，污染将进一步扩散。

② 爆炸导致大量有害物质外泄，其中大部分进入空气，其余附着在建筑废物表面。已有事故应急预案以大气和周边水域监测为主，且局限于氮氧化物等常规污染物，对污染建筑废物缺乏足够重视，对产生的原药-火灾/爆炸复合污染物的认识比较欠缺。灾毁建筑废物污染物清单、污染物控制名录等信息的缺乏，导致其无法得到有效管理和处置。

（2）工业企业火灾、爆炸建筑废物污染防治工作建议

① 制定工厂企业火灾爆炸建筑废物管理法律法规。为规范我国火灾爆炸建筑废物管理，应尽快制定相应的火灾爆炸建筑废物管理的法律法规，包括《火灾爆炸事故建筑废物污染防治管理法》《火灾爆炸事故建筑废物收运条例》《火灾爆炸事故建筑废物鉴别标准》《火灾爆炸事故建筑废物处置办法》等。

② 明确工厂企业火灾爆炸建筑废物鉴别分类管理权责。将火灾爆炸建筑废物分为危险建筑废物和一般建筑废物进行分类管理。对于伴随危险品泄漏的火灾爆炸产生的建筑废物，分类收集强挥发性、低闪点、高毒性污染物残留建筑废物，按危险废物进行收运并单独管理。其余火灾爆炸事故产生的建筑废物，生态环境部门进行现场勘查、取样、鉴别，划分受污染的废墟清理范围和可能的扩散范围，公示污染化学品理化特性，由住房和城乡建设部门、消防部门联合处理直至生态环境部门确认所有危险废物全部清除。

③ 构建事故后灾毁建筑废物规范化原位处置工艺。基于污染物鉴别，分类集中收集处置灾毁建筑废物。对于普通爆炸建筑废物，含重金属建筑废物利用柠檬酸进行洗脱，有机污染建筑废物建议选用微波辐照催化氧化法。对于可能含有工业药剂的化学性爆炸建筑废物，应首先采用干粉、泡沫喷洒以防再燃，待稳定后加湿以防止有害粉尘扩散，随后采用

原位处置或统一运输转移。

12.6.4　建筑废物再生利用的监管建议

有关受污染建筑废物再生利用，其再生品具有潜在的环境风险，需要对建筑废物再生利用进行合理监管，以规避建筑废物再生品对人类健康和生态环境的危害。我国在建筑废物再生品利用环境风险监管方面缺少实践，针对建筑废物拆除、分类、回收、再生利用、污染控制过程中的相关法规有待制定和完善。德国等发达国家已对建筑废物再生骨料环境污染控制出台了相应法律标准。德国国家垃圾管理委员会（LAGA）法规将再生骨料分为三等（Z0、Z1 和 Z2）并规定其分类鉴别标准：Z0 不限制使用，Z1 规定区域内可用，Z2 必须经过处理去除污染物方可再用或进行安全填埋；Z1 又分为 Z1.1（可用于水文条件差的区域）和 Z1.2（可用于已受污染区域，污染物环境本底值高于 Z1.1 标准限值）。表 12-16 给出 LAGA 规定不同类别建筑废物再生骨料毒性浸出实验污染物浓度限值。

表 12-16　LAGA 规定建筑废物再生骨料污染物浓度限值

参数	单位	Z0	Z1.1	Z1.2	Z2
pH	—	6.5～9.5	6.5～9.5	6～12	5.5～12
电导率	mS/cm	<250	250～1500	1500～2000	>2000
氯化物	mg/L	<30	30～40	40～50	>50
硫酸盐	mg/L	<20	20～40	40～100	>100
砷	μg/L	<10	10～30	30～50	>50
铅	μg/L	<10	10～100	100～150	>150
镉	μg/L	<1	1～2	2～5	>5
总铬	μg/L	<10	10～30	30～50	>50
铜	μg/L	<20	20～40	40～100	>100
镍	μg/L	10	10～15	15～50	>50
汞	μg/L	<0.5	0.5～1	1～2	>2
锌	μg/L	<200	200～300	300～1000	>1000

针对建筑废物再生利用的监管主要有以下建议。

（1）尽快制定建筑废物分类及再生利用的法律法规及相关标准

建筑废物的再生利用与其分类、处理密不可分，亟须重视建筑废物的再生利用并制定合理的分类处理技术方案，建立有效的监管体系。为有效提高我国建筑废物的再生利用率，同时减少建筑废物带来的环境压力，节约资源，实现可持续性发展，应制定《建筑废物典型产品技术标准》《异源或同源不同功能区建筑废物再生产品环境保护质量标准》《受污染建筑废物作为再生骨料、再生砂石、再生砌块的污染控制技术要求》《建筑废物层压再生技术规范》等相关规范、标准。系统全面地建立建筑废物再生利用典型产品清单及再生利用技术名录，逐步修订和完善现有《建筑垃圾处理技术规范》，明确以各级生态环境行政管理部门为责任主体的建筑废物再生利用过程中污染防控工作内容，对建筑废物再生利用提出具体要求。

（2）明确建筑废物拆除、分类、再生利用过程的监管权责

为促进我国建筑废物再生利用工作的有序开展，亟须梳理建筑废物从拆除、分类到再生利用整个过程，构建建筑废物拆除、分类、再生的监管体系。建议协调地方住房和城乡建设部门与生态环境部门在建筑废物处理处置及再生利用过程中的主要职责，进一步强化生态环境部门对受污染建筑废物处理处置的监管职权。建立由住房和城乡建设行政管理部门及生态环境行政管理部门协作的建筑物拆除、分类及再生利用的监管机制，并进一步细化监督的责权范围。受污染的建筑废物，诸如化工、冶金、轻工、农药等污染企业改建、扩建、拆除中产生的建筑废物，通常含有较高浓度的重金属、有机物等污染物。这类工业源的受污染建筑废物的填埋处置或污染控制由生态环境部门负责监督，而一般建筑废物按材质进行分类回收、清运、再生利用的过程则由建设部门监督，关于更加明确细化的分工需进一步研究、讨论、协调。

（3）加强建筑废物拆除、分类回收、再生利用技术研发，改良再生产品生产工艺

建筑废物再生利用方面，除了监管体系的不完善，技术上的欠缺也直接限制了建筑废物再生利用的分级利用。首先，建筑物在拆除时缺乏相应的分类拆除技术方案，导致一般建筑废物与受污染建筑废物混杂，难以对其进行再生回收，因此应大力支持建筑物按材质有序分解拆除或拆卸的技术开发。此外，应开展受污染建筑废物的污染控制研究，并明确再生产品的环境安全指标，防止对生态环境造成危害。

建筑废物再生产品的加工工艺关系到建筑废物产品的成本、质量和使用范围。针对不同材质的建筑废物开发适用的再生产品加工工艺，加强对工艺改良研究的扶持，并推广低能耗、高质量的加工工艺，从而促进建筑废物再生利用行业的发展。

（4）落实行政和经济管理手段，促进建筑废物回收利用

加强对拆除工程单位施工过程的监管，对各种违规行为实施经济惩罚，如将受污染建筑废物当一般建筑废物处置、对建筑废物不进行分类回收等行为。

在建筑废物再生利用方面，再生材料生产和应用宜先初级、后高级，先低附加值处理、后高附加值处理，循序渐进。在再生利用实施的过程中，通过技术创新推动制度创新，进而实现商业模式创新，实现建筑废物再生利用技术的快速发展。在建筑废物再生产品的推广方面，政府应鼓励在对公共设施采购时优先选用再生产品，同时给予建筑废物再生利用行业适当的扶持，使得再生产品在市场上更具有竞争力。

习题与思考题

1. 拆毁后建筑废物的样品采集工作应注意哪些要点？
2. 对于建筑废物中重金属污染的常用修复技术有哪些？各有什么特点？
3. 简述建筑废物有机物污染去除方法及其优缺点。
4. 比较污染工矿企业建筑废物与普通建筑废物的区别，提出相应的管理办法。
5. 提出 2～3 种建筑垃圾高值化利用途径。

6．4 种不同来源的建筑垃圾中汞含量检测结果如表 12-17 所示，采用汞污染单因子指数评价法对不同来源的建筑废物污染程度进行分析，并指出其污染程度。

表 12-17　不同来源建筑垃圾中汞含量检测结果

来源	样点数/个	最大值/(μg/kg)	最小值/(μg/kg)	平均值/(μg/kg)
来源 1	10	1672.65	29.55	673.66
来源 2	40	706.21	7.62	170.83
来源 3	5	120.60	27.33	48.92
来源 4	6	498.77	4.16	143.94

参 考 文 献

[1] Zhao Youcai, Lou Ziyang. Pollution Control and Resource Recovery: Municipal Solid Wastes at Landfill[M]. Cambridge: Elsevier Publisher Inc, 2017.

[2] Zhao Youcai. Pollution Control and Resource Recovery: Municipal Solid Wastes Incineration Bottom Ash and Fly Ash[M]. Cambridge: Elsevier Publisher Inc, 2017.

[3] Zhen Guangyin, Zhao Youcai. Pollution Control and Resource Recovery: Sewage Sludge[M]. Cambridge: Elsevier Publisher Inc, 2017.

[4] Zhao Youcai, Huang Sheng. Pollution Control and Resource Recovery: Industrial Construction & Demolition Wastes[M]. Cambridge: Elsevier Publisher Inc, 2017.

[5] Zhao Youcai, Zhang Chenglong. Pollution Control and Resource Reuse for Alkaline Hydrometallurgy of Amphoteric Metal Hazardous Wastes[M]. Cham: Springer International Publishing AG, 2017.

[6] Zhao Youcai. Pollution Control for Leachate from Municipal Solid Waste[M]. Cambridge: Elsevier Publisher Inc, 2018.

[7] 赵由才. 固体废物处理与资源化技术[M]. 上海: 同济大学出版社, 2015.

[8] 赵由才, 牛冬杰, 柴晓利, 等. 固体废物处理与资源化[M]. 第 3 版. 北京: 化学工业出版社, 2019.

[9] 赵由才, 黄晟, 高小峰, 等. 建筑废物资源化利用[M]. 北京: 化学工业出版社, 2017.

[10] 赵由才, 牛冬杰. 湿法冶金污染控制技术[M]. 北京: 冶金工业出版社, 2003.

[11] 赵由才, 张承龙, 蒋家超. 碱介质湿法冶金技术[M]. 北京: 冶金工业出版社, 2009.

[12] 陈善平, 赵爱华, 赵由才. 生活垃圾处理与处置[M]. 郑州: 河南科学技术出版社, 2017.

[13] 赵由才. 可持续生活垃圾处理与处置[M]. 北京: 化学工业出版社, 2007.

[14] 牛冬杰, 秦峰, 赵由才. 市容环境卫生管理[M]. 北京: 化学工业出版社, 2007.

[15] 王罗春, 赵爱华, 赵由才. 生活垃圾收集与运输[M]. 北京: 化学工业出版社, 2006.

[16] 柴晓利, 张华, 赵由才. 固体废物堆肥原理与技术[M]. 北京: 化学工业出版社, 2005.

[17] 宋立杰, 陈善平, 赵由才. 可持续生活垃圾处理与资源化技术[M]. 北京: 化学工业出版社, 2014.

[18] 牛冬杰, 魏云梅, 赵由才. 城市固体废物管理[M]. 北京: 中国城市出版社, 2012.

[19] 张益, 赵由才. 生活垃圾焚烧技术[M]. 北京: 化学工业出版社, 2000.

[20] 赵由才, 朱青山. 城市生活垃圾卫生填埋场技术与管理手册[M]. 北京: 化学工业出版社, 1999.

[21] 赵由才, 宋玉. 生活垃圾处理与资源化技术手册[M]. 北京: 冶金工业出版社, 2007.

[22] 楼紫阳, 赵由才, 张全. 渗滤液处理处置技术与工程实例[M]. 北京: 化学工业出版社, 2007.

[23] 王兰. 现代环境微生物学[M]. 北京: 化学工业出版社, 2006.

[24] 王家玲. 环境微生物学[M]. 北京: 高等教育出版社, 2004.

[25] 韩宝平. 固体废物处理与利用[M]. 武汉: 华中科技大学出版社, 2010.

[26] 韩德刚. 化学动力学基础[M]. 北京: 北京大学出版社, 2000.

[27] 朱芬芬. 生活垃圾焚烧飞灰中典型污染物控制技术[M]. 北京: 化学工业出版社, 2019.

[28] 李淑芹, 孟宪林. 环境影响评价[M]. 第 2 版. 北京: 化学工业出版社, 2018.

[29] 侯嫔, 张春晖, 何绪文. 水处理过程化学[M]. 北京: 冶金工业出版社, 2015.